MÉCANIQUE QUANTIQUE

UNE INTRODUCTION PHILOSOPHIQUE

Édition revue et augmentée
d'un index des noms
et d'un index thématique
(1999)

Champs sciences

Du même auteur
Aux éditions Flammarion

Physique et Philosophie de l'esprit, 2000 ; rééd. coll. « Champs », 2005.

L'Aveuglante Proximité du réel. Réalisme et quasi-réalisme en physique, 1998.

Mécanique quantique. Une introduction philosophique, 1997 (ce livre a obtenu le prix Grammaticakis-Neumann de philosophie des sciences décerné par l'Académie des sciences morales et politiques en 1997).

Chez d'autres éditeurs

E. Schrödinger, *L'esprit et la matière*, précédé de M. Bitbol, *L'élision*, Seuil, 1990.

E. Schrödinger, *La nature et les Grecs*, précédé de M. Bitbol, *La clôture de la représentation*, Seuil, 1992.

E. Schrödinger, *Physique quantique et représentation du monde*, introduction et notes par M. Bitbol, Seuil, 1992.

M. Bitbol & O. Darrigol (éd.), *Erwin Schrödinger, philosophie et naissance de la mécanique quantique*, Frontières-Diderot, 1993.

M. Bitbol & E. Ruhnau (éd.), *Now, time, and quantum mechanics*, Frontières-Diderot, 1994.

E. Schrödinger, *The interpretation of quantum mechanics* (Dublin seminars 1949-1955), edited and with an introduction by M. Bitbol, Ox Bow Press, 1995.

M. Bitbol, *Schrödinger's philosophy of quantum mechanics, Boston Studies in the philosophy of science*, Kluwer, 1996.

M. Bitbol & S. Laugier (éd.), *Physique et Réalité. Un débat avec B. d'Espagnat*, Frontières-Diderot, 1997.

M. Bitbol & J. Gayon (éd.), *L'Épistémologie française. 1830-1970*, PUF, 2006.

ISBN : 978-2-0812-1486-6

INTRODUCTION

« Les gens sont incapables de sortir du filet des concepts admis, et ne savent qu'y frétiller de façon bouffonne. Toi, par contre, tu contemples la chose de l'extérieur et de l'intérieur à volonté. » En adressant ce compliment à Schrödinger dans une lettre datée du 8 août 1935, Einstein [(1989), p. 238] suggérait en même temps une méthode de clarification applicable aux problèmes d'interprétation de la mécanique quantique. Pour cesser de *frétiller de façon bouffonne dans le filet des concepts admis,* il faut commencer par en dénouer les entrelacements et en dissocier les fils. Il faut mettre à part l'efficacité que la mécanique quantique permet de conférer à une action dans la nature et ce qu'on croit être le tableau qu'elle offre de la nature. Il faut éviter d'associer à la théorie un vocabulaire laissant entendre qu'on sait d'avance sur quoi elle porte, car cela même ne va pas de soi. Rien ne s'avère en effet plus difficile que d'évaluer une conception de « ce sur quoi » porte la mécanique quantique, si cette conception est déjà inextricablement mêlée au discours que le théoricien associe à son formalisme.

Selon C. Cohen-Tannoudji, B. Diu et F. Laloë [(1977) p. 9], par exemple, les théories quantiques sont un palliatif aux déficiences de la mécanique classique lorsqu'il s'agit de « comprendre » « l'existence et les propriétés des atomes » et des particules élémentaires. Les particules se voient ainsi conférer sans discussion le statut d'*entités porteuses de propriétés*, quitte à admettre qu'il est la plupart du temps impossible d'attribuer les propriétés détectées à l'une ou à l'autre d'entre elles individuellement ; quitte à concéder que ces « propriétés » ne sont accessibles qu'au travers d'opérations de mesure qui au minimum les *perturbent* et au maximum les *engendrent ;* et quitte à trouver qu'il est parfois plus judicieux de réduire les particules à des états d'excitation d'un oscillateur harmonique du « vide ». Toute investigation critique sur l'*objet* de la physique quantique se trouve ainsi arrêtée, édulcorée, diluée, en raison de la prégnance des présupposés que véhiculent la langue employée et les circonstances familières de son emploi. La devise semble être : plutôt laisser déborder la rivière des faits qu'accepter un glissement de son *lit* de précompréhension [L. Wittgenstein (1969a), § 97, 99] ; plutôt voir surgir des paradoxes de la confrontation d'énoncés exprimés dans le langage ordinaire, que remettre en cause leur cadre de référence, modelé en sous-main par l'usage des substantifs et des prédicats. Seuls les physiciens les plus lucides avouent leur perplexité face au conflit qui s'est fait jour entre les propositions couramment associées au formalisme de la théorie et les conséquences expérimentalement testables de ce même formalisme. Parmi eux, Heisenberg, qui se trouve parfois contraint à affirmer que la tâche de la physique quantique consiste à découvrir les « (...) lois naturelles qui déterminent toutes les propriétés des particules élémentaires », mais qui ajoute quelques lignes plus loin que les « particules ne peuvent plus être considérées comme assurées » dans leur existence, et que l'acte de leur attribuer des propriétés n'a rien d'évident [W. Heisenberg (1948), p. 104 ; (1932), p. 38].

Il faut donc prendre la pleine mesure de cette sorte de tête-à-queue épistémologique, de ce retournement de la théorie contre un corps de présupposés qui, lui venant de la langue et des attitudes de la vie courante *via* la physique classique, a été et reste la matrice de son élaboration. La méthode appropriée pour cela consiste à rechercher le dépouillement conceptuel le plus extrême dans l'exposé des principes de la mécanique quantique. Non pas parce que la table rase est l'aboutissement naturel et unique de la physique quantique, mais parce qu'elle constitue le seul point de départ concevable d'une recherche sur la signification de cette théorie lorsque toutes les tentatives de la faire signifier d'avance ont laissé apparaître incohérences internes ou infidélité à leur dessein initial. Pas d'opérationnalisme et d'instrumentalisme dogmatique, par conséquent, mais une interrogation prenant son essor à partir d'une pratique opératoire et d'un usage de la théorie comme instrument. Plusieurs chercheurs se sont déjà engagés sporadiquement sur la voie de cette forme d'ascèse intellectuelle [1]. Il suffira de synthétiser leurs résultats en les radicalisant, c'est-à-dire en écartant, là où cela est possible, les derniers fragments de mobilier ontologique en provenance des interprétations les plus répandues de la physique classique. L'œuvre de concentration conceptuelle accomplie (au chapitre 2, après une préparation philosophique au chapitre 1), il deviendra bien plus facile de donner des éléments de réponse à la question de l'objet de la mécanique quantique. Car cette question prendra alors l'une des formes simples suivantes : quelle(s) chair(s) interprétative(s) s'accommode(nt) du squelette théorique mis au jour ? Ou, plus précisément, vers quel(s) système(s) d'entités(s) est-il raisonnable de diriger la visée exploratrice de la recherche en physique, compte tenu des contraintes opératoires formalisées par la théorie [2] ?

1. [W. Heisenberg (1925) ; J.L. Destouches (1941, 1981, 1994) ; P. Destouches-Février (1951) (1956 sous le nom de P. Février) ; R.P. Feynman (1970, 1993) ; R.I.G. Hughes (1989) ; A. Peres (1991) ; M. Mugur-Schächter (1992, 1993) ; etc.]

2. Ces interrogations ne peuvent être formulées, reconnaissons-le, que rétrospectivement. Elles n'ont aucune prétention à la pertinence historique. Les fondateurs de la mécanique quantique ont commencé par assumer l'héritage de « chairs interprétatives » ou de systèmes d'entités en provenance de paradigmes antérieurs ; ils n'ont pas accompli leur œuvre créatrice dans le vide conceptuel. Cet héritage, qui leur a servi d'armature et de guide initial pour la

L'étape préliminaire sur le chemin ainsi tracé consistera (aux paragraphes 1-2-11 à 1-2-13 et au chapitre 3) à se demander si on ne peut pas s'arrêter à ce stade ; si le squelette théorique ne se suffit pas à lui-même ; s'il n'est pas envisageable d'affirmer que la théorie ne renvoie à *rien d'autre* qu'à des manipulations expérimentales. Cette option apparemment très sobre n'est cependant pas dénuée de graves inconvénients. Même les physiciens qui se sont montrés *a priori* les plus tentés par elle, à savoir Heisenberg, Pauli, Born, Bohr, et d'autres membres du groupe de Göttingen-Copenhague, sont loins d'être allés jusqu'au bout de ses conséquences. La motivation principale de leur prudence a été leur certitude qu'on ne peut pas renoncer *complètement* à concevoir le champ que régit la mécanique quantique en continuité avec l'univers familier de la communication humaine et de l'investigation instrumentale. Ou plus audacieusement, leur volonté, encore agissante malgré un remarquable travail critique, d'établir une connexion *descendante* allant du monde macroscopique au monde microscopique, et de projeter dans ce but *quelque chose* de la structure de la langue des expérimentateurs sur l'objet de l'expérimentation. Les traces de ce conflit entre les tendances instrumentalistes et le projet de tisser des liens entre domaines d'échelle microscopique et macroscopique, sont particulièrement manifestes dans les débats qui ont entouré le concept bohrien de complémentarité et les relations d'« incertitude » de Heisenberg. C'est donc autour d'eux que s'organisera, au chapitre 3, la réflexion sur les limites de l'instrumentalisme.

La deuxième étape dans l'analyse interprétative sera franchie au chapitre 4. Puisque le vocabulaire et les représentations corpusculaires demeurent si répandus en dépit des critiques qui leur ont été adressées, il est important de tirer leurs ultimes conséquences et de voir ainsi

formulation de la théorie, a cependant engendré très tôt des tensions et des désillusions. S'il a pu se maintenir tant bien que mal dans le discours des physiciens jusqu'à nos jours, ce n'est que comme premier moment d'une dialectique vouée à aboutir à son dépassement.

à quel prix ils peuvent être maintenus. Le concept de *propriété* sera d'abord mis à l'épreuve, à travers les deux formes qu'il peut prendre : des propriétés immédiatement accessibles parce que identifiées aux valeurs des observables ; ou bien des propriétés *cachées,* ne se manifestant qu'indirectement, à travers des résultats expérimentaux impliquant de façon indissociable la configuration d'un appareillage qui les modifie. Le maintien de la version *observable* des propriétés implique, entre autres, que l'on substitue une logique dite « quantique » à la logique classique du langage courant. Quant à la version *cachée,* elle aboutit à une vision doublement holistique du monde, associant le « contextualisme » à la « non-localité ». On examinera ensuite le concept encore plus central de *support* individualisé et réidentifiable des propriétés. La conséquence la plus extrême de la reconnaissance du caractère généralement non individualisable des « particules », à savoir le remplacement de la théorie des ensembles par une théorie *quasi ensembliste,* devra être envisagée. A l'issue de ce tour d'horizon, on en arrivera à se demander si le jeu du conservatisme ontologique en vaut la chandelle ; et s'il n'est pas en fin de compte préférable d'accepter une translation du « lit de la rivière » que de défigurer complètement ses rives en tentant de les stabiliser.

La troisième phase (au chapitre 5) concernera donc les ontologies de rechange ; celles qui se présentent comme le calque exact des symboles de la théorie plutôt que comme des survivances de phases antérieures de l'entreprise de connaître. On esquissera le portrait d'un monde dont les constituants sont les référents supposés des vecteurs d'état (de l'espace de Hilbert ou de l'espace de Fock), voire d'un unique « vecteur d'état universel ». Et on examinera l'argumentation du physicien qui s'est avancé le plus tôt et le plus loin dans cette direction, à savoir Schrödinger. Mais ici encore on trouvera que des obstacles majeurs ont empêché la démarche d'être menée à son terme. La difficulté principale est l'image en miroir de celle qu'ont rencontrée Heisenberg et Bohr. De même que ces auteurs ont voulu établir des éléments de continuité *descendante* allant de la structure de notre environnement quotidien à l'objet de la mécanique quantique, les partisans d'une refonte ontologique doivent montrer la *possibilité* d'une continuité *ascendante* allant de l'objet de la mécanique quantique tel qu'ils le conçoivent vers la structure de l'environnement quotidien. Il existe pourtant un élément d'asymétrie entre les deux attitudes. Le goût d'une certaine unité architectonique que manifeste la première prend l'allure d'un impératif pour la seconde. Car notre environnement de corps matériels dotés de propriétés est *là,* notre parole et notre action présupposent sa présence (ou sa disponibilité), la mise à l'épreuve expérimentale des théories repose sur lui. Une interprétation de la physique quantique qui ne parviendrait pas à s'accommoder de cet environnement serait clairement inacceptable, alors qu'une interprétation qui prônerait le confinement à une traduction abstraite des opérations expérimentales serait simplement frustrante. Le problème de la continuité ascendante, dont l'expression la plus courante porte le nom de « problème de la mesure », est de ce fait plus radicalement inévitable que celui de la continuité descendante. Ses solutions les plus satisfaisantes à ce jour sont les *théories de la décohérence,* et en particulier les théories des *histoires décohérentes.* Elles ne règlent pas tout, cependant, et il faudra tirer les conséquences de leurs limites.

Ayant écarté successivement le provincialisme instrumentaliste et le conservatisme ontologique, puis ayant pris la mesure des résistances qui s'opposent à l'établissement d'une parfaite continuité (descendante ou ascendante) entre l'objet supposé de la mécanique quantique et la forme de notre environnement familier, l'énigme que constitue cette théorie semble inentamée. Mais ces difficultés n'ont-elles pas au fond une origine commune ? Ne viennent-elles pas de ce que dans tous les cas on enferme la mécanique quantique dans une alternative dont aucun des deux termes n'offre d'issue ? D'un côté on voudrait que la théorie dise quelque chose du monde, de façon représentative ou symbolique, tandis que d'un autre côté on exige l'indifférence complète à son égard et la concentration sur des règles opératoires. La référence au monde ou le silence sur le monde. Il y a pourtant une autre option disponible. Eviter le silence sans pour autant considérer le monde comme objet du discours. Ne pas dire ce qu'*est* le monde mais exposer ce qu'est d'*être-dans* le monde, quelle que soit la position qu'on peut y occuper. Se garder de projeter les contraintes exercées sur la communication et sur l'action en représentation indifférente d'un monde *posé-devant*, mais énoncer toutes les possibilités de communiquer et d'agir *au sein* du monde. Chercher l'unité des multiples aspects ou versions de monde dans le système réglé de leurs relations plutôt que dans « quelque chose d'ambivalent et de neutre sous-tendant les versions » [N. Goodman (1978), p. 5]. Tel est le contenu que nous attribuerons en fin de parcours à la mécanique quantique [1].

1. Voir M. Bitbol (1996b) pour un exposé beaucoup plus systématique de ce point de vue, déjà suggéré par Bohr [(1929), p. 111], et par Heisenberg.

1-LE POSSIBLE, LE PROBABLE, ET LES CONTEXTES

1-1 Expliquer, décrire, prédire

En dépit des nuances et précautions d'usage, les sciences de la nature se voient encore fréquemment assigner la tâche d'*expliquer* les phénomènes. La mécanique quantique apparaît dans cette perspective comme une théorie démissionnaire, ayant renoncé à l'ambition de fournir des explications pour s'en tenir à la seule fonction *prédictive* [R. Thom (1993) p. 129]. Mais avant d'émettre des jugements de valeur sur une théorie scientifique au nom d'un idéal épistémologique, il faut passer au crible le contenu de cet idéal. Qu'entend-on par « explication » ? Quels rapports le concept d'explication entretient-il avec ceux de description et de prédiction ? Et dans quels cas la capacité prédictive acquiert-elle une priorité logique sur la visée explicative ?

1-1-1 L'explication, la prédiction, et le sens du temps

Une explication scientifique est traditionnellement définie comme une assignation causale. On parvient à expliquer un phénomène si on l'a relié de façon univoque à des antécédents à travers une ou plusieurs loi(s) de la nature, c'est-à-dire si l'on peut fournir un schéma déductif ayant la liste des antécédents pour majeure, les lois pour mineure, et le phénomène pour conclusion. Les antécédents sont considérés comme les *causes* du phénomène [C. Hempel (1972)]. Ce qui frappe dans une telle définition, c'est l'élément d'asymétrie temporelle qui la sous-tend. La plupart des lois naturelles connues n'introduisent pas par elles-mêmes de distinction entre antécédents et conséquents, entre causes et effets ; elles ne font que lier, de façon généralement contraignante, les événements survenant à différents instants. Mais l'explication consiste pour sa part à remonter d'un phénomène connu à ses causes inconnues. Et le test généralement accepté de sa validité repose sur son aptitude à être retournée en un instrument prédictif, allant de causes connues à un phénomène encore inconnu. En première analyse, par conséquent, une explication se présente comme la conversion rétrodictive d'une loi dont l'usage pratique est d'abord prédictif et dont la forme est indifférente à l'orientation (prédictive ou rétrodictive) de sa lecture. Si elle n'était que cela, pourtant, on ne verrait pas bien ce qui lui confère un statut privilégié aux yeux de beaucoup de scientifiques et de certains épistémologues. L'aptitude à se retourner en prédictions attestées ou en projections réussies est une condition nécessaire de la validation d'une explication, mais elle n'est habituellement pas considérée comme une condition suffisante de sa définition.

1-1-2 Les lois et la réduction

Que demander de plus à une explication ? Qu'elle rende compte des lois mises en œuvre dans sa mineure. Qu'elle affranchisse autant que possible ces lois de la fragilité inductive qui, au mieux, les fait qualifier de pures « descriptions », et au pire suscite la représentation péjorative d'un pari mal fondé que traîne après lui le mot « prédiction ». Les lois sont une composante de l'explication mais, idéalement, il faudrait aussi expliquer les lois. Un pas dans cette direction consiste à appliquer aux lois la procédure déductive initialement réservée aux phénomènes, c'est-à-dire à montrer comment une pluralité de lois particulières découlent de lois ou de principes plus généraux. L'explication des lois revient dans cette perspective à les subsumer sous d'autres règles au domaine d'exercice plus étendu. On parvient ainsi, par l'intermédiaire de cette idée d'une dépendance hiérarchique du particulier à l'égard du général, à un concept d'explication qui déborde le cas de l'explication scientifique auquel s'était limité Hempel. Une analyse détaillée des circonstances de l'usage du concept d'explication dans la langue conduit à montrer que la définition déductive, causale, et nomologique, donnée par Hempel, ne couvre qu'une toute petite partie de son champ d'exercice. Mais même lorsque l'explication sort du cadre déductif-nomologique, elle consiste en un mode asymétrique de présentation des faits qui va du général au particulier, du fondamental au dérivé, du simple et de l'universel au composé et au local [P. Horwich (1987)]. On explique par exemple l'incorrection de telle phrase par sa non-conformité à une règle grammaticale ; on explique que la somme des angles d'un triangle soit égale à deux angles droits en invoquant les propriétés de l'espace telles que les recueille l'axiomatique de la géométrie euclidienne ; et on explique une loi par sa position dans un édifice théorique. La part de contingence que comporte un énoncé spécial, ou l'énoncé d'une loi particulière, est compensée par la cohérence et l'adéquation d'ensemble du système global dont il fait partie. Il en va dans les sciences comme dans la vie courante où « si nous commençons à *croire* quelque chose, ce n'est pas une proposition isolée mais un système entier de propositions » [L. Wittgenstein (1969a), § 141].

Cette consistance conférée à la loi régionale par le succès (ou l'absence de réfutation décisive) de la théorie générale dans laquelle elle s'insère, risque cependant de n'apparaître que comme une promesse. Celle de parvenir à identifier en fin de parcours la *raison* de la simplicité des théories générales et de leur aptitude à rendre compte d'une grande variété de circonstances particulières. Sans quoi, l'aboutissement de la recherche scientifique se verrait tout au plus créditer, à côté de son utilité pratique, d'une valeur esthétique ; seule l'élégance des proportions du tableau descriptif obtenu viendrait témoigner de ce que ses ambitions ne se bornent pas à l'efficacité technologique. Passer de la description unifiée à l'« explication » proprement dite suppose par conséquent que l'on franchisse une étape supplémentaire : rapporter la généralité des lois à la simplicité représentative de processus « sous-jacents » d'où les phénomènes sont censés dériver comme autant de reflets indirects, soit perceptifs, soit expérimentaux. C'est le but de ce qu'il est convenu d'appeler une *explication réductive*. L'archétype d'une telle explication, encore présent à tous les esprits, est la réduction des lois macroscopiques de la thermodynamique aux lois microscopiques du modèle atomiste de la théorie cinétique des gaz et de la mécanique statistique.

Admettons à présent qu'une explication réductive satisfaisante ait été formulée pour une grande variété de lois empiriques, voire pour la totalité des lois empiriques connues. Peut-on considérer que les exigences de l'idéal d'explication ont été remplies ? Pas vraiment, pas nécessairement. Car au fond, la réduction à des processus sous-jacents ne consiste en rien d'autre qu'en un changement de niveau descriptif. On décrit le devenir élémentaire de *ce qui se tient dessous*, au lieu de décrire la variété excessive de ce qui se montre. « Il y a bien un moment où il faut passer de l'explication à la simple description » [L. Wittgenstein (1969a), § 189]. La seule circonstance qui retarde le plus souvent la prise de conscience de ce passage est que la limite entre ce qui compte comme explication et ce qui n'est considéré *que* comme description ne se trouve pas fixé rigidement. Elle est relative au type de réponse qu'on attend lorsqu'on pose la question « pourquoi ? » [B. Van Fraassen (1980)]. L'explication est toute description (ou toutes descriptions au pluriel) qui rempli(ssen)t l'attente circonscrite par une certaine occurrence de la question « pourquoi ? ».

Plus troublant encore, le seul critère reconnu de la validité de la réduction consiste en son aptitude à *prédire* des phénomènes inédits, que l'on considère comme les effets *directs* des processus sous-jacents (par opposition aux effets indirects et globaux qu'ils servent à expliquer). Dans le cas de la théorie cinétique des gaz et de la mécanique statistique, ces effets directs, prévus par Einstein, consistaient en manifestations (qualifiées de « mouvement brownien ») du transfert aléatoire de la quantité de mouvement des atomes à des corps de très petites dimensions. La validité de l'explication réductive des lois de la thermodynamique macroscopique par un modèle microscopique dépendait en fin de parcours de l'attestation expérimentale des effets microscopiques additionnels que le modèle conduisait à prédire.

Au total, l'explication réductive d'un phénomène consiste à *décrire* les « causes cachées » de ce phénomène ; et sa validation dépend de la réussite d'un retournement *prédictif* du genre de description en quoi elle consiste. Entre expliquer, décrire, et prédire, il y a des différences de degré de généralité, d'ordre de priorités épistémologiques, et d'orientation temporelle, mais pas de barrière infranchissable.

1-1-3 Descartes et la garantie théologique de l'explication

Historiquement, l'un des rares cadres conceptuels où le mot « explication » a pu sembler retenir sa spécificité et remplir toutes les attentes qu'il suscite, est la philosophie de Descartes. De ce temps fort de la pensée occidentale procèdent la motivation et les normes de la science mathématique de la nature, ainsi que la forme qu'a pris en elle le projet explicatif. En un sens premier, chez Descartes, « expliquer les effets par leurs causes » [(1647), III, 4] veut dire rapporter ce qui apparaît de façon parfois confuse à ce que l'entendement conçoit distinctement ou peut déduire avec certitude.

Les qualités sensibles comme la couleur, l'odeur, ou la chaleur, dont nous n'avons aucune connaissance distincte, procèdent ainsi des « figures et mouvements divers » des parties microscopiques de la « matière étendue en longueur, largeur et profondeur » [(1647), II, 1] interagissant avec les corps matériels qui composent les organes des sens. Elles sont relatives à la constitution des organes des sens et n'entretiennent aucune ressemblance avec les propriétés géométriques qu'elles reflètent. Par contraste, la clarté et la distinction des idées d'ordre spatial et cinématique est (*doit* être) l'index de leur ressemblance immédiate avec des propriétés qui existent dans les objets naturels [(1647), I, 69]. Car ne pas accepter cette ressemblance, ce serait admettre que Dieu puisse causer en nous l'idée claire et distincte de corps étendus et en mouvement par quelque chose qui n'est ni étendu ni en mouvement ; ce serait en somme admettre l'inadmissible, à savoir que Dieu nous trompe [(1647), II, 1]. En s'appuyant sur ce raisonnement par l'absurde, on parvient à la conclusion forte selon laquelle Dieu n'étant pas trompeur, le compte-rendu des phénomènes par les figures et mouvements de corps extérieurs en donne une explication véridique. C'est là une première indication du fait que les schémas mécanistes n'ont dû historiquement leur statut d'explication qu'à la garantie divine dont ils se sont prévalus.

Une autre indication allant dans le même sens ressort du statut des lois naturelles. Les lois du mouvement sont une conséquence de l'immutabilité divine [(1647), II, 37], et le monde qu'elles régissent dépend pour son maintien d'une action permanente de Dieu appelée *création continuée* [R. Descartes (1637), p. 35-36 ; 45]. Les lois de la nature ne sont que les causes secondes du mouvement, tandis que leur cause première est Dieu [(1647), II, 36]. Dieu opère donc comme remplissement-limite des attentes suscitées par la série des occurrences de la question « pourquoi ? » ; il joue le rôle d'une garantie ultime, structurale et causale, de la validité des réponses géométrico-cinématiques à chaque demande particulière d'explication.

Ainsi l'explication cartésienne se détache-t-elle comme une figure élégante d'équilibre historique entre la facilité de l'invocation directe du miracle et la platitude descriptive d'un réductionnisme mécaniste qui consentirait à se priver de fondement théologique.

1-1-4 Descriptions et cadres descriptifs

Quelque chose du recours cartésien au divin, à savoir le lien entre explication et démonstration, a survécu jusqu'à maintenant dans l'approche des sciences de la nature. A ceci près que la confiance qui entoure la pratique des règles et des déductions fait de nos jours l'économie de sa cristallisation théologique et se prévaut soit d'un substitut de cette cristallisation (le réalisme platonicien) soit d'une auto-fondation des pratiques par leurs propres principes régulateurs. La mathématique *au sens le plus large,* la science déductive de l'ordre et de la mesure, la science des structures taxinomiques aussi bien que métriques, est restée la norme de dernière instance d'où le compte-rendu des phénomènes naturels tire sa légitimité explicatrice ; mais au lieu de se prévaloir de sa clarté et de sa distinction pour étayer sa *véracité,* elle tire désormais argument de son renoncement à la variabilité foisonnante des impressions sensibles en faveur du stéréotype reproductible des rapports pour établir son *objectivité.*

La réaffirmation constante de la valeur explicative du modèle mathématique s'est traduite dans les sciences classiques par un programme de recherche dont l'idée directrice est que tout ce qui apparaît reflète des formes et des déformations mesurables dans l'espace et dans le temps ordinaires ; que « toute modification qualitative (possède) son double dans la sphère des formes » [E. Husserl (1936), p. 42].

Elle se traduit plus largement à l'heure actuelle par l'utilisation systématique de structures mathématiques pouvant se déployer dans un espace abstrait, et se rattachant aux phénomènes spatio-temporels de deux manières distinctes.

Selon la première manière, les formes d'un espace abstrait se connectent à ce qui arrive dans l'espace-temps ordinaire par le moyen d'un principe de liaison (ou règle de correspondance). On a affaire ici à une généralisation du modèle de l'explication réductionniste. Comme dans l'explication réductionniste proprement dite, le devenir des entités cachées détermine la succession manifeste ; la différence est que dans ce nouveau type d'explication, les entités sont cachées parce qu'elles se déploient dans un espace abstrait, et non pas parce qu'elles occupent quelque recoin infinitésimal de l'espace ordinaire.

Selon la seconde manière, on ne cherche même plus systématiquement à identifier ce qui se tient *sous* le manifeste ; on se contente d'étudier la morphologie des phénomènes et de l'insérer dans une algèbre des formes, quitte à introduire des coordonnées additionnelles par rapport à l'espace ordinaire et à situer les formes pertinentes dans l'espace produit. On aboutit dans ce cas à ce que R. Thom [1974, p. 22] appelle une « explication structurale ». Un genre d'explication qui a la particularité d'être complètement affranchi du dualisme de l'*explicans* et de *l'explicandum*, de la métaphore théâtrale des coulisses et du décor [B.L. de Fontenelle (1686), p. 15], dont la science classique portait encore la marque.

De l'invocation théologique exclusive au mécanisme cartésien, puis du réductionnisme généralisé à l'analyse morphologique préconisée par Thom, on assiste au fond à l'émancipation progressive de la description. Emancipation vis-à-vis de la structure causale (qui renvoie en dernier recours à l'impulsion divine), et adoption de la seule structure légale. Emancipation vis-à-vis de l'espace ordinaire, et acquisition de la liberté nouvelle offerte par les espaces de configuration. Emancipation, enfin, vis-à-vis de l'impératif réductionniste de décrire à deux niveaux comme pour mimer la polarité discursive de l'explication et de ce qui est à expliquer, et fixation d'un objectif de figuration mathématique unifiée.

Un correctif doit cependant être apporté à ce stade ; car le concept de « description », sur lequel s'est focalisée notre réflexion, a des connotations de simple constat qui ne rendent pas raison de la richesse modale des théories scientifiques. Plutôt que de simples descriptions, les sciences fournissent ce qu'on pourrait appeler des « cadres descriptifs » idéalisés. Contrairement à une description au sens strict, qui se contenterait de reproduire un processus unique, considéré comme réalisé dans la nature, un cadre descriptif mathématisé déploie toute une gamme de processus possibles et permet ainsi de tenir compte d'éventuelles variations dans les conditions initiales. La fonction prédictive du cadre descriptif s'obtient en mettant systématiquement en jeu la palette des antécédents possibles et en explicitant leurs conséquents au moyen de phrases conditionnelles du genre : « si les conditions initiales *a* sont réalisées, l'événement *e* se produit ». Quant à l'usage explicatif du cadre descriptif, il prend, comme on s'y attend, la forme d'un retournement temporel de son orientation prédictive : « Puisque " si les conditions initiales *a* sont réalisées, l'événement *e* se produit ", la survenue de l'événement *e* est expliquée par la réalisation des conditions initiales *a* ».

1-1-5 Indéterminisme et prédiction

La figure qui s'est dégagée au § 1-1-1, celle d'une explication identifiée à la figure chronologiquement inversée de la prédiction, celle d'un cadre descriptif pouvant indifféremment être orienté vers la prédiction et vers une « explication » aux ambitions limitées, présuppose la bi-univocité du lien qui rattache chaque antécédent à un conséquent. Elle présuppose non pas la *réversibilité* temporelle des suites d'événements, clause très forte qui signifie la possibilité de réaliser pour chaque évolution observée une situation initiale à partir de laquelle les lois prédisent une évolution en sens exactement opposé, mais simplement l'*inversibilité* temporelle des lois, clause purement formelle qui signifie qu'il existe une procédure permettant d'utiliser les lois pour remonter d'un conséquent donné à un antécédent unique. Cette condition d'inversibilité est évidemment remplie si les lois sont déterministes et obéissent à certaines clauses de stabilité. Mais qu'en est-il lorsque les lois sont indéterministes ou bien lorsque, en dépit de lois sous-jacentes déterministes, les événements manifestent un comportement chaotique ? Que devient dans ces cas la figure typique du cadre descriptif et de sa double fonctionnalité ? Ici, trois possibilités se font jour.

La première possibilité consiste à maintenir intact le paradigme de l'inversibilité temporelle d'un cadre descriptif et de ses deux sens d'utilisation, prédictif et explicatif. Mais cela ne peut se faire qu'à trois conditions : que le cadre descriptif porte désormais sur des probabilités (et sur une loi inversible d'évolution des *probabilités*), plutôt que directement sur les événements ; que l'on considère comme « prédiction » une assignation probabiliste ; et que l'on admette que le fait qu'un antécédent *a* augmente la probabilité de survenue d'un événement *e,* suffit à élever *a* au rang d'une « explication » de *e*.

Si en revanche on se refuse à accorder une telle importance aux probabilités, il reste deux options qui consistent à rendre tantôt l'explication, tantôt la prédiction, auto-suffisantes.

René Thom [(1993), p. 32, 37] s'est fait l'avocat de l'autonomie de l'explication. Cela implique que l'on mette l'accent sur l'aptitude d'une théorie à conférer une certaine « intelligibilité » aux situations observées, et à exhiber une séquence déterministe optimalement simple ayant pu les engendrer, tout en affichant sa sérénité face à la fréquente impossibilité de convertir la série explicative en instrument d'action ou de prédiction. Un bon exemple de cette attitude est fourni par les théoriciens de l'évolution, qui offrent une explication de l'émergence des espèces en invoquant des lois de sélection et des circonstances accidentelles, mais qui ne prétendent guère à la prédiction en raison de leur incapacité à maîtriser les circonstances accidentelles [S.J. Gould, (1989)]. Cette façon de voir est plus généralement typique des sciences historiques.

Un simple retournement des priorités épistémologiques conduit à l'autonomisation de la prédiction vis-à-vis de l'explication. Il suffit de noter que des scénarios partiels ou complets ayant pu conduire à tel événement *e* constaté sont toujours reconstituables *a posteriori* en faisant fonctionner le formalisme prédictif sous contrainte d'aboutir à *e*. Ce processus de reconstitution téléonomique n'est cependant pas à l'abri des critiques.

En premier lieu, une reconstitution n'est pas forcément unique. Mais au moins beaucoup de scénarios rendus *a priori* possibles par le formalisme prédictif sont-ils *réfutés* par le seul fait de la survenue de l'événement *e*. Et parmi ceux qui restent en lice, tous sauf un doivent en principe pouvoir être réfutés, à condition de rendre leurs traces intermédiaires (entre les conditions initiales et l'événement final *e*) expérimentalement disponibles. Cela suffit en principe, selon le critère faillibiliste de Popper [(1959), p. 235], à établir le caractère scientifique de la tentative de reconstitution.

En second lieu, il arrive que la stratégie précédente échoue parce que l'utilisation complète de la procédure de réfutation n'est pas sans effet sur ce qui est prédit. Il arrive que l'hypothèse même selon laquelle on a mis en place les conditions d'attestation expérimentale des processus survenus entre le début du processus étudié et l'événement *e* altère le mode de fonctionnement du formalisme prédictif. C'est généralement le cas en mécanique quantique [1]. Mais même dans ces circonstances, deux issues de secours restent ouvertes pour assigner un statut épistémologiquement respectable aux reconstitutions [R. Omnès (1994a)]. (i) Isoler les cas où la reconstitution reste licite, univoque, et attestable à l'approximation ε près, et définir à partir de là une logique *post-factum*, telle que l'on puisse dire que l'événement intermédiaire e_i est *impliqué* (fût-ce à l'ordre ε) par l'événement final *e*. (ii) Préciser, dans les autres cas,

1. Imaginons par exemple qu'on observe l'impact d'un photon sur un écran, à la suite d'une expérience des fentes d'Young. Mettre en place les conditions expérimentales d'un contrôle de la fente par laquelle passe le photon, cela revient à faire disparaître un élément majeur des prédictions quantiques : l'apparition d'une *figure d'interférence* sur l'écran pour de nombreux impacts. Voir § 1-3-8.

quelles sont celles des suites d'événements dont la survenue attestée *n'aurait pas altéré* le résultat de la prédiction. Ces suites d'événements reconstitués par la pensée s'appellent des « histoires consistantes de Griffiths » (voir § 1-3-8).

De là à écarter d'avance comme superflus les essais de compléter la théorie prédictive par des éléments explicatifs, puisque l'outil prédictif porte déjà en lui-même la possibilité de reconstitutions téléonomiques (univoques ou à plurivocité limitée) des circonstances ayant conduit aux événements constatés, il n'y a qu'un pas. Ce pas a été explicitement franchi (bien qu'avec des arguments différents de ceux qui viennent d'être présentés) par G. Hermann [(1935)], philosophe ayant participé au début des années 1930 aux débats de l'école de Copenhague.

1-1-6 Evénements, propriétés, relations

Ce qui fait la spécificité de la mécanique quantique, comme nous venons de le suggérer, ce n'est pas tant son aspect indéterministe que la distance qu'elle établit entre son formalisme et l'occurrence de l'événement. Une théorie stochastique ordinaire est dite prédictive dans la mesure où elle fournit la probabilité que des événements surviennent spontanément dans la nature. La mécanique quantique standard, pour sa part, ne prétend même pas prédire la survenue d'événements naturels. Elle s'en tient à un schéma prédictif *conditionnel,* suspendu à une interposition instrumentale. Elle indique que *si* une structure réceptive, secteur approprié de l'environnement ou appareil de mesure, est installée à la suite d'une certaine préparation expérimentale, *alors* la probabilité de pouvoir individualiser telle occurrence singulière, caractéristique de la structure réceptive et énonçable par une proposition catégorique, est donnée par la « règle de Born ».

Les théories classiques, indéterministes aussi bien que déterministes, reposent tacitement sur l'hypothèse que les événements *surviennent* dans l'absolu, que les choses *ont* (ou acquièrent) des caractéristiques propres, et que seules sont à identifier les lois (stochastiques ou « causales ») qui régissent la survenue des événements ou l'acquisition des propriétés. L'intervention d'un dispositif expérimental ne fait que *révéler* des événements ou des propriétés qui étaient déjà là et donner ainsi l'occasion de tester les lois. La mécanique quantique, au contraire, a pour particularité de prendre pour règle l'absence d'usage de cette hypothèse. Son pouvoir prédictif est entièrement conditionné par un mode d'opération se situant *en amont* de la grille de lecture événementielle ; non seulement en amont des énoncés de survenue effective des événements, mais aussi en amont de la mise en place d'une gamme unique d'événements possibles. Une fois fixé l'instrument prédictif pré-probabiliste de la mécanique quantique (le « vecteur d'état »), l'ensemble des occurrences événementielles sur lequel portent les prédictions reste indéfini et peut le rester longtemps. Seule la mention du type d'appareillage utilisé, représenté dans le formalisme par un opérateur appelé « observable », permet de lever cette ambiguïté en fin de parcours ; car c'est elle qui fixe la gamme des événements possibles dont on calcule la probabilité. Nous discuterons au chapitre 4 de la *compatibilité* entre les prédictions quantiques et l'hypothèse familière de l'autonomie des événements et des propriétés, ainsi que des conditions drastiques qu'il faut imposer aux concepts d'événement et de propriété (en particulier leur inaccessibilité expérimentale, leur caractère principiellement « caché ») pour assurer cette compatibilité. Mais il faut souligner dès maintenant qu'en l'absence de symbolisme surajouté, en l'absence de conditions supplémentaires, la mécanique quantique opère comme si aucun événement ne survenait indépendamment de conditions expérimentales qui sont donc à la fois celles de sa détection *et* celles de sa survenue (voir § 1-3-8, 2-5-1). Cette circonstance conditionne en effet son statut vis-à-vis de la triade épistémologique « expliquer, décrire, prédire ».

Pour s'exprimer en des termes empruntés à Locke, on est tenté de dire que la mécanique quantique reflète une situation où les « qualités secondes » de ses objets ne sont sous-tendues par aucune « qualité première ». Une situation où les déterminations de ses objets sont toutes *relatives* à la structure d'un type d'appareillage donné, sans qu'aucune détermination *absolue* de l'objet ne rende raison des résultats de son interaction avec l'appareil. Ainsi que l'explique Heisenberg, la tradition, depuis Démocrite jusqu'à Locke en passant par Descartes, était de considérer les propriétés géométriques et cinématiques des objets comme *premières,* c'est-à-dire déterminées dans l'absolu, tandis que d'autres propriétés comme la couleur, le goût, l'odeur, etc., étaient seulement *secondes,* c'est-à-dire résultant de l'action directe ou indirecte des propriétés géométrico-cinématiques des objets sur les propriétés géométrico-cinématiques des organes des sens (ou des appareils expérimentaux). Or, « en physique moderne, les atomes perdent ces dernières propriétés ; ils ne possèdent pas les qualités géométriques à un plus haut degré que la couleur, le goût, etc. (...). Toutes les qualités d'un atome de la physique moderne sont dérivées, il n'a aucune propriété physique immédiate et directe » [W. Heisenberg (1932), p. 38 ; voir aussi B. d'Espagnat (1994)]. Sans entrer dans le jeu des conclusions à tonalité ontologique de Heisenberg (les atomes *ne possèdent pas...* les qualités des atomes *sont* ...), on doit lui accorder que les opérations algébriques de la mécanique quantique substituent aux valeurs des variables, interprétables comme déterminations intrinsèques, et à leurs changements de valeur, interprétables comme événements absolus, des observables visant à représenter des déterminations et des événements *relatifs* à diverses classes de dispositifs expérimentaux. On doit aussi lui accorder que les coordonnées spatiales et cinématiques ne font pas exception à cette règle.

Mais Heisenberg a-t-il pris la pleine mesure de la part de nouveauté et de la part de reprise historique de son affirmation ? L'idée de mettre les qualités premières de Locke sur le même plan que les qualités secondes, de les assimiler à des prédicats qui, au même titre que les qualités secondes, « (...) n'appartiennent pas (aux) choses en elles-mêmes, mais à leurs phénomènes seulement (...) », n'a-t-elle pas déjà été formulée par Kant [(1783), p. 53], voire quelques années auparavant par le philosophe anglais et commentateur de Locke, Robert Green [(1727)] ? Quel est l'apport novateur et spécifique de la mécanique quantique à ce sujet ? On peut aisément le comprendre par contraste, à partir d'une remarque de Kant dans laquelle le philosophe restreint lui-même la portée pratique de sa *révolution copernicienne* pour les sciences de son temps. Il est vrai, dit-il, que c'est seulement en considérant l'espace comme une forme de la sensibilité plutôt que comme quelque chose d'inhérent aux objets que l'on comprend comment il est possible de connaître *a priori* les propositions de la géométrie ; mais « (...) par rapport à toute expérience possible, tout demeure *comme si* je n'avais pas entrepris de me détourner ainsi de l'opinion commune » [Kant (1783), p. 53]. Kant avait bien dénoncé l'illusion d'appréhender les objets comme choses en soi alors qu'ils ne peuvent l'être que comme phénomènes, mais il avait conscience de ne l'avoir fait que dans le cadre d'une démarche réflexive tournée vers les conditions de possibilité de la connaissance. Dans la pratique des sciences classiques, lorsque l'attention se détournait à nouveau de la faculté de connaître pour s'orienter vers le contenu de l'expérience, rien n'empêchait d'oublier l'enseignement de la philosophie critique et de s'exprimer *comme si* les variables spatio-cinématiques manipulées étaient des déterminations intrinsèques. En physique classique, par exemple, un résultat invariant par modification des séquences expérimentales et des types d'appareillages utilisés pouvait être abstrait sans inconvénient de ses conditions instrumentales d'apparition, et agrégé, en même temps que d'autres déterminations supposées intrinsèques, à un noyau réidentifiable de phénomènes confondu avec la chose même. La reproductibilité satisfaisante des résultats quel que soit l'ordre des expériences rendait parfaitement inoffensive la substitution de *propriétés inhérentes* à des *phénomènes relatifs*.

Dans le domaine régi par la physique quantique, en revanche, ce genre d'oubli n'est plus permis. Un trait distinctif de l'algèbre des « observables » de la mécanique quantique est sa non-commutativité, qui traduit la dépendance des résultats expérimentaux à l'égard de l'ordre d'utilisation des appareillages. Aucune valeur de la position d'un objet n'est par exemple reproductible si, entre deux mesures de la position, on intercale une mesure de sa quantité de mouvement. Ou du moins (comme l'indiquent les relations d'« incertitude » de Heisenberg), une valeur de la position n'est reproductible qu'à une marge de fluctuation statistique près, dont la largeur dépend de la précision de la mesure intermédiaire de la quantité de mouvement. La perspective d'une parfaite invariance asymptotique des résultats de mesure vis-à-vis des modifications de la suite des interventions expérimentales, doit donc être abandonnée. Chaque résultat est une occurrence singulière, déterminée par l'irréversibilité des processus qui y trouvent leur aboutissement, et indissolublement rattachée à une histoire expérimentale. Le tenir pour la traduction directe et univoque d'une propriété que l'objet possède de lui-même, indépendamment du contexte instrumental, serait assez aventureux dans ces conditions. Il manque en effet de l'indifférence aux circonstances expérimentales qui autoriserait à se conduire à son égard *comme s'il* était dissociable de ces circonstances. Désormais, c'est le contenu même de l'expérience (instrumentale) possible qui fait obstacle à la mise à l'écart, par un « comme si », de l'enseignement de la démarche critique.

A travers les réflexions précédentes, la mécanique quantique invite à la suspension du jugement sur les propriétés intrinsèques et sur les événements survenant dans l'absolu, même si elle n'impose par elle-même aucune affirmation d'« existence » ou d'« inexistence » de ces propriétés. La démarche que nous proposerons dans les chapitres suivants consistera à prendre cet *agnosticisme structural* de la mécanique quantique à l'égard du concept de détermination propre comme point de départ, plutôt que d'essayer de le justifier. La question ne sera pas alors de savoir pourquoi on se trouve acculé à un tel agnosticisme dans un monde qui est pourtant « de toute évidence » (du moins de toute évidence *commune*) composé d'objets possédant des propriétés, mais à l'inverse de savoir à quelles conditions et dans quelles circonstances particulières il devient possible de surmonter l'agnosticisme et de rattacher les symboles de la théorie physique à l'univers pré-compris des choses et de leurs déterminations propres. L'habitude prise, depuis les réflexions de Heisenberg, ainsi que de Bohr avant 1935, consiste il est vrai à essayer de rendre compte de la mise à l'écart du concept de détermination propre en invoquant la *perturbation* incontrôlable qu'occasionneraient les appareils macroscopiques sur les objets microscopiques. Puisque la perturbation est incontrôlable, dit-on, il est impossible de faire la part de ce qui revient aux propriétés de l'objet et de ce qui revient aux propriétés de l'appareil dans chaque processus individuel, et il faut par conséquent se limiter au résultat de la *relation* entre les deux. Un examen plus approfondi de cet argument sera conduit au chapitre 3. Mais on peut signaler dès à présent l'absence de répondant expérimental de ce genre d'« explication » (il faudrait, pour la mettre à l'épreuve, disposer d'un moyen d'accéder aux propriétés non perturbées). Et aussi le caractère philosophiquement peu convaincant d'une argumentation qui se sert d'un langage de propriétés absolues (celles de l'objet, perturbées, et celles de l'appareil, perturbantes) pour justifier la mise à l'écart des répondants algébriques des concepts de propriété et d'événement absolus dans la théorie physique. N'a-t-on pas là affaire à l'une de ces tentatives vaines d'énoncer les limites de validité d'un langage dans les termes mêmes de ce langage ?

1-1-7 Prédire, point final

Sans la représentation d'un niveau sous-jacent d'objets dotés de qualités premières, dont nos résultats expérimentaux ne seraient qu'autant de reflets relationnels ou seconds, comment *expliquer* (au sens réductif) ce qui arrive ? Et sans l'hypothèse d'événements définis dans l'absolu, comment prétendrait-on même *décrire* la suite des événements qui surviennent entre la préparation expérimentale et la détection ? Seul, dans ces conditions, l'instrument prédictif peut être suivi dans son évolution. Un instrument mathématique de calcul de probabilités qui ne s'appuie plus sur un double explicatif dans l'univers des formes, et qui de surcroît ne dérive plus d'aucun tableau descriptif. Une prédiction émancipée à la fois de l'explication et de la description.

Pourtant, une fois reconnue et acceptée cette sorte d'isolement de l'œuvre prédictive, une fois l'attention focalisée entièrement vers les lois qui régissent l'instrument mathématique de la prédiction, la figure familière de la description et de l'explication réductive (ou au moins leur squelette formel) réapparaît dans un contexte inédit. Après tout, s'il est exact qu'on ne décrit pas une suite d'événements survenus ou de modifications des propriétés des objets, on décrit tout de même *quelque chose* à l'aide du symbolisme de la mécanique quantique : on décrit l'évolution de l'instrument prédictif lui-même, l'évolution d'un vecteur d'état. Et même si aucun niveau explicatif sous-jacent n'est invoqué pour rendre raison du pouvoir prédictif de la théorie, il est frappant de constater que le rapport entre l'instrument mathématique de prédiction et les résultats expérimentaux s'établit exactement sur le modèle du rapport entre les entités cachées et les événements manifestes dans la version la plus générale de l'explication réductionniste. Les « entités cachées » étaient des formes dans un espace soit ordinaire soit abstrait, et les vecteurs d'état de la mécanique quantique sont des formes dans un espace abstrait (l'espace de Hilbert). Les « entités cachées » se connectaient aux événements de l'espace-temps ordinaire par le biais d'une règle de correspondance, et les vecteurs d'état se connectent aux résultats expérimentaux constatés dans l'espace du laboratoire par le biais d'une règle de correspondance probabiliste appelée la « règle de Born ». Prenant au sérieux cet isomorphisme, on aimerait dire que la mécanique quantique *décrit* des entités cachées (représentées par les vecteurs d'état), et que leur évolution dans l'espace abstrait sous-jacent *explique* (au moins au sens probabiliste du terme) l'obtention de tel ou tel résultat expérimental (§ 5-2). Dans ce cas, cependant, on ne peut ignorer que la définition des entités qualifiées de « descriptives », voire d'« explicatives », est initialement celle d'outils prédictifs. L'élévation apparente du statut des vecteurs d'état au rang d'entités cachées à fonction descriptive ou explicative relève seulement d'un changement d'attitude à leur égard : de l'attitude de l'expérimentateur, qui les utilise pour prédire, on est passé à l'attitude du théoricien qui concentre son attention sur leurs caractéristiques formelles. S'il y a « explication » d'un résultat ou d'une corrélation expérimentale par un certain vecteur d'état, ce n'est au fond rien de plus que l'explication d'une prédiction particulière de la théorie par la structure et l'adéquation globale de ses mathématiques prédictives.

Cette façon de voir semble insatisfaisante, pour ne pas dire circulaire, mais il ne faut pas la rejeter trop vite ; au moins traduit-elle notre situation *en suspens* au sein de la nature. Si on sait la lire, la mécanique quantique représente une occasion historique inespérée d'apercevoir que dans les sciences, comme dans la vie en général, ou dans la situation éthique qui prévaut à la suite du *désenchantement du monde,* « on pourrait presque dire de ce mur de fondation qu'il est supporté par la maison tout entière » [L. Wittgenstein, (1969a), § 248].

1-2 Le domaine des possibles

La théorie classique des probabilités, dont l'axiomatique la plus générale fut formulée par A. Kolmogorov [(1933)] (voir section 1-3), n'est pas applicable telle quelle à la situation qu'affronte la mécanique quantique. La théorie de Kolmogorov repose en effet sur le postulat restrictif selon lequel la gamme des possibilités dont chacun des termes doit être affecté d'une pondération probabiliste est unique et déjà donnée : cette gamme est censée consister en un ensemble de sous-ensembles d'événements élémentaires, structuré par les opérations d'intersection, de réunion, et de complémentation. Derrière ce postulat apparemment innocent se tiennent plusieurs présupposés à connotations ontologiques, comme par exemple celui que les événements arrivent dans l'absolu, ou qu'ils sont constitués par le tirage d'objets (des boules colorées dans une urne, des dés à jouer, des pièces de monnaie, etc.) possédant des propriétés prédéterminées. Dans le sillage de tels présupposés, les questions traditionnelles concernant l'asymétrie entre la fréquence et la probabilité, entre le dénombrement passé et la projection dans le futur, sont ressenties comme peu urgentes, puisqu'elles semblent relever d'une distinction purement épistémologique entre le constat expérimental et l'anticipation théorique d'événements qui surviennent de toute manière. « La théorie kolmogorovienne des probabilités présuppose des phénomènes aléatoires impliquant exclusivement des objets actualisés, caractérisés (...) par des propriétés actualisées dont seul le passage à la connaissance est potentiel » [M. Mugur-Schächter, (1993)].

Mais la mécanique quantique, nous l'avons vu, est bien plus générale. L'ensemble des occurrences sur lesquelles portent ses évaluations probabilistes reste indéfini tant qu'une observable n'est pas fixée ; elle offre des prédictions pour un nombre indéfiniment grand de gammes de résultats expérimentaux ; elle ne privilégie pas telle gamme par rapport aux autres ; elle ne s'appuie pas sur l'hypothèse que l'un des événements d'une certaine gamme survient de lui-même et que l'expérience a seulement pour but de révéler lequel ; elle s'abstient de faire reposer le concept d'événement sur celui de « qualités premières » ou de propriétés absolues des objets. Elle donne de ce fait une importance renouvelée à la question de l'asymétrie entre fréquence constatée (au passé) et anticipation probabiliste (au futur), puisqu'au moment où l'on anticipe, non seulement l'événement à prédire n'est pas encore survenu, mais les conditions instrumentales de sa survenue ne sont pas nécessairement en place. Cela ne veut pas dire, répétons-le, que la mécanique quantique *conteste par elle-même* la validité de catégories de la vie courante comme l'événement ou les propriétés, mais seulement que sa capacité prédictive est conditionnée par un champ d'opérations formelles très vaste, dans lequel ces catégories ne trouvent place que comme éléments de raccord indispensables avec l'univers empirique (voir prochains paragraphes) ou comme cas limites soumis à des contraintes inédites (voir § 4-5-6).

Pour traiter du formalisme prédictif de la mécanique quantique, nous allons donc devoir remonter très en deçà de l'enclos des évidences familières sur lequel s'est édifiée la théorie classique des probabilités. Tout, ou presque tout, ce qui paraissait aller sans dire, va être mis sur la sellette, à commencer par l'unité structurale du langage expérimental dans lequel s'expriment les possibilités.

1-2-1 Sur quoi portent les prédictions quantiques ?

« La logique traite de toutes les possibilités, et toutes les possibilités sont ses faits » [L. Wittgenstein (1922), 2.0121]. « La logique de la certitude nous fournit le domaine du possible » [B. De Finetti, (1977), p. 27]. Les deux phrases citées supposent à demi-mot l'unité du champ de la logique, c'est-à-dire l'unicité de la gamme des possibles. Si l'on admet cela, énoncer une proposition entrant dans le cadre de la logique revient à singulariser une sous-gamme de la gamme des possibles, en excluant tout ce qui n'y appartient pas. Cependant, lorsque, comme en mécanique quantique, le formalisme prédictif porte sur une multiplicité indéfinie de gammes de possibles, la logique elle-même doit, en première analyse, être désarticulée (voir § 1-2-9). On parle dans ce cas de logiques au pluriel, sous-tendant une multiplicité de langages expérimentaux. La portée d'une proposition se voit corrélativement restreinte à la logique dont elle fait partie : énoncer la proposition p entrant dans le cadre d'une logique L revient à singulariser une sous-gamme S_{DL} de la gamme de possibles D_L, en excluant tout ce qui, au sein de D_L, n'appartient pas à S_{DL}.

Mais pour ne pas s'en tenir à des considérations superficielles sur la multiplication des logiques, pour élucider la raison de cet éclatement, il faut remonter en amont des règles connectives de la logique propositionnelle, s'intéresser aux noms et aux prédicats (au sens large) qui constituent les propositions, et aboutir par ce biais à une interrogation sur les concepts formels d'objets, de propriétés et de relations. Répondre de façon satisfaisante à la question « sur quoi portent les prédictions quantiques ? » suppose que l'on ne se contente pas d'affirmer : « elles portent sur des faits exprimés par des propositions ». Les faits doivent être décomposés, et les objets qu'ils articulent doivent être interrogés.

Cela sera fait systématiquement aux paragraphes 1-2-11 à 1-2-13. Voulant pour l'instant éviter d'atteindre un degré trop grand d'abstraction, nous allons partir de l'une des situations typiques dans lesquelles opère la théorie classique des probabilités. Les événements et les objets qui y interviennent seront d'abord présentés non problématiquement, puis, par critiques et généralisations successives, nous parviendrons au champ élargi et plurivoque de possibilités sur lequel porte la théorie probabiliste quantique.

1-2-2 Une expérience de pensée, version classique

Considérons l'expérience bien connue du tirage de boules dans une urne « avec remise ». La remise des boules dans l'urne permet que cette dernière contienne une proportion constante de boules de couleur rouge et de boules de couleur blanche avant chaque tirage.

Afin de rapprocher autant que possible cette expérience de celles dont traite la mécanique quantique, on admet que le tirage ne s'effectue pas à la main, mais que les boules sont projetées une par une, à travers un orifice percé dans l'urne, par un dispositif automatique de sélection et de lancer aléatoire. De même, au lieu que l'examen de la couleur de la boule s'effectue directement à l'œil nu, on suppose qu'il s'effectue par une caméra vidéo elle-même reliée à un ordinateur. L'ordinateur affiche la chaîne de caractère « r.o.u.g.e. » sur son écran si la caméra lui a envoyé le signal correspondant à la couleur rouge, et il affiche « b.l.a.n.c. » si la caméra lui a envoyé le signal correspondant à la couleur blanche. Une précaution supplémentaire consiste à relier directement le dispositif de lancer à l'ordinateur et de lui faire afficher « l.e. t.i.r.a.g.e. a. e.u. l.i.e.u. », afin d'écarter les cas où la caméra envoie un signal-couleur parasite sans qu'aucune boule ne soit entrée dans son champ et afin de repérer ceux où, inversement, elle ne donne aucun signal en dépit de l'arrivée d'une boule dans son champ.

La fiabilité du dispositif peut bien entendu être vérifiée à tout instant en confrontant la chaîne de caractères affichée sur l'ordinateur au témoignage d'un expérimentateur qui perçoit la couleur de la boule à l'œil nu. Mais inversement, la fidélité d'un témoignage peut être mise à l'épreuve par comparaison avec ce qu'affiche l'ordinateur. Et la crédibilité de ce que l'on a perçu soi-même peut se prévaloir à son tour d'un accord entre collègues ainsi que du résultat inscrit par l'ordinateur. Cette mention d'un cercle des attestations vise seulement à rappeler dès maintenant, avant même qu'il ne soit question de mécanique quantique, l'absence de critère absolu de la vérité d'une proposition expérimentale. La conviction à propos d'un fait suffisamment attesté n'a pas d'autre prétention que de s'inscrire dans des *formes de vie* dont la persistance tient à la cohérence et au succès de l'ensemble des actions (en particulier expérimentales) qu'elles impliquent.

Ajoutons à présent une complication supplémentaire à l'expérience du tirage des boules. Une caméra vidéo de modèle courant est apte à recueillir, et à retransmettre, plusieurs sortes d'informations. Outre la couleur (et l'intensité lumineuse), elle recueille des informations sur la position des objets dans son champ. Rien n'empêche de programmer l'ordinateur pour en traduire une partie sous forme binaire : la boule est passée à droite ou à gauche du champ de la caméra ; l'écran affiche alors l'une des chaînes de caractères « d.r.o.i.t.e. » ou « g.a.u.c.h.e. ». Selon le jeu d'instructions de l'ordinateur, les deux sortes d'informations concernant une boule donnée seront affichées soit concomitamment, soit isolément : la couleur et pas la position, ou bien la position et pas la couleur. Enfin, pour raffiner encore un peu plus cette expérience-modèle, imaginons un ensemble de situations où les deux sortes d'informations ne sont pas recueillies par le même modèle de caméra. Une caméra-radar ne capte et ne transmet *que* des données sur la position des boules, et par conséquent l'ordinateur qui lui est connecté n'est capable d'afficher que l'une des deux chaînes de caractères de la gamme *position ;* une autre caméra sensible à la seule composition spectrale du rayonnement lumineux ne capte et ne transmet *que* des données sur la couleur des boules, et par conséquent l'ordinateur qui lui est connecté n'est capable d'afficher que l'une des deux chaînes de caractères de la gamme *couleur.* Dans ces dernières circonstances, la difficulté de substituer très rapidement l'une des caméras à l'autre peut rendre *en pratique* impossible l'affichage conjoint par l'ordinateur d'une chaîne de caractères de la gamme « position » et d'une chaîne de caractères de la gamme « couleur » lors du même tirage.

Quelles que soient les difficultés de la détection vidéo conjointe des déterminations « couleur » et « position », il reste pourtant entendu (ne serait-ce que parce que bien d'autres moyens d'investigation que des caméras imparfaites sont en principe disponibles), qu'il y a à chaque tirage un seul support des propriétés : la boule tirée ; et que cette boule *possède à la fois* une couleur et une position. La gamme des possibles est donc unique pour chaque tirage ; elle comprend quatre couples de valeurs, chacun associant l'une des deux valeurs qui composent la gamme « couleur » et l'une des deux valeurs qui composent la gamme « position ». La logique associée est également unique. Elle comprend des propositions du genre « la boule du tirage n° i est rouge et à droite du champ », et elle permet en outre d'établir des conjonctions, des disjonctions, et des négations, de propositions renvoyant à des tirages distincts.

1-2-3 Premières restrictions sur cette expérience de pensée

Admettons à présent que, soit en raison de la présence d'un voile qui cache l'espace situé entre l'urne et la caméra, soit parce que les boules sont si petites qu'elles sont invisibles à l'œil nu, l'expérimentateur n'a plus accès qu'à l'urne (dont le dispositif de lancer aléatoire et de remise est tenu prêt à fonctionner), à la caméra vidéo, et à l'écran de l'ordinateur. Et intéressons-nous d'abord aux deux expériences suivantes : celle qui utilise la caméra-radar détectrice de position et celle qui utilise la caméra sensible aux seules couleurs. Dans la première expérience, le chercheur ne perçoit sur l'écran que deux sortes d'indications : celle d'un tirage effectué, et celle de la position détectée. Dans la seconde expérience, il perçoit sur l'écran l'indication d'un tirage effectué et celle de la couleur détectée. Si plusieurs tirages ont lieu, l'écran affichera une liste alternée, avec numéro d'ordre, de confirmations de tirage et de valeurs de la gamme de possibles déterminée par le choix d'une caméra. Par exemple, pour la caméra sensible aux seules couleurs, cela donne :

« l.e. t.i.r.a.g.e. n° 1. a. e.u. l.i.e.u. »
« r.o.u.g.e. »
« l.e. t.i.r.a.g.e. n° 2. a. e.u. l.i.e.u. »
« b.l.a.n.c. »
« l.e. t.i.r.a.g.e. n° 3. a. e.u. l.i.e.u. »
« b.l.a.n.c. »
................etc.

Si par la suite, disons au millième tirage, l'expérimentateur décide de changer de caméra, il obtient sur son écran quelque chose comme :

« l.e. t.i.r.a.g.e. n° 1001. a. e.u. l.i.e.u. »
« d.r.o.i.t.e. »
« l.e. t.i.r.a.g.e. n° 1002. a. e.u. l.i.e.u. »
« d.r.o.i.t.e. »
« l.e. t.i.r.a.g.e. n° 1003. a. e.u. l.i.e.u. »
« g.a.u.c.h.e. »
...............etc.

Une façon d'exprimer cette famille d'indications de manière prudente, en évitant de nommer des entités invisibles (les boules lancées, cachées par le voile ou par leur petite taille), consiste à formuler des propositions dont :

(a) le sujet est une expérience numérotée, *définie par la totalité du contexte expérimental,* c'est-à-dire à la fois par la préparation de l'urne, par le tirage effectué, *et par la caméra choisie,*

(b) le prédicat est l'occurrence de l'un des résultats rendus possibles par le choix d'une caméra : soit l'occurrence de l'une des deux couleurs pour les expériences numérotées de 1 à 1 000, soit l'occurrence de l'une des deux positions pour les expériences suivantes.

Par exemple : « l'expérience n° 354 (définie par une chaîne opératoire allant de la préparation au fonctionnement de la caméra détectrice de couleur) est caractérisée par l'occurrence de la couleur rouge » ; « l'expérience n° 1667 (définie par une chaîne opératoire allant de la préparation au fonctionnement de la caméra détectrice de position) est caractérisée par l'occurrence de la valeur " à gauche du champ " de la variable position ».

En s'en tenant là cependant, on se comporte comme s'il y avait deux gammes de possibles rigoureusement disjointes et par conséquent deux langages expérimentaux et deux logiques distinctes. Car on a écarté *par construction* les conjonctions et disjonctions de propositions dont le sujet (une expérience déterminée) serait le même, mais dont les prédicats appartiendraient respectivement à la gamme « couleur » et à la gamme « position ». La conjonction « l'expérience n° i a donné " rouge " *et* l'expérience n° i a donné " gauche " » est par exemple exclue. Car, tout en faisant deux fois référence à la *même* expérience n° i, sa première partie ne vaut que par référence à une expérience incluant dans sa définition le contexte expérimental de l'installation d'une caméra sensible aux couleurs, alors que sa seconde partie ne vaut que par référence à une expérience incluant dans sa définition le contexte expérimental de l'installation d'une caméra sensible aux positions. La disjonction de propositions du type « l'expérience n° i a donné " rouge " *ou* l'expérience n° i a donné " gauche " » est exclue pour la même raison.

Sont aussi exclues les conjonctions et disjonctions de certaines propositions *contrafactuelles* dont le sujet (une expérience déterminée) serait le même, mais dont les prédicats appartiendraient respectivement à deux gammes distinctes de résultats possibles. Essayons de comprendre pourquoi. Les propositions contrafactuelles sont des propositions au mode conditionnel dont les conditions sont *contraires aux faits*. L'exemple pertinent dans la situation qui nous retient est : « *Si* l'expérience n° i avait été faite, elle *aurait* donné " rouge " » (mais en vérité, et c'est ce qui rend la condition « contraire aux faits », l'expérience n° i *n'a pas* été faite, car on est passé directement du tirage n° i−1 au tirage n° i + 1 sans mettre en place aucune caméra au tirage n° i). Une telle proposition contrafactuelle n'a rien d'incorrect lorsqu'elle reste isolée. Mais une conjonction ou une disjonction de *deux* propositions contrafactuelles du type : « si l'expérience n° i avait été faite, elle aurait donné " rouge " *et/ou* si l'expérience n° i avait été faite, elle aurait donné " gauche " » est exclue. En effet, sa première partie se réfère à une expérience n° i dont la définition aurait enveloppé l'installation d'une caméra sensible aux couleurs alors que sa seconde partie se réfère nominalement à la *même* expérience n° i tout en impliquant dans sa définition, incompatible avec la première, l'installation d'une caméra sensible aux positions.

Le concept d'« expérience n° i » est en vérité trop global, sa définition enveloppe de façon trop étroite des éléments de contexte expérimental allant de la préparation au choix d'une caméra, pour qu'il soit envisageable d'en dissocier implicitement une partie de ce contexte [1]. Lui adjoindre (factuellement ou contrafactuellement) un prédicat relevant de quelque autre contexte expérimental est une manière de contrevenir à sa définition.

Il est vrai qu'on a envie de maîtriser cette globalité en élargissant à chaque fois la condition, et en y incluant la mention du contexte expérimental auquel chaque résultat est relatif : « si l'expérience n° i avait été faite avec une caméra sensible aux couleurs, elle aurait donné " rouge " *et/ou* si l'expérience n° i avait été faite avec une caméra sensible aux positions, elle aurait donné " gauche " », ou bien encore : « l'expérience n° i, faite avec une caméra sensible aux couleurs, a effectivement donné " rouge ", et *si* l'expérience n° i *avait* été faite avec une caméra sensible aux positions, elle *aurait* donné " gauche " ». N'est-il pas tentant de profiter de toute la liberté offerte par l'utilisation du mode conditionnel pour admettre des conjonctions ou des disjonctions qu'excluent le mode indicatif ou un usage trop restrictif du mode conditionnel ? En faisant cela, cependant, on s'écarte subrepticement de la stratégie consistant à prédiquer chaque résultat d'une expérience définie indissociablement par la préparation, le tirage, *et* le type de caméra choisi. Si l'expérience n° i avait été faite avec une caméra sensible aux positions, elle aurait certes concerné le même tirage mais, globalement, elle n'aurait pas été la *même* expérience que celle qui a donné le résultat " rouge ". Contrairement aux apparences, il n'y a donc pas ici *une* expérience porteuse de *deux* prédicats : l'un, qui lui serait factuellement attribué dans le premier contexte, et l'autre, qui lui serait contrafactuellement attribué dans le second contexte. Il y a *deux* expériences par définition distinctes, et qui ne peuvent donc pas passer pour le sujet unique des deux prédicats. L'essai de conjoindre (factuellement ou contrafactuellement) les deux prédicats en

1. Nous verrons au chapitre 3 l'importance que Bohr a accordée à ce genre de conception holistique dans son interprétation de la mécanique quantique.

conditionnalisant une fraction de ce qui définit chaque expérience, revient donc implicitement à pointer vers un sujet logique qui ne s'identifie plus à l'expérience elle-même dans sa globalité. Le sujet logique qui semble s'imposer à nouveau à l'issue de cette tentative n'est autre que l'objet supposé unique des diverses procédures de détection pouvant être mis en œuvre à la suite d'un certain tirage : une boule colorée. Mais avant d'en (re)venir là, un certain chemin reste à parcourir.

1-2-4 Multiplicité des contextes, unité de la logique

La question de savoir dans quelles circonstances on peut aller au-delà de la formulation consistant à faire d'une expérience globalement définie le sujet logique des prédicats de la gamme qui lui est associée, et par conséquent dans quelles circonstances on est autorisé à choisir un porteur unique de prédicats pour toutes les gammes, va être posée de la façon suivante, intentionnellement plus limitée : comment rétablir l'unité des gammes de possibles ? A quelles conditions peut-on les ramener à une seule gamme de possibles, un seul langage expérimental, et une seule logique ?

Le premier type de circonstances qui permettrait de retrouver une gamme de possibles et donc une logique unique, c'est l'unification du contexte expérimental. Supposons qu'à part les deux types de caméras spécialisées, nous disposions aussi d'une caméra vidéo ordinaire apte à recueillir puis à transmettre simultanément les informations sur la couleur et sur la position. Cette caméra combinée ayant été choisie, il n'y a plus qu'un seul contexte expérimental commun à l'obtention d'une indication relevant de la gamme « couleur » et à l'obtention d'une indication relevant de la gamme « position ». Le concept d'expérience n° i reste indissociable du contexte définissant une gamme de possibles, mais cette fois la gamme de possibles a été élargie et unifiée à la suite de l'unification du contexte. De ce fait, les propositions du type « l'expérience n° i est caractérisée par l'occurrence de la couleur rouge *et (ou)* par l'occurrence de la valeur " à gauche du champ " de la variable position » ne sont plus interdites, puisqu'elles s'inscrivent dans la logique élargie correspondant au nouveau contexte expérimental unique.

Un second type, plus faible, de circonstances permettant l'unification du langage expérimental ainsi que de la logique associée, consiste en la possibilité d'établir une *conjonction* des contextes expérimentaux. Admettons que, ne disposant que des deux caméras spécialisées, nous puissions tout de même les placer de telle sorte qu'elles couvrent le même champ et que par ailleurs :

(a) à chaque tirage, la première caméra fournit une indication de position, la seconde fournit une indication de couleur, et les deux indications s'affichent sur l'écran de l'ordinateur ;

(b) la reproductibilité du couple de résultats est parfaite : aucune dispersion statistique incompressible dans la reproduction d'un résultat relevant d'une caméra n'est imposée par l'utilisation simultanée de l'autre caméra.

L'expérience n° i, qui inclut ici dans sa définition une conjonction de contextes expérimentaux, peut alors parfaitement être caractérisée par une conjonction de prédicats relevant de l'un et de l'autre de ces contextes.

Le troisième type, encore plus faible, de circonstance où l'unification des gammes de possibles reste envisageable, est celle d'une indifférence des résultats à l'ordre séquentiel de la mise en opération des contextes expérimentaux. Admettons que les deux caméras spécialisées puissent être échangées très rapidement pendant la durée d'un tirage, et que par ailleurs, en allant de la condition la plus faible à la condition la plus forte :

(a′) la fréquence d'obtention d'un résultat relevant de l'une des deux gammes ne dépend pas des numéros d'ordre d'intervention de la caméra correspondante,

(b′) si l'on parvient à substituer plusieurs fois les caméras l'une à l'autre *pendant* la durée d'un tirage, chaque résultat est strictement reproductible d'une mise en opération à l'autre de la même caméra.

Lorsque ces conditions d'indépendance des résultats à l'égard de l'ordre et de la substitution des contextes sont respectées, l'intervention séquentielle des contextes est en droit équivalente à leur conjonction ; la caractérisation (au moins contrafactuelle) d'une seule expérience par deux prédicats, l'un de couleur l'autre de position, est à nouveau permise, et par conséquent la logique associée au langage expérimental se trouve une fois de plus unifiée.

Imaginons à présent qu'à la suite d'un échange rapide des caméras spécialisées durant chaque tirage, les conditions (a′) et (b′) n'aient *pas* été remplies. Cela interdit-il de conjoindre ou de disjoindre les propositions expérimentales, et de considérer chacune d'entre elles comme singularisant une occurrence particulière à l'intérieur d'*une seule* gamme de possibles ? Pas nécessairement. Si les indications fournies par les caméras spécialisées dépendent de l'ordre de leur mise en place mais que cette dépendance séquentielle est *prévisible*, par exemple parce qu'elle est liée de façon univoque à la vitesse et à l'angle de substitution d'une caméra à l'autre, ou simplement à la durée qui sépare l'intervention de l'une des caméras de l'intervention de l'autre, rien n'empêche de soustraire systématiquement ces modalités annexes de la définition d'une expérience, et de se ramener ainsi une fois de plus à une configuration équivalente à celle où il y a conjonction des contextes.

Contexte expérimental unique, conjonction de contextes sans dispersion statistique associée, insensibilité à l'ordre chronologique d'intervention des contextes, sensibilité *prévisible* à l'ordre chronologique d'intervention des contextes. La satisfaction de l'une de ces quatre clauses autorise à unifier le langage expérimental ainsi que la logique qui le sous-tend.

Mais en vérité, ce n'est pas comme cela que les choses se passent. La procédure consistant à s'assurer de l'unicité du contexte expérimental ou d'un équivalent acceptable de cette unicité *avant* de se servir d'un langage doté d'une logique unifiée, n'est rien d'autre qu'une fiction méthodologique.

1-2-5 Un langage décontextualisé

Un langage fait de propositions dont les prédicats sont explicitement conçus comme relatifs à un certain contexte et dont les sujets sont indissociables de la donnée de ce contexte, s'avère si rigide, si partiel, si manifestement menacé de fragmentation, qu'il est naturel de prendre le contre-pied de la démarche adoptée pour cette « fiction méthodologique ». Une procédure inversée qui consiste non pas à commencer par tester la validité de l'opération de conjonction des contextes pour unifier ensuite de proche en proche les langages expérimentaux partiels, mais à faire le *pari* de l'unité en adoptant d'emblée un langage décontextualisé, quitte à reconnaître qu'il est vulnérable à une réfutation ultérieure. A l'intérieur d'un tel langage les sujets des propositions n'incluent pas de contexte expérimental dans leur définition, et les prédicats opèrent comme autant de déterminations absolues des sujets. Ce langage, c'est tout simplement notre langage de tous les jours, dont tous les discours partiels, même lorsqu'ils traitent de dépendance contextuelle, opèrent dans la perspective régulatrice d'une unification possible des contextes.

Dans l'expérience de pensée de l'urne et des caméras, l'option d'un langage décontextualisé implique qu'on attribue les caractéristiques de la gamme position et celles de la gamme couleur à un seul objet dont l'identité dépend exclusivement de la procédure de tirage, et non pas à une « expérience » dont la définition globale enveloppe également le contexte vidéo. Le porteur des prédicats de couleur et de position lors du tirage n° i, ce n'est plus l'expérience n° i, mais un certain objet, disons une « boule », qui *est* quelque part en même temps qu'il *possède* une couleur. Le bien-fondé d'une conjonction (ou d'une disjonction) de caractérisations provenant des deux gammes de possibles, et leur fusion en une seule gamme, sont ainsi *pré-supposés* par la forme même du langage employé. Dire que c'est une boule dont une caméra spécialisée vient de détecter la position, et que cette boule *possède* en même temps une couleur, cela revient à présupposer que rien n'empêche en principe de conjoindre ou d'unifier les contextes, même si les conditions d'une telle conjonction ne sont pas remplies à l'heure actuelle et que rien n'indique comment elles pourraient l'être. Prédiquer des propriétés d'un objet, c'est au minimum considérer la possibilité de conjoindre les contextes de prédication comme un horizon du discours.

La dimension de *pari* que comporte l'utilisation de ce type de langage à propos de l'expérience des boules et des caméras vidéo s'étend en fait bien au-delà des deux caractéristiques détectées par les caméras disponibles. Un discours portant sur des *objets* dotés de propriétés anticipe aussi quantité d'autres déterminations qui pourraient leur être attribuées par quantité d'autres moyens et contextes expérimentaux à venir. Il anticipe également la possibilité de trouver un niveau d'analyse expérimentale raffiné où *tous* les contextes seraient conjoints, même si la conjonction reste principiellement exclue à un niveau plus grossier. Un exemple, moins artificiel que celui que nous avons considéré jusque-là, suffira pour s'en rendre compte. Le premier contexte expérimental à considérer est un dispositif de mesure de l'élasticité des solides dans une enceinte maintenue à une température de 20°C ; le second consiste en un dispositif de mesure de la viscosité des fluides dans un récipient thermostaté à une température de 2000°C. La conjonction des deux contextes est évidemment impossible, du fait de leur différence de température. Mais aucun physicien ne refusera d'attribuer conjointement à un certain échantillon métallique deux valeurs relevant des deux gammes de possibles définies par ces deux contextes incompatibles. Aucun physicien ne montrera de réticence à la suggestion d'appeler ces deux valeurs des *propriétés* de l'échantillon métallique. Il ne fait ainsi qu'anticiper soit l'indifférence des résultats à l'ordre d'utilisation des contextes, soit, si cet ordre n'est pas indifférent en raison de phénomènes d'hystérésis, la détermination de propriétés « fondamentales » sous-jacentes (la structure électronique des atomes du métal) qui relèveraient d'un seul contexte expérimental, et d'où dériveraient les propriétés « superficielles » ou « grossières » atteintes séparément par l'élastimètre et le viscosimètre. La situation d'anticipation est ici vécue comme provisoire, et comme devant se résoudre par un progrès (peut-être ultime) de la physique.

Dans l'illustration que nous avons choisi de développer (l'urne, les caméras et l'écran de l'ordinateur), la situation d'anticipation, ou de pari, semble encore plus manifestement provisoire. N'est-elle pas due à la circonstance anecdotique que l'expérimentateur n'a accès qu'à une fraction de son dispositif ? Ne connaîtrait-elle pas une issue rapide si l'on enlevait le voile qui empêche de *percevoir* ce qui se déplace entre l'urne et le champ de la caméra, ou si on s'emparait d'un microscope pour rendre *visible* ce qui est trop petit pour être vu à l'œil nu ? Le pari selon lequel les résultats inscrits sur l'écran de l'ordinateur ne font que refléter des caractéristiques possédées par un objet entrant dans le champ de la caméra ne serait-il pas considéré comme gagné dès l'instant où l'on *verrait* (ou dès l'instant où l'on *toucherait*) des petites boules localisées et colorées là où leur présence était anticipée ? Ce serait perdre de vue que le discours sur des objets « directement perçus » et sur leurs propriétés repose sur le même genre de pari que le discours sur les objets d'une investigation expérimentale, simplement reconduit une étape en deçà. Ce pari préliminaire (premier, faudrait-il dire), c'est que rien ne s'oppose en principe à ce que certaines classes d'aspects successifs présentés à une seule modalité sensorielle, ou bien les caractérisations relevant de plusieurs modalités sensorielles et de plusieurs individus, puissent être conjointes. La connotation ludique du mot « pari » doit dès lors être compensée en signalant que ce pari-là a pour fonction essentielle d'incarner l'impératif moral et social d'affranchir le discours de tout particularisme, et de l'orienter ainsi vers la communication. Il traduit en d'autres termes, de la façon la plus immédiate, l'impératif d'*objectivation*.

En dépit de cela, en dépit de ce point d'appui d'allure transcendantale offert en fin de parcours au concept de propriété, l'ensemble des analyses qui précèdent conduit à formuler une réserve de principe. Le langage non contextuel d'objets et de propriétés qui nous est familier repose sur une hiérarchie d'anticipations concernant l'unité de la gamme de possibles qui définit une logique ; il demeure donc suspendu à un échec toujours envisageable des conduites anticipatrices, fût-ce dans une fraction limitée de son champ d'exercice.

1-2-6 Faut-il garder le silence ?

Mais le langage courant ne laisse pas transparaître la nature de la menace de réfutation qui plane au-dessus de lui. Car en lui, le présupposé de la conjonction des contextes sensoriels et expérimentaux prend l'aspect d'une décontextualisation de ses termes. La perspective et les modalités d'un échec du langage d'objets et de propriétés ont été éliminées de la forme même de ce langage. Le succès constant et universel du pari qu'il sous-entend, d'abord dans la vie quotidienne puis en physique jusqu'au début du vingtième siècle, a eu pour contrepartie l'oubli complet des conditions sur lesquelles il repose. De là l'extraordinaire difficulté prévisible de sa mise en cause. Si l'anticipation d'une unicité de la gamme de possibles devait s'avérer vaine, une tension apparaîtrait bien dans le discours de ceux qui se trouvent professionnellement au plus près de la fracture ; mais cette tension resterait longtemps diffuse parce qu'un langage pré-formé par une logique unifiée est incapable de servir à la formuler, et à plus forte raison incapable de servir à exprimer le procédé de sa résolution.

A vrai dire, la difficulté est encore plus grande que ne le laissent croire les phrases précédentes. Parler d'*oubli* à propos de ce que présuppose un langage d'objets et de propriétés est un euphémisme. Il n'y a aucune trace historique, ou ethno-linguistique, d'un état de la langue où cet « oubli » n'aurait pas déjà été commis (c'est le célèbre *toujours-déjà* de Husserl). Et un oubli qui n'a pas été commis doit plutôt être qualifié d'absence constitutive, d'absence *première* ne pouvant être perçue comme telle que sur fond d'analyse réflexive *seconde*. Le langage même dont nous nous sommes servis pour parler de la multiplicité des contextes et de la fragmentation éventuelle de la logique conçue comme gamme de possibles, n'échappe pas à cette absence constitutive. Expliciter un contexte, disons une caméra vidéo apte à détecter la composition spectrale du rayonnement incident, cela ne revient-il pas à utiliser un sujet (la caméra) et un prédicat (l'aptitude à la détection) qui sont tous deux non contextuels ? Et pour représenter la situation d'un expérimentateur affrontant le constat d'une disjonction des gammes de possibles, n'avons-nous pas dû commencer par recourir à l'image d'un voile ou d'une dimension microscopique cachant des objets qui eux, « cela va de soi », *possèdent* des propriétés ; des propriétés auxquelles les caméras donnent accès médiatement et qui n'attendent qu'un geste de dévoilement pour le manifester ? En d'autres termes, l'entreprise de recontextualisation se heurte de toutes parts à la non-contextualité du langage qu'elle emploie. Elle s'y heurte dans la description du contexte, et elle s'y heurte aussi de façon plus subtile à travers un programme de recherche pré-conditionné par l'usage de substantifs et de prédicats : le programme qui s'assigne pour but d'identifier les propriétés absolues dont les déterminations relatives (contextualisées) ne seraient qu'une traduction indirecte.

« Le langage ordinaire n'est pas le dernier mot, (mais) il faut nous souvenir que c'est le premier mot » [J.L. Austin (1961)]. Comme on vient de le voir, ce premier mot appose sa marque sur chaque tentative de dire les formes d'expression qui pourraient lui succéder ou le généraliser. Mais s'en tenir là, s'en tenir à l'image de la *marque*, c'est encore essayer d'atténuer le choc dont nous commençons à réaliser les conséquences. N'y a-t-il pas une contradiction dans les termes à vouloir à tout prix traduire la fragmentation logique et son corrélat contextuel au moyen de la logique unifiée d'un langage ordinaire non contextuel ? N'est-ce pas aussi vain, une fois de plus, que d'essayer de traduire dans les termes d'un langage ce qui se tient au-delà les limites de ce langage ? Et les derniers aphorismes du *Tractatus* de Wittgenstein ne suffisent-ils pas à nous mettre en garde contre la faillite programmée des entreprises de cet ordre ? Cela est certain, mais nous n'avons guère le choix. Si nous désirons au moins indiquer les directions d'un dépassement approprié du langage ordinaire, sans en rester à une critique interne qui ne ferait qu'en manifester les insuffisances ; si nous ne nous contentons pas d'exhiber un système d'opérations algébriques qui calquerait le système des opérations instrumentales, en restant sans voix à son propos, il faut accepter ce genre d'impropriété. L'inconsistance d'une démarche n'est dangereuse que lorsqu'elle est ignorée.

Essayer d'« expliquer » la relativité des déterminations en faisant appel à la « perturbation incontrôlable » occasionnée par l'appareil de mesure sur les propriétés intrinsèques de l'objet microscopique mesuré, cela relèverait clairement d'une telle ignorance. Au contraire, invoquer la re-contextualisation partielle du langage et la fragmentation de la logique, en restreignant l'application des catégories du langage ordinaire à la description des contextes expérimentaux et d'un projet de recherche, c'est utiliser avec subtilité les ressources de ce langage, non pour en nier la pertinence dans l'univers familier où il a fait ses preuves, mais pour en desserrer l'étau, pour circonscrire une région où son emprise reste *indéfiniment* programmatique.

1-2-7 La mécanique quantique et la pluralité des contextes

La naissance de la mécanique quantique marque-t-elle l'échec historique des langages non contextuels ? La possibilité d'éviter cette conclusion, et de proroger en physique contemporaine la validité de l'ontologie « naturelle » d'objets et de propriétés dont la forme est déposée dans le langage ordinaire, ne sera discutée qu'au chapitre 4. Mais les réflexions du paragraphe précédent conduisent à remarquer dès à présent que, même si l'échec était d'ores et déjà consommé, cela n'apparaîtrait pas clairement dans le discours interprétatif formulé à l'aide du langage ordinaire. Celui-ci manque en effet, nous l'avons souligné, des catégories nécessaires à la traduction de sa propre insuffisance. Même si l'échec était déjà consommé, on aurait toujours besoin d'utiliser le langage courant pour parler des choses qui nous entourent et des appareils de mesure, ne serait-ce que parce que « ma *vie* montre que je sais ou que je suis sûr qu'il y a là une chaise, une porte, etc. » [L. Wittgenstein (1969a) § 7] ; ou plutôt, parce que de telles certitudes conditionnent notre vie et l'action expérimentale qui la prolonge. Par ailleurs, même si l'échec des langages non contextuels était déjà consommé, leur persistance pour parler familièrement, entre physiciens, de *l'objet de l'investigation expérimentale* maintiendrait en état de survie artificielle le projet de dévoiler une strate de propriétés absolues sous la surface des apparences relatives à l'utilisation de divers contextes expérimentaux.

L'échec des langages non contextuels ne pourrait en somme avoir que des conséquences ambiguës : un discours écartelé entre la structure du langage employé et les signes manifestes de son inadéquation ; d'inlassables tentatives de surmonter cette tension, mais un désaccord total sur les moyens d'y parvenir ; une controverse persistante, confuse, et indénouable, en dépit de l'aptitude prédictive jusqu'à présent irréprochable d'une théorie incorporant dans son formalisme la contextualité des déterminations qu'elle régit. On reconnaît dans cette brève énumération la situation qui a prévalu durant près de soixante-dix ans de débat sur l'interprétation de la mécanique quantique. Non pas que ce débat ait tourné en rond : grâce à lui les échappatoires ne sont désormais plus de saison, la palette des options interprétatives viables s'est restreinte, et le prix à payer pour chacune d'entre elles a été scrupuleusement évalué. Mais l'argument décisif de la décision, ou au moins du consensus, manque.

Il serait tentant de sauter du parallèle à l'identification. Puisque la situation que nous vivons dans les discussions sur l'interprétation de la mécanique quantique est exactement analogue à celle qui prévaudrait dans une communauté faisant face à l'échec de son mode d'expression *premier* et non contextuel, cet échec n'est-il pas démontré par la mécanique quantique ? L'analogie, même frappante, n'est pas une preuve. L'impression qu'elle donne de contourner l'impropriété consistant à exprimer dans un langage la limitation de son propre champ d'exercice, n'est due qu'à un tour de passe-passe d'ironiste.

« Si les conditions A prévalaient, il se passerait que B ». Or, B est arrivé ; cela implique-t-il que les conditions A prévalent ? Bien évidemment non, car il faudrait encore s'assurer que *seules* les conditions A peuvent entraîner B. Mais dans le cas qui nous retient, cette précaution élémentaire de la raison est occultée par la nature particulière de B. En effet, B n'est pas n'importe quelle conclusion : c'est la conclusion selon laquelle on ne peut pas exprimer A ; c'est, plus explicitement, la conclusion selon laquelle on ne peut exprimer toutes les conséquences de l'échec d'un langage non contextuel dans les termes de ce langage. Autrement dit, « Si les conditions A prévalaient, il se passerait qu'on ne pourrait pas exprimer A ». L'antécédent étant contenu dans la formulation du conséquent, il est difficile d'échapper à la fascination qu'il exerce. Et encore plus difficile de ne pas penser que, parmi tous les antécédents ayant pu entraîner B, A est justement celui qui risque le plus d'être ignoré en raison de son inexprimabilité, et que, rien que pour cela, il mérite la compensation d'un traitement de faveur. Ainsi l'ironiste parvient-il à attirer sur cet argument une sympathie que ne lui aurait pas valu sa seule valeur déductive.

Il faut donc se garder de prendre les considérations précédentes pour *preuve* que le type de langage qui nous est familier a été invalidé par la mécanique quantique, fût-ce dans « l'univers microscopique ». Mais ces mêmes considérations nous incitent fortement à essayer de suivre jusqu'au bout les conséquences du remplacement d'un langage unique et non contextuel par une pluralité de langages partiellement contextualisés.

1-2-8 Questions et observables

Quels sont les constituants de ces langages ? Avant tout, des propositions. Chacune de ces propositions affirme un *fait,* c'est-à-dire la réalisation d'un certain état de choses parmi tous ceux qui sont possibles dans un contexte donné. Le rattachement d'une proposition à tel langage particulier, sous-tendu par *une* logique, s'annonce par l'appartenance du fait qu'elle affirme à *la* gamme d'états de choses rendus possibles par le choix d'un certain contexte expérimental. Cette appartenance ne préjuge en rien du caractère provisoire ou définitif de la distinction des langages et des logiques, qui reste suspendu au succès ou à l'échec de la tentative de définir des contextes conjoints.

Le rattachement d'une proposition à une logique restreinte peut être rendu manifeste dans le discours en la faisant précéder d'une *question,* et en montrant qu'elle est l'une des réponses de la liste pré-définie par la question. « L'ouverture impliquée par l'essence de l'expérience est précisément, du point de vue logique, cette ouverture de l'" ainsi ou autrement ". Elle a la structure de la question » [H-G. Gadamer (1960), p. 208]. La question *ouvre* sur une grille de réponses mutuellement exclusives (" ainsi ou autrement "), qui se rapporte à elle et ne saurait généralement convenir à aucune autre direction de l'interrogation.

On doit cependant prendre garde à ne pas confondre le contexte expérimental (qui détermine une gamme d'états de choses possibles) et une question (qui ouvre sur une grille de réponses acceptables relevant d'une ou de plusieurs gammes). La question n'est pas indépendante du ou des contexte(s), mais elle n'en est pas la traduction univoque :

(a) Une question particulière peut imposer un découpage diversement modulé, et plus ou moins fin, de l'ensemble des informations rendues disponibles par la mise en œuvre d'*un* contexte expérimental ;

(b) Elle peut être libellée de manière suffisamment large pour valoir dans *plusieurs* contextes qui, bien que distincts, aboutissent à des résultats *redondants ;*

(c) Elle peut enfin ouvrir d'emblée sur des réponses complexes, impliquant une conjonction d'informations obtenues dans *plusieurs* contextes expérimentaux aux résultats mutuellement *indépendants.*

Donnons d'abord une illustration de découpage modulé des résultats obtenus dans *un seul* contexte expérimental (cas (a)). Supposons que ce contexte s'identifie à la mise en place d'un appareil servant à mesurer l'une des trois coordonnées de l'espace ordinaire (disons l'abscisse x, mesurée à partir d'une origine O à la précision Δx près). Le type de questions que l'on peut poser à partir des informations fournies par cet appareil est alors orienté d'avance par sa constitution, elle-même déterminée par sa fonction métrique ; l'appareil fixe, si l'on veut, le cadre général des « ouvertures » ménagées par les questions. Mais rien n'empêche de faire varier à partir de là l'amplitude et la forme de ces « ouvertures » ; de privilégier les questions à deux réponses comme par exemple « la valeur de x est-elle supérieure ou inférieure à deux centimètres ? » ; ou bien de s'intéresser à des fonctions de x plutôt qu'à x elle-même : « la valeur du carré de x est-elle comprise entre 0 et 1 cm^2, est-elle comprise entre 1 et 25 cm^2, ou est-elle supérieure à 25 cm^2 ? ». A chacune de ces questions correspond un ensemble de propositions-réponses possibles, mais ces ensembles distincts sont supportés par une logique commune. Il suffit pour le montrer de désigner un ensemble de propositions élémentaires dont les propositions-réponses (ou plutôt des propositions vériconditionnellement équivalentes aux propositions-réponses) résultent par disjonction, conjonction, ou négation. Dans l'illustration choisie, une liste appropriée de propositions élémentaires serait :

« la valeur de x est comprise entre n × 0.1 cm et (n + 1) × 0.1 cm (n étant un nombre entier) ».

Une proposition vériconditionnellement équivalente à la proposition « la valeur du carré de x est comprise entre 0 et 1 cm^2 » s'obtient par exemple en établissant la disjonction de *dix* de ces propositions élémentaires : « la valeur de x est comprise entre 0 et 0.1 cm *ou* la valeur de x est comprise entre 0.1 et 0.2 cm *ou* ... *ou* la valeur de x est comprise entre 0.9 et 1 cm ». Lorsqu'il en est ainsi, lorsque les questions ont un cadre commun d'ouvertures fixé par un certain contexte expérimental, lorsque leurs propositions-réponses équivalent à des disjonctions, à des conjonctions, ou des négations, de propositions d'un seul ensemble de propositions élémentaires, on dit qu'elles relèvent soit de la *même observable,* soit de diverses fonctions d'une même observable. Mais cette situation, où plusieurs questions se rapportent à un seul contexte expérimental, n'est que l'une de celles où il est permis de traduire la diversité des découpages propositionnels en une observable unique.

Passons donc à présent à la situation où plusieurs contextes fournissent des informations redondantes (cas (b)). Et commençons par en donner une illustration simple, avant d'entrer dans quelques-unes de ses subtilités. Admettons qu'on mesure sur un corps tantôt la distance qu'il parcourt par unité de temps (à l'aide d'une règle et d'un chronomètre), tantôt le décalage en fréquence des ondes qu'il réémet dans la direction de son mouvement (effet Doppler), tantôt les deux à la fois. Les contextes expérimentaux sont ici différents (la règle et le chronomètre dans une situation ; le spectromètre à effet Doppler dans l'autre situation), mais les résultats obtenus lorsque les deux procédés se trouvent employés en même temps sont strictement corrélés. L'emploi de l'un n'apprend rien que l'emploi de l'autre n'ait déjà appris. Les deux procédés sont considérés comme deux manières distinctes de mesurer sur un seul objet une seule variable : la vitesse. Une question expérimentale peut alors être formulée ainsi : « quelle est la vitesse de ce corps ? ». Elle remplace et synthétise les questions « quelle est la distance que ce corps parcourt par unité de temps ? » et « quel est le décalage Doppler qu'il suscite ? ». Mais les choses se compliquent si certains éléments du jugement de redondance se mettent à manquer : si l'identité du corps sur lequel s'effectuent les deux mesures n'est pas certaine, si la mesure simultanée est en pratique impossible, si des mesures successives même très rapprochées ne donnent pas des résultats strictement corrélés, etc. L'unification des questions expérimentales repose alors une nouvelle fois sur une série de conditions substitutives.

Le rassemblement de diverses procédures expérimentales sous le concept d'*une seule observable* garde un sens à condition que l'on suppose, alternativement ou en même temps : que l'impossibilité pratique de mesures simultanées n'est pas une impossibilité de principe et qu'elle pourra donc être levée dans l'avenir ; qu'en l'absence de mesures simultanées on peut se contenter de la corrélation stricte du résultat de ces mesures effectuées successivement et de l'absence de sensibilité à l'ordre de leur mise en œuvre ; qu'en admettant que ces dernières conditions ne sont pas remplies, on peut soustraire systématiquement les variations constatées ; qu'enfin il n'est pas indispensable que les corrélations se manifestent lors d'un seul « tirage » : il suffit qu'elles soient constatées statistiquement sur un grand nombre de « tirages » issus de la même préparation. Ces conditions sont typiques de celles sur lesquelles repose la fonction fédératrice des observables de la mécanique quantique. Le pari qu'elles seraient respectées a été historiquement rendu vraisemblable par le statut de « diverses méthodes de mesure d'une même variable » que les théories classiques (mécanique et électrodynamique) conduisaient à conférer à certains ensembles de dispositifs expérimentaux utilisés en physique atomique. Mais il ne s'agissait là, soulignons-le, *que* d'éléments de vraisemblance. Les théories classiques ne constituaient plus, en droit, que des approximations des théories quantiques dans un domaine restreint ; et beaucoup d'observables quantiques (comme le « charme ») n'avaient pas d'équivalent classique. La justification *a posteriori* de ces paris est venue du succès prédictif global de la théorie quantique qui les incluait.

Le troisième et dernier cas (c) est celui où une question ouvre sur des réponses conjointes, impliquant des informations obtenues dans plusieurs contextes expérimentaux aux résultats indépendants. Une illustration en est fournie par les trois coordonnées spatiales (x, y, z). Supposons qu'on mesure ces trois variables sur le centre de masse d'un même corps. La liste de leurs valeurs peut être synthétisée en une seule entité géométrique : le rayon-vecteur **r**. Et le triplet de questions portant sur leurs valeurs peut corrélativement se condenser en une seule : « quelle est la *position* du centre de masse de ce corps ? ». Même si l'on met une nouvelle fois entre parenthèses la notion d'un corps supportant les trois déterminations « coordonnées spatiales », la conjonction (ou la disjonction) de propositions expérimentales relevant de contextes distincts garde un sens dans la mesure où les conditions énumérées aux paragraphes 1-2-4 et 1-2-5 sont remplies. Rien n'empêche alors de définir une seule observable comme conjonction des observables partielles. Ainsi, l'observable **R** (correspondant au rayon-vecteur **r**) s'identifie-t-elle à la conjonction des trois observables (X, Y, Z) (correspondant aux coordonnées spatiales (x, y, z)).

Jusqu'où peut se poursuivre cette stratégie de la redondance et de la conjonction, qui aboutit à unifier de proche en proche les observables et le langage expérimental correspondant ? L'usage courant du concept formel de chose porteuse de déterminations, et plus encore les traits distinctifs du concept d'« état » en physique classique, laissent entendre qu'elle peut se poursuivre jusqu'au bout ; c'est-à-dire jusqu'au point où il ne reste en principe qu'une seule observable polyvalente, soustendue par un seul contexte conjoint qui peut de ce fait être passé sous silence. Considérons un exemple issu de la physique classique : l'évolution d'un système de N corpuscules non soumis à un champ extérieur. La mécanique et l'électrodynamique classiques décrivent cette évolution à partir de deux sortes de caractéristiques : les constantes (comme la masse et la charge des corpuscules) et les variables (la position et la quantité de mouvement). L'« état » du système est défini par une *conjonction* des 3N variables $[(x_i, y_i, z_i, p_{xi}, p_{yi}, p_{zi}), (i = 1,...,N)]$. Il est représenté par un point dans un espace de configurations à 3N coordonnées. Par ailleurs, toutes les autres caractéristiques du système, en particulier les « constantes du mouvement » comme l'énergie ou le moment cinétique, dérivent, à travers une fonction appropriée, de l'état variable et des caractéristiques constantes ; elles sont *redondantes* par rapport aux familles de déterminations dont elles dérivent. En mécanique classique, par conséquent, la stratégie de la *conjonction* et la stratégie de la *redondance* sont mises en œuvre jusqu'à leurs dernières conséquences. La première conduit à définir l'état d'un système composé d'un nombre arbitrairement grand de constituants et la seconde aboutit à considérer *n'importe quelle* détermination autre que celles qui composent l'état et les caractéristiques constantes comme une combinaison algébrique de ces dernières.

En mécanique quantique, les choses sont bien différentes. La stratégie de la conjonction est limitée à des ensembles d'observables dites « compatibles », et la stratégie de la redondance est restreinte aux fonctions d'observables appartenant à des sous-ensembles de chaque ensemble d'observables compatibles. Dans tous les autres cas, la pluralité des contextes expérimentaux n'a rien d'une circonstance accessoire, et elle ne saurait donc être tue. A moins de la minimiser en la tenant pour temporaire (§ 4-5), à moins de tenter de la résorber dans une logique unique mais non classique (§ 4-4), il faut à présent expliciter ses conséquences, en termes de structure d'une *multiplicité* de langages expérimentaux et de logiques.

1-2-9 Langages expérimentaux et logiques contextuelles booléennes

Un langage expérimental comprend une liste de termes (noms, prédicats monadiques ou relationnels) et des règles grammaticales permettant la formation de phrases. Si la liste de ses termes est fixée par sa restriction au contexte expérimental A, on l'appelle « le langage contextuel L_A ». Nous reviendrons à nouveau sur le point délicat des *termes* d'un langage L_A au § 1-2-11, mais nous allons pour l'instant focaliser l'attention sur les *propositions* qu'expriment ses phrases, et sur la logique propositionnelle λ_A qui lui correspond.

Une adaptation restrictive de la définition de la logique donnée par Wittgenstein (voir § 1-2-1) donne : *la logique propositionnelle λ_A traite de tous les états de choses mutuellement exclusifs rendus possibles par un contexte A donné*. Lorsqu'elle est affirmée, chaque proposition relevant de cette logique singularise un sous-ensemble des états de choses possibles. Elle désigne la *disjonction* des états de choses de ce sous-ensemble comme « fait », c'est-à-dire comme « réalisé(e) ». Etant donné le caractère mutuellement exclusif des états de choses possibles, la même proposition désigne *a contrario* le complément de ce sous-ensemble comme « non réalisé ». Une conjonction de deux propositions relevant de λ_A singularise de la même façon l'*intersection* des deux sous-ensembles correspondants d'états de choses.

Supposons par exemple que les états de choses possibles de λ_A soient :

$\{e_1, e_2, e_3, e_4,...,e_n\}$.

Et donnons-nous deux sous-ensembles d'états de choses :

$\alpha = \{e_1, e_2, e_3\}$ et $\beta = \{e_2, e_3, e_4\}$

Les propositions qui singularisent α ou β sont respectivement :

$p_\alpha = e_1 \vee e_2 \vee e_3$

$p_\beta = e_2 \vee e_3 \vee e_4$

Leur conjonction, qui singularise $\alpha \cap \beta$, est alors :
$p_\alpha \wedge p_\beta = p_{\alpha\cap\beta} = e_2 \vee e_3$
La situation la plus simple est celle où la proposition ne désigne qu'un seul état de choses comme « fait », en écartant tous les autres. On dit qu'il s'agit d'une proposition élémentaire du langage L_A. Mais dans ce cas, la conjonction de deux propositions élémentaires distinctes, désignant deux états de choses mutuellement exclusifs distincts, est une *contradiction*, c'est-à-dire une proposition toujours fausse.

La conséquence importante de ceci est que « les opérations logiques entre les (propositions du langage L_A) se réduisent aux opérations de la théorie des ensembles entre les sous-ensembles de l'ensemble (des états de choses possibles) » [S. Watanabe, (1966)]. Or, par ailleurs, les ensembles de sous-ensembles dotés des opérations d'intersection, $\cap$, de réunion, $\cup$, et de complémentation, ~, ont la structure d'une *algèbre de Boole*. En effet, les opérations d'intersection et de réunion entre sous-ensembles sont commutatives et distributives, on peut définir un ensemble vide et un ensemble exhaustif, et la liste de ces propriétés définit la structure d'algèbre de Boole (voir annexe I, point (A)). L'isomorphisme entre le langage L_A doté des opérations logiques (conjonction, $\wedge$, disjonction, $\vee$, négation, $\neg$), et l'ensemble des états de choses possibles doté des opérations ensemblistes, entraîne donc que la logique propositionnelle λ_A du langage L_A a également la structure d'une *algèbre de Boole*. Elle est une *logique classique*.

En somme, l'ouverture ménagée par une question liée à un contexte expérimental (« ainsi ou autrement »), et le type de proposition catégorique qui peut lui servir de réponse (« il en *est* ainsi et *pas* autrement »), ont pour traduction la structure booléenne de la logique associée. La logique de *chaque* langage expérimental est une logique classique.

1-2-10 Langages méta-contextuels et logiques non booléennes

La validité du constat du paragraphe précédent ne s'étend évidemment pas au-delà des limites tracées par une question, ou au-delà de l'ensemble de propositions d'un langage expérimental donné. *Sauf possibilité de conjoindre les contextes eux-mêmes,* une conjonction ou une disjonction de phrases relevant de plusieurs langages expérimentaux distincts est une phrase mal formée, et elle n'exprime donc aucune proposition expérimentale bien définie [1]. Mais, faute de pouvoir étendre le champ des logiques au-delà de la circonscription des langages contextuels qu'elles sous-tendent, il reste envisageable de former un langage *méta-contextuel* et d'en analyser la logique [P. Heelan, (1970)].

Un langage méta-contextuel est un langage dont les propositions énoncent la mise en œuvre de contextes expérimentaux et énumèrent les états de choses que ces

1. Un correctif historique doit être apporté dès maintenant à cette remarque : Birkhoff et von Neumann [(1936)], ont directement dérivé ce qu'ils appelaient une « logique quantique » non distributive à partir du formalisme de cette théorie. Et l'interprétation qui a longtemps prévalu est que cette « logique quantique » était une logique unifiée des propositions énonçant les propriétés expérimentalement accessibles des objets de la physique microscopique. Ainsi espérait-on rétablir formellement le concept de propriétés appartenant conjointement et intrinsèquement aux objets dans ses prérogatives, au prix d'un renoncement à la logique classique (voir § 4-4-1). Lorsqu'on se place dans la perspective d'une critique de l'unicité du langage expérimental, la place qu'on se trouve conduit à assigner à la logique quantique de Birkhoff et von Neumann est toutefois bien plus modeste. La logique quantique ne représente plus que la projection de traits structuraux reflétant le caractère mutuellement exclusif des langages expérimentaux, sur la structure de l'ensemble de toutes les propositions expérimentales qui les composent. Une projection incorrecte en droit parce qu'elle fond en un seul plan des éléments linguistiques et des éléments méta-linguistiques, des expressions intra-contextuelles et des expressions méta-contextuelles.

contextes rendent possibles. Il s'oppose à un langage contextuel dont les propositions singularisent certains états de choses parmi ceux qui sont rendus possibles par *un* contexte expérimental particulier. Nous allons montrer que, dans le cas le plus large, un langage méta-contextuel n'est *pas* sous-tendu par une logique classique. Sa logique est en général non booléenne.

La meilleure façon d'y parvenir est de donner un exemple. Cet exemple met en scène l'une des situations les plus représentatives des problèmes d'interprétation de la mécanique quantique, à savoir l'expérience des fentes d'Young. Les trois éléments de base de cette expérience (Figure n° 1) sont : une source (S), un cache opaque percé de deux fentes A et B, et un écran de détection. A ces éléments de base s'ajoutent des éléments facultatifs : des détecteurs non absorbants placés immédiatement à la sortie des fentes (petits carrés blancs sur la figure), et des bouchons obstruant l'une des deux fentes (petits carrés noirs sur la figure).

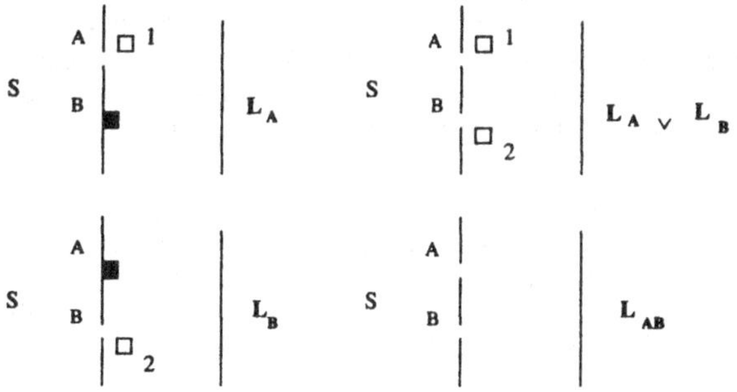

Figure n° 1

Quatre contextes expérimentaux sont mis en place en faisant varier la position et le nombre de détecteurs de sortie et de bouchons. A chacun d'entre eux correspond un langage expérimental, dont les propositions énoncent des résultats de détection. Le langage L_A répond à la situation où la fente inférieure est bouchée, et la fente supérieure munie d'un détecteur (1). Il comprend des propositions élémentaires du type « Le détecteur 1 a été activé, et un impact s'est produit sur l'écran au point d'abscisse $x \pm \Delta x$ ». Le seul élément variable admis dans ces propositions est la valeur x de l'abscisse. Le langage L_B répond à la situation où la fente supérieure est bouchée, et la fente inférieure munie d'un détecteur (2). Il est quasiment identique au langage L_A, à ceci près que la première partie de ses propositions élémentaires énonce l'activation du détecteur 2, et non pas celle du détecteur 1. Le langage $L_A \vee L_B$ répond à la situation où les deux fentes sont ouvertes et où chacune est munie d'un compteur [1]. Ses propositions élémentaires sont toutes celles des langages L_A et L_B. Enfin, le langage L_{AB} répond à la situation où les deux fentes sont ouvertes et où aucune n'est munie d'un détecteur. Ses propositions élémentaires se réduisent à « Un impact s'est produit sur l'écran au point d'abscisse $x \pm \Delta x$ ». Elles ne contiennent aucune mention au sujet d'une détection éventuelle à la sortie des fentes *si des détecteurs avaient été présents,* mais elles n'excluent rien à ce sujet non plus. On peut exprimer ceci en disant que le domaine d'états de choses couvert par le langage L_{AB} est plus vaste que celui couvert par le langage $L_A \vee L_B$.

1. Si le détecteur 1 était efficace à 100 %, on pourrait se passer du détecteur 2. La proposition « Le détecteur 1 *n'a pas* été activé, et un impact s'est produit sur l'écran au point d'abscisse $x \pm \Delta x$ » serait alors équivalente à la proposition « Le détecteur 2 a été activé, et un impact s'est produit sur l'écran au point d'abscisse $x \pm \Delta x$ ».

Inversement, si deux détecteurs sont en place mais qu'ils ne fonctionnent aléatoirement qu'une fois sur deux, on obtient une sorte de combinaison imparfaite ou *imprécise* du contexte associé au langage $L_A \vee L_B$ et de celui associé à L_{AB}. On voit ainsi que ces contextes ne sont pas *strictement* exclusifs l'un de l'autre. Ils peuvent être combinés au prix d'une certaine imprécision. Les notions de mesures imprécises et de combinaisons de contextes ont été très bien analysées ces dernières années [P. Bush (1985)]. Elles reviennent, historiquement, à mettre l'accent sur les relations d'« incertitude » de Heisenberg plutôt que sur le concept de Complémentarité favorisé par Bohr (voir chapitre 3).

A partir de là, et après avoir généralisé les opérations de conjonction et de disjonction des propositions en opérations de produit logique et de somme logique des langages expérimentaux, on arrive à démontrer le théorème suivant (voir Annexe I, points (B) et (C)) :

Dans l'ensemble de langages expérimentaux répondant aux diverses versions de l'expérience des fentes d'Young, la somme logique n'est pas distributive par rapport au produit logique.

Cela suffit à prouver qu'en général, un langage méta-contextuel n'est *pas* sous-tendu par une logique booléenne. Ce résultat négatif s'étend à bien d'autres langages méta-contextuels et familles de langages contextuels, dans tous les domaines de la physique, des autres sciences naturelles, et même de l'action et du langage quotidiens [1]. Mais il a un statut particulièrement important lorsque, comme les traits formels de la mécanique quantique portent à le soupçonner, il existe un obstacle de principe empêchant de fédérer l'ensemble des langages contextuels en un seul langage expérimental à contexte conjoint (sauf au prix d'une limitation mutuelle incompressible de précision). Ainsi que nous le verrons au paragraphe 2-2-3, la contextualité des langages expérimentaux, qui se manifeste sur le plan méta-linguistique par la non-distributivité de la somme et du produit logique, se traduit, sur le plan d'un calcul des probabilités portant sur les propositions de ces langages, par la pré-

1. Il est facile de désigner, par exemple, une situation ethno-linguistique isomorphe à celle des diverses versions de l'expérience des fentes d'Young. Appelons L_A et L_B deux dialectes régionaux, ou deux idiolectes professionnels, d'une même langue. $L_A \vee L_B$ est dans ce cas la réunion des propositions acceptables (sur le plan grammatical et lexical) des deux dialectes. Et L_{AB} représente l'ensemble des propositions utilisables lors d'un échange entre individus appartenant respectivement aux deux sous-groupes sociaux. Ces dernières propositions sont en général plus simples grammaticalement et plus pauvres lexicalement que celles des deux langues d'origine. Les propositions de L_A et L_B peuvent être dérivées de celles de L_{AB} par adjonction d'éléments de forme et de contenu.

diction d'*effets d'interférence* mimant un phénomène ondulatoire.

1-2-11 Les langages expérimentaux et leur terminologie épurée

La question des termes constituant les propositions des langages expérimentaux n'a été qu'effleurée jusque-là. Dans la tradition de la logique, ces termes sont des noms et des prédicats au sens large. Dans la tradition de la physique, les objets individuels dénommés sont ceux *sur lesquels* s'exerce l'activité expérimentale, et les prédicats désignent soit les propriétés que les résultats obtenus conduisent à leur attribuer, soit les relations qui s'établissent entre eux. L'ennui est que ces deux traditions, convergentes parce que dépendant d'un arrière-plan performatif commun, préjugent ainsi de deux capacités : celle d'individualiser certains objets en toutes circonstances et celle de faire coexister plusieurs caractéristiques dans un même objet-substrat bien que chacune d'entre elles ne se définisse que relativement à un contexte perceptif ou expérimental particulier. La croyance en cette coexistence repose, nous l'avons vu, sur la perspective soit proche soit indéfiniment lointaine d'une conjonction des contextes ou de la désignation d'un unique contexte sous-jacent.

Le choix implicite fait dans les paragraphes précédents consistait à faire partiellement l'économie de tels préjugés en mettant entre parenthèses la mention de l'objet de l'expérimentation et en n'introduisant que des termes faisant référence aux instruments utilisés, à leur constituants, ou à leur organisation. Les langages expérimentaux correspondant aux diverses versions de l'expérience des fentes d'Young ne faisaient usage, on l'aura remarqué au paragraphe précédent, que de noms comme *source, cache, détecteurs, écran* et de prédicats comme *présence d'un impact à telle position* (de l'écran) ou *activation* (d'un détecteur). Ou plus largement de termes génériques comme préparation, opération expérimentale (opération de mesure), et résultat. La source et le cache sont regroupés dans la catégorie de préparation, les détecteurs et l'écran se rangent du côté de l'opération expérimentale, tandis que l'activation (de tel détecteur) ou l'impact (en tel point de l'écran) sont des états de choses rendus possibles par l'opération expérimentale. Un résultat (un fait), énoncé par une proposition, est l'occurrence de l'un de ces états de choses, ou bien d'une suite d'états de choses si l'expérience est réitérée.

Il n'a été question dans ce qui précède *ni* de « particules » passant à travers une fente de préférence à l'autre, *ni* d'« ondes » passant par les deux fentes puis donnant lieu à des effets d'interférence, *ni* même d'« événements » provoqués par l'interaction de particules ou de trains d'ondes avec l'écran. Cette stratégie d'extrême retenue se heurte cependant à des écueils si considérables qu'elle n'a pour ainsi dire jamais été suivie jusqu'au bout de ses conséquences. Même ceux des interprètes contemporains de la mécanique quantique qui tendent le plus volontiers à considérer cette théorie comme un pur outil prédictif portant sur des résultats de mesure renoncent à écarter de leurs énoncés toute mention de l'« objet » ou du « système physique » *sur lequel* s'effectue la mesure [1]. J.L. Destouches dit par exemple : « Supposer qu'une théorie est essentiellement prévisionnelle, c'est supposer que l'on ne pourra connaître quelque chose *sur les systèmes physiques* qu'au moyen d'appareils mis en interaction *avec les systèmes observés* et qu'on ne peut éliminer le rôle de ces appareils » [(1981), p. 90]. Du coup, le défaut de consistance interne de l'approche opératoire devient manifeste, car elle consiste à censurer des questions (sur les propriétés intrinsèques des systèmes physiques) que son lexique incite pourtant inévitablement à poser.

Quels sont donc les écueils qui s'opposent à l'accomplissement de la démarche opératoire et à l'élimination de son défaut de consistance interne ? Le premier a déjà été

1. [J.L. Destouches (1941) (1981), R.I.G. Hughes (1989), B. Van Fraassen (1991).]

signalé : c'est le caractère seulement partiel d'une critique de l'organisation du langage qui s'en tient à évacuer l'objet de l'expérimentation de sa terminologie sans toucher à ces autres objets que sont les instruments expérimentaux. En somme, une mise en congé de la tradition de la physique, mais une pérennisation de la tradition de la logique dans un domaine fragmentaire et aux critères de délimitation mal définis. Le second écueil est bien plus dangereux, car il touche à l'organisation interne des langages expérimentaux, plutôt qu'aux limites d'applicabilité de concepts formels comme ceux d'objet et de propriété. Certains éléments factuels que les traditions convergentes de la logique et de la physique rattachent respectivement à la définition du sujet de la prédication et à celle de l'objet d'investigation interviennent en effet dans l'énoncé même des propositions expérimentales. Sans eux, les propositions expérimentales ne perdraient-elles pas jusqu'à leur teneur prédictive, contrevenant ainsi au seul but que l'approche opératoire tient pour légitime ? Ne risque-t-on pas, en se passant de référence à l'objet d'expérimentation, de se priver d'une part essentielle du contenu informatif des propositions expérimentales ?

1-2-12 Un clivage microscopique-macroscopique ?

Discutons d'abord du premier écueil. Comment admettre qu'on pratique la suspension du jugement à propos des objets de l'étude expérimentale, alors qu'on continue à parler comme si de rien n'était des constituants des appareillages, de leurs propriétés, de leur situation respective ? Si l'investigation porte sur un objet microscopique, tandis que l'échelle de grandeurs spatiales et de complexité de l'appareillage est d'ordre macroscopique, il *semble* qu'on ait une bonne raison de pratiquer une distinction entre les deux. Mais dans ces conditions, que faire des cas intermédiaires ? A quel niveau de grandeur ou de complexité passer d'une attitude à l'autre ? Et surtout : n'est-ce pas encore trop dire d'un objet sur lequel on a suspendu le jugement que de le qualifier d'(intrinsèquement) « microscopique » ? A moins d'adopter l'exception cartésienne ou lockéenne, les grandeurs spatiales ne font-elles pas partie de la classe des déterminations relatives à un certain contexte (ici, celui de leur mesure) ? Ne doit-on pas se souvenir de l'avertissement de Heisenberg selon lequel « en physique moderne, les atomes (...) ne possèdent pas les qualités géométriques à un plus haut degré que la couleur, le goût, etc. » (§ 1-1-6) ? A l'échelle microscopique, même la qualification « microscopique » n'est pas intrinsèque.

Le clivage microscopique-macroscopique, si souvent évoqué dans les discussions sur l'interprétation de la mécanique quantique, relève en somme soit de l'indéfini, soit, pire, de la pétition de principe. On se donne d'avance le concept formel de propriété absolue (dans le cas particulier de la grandeur spatiale), on commence par en faire une application universelle (ne serait-ce que pour définir ce qu'on qualifie de « microscopique »), et on s'en sert ensuite pour justifier une limitation de son champ de validité aux seuls appareillages macroscopiques [1]. La stratégie qui consiste à suspendre le jugement à propos de l'objet de l'investigation, mais pas à propos du moyen instrumental de l'investigation, tourne court, car l'application du critère principal qu'elle se donne pour tracer une limite contredit son propre aboutissement.

Peut-être la vraie difficulté vient-elle de ce qu'on ne s'est pas suffisamment avisé de ceci : parler des objets de notre environnement quotidien, du mobilier du laboratoire ou des pièces de l'instrumentation, agir sur eux et les manipuler, n'équivaut en aucune manière à porter un jugement d'existence à leur propos, ni à investir explicitement les jugements d'attribution dont ils sont les sujets grammaticaux d'une portée ontologique. « Les enfants n'apprennent pas que les livres existent, que les fauteuils existent, etc. Ils apprennent à aller chercher des livres, à

1. Nous referons cependant parfois usage, dans la suite de ce livre, de la distinction Macroscopique/Microscopique. Mais il ne faudra y voir qu'une concession à un mode d'expression familier, ou la métaphore spatiale d'une distinction plus fondamentale entre les présupposés et le domaine de l'investigation.

s'asseoir dans des fauteuils, etc. » [L. Wittgenstein (1969a) § 476]. Et l'expérimentateur ne passe pas son temps à affirmer l'existence de ses appareils ; il en parle et il s'en sert. Il a seulement besoin que quelque chose soit mis hors de doute d'un accord commun et tacite, pour qu'il puisse y adosser ses interrogations et ses doutes au sujet de bien d'autres choses. Il demande un point fixe, un point dont chacun s'accorde à demi-mot pour ne pas en contester la fixité, afin d'appuyer le levier de son questionnement. Son analyse critique de l'objet de l'expérimentation n'acquiert de fermeté que sur fond d'une confiance partagée en la fiabilité présente et indéfiniment améliorable des moyens expérimentaux. Quant à l'identité de ce qui est certain, quant à la pertinence de l'ensemble particulier de points fixes que l'expérimentateur a le plus souvent reçu en héritage de son éducation, le succès des conduites qui forment la trame de sa vie et de son activité professionnelle, ainsi que la conformité de ses énoncés avec les normes de l'accord intersubjectif en constituent pour lui une assurance suffisante.

Mais, souligne Nietzsche [(1882), § 121], « La vie n'est pas un argument ; car l'erreur pourrait se trouver parmi les conditions de la vie ». Sans aller jusqu'à redouter la généralisation de l'erreur, ce qui se heurterait à toutes les objections connues contre le scepticisme, il faut tenir compte de l'avertissement de Nietzsche en se gardant de prendre ce qui pré-conditionne l'action et la communication humaines pour quelque vérité insurpassable. Il faut éviter d'investir l'« attitude ontologique naturelle » [A. Fine (1986)] de l'homme de la rue, ou de l'expérimentateur dans son laboratoire, d'un contenu métaphysique qui la figerait. Le *point fixe* dont la philosophie contemporaine consent à doter le chercheur scientifique n'est pas cette « chose » cartésienne « (...) certaine et indubitable » [1] par elle-même, mais seulement un

1. R. Descartes (1641) (Version Fr. 1647), p. 37 ; Méditation seconde. « Archimède, pour tirer le globe terrestre de sa place et le transporter en un autre lieu, ne demandait rien qu'un point qui fût fixe et assuré. Ainsi j'aurai droit de concevoir de hautes

ensemble de propositions mises statutairement, implicitement (grammaticalement, préciserait Wittgenstein) à l'écart du foyer de l'interrogation. *Pré*-juger par l'action de la disponibilité des instruments et de leur position spatiale, *pré*-juger par la parole de la pertinence d'un discours qui en prédique des propriétés intrinsèques, cela n'interdit pas de suspendre en même temps le jugement *explicite* à l'égard de ces instruments et de leurs propriétés. Aucune limite formelle n'est dès lors requise entre une circonscription macroscopique au-dessus de tout soupçon et une circonscription microscopique à propos de laquelle on veut suspendre le jugement. Le jugement est *universellement suspendu en droit,* même si on persiste à se comporter et à parler comme s'il continuait à valoir *en fait,* dans un domaine dont l'extension varie selon le degré de précision qu'on souhaite voir atteindre aux manipulations et aux prédications. L'universalité de la suspension du jugement n'a certes pas de conséquences pratiques *catégoriques,* car cela reviendrait à perdre les points fixes indispensables à l'investigation, mais elle a des conséquences pratiques *hypothétiques* qui lui donnent son sens : n'importe quel secteur de l'environnement *pourrait* se voir englober dans le champ de la suspension du jugement si le niveau de précision souhaité dans une évaluation l'exigeait.

Dans le cadre d'un tel agnosticisme méthodologique généralisé, la portée des notions employées se réduit considérablement. Les termes retenus pour les propositions expérimentales (préparation, opération de mesure, et résultat) n'ont plus que la fonction modeste mais *première* de désigner par anticipation les foyers autour desquels vont s'accomplir des actions réussies, et de fournir le vocabulaire des futurs accords intersubjectifs.

L'insistance sur des concepts comme ceux d'« état de choses », de « fait » et de « proposition », signale quant à elle une distance prise à l'égard des connotations ontologiques du concept d'« événement ». Tandis que les

espérances, si je suis assez heureux pour trouver seulement une chose qui soit certaine et indubitable ».

événements sont, comme les corps matériels, « quelque chose dans le monde », les « faits » se limitent à être ce que les propositions tenues pour vraies énoncent [J. Habermas, (1973), p. 346], et les « états de choses » correspondent à ce que les propositions d'un langage donné *peuvent* énoncer. Contrairement à un événement, qui est censé être posé là-devant, la proposition énonçant l'accomplissement d'un fait ou la description d'un état de choses réalisé ne représente jamais, comme l'indique Popper [(1959) p. 94], qu'une « hypothèse ». Ainsi que son étymologie le suggère, la proposition pro-pose ; elle pose en avance, hypothétiquement, que tous les tests et contre-tests qui pourront être effectués par un expérimentateur et par ses collègues resteront compatibles avec le fait qu'elle exprime. Dans ses *Remarques Philosophiques,* Wittgenstein établit bien une certaine distinction entre hypothèse et proposition, mais il fait de la seconde, comme de la première, un mode d'anticipation. La proposition est simplement traitée par lui comme un type d'attente d'un degré hiérarchiquement inférieur à l'hypothèse : « Une hypothèse est une loi pour la construction de propositions. On pourrait dire également : une hypothèse est une loi pour la construction d'attentes » [L. Wittgenstein (1930), XXII § 228]. Selon la conception de la proposition que Wittgenstein soutient vers 1930, il faut se rendre compte que puisque « l'expérience immédiate doit seulement vérifier quelque chose en elle, une facette » [*ibid.*, XXII § 225], l'attestation du fait qu'elle exprime reste toujours à accomplir, dans la perspective indéfiniment éloignée d'un épuisement de ses « facettes ».

A l'opposé de l'événement, le fait ne prétend donc pas constituer une *donnée* immuable. Ce qui conduit à énoncer sa survenue au moyen d'une proposition, ce sont deux éléments dont il ne faut pas sous-estimer la fragilité. Un élément paradigmatique révisable par parties, et un élément circonstanciel éminemment fragmentaire. L'élément paradigmatique consiste (a) en l'ensemble des présupposés qui régit à une époque donnée le comportement et les aptitudes au consensus d'une communauté humaine, (b) en un corps de théories scientifiques délimitant plus strictement que les langues naturelles ce à quoi il possible de s'attendre à la suite d'une préparation donnée. L'élément circonstanciel s'identifie pour sa part à ce qui apparaît d'un objet ou d'un appareillage expérimental à tel moment et sous un certain angle : une ou plusieurs *facettes*.

La consistance du fait repose en fin de compte sur la bonne intégration du (ou des) élément(s) circonstanciel(s) dans le cadre totalisant du paradigme en vigueur. Que quelques nouveaux éléments circonstanciels ne confirment pas les premiers, et l'hypothèse particulière que constitue l'énoncé du fait se trouve mise en danger. Qu'une partie du cadre paradigmatique présente des fissures parce que trop de faits ne parviennent pas à y prendre place sans inconsistances, et certaines des anticipations qui étaient présentées auparavant comme « faits » sont affaiblies par contrecoup. Un fait ou plusieurs faits qui ne s'inscrivent pas dans un paradigme peuvent inciter à le mettre en cause, mais si c'est le cas ils contribuent réciproquement à dissoudre l'appui qu'ils y trouvaient et à rendre problématique une bonne partie de ce que l'on prenait pour leur *contenu factuel*. A partir de là, l'énoncé du fait se replie sur la part encore intouchée d'un système de présupposés dont les normes de l'action et de la communication humaines constituent le noyau et dont les théories scientifiques forment la frange exposée. Voici un exemple de repli du fait : là où les physiciens du tournant du siècle affirmaient la mise en évidence de *trajectoires corpusculaires* dans les chambres à brouillard de Wilson, Heisenberg [(1969), p. 113] n'y apercevait plus à la fin de 1926 qu'un pointillé assez irrégulier de gouttelettes d'eau. L'identification du fait à une trajectoire le rattachait en filigrane aux représentations de la mécanique classique, alors que sa modeste assimilation à une grappe de gouttelettes de vapeur condensée ne le faisait plus dépendre que des préconditions de base de la perception et du travail expérimental. Le fait modelé par l'ancien paradigme se défaisait ainsi en question ouverte, en simple invitation à élever les récentes avancées théoriques au rang de nouveau paradigme et à assigner un statut d'approximation à ce qui était auparavant tenu pour détermination exacte.

Cette position précaire du fait est bien admise en épistémologie contemporaine. Les « pures » observations sont entachées de théorie, les « données » d'expérience sont modelées par le réseau de possibilités que trace la théorie en vigueur [L. Laudan (1977) (1990)]. Mais tant qu'on s'en tient à un discours méta-scientifique général, le conditionnement du fait par le paradigme n'apparaît déterminant qu'en période d'instabilité, c'est-à-dire au cœur du processus des « révolutions scientifiques ». Ce n'est, semble-t-il, qu'à ces moments délicats qu'il faut se préoccuper de séparer dans chaque « fait » ce qui, revenant à la théorie mise en échec, doit être écarté, et ce qui, relevant d'un fonds de présuppositions antérieur à cette théorie ou à la démarche même des sciences, peut subsister. La charge théorique du fait n'a dans ce cas d'importance que transitoire.

Elle devient au contraire une préoccupation constante quand on s'assigne pour objectif spécifique de formuler une interprétation opératoire satisfaisante de la mécanique quantique. Car on est placé ici face à une sorte de tension constitutive qui ressurgit régulièrement, y compris en période de « science normale ». La survenue inconditionnée des faits doit être affirmée ne serait-ce que pour fournir l'argument du schéma prédictif de la mécanique quantique : une prédiction concerne ce qui va arriver, et elle est attestée par ce qui est arrivé. Mais en même temps il est ici indispensable de thématiser *en permanence* la dépendance des faits vis-à-vis de théories antérieures, voire leur conditionnement par les pratiques humaines les plus élémentaires, car la mécanique quantique ne dispose pas en général de l'équivalent formel de l'hypothèse qu'un fait est survenu à l'exclusion de tout autre (§ 1-3-8). N'étant pas pris en charge par la théorie physique qui joue à l'heure actuelle le rôle d'un paradigme, restant tributaire d'états antérieurs de la connaissance humaine rétrospectivement tenus pour approximatifs, le fait se trouve fragilisé. A moins d'accepter sans esprit critique la ligne de clivage entre un « domaine macroscopique » *assuré* et un « domaine microscopique » *problématique*, on est conduit soit à englober le fait dans une suspension générale du jugement (à valeur au moins hypothétique) soit à le repousser à nouveau à l'arrière-plan tacite des jugements, au risque de l'en voir ressurgir à tout instant [1]. La mécanique quantique, lue de cette manière, acquiert une sorte de valeur thérapeutique : elle empêche d'oublier périodiquement le caractère hypothétique du fait ; elle rappelle sans cesse que chaque fait doit sa fermeté au succès global de l'œuvre épistémique qui le prend présomptivement pour point d'appui.

1-2-13 L'ombre portée du concept de corpuscule matériel dans le langage expérimental

Le second écueil qui menace la tentative de limiter les langages expérimentaux à une terminologie purement instrumentale est le suivant. L'énoncé de l'expérience ou de ses résultats semble presque toujours requérir la mention de son objet, et non pas seulement celle de ses instruments. Une expérience de physique microscopique s'effectue sur un système constitué d'*une* ou de *plusieurs* particules (ou au moins d'*un* ou de *plusieurs* « quantons » [J.-M. Lévy-Leblond & F. Balibar (1984)]) ; son résultat est en principe reproductible individuellement si elle s'exerce à nouveau sur le *même* système ; elle contribue à caractériser un système déjà doté de certaines

1. La suspension du jugement sur les faits et sur les « choses » de l'environnement immédiat de l'expérimentateur a aussi l'avantage de dégager le terrain pour un futur compte-rendu en retour de l'apparaître macroscopique par les méthodes de la théorie quantique (associées à des procédés d'approximation). C'est là ce que nous avons appelé dans l'introduction : *l'essai d'établir une continuité ascendante entre l'objet de la physique et ses moyens instrumentaux* (voir aussi chapitre 5).

déterminations que rien n'empêche (dans le cas non relativiste) de qualifier de *propriétés intrinsèques :* la masse, la charge, le module du spin, etc.

Cet envahissement persistant des énoncés expérimentaux par trois éléments d'ontologie microscopique ne fait cependant que refléter une confusion historique. Il est exact que le concept classique de système de corpuscules avait la capacité de synthétiser ces trois éléments en lui ; qu'il était détenteur d'une multiplicité numérique, d'une identité servant de critère à la reproductibilité du résultat de chaque expérience, et d'une capacité à servir de support à plusieurs déterminations. Mais rien n'indique que ces éléments doivent rester assemblés, partout et toujours. Rien ne l'indique en dehors d'une certaine tradition de la science mathématique de la nature, maintenue pour l'essentiel entre le dix-septième et le dix-neuvième siècle, et enracinée dans la réussite conjointe des actes de dénombrement, de dénomination, et de prédication, au cours de la vie quotidienne. La prudence incite dans ces conditions à effectuer un inventaire séparé de ces trois corrélats du concept de « chose ». Chacun d'entre eux se verra proposer un substitut opératoire. Puis on montrera que, dans le domaine expérimental régi par la mécanique quantique, ces substituts opératoires ne sont pas assez complets pour qu'on puisse reconstituer à partir d'eux seuls, sans leur adjoindre des éléments hypothétiques supplémentaires, un concept de « système » isomorphe à celui de la physique classique.

Commençons par le nombre. Les expériences et mesures de physique « microscopique » aboutissent, de façon typique, à des séries de faits discontinus. Impacts sur un écran absorbant, décharges électrostatiques dans un compteur Geiger, diminutions discrètes de la charge électrique en cas de faible éclairement d'une cathode (effet photoélectrique), grappes de gouttelettes d'eau dans la chambre à brouillard de Wilson, etc. Parmi ces faits discontinus, il faut distinguer ceux qui s'accompagnent *à chaque fois* d'un transfert irréversible de la totalité de l'énergie rendue disponible par la préparation vers le dispositif de mesure, et ceux pour lesquels il n'en va pas ainsi. Les premiers relèvent de ce qu'il est convenu d'appeler des « mesures destructives », et les seconds de « mesures non destructives ». Les coordonnées d'un impact localisé sur un écran absorbant gradué peuvent par exemple être considérées comme le résultat d'une mesure destructive de l'observable position. Par contraste, les coordonnées d'une gouttelette d'eau dans une chambre de Wilson (ou une bulle dans une chambre à bulles, ou un contact dans une chambre à fils de Charpak) représentent le résultat d'une mesure *non destructive* de la même observable position à un certain instant. Tous ces phénomènes discontinus sont considérés, dans la sagesse commune des physiciens, comme autant de manifestations du « caractère corpusculaire » des objets quantiques. Des expressions comme « impacts sur un écran » le suggèrent du reste assez fortement. Mais, si l'on est fidèle à l'option agnostique adoptée, il faut éviter de prendre la discontinuité des faits pour preuve de la pertinence (même partielle, même atténuée, même « symbolique ») d'une représentation corpusculaire. Cette « preuve » est beaucoup trop partielle pour être convaincante. La seule chose que nous nous sentons autorisés à faire à ce stade est d'utiliser la ligne de partage entre mesures destructives et mesures non destructives comme critère d'une approche préliminaire de l'observable « nombre ».

Les mesures destructives d'une observable quelconque seront considérées, du même coup, comme des mesures destructives de l'observable « nombre ». Imaginons par exemple une préparation expérimentale consistant à installer temporairement une source à l'orifice d'une cavité aux parois réfléchissantes. Par la suite, cette source est retirée, et on installe un écran absorbant gradué à la place de l'une des parois réfléchissantes. Le nuage d'impacts sur l'écran gradué peut être utilisé pour obtenir un ensemble de résultats de la mesure de l'observable position ; mais en même temps, il suffit de *compter* les impacts pour obtenir un nombre entier que nous appellerons, par définition, la « valeur de l'observable nombre correspondant à la préparation décrite ».

Les mesures *non destructives* de la quasi-totalité des observables ne constituent pas, en revanche, des mesures de l'observable nombre. Il faudrait en effet pour cela, conformément à la définition adoptée pour l'observable nombre, qu'une mesure destructive effectuée à leur suite fournisse le même ordre de multiplicité qu'elles. Or, en général, il n'en est rien. Certaines séries de N gouttelettes d'eau dans une chambre de Wilson se terminent par exemple par un seul impact sur un écran absorbant (et de ce fait, selon la définition adoptée, la valeur de l'observable nombre est 1, et non pas N).

Poser que toute mesure destructive est simultanément une mesure de l'observable nombre, et noter que la plupart des mesures non destructives ne sont pas des mesures de l'observable nombre, cela n'exclut en rien que des moyens existent de mesurer non destructivement l'observable nombre. La théorie quantique des champs, et la théorie de la seconde quantification, qui confèrent à l'observable nombre le même statut qu'aux observables de la mécanique quantique standard [W. Heitler (1954), II, § 7], donnent des indications sur ce que pourraient être ces moyens. Certains d'entre eux sont au demeurant connus : il s'agit, entre autres, de la mesure de la pression de radiation [V. Braginsky & F. Khalili (1992), p. 54], et de la mesure de la force répulsive exercée dans une enceinte résonante de rayonnement électromagnétique [S. Haroche, (1992)].

Ceci étant acquis, n'est-il pas envisageable de remplacer la phrase « une expérience est effectuée *sur un système constitué de N particules* » par une autre phrase du genre « une expérience est effectuée à la suite d'une préparation caractérisée par la valeur N de l'observable nombre (préalablement obtenue à l'aide d'une technique non destructive) » ? Ne peut-on éviter de surdéterminer le vocabulaire descriptif des expériences très fines effectuées dans des cavités qui fournissent la valeur 1 de l'observable nombre, en le complétant par des noms d'objets ; en disant par exemple qu'on effectue les mesures *sur* des « ions isolés » [P. Meystre (1992)], *sur* des atomes, des particules ou des « quantons » ? La seule mention de la valeur prise par l'observable nombre à la suite d'une préparation ne suffit-elle pas, comme substitut opératoire, à affranchir le langage expérimental de toute tentation d'extrapolation ontologique ? Pas tout à fait. Car il faut encore trouver le moyen de prendre en charge par des substituts opératoires le second et le troisième élément des concepts de « corps matériel », de « système physique », ou plus généralement d'« objet d'investigation expérimentale » : la fonction identificatrice, et la fonction fédératrice des déterminations.

Une analyse plus détaillée des mesures non destructives va d'abord permettre d'obtenir des indications sur la fonction identificatrice.

Certaines mesures non destructives conduisent à la reproduction exacte de leur résultat en cas de réitération de l'expérience. Nous les appellerons des « mesures du premier ordre ». Elles jouent un rôle méthodologique considérable, car elles fournissent une norme ontologiquement neutre pour la définition de la notion de « mesure ».

Tant qu'on s'en tient à la représentation inquestionnée d'un face-à-face entre l'objet porteur de propriétés et l'instrument, la mesure ne peut mieux se définir que comme traduction *fidèle* (symbolique, ordinale, ou numérique), de l'une des propriétés de l'objet. Mais si l'on a commencé par suspendre le jugement sur l'objet de l'expérience et ses propriétés, si on a ainsi retiré son sens à la prescription de « fidélité », quel moyen reste-t-il pour distinguer une véritable mesure d'une donnée numérique fantaisiste ? Schrödinger [(1935a), p. 111] l'indique en quelques mots, dans l'article où se trouve pour la première fois formulé le paradoxe du « chat » : « (...) le critère recherché doit être simplement celui-ci : en répétant la mesure on doit retrouver le même résultat. (...) Il est agréable de constater que cela correspond exactement à la démarche de l'expérimentateur qui, lui non plus, ne connaît pas la " vraie valeur " au départ ». Contrairement à une simple condition de reproductibilité *statistique* sur une préparation donnée, cette exigence de *stricte* reproductibilité (« dans les limites des erreurs inhérentes à la mesure ») ne peut cependant rester isolée. Il faut restreindre son domaine en précisant qu'elle vaut seulement « (...) lorsqu'on répète immédiatement le même processus sur le *même* objet mesuré, sous réserve que celui-ci n'ait pas été soumis à d'autres influences entre-temps ». On n'a en effet aucune raison d'exclure que deux véritables mesures portant sur deux objets distincts et/ou préparés différemment puissent donner des résultats distincts. Doit-on alors admettre qu'on ne peut se passer de mentionner l'identité de l'objet lorsqu'on énonce la reproductibilité d'une mesure ?

Il suffit en vérité de s'appuyer sur l'identité des pièces de l'instrumentation et des enceintes dans lesquelles opèrent les appareils, dont le statut méthodologiquement incontournable mais métaphysiquement innocent est celui d'une simple pré-condition de l'action et du discours de l'expérimentateur dans son laboratoire, pour faire l'économie de la notion d'identité de l'objet. Afin de le voir, considérons d'abord le cas élémentaire d'une cavité close, soustraite aux influences extérieures, et où la valeur de l'observable nombre est 1. Rien n'empêche, lorsque cette situation est réalisée, de réécrire le critère de Schrödinger de la façon suivante : *en répétant une mesure non destructive de l'observable A on doit trouver le même résultat, lorsqu'on la reproduit immédiatement dans la même cavité*. Ici, la concordance entre la condition d'identité de l'objet et celle d'identité de la cavité saute aux yeux, puisque la valeur 1 de l'observable nombre se traduit dans le vocabulaire habituel par l'énoncé « une seule particule est présente dans la cavité ».

La difficulté ressurgit quand la région spatiale (ou l'enceinte) au sein de laquelle s'effectue la mesure itérative est caractérisée par une valeur de l'observable nombre *supérieure* à 1. Il reste alors la ressource de s'appuyer sur la valeur d'une autre observable B, compatible avec A, et non destructive. Si le nombre de valeurs, ou de plages de valeurs complètement distinctes, prises par l'observable B, est identique à la valeur de l'observable nombre dans la cavité considérée, nous l'appellerons *observable complètement identificatrice*. Si le nombre des valeurs distinctes de B est supérieur à 1 mais inférieur à la valeur N de l'observable nombre dans la cavité considérée, ou bien encore si les N plages de valeurs que l'on peut déterminer pour B se chevauchent, nous l'appellerons *observable partiellement identificatrice*. Cela suffit à proposer une troisième et dernière version du critère de Schrödinger : *en répétant immédiatement la mesure simultanée de l'observable A et de l'observable complètement identificatrice B dans la même cavité, on doit trouver le même résultat pour A si l'on obtient le même résultat pour B.*

L'observable identificatrice la plus courante est la *position*. Elle se trouve discrètement mise à contribution (en tant qu'observable *partiellement* identificatrice) lorsqu'on spécifie la région de l'espace où se déroule la mesure d'une certaine variable. Elle est encore utilisée, mais cette fois en tant qu'observable *complètement* identificatrice, lorsque la cavité spatialement circonscrite dans laquelle prend place l'opération de mesure est caractérisée par une valeur de l'observable nombre égale à 1. Il est enfin possible de s'en servir comme observable complètement identificatrice à l'intérieur d'une cavité dans laquelle la valeur de l'observable nombre est supérieure à 1 (disons N), à condition que le nombre des plages de valeurs qu'on peut y déterminer sans introduire un chevauchement atteigne N. Ce procédé revient à délimiter, dans la cavité, des sous-cavités dans lesquelles la valeur de l'observable nombre soit égale à 1.

Le critère de reproductibilité d'une mesure sous condition de retrouver simultanément la même valeur d'une observable complètement identificatrice vise à servir de substitut opératoire à celui de reproductibilité sur une même *particule* ou un même *système physique*. A vrai dire, bien que suffisant en pratique, il est plus faible que son modèle. Il vaut à court terme, tant que l'observable B prend suffisamment de valeurs distinctes pour rester complètement identificatrice, mais rien n'empêche qu'il devienne inutilisable à partir d'un certain moment. Dans un gaz, par exemple, la méthode d'identification spatiale n'opère que durant un temps limité ; d'autant plus limité que la valeur de l'observable nombre dans une cavité de volume fixé est plus élevée. En effet, plus la valeur N est élevée dans le volume V, plus le volume V/N des sous-cavités qu'il faut circonscrire pour que les variables de positions restent complètement identificatrices est petit ; et plus ce volume est petit plus la dispersion des vitesses est grande en raison des relations de Heisenberg. Les sous-cavités initialement définies s'élargissant au rythme de cette dispersion des vitesses, l'identification qu'elles permettent va se perdre avec une rapidité inversement proportionnelle à leur dimension initiale. Dans un solide, par contre, cette évolution vers la perte des repères identificateurs est figée et remise *sine die* en raison des nombreux puits de potentiel qui délimitent autant de micro-cavités stables. Il est de ce fait possible de se conduire et de s'exprimer en pratique *comme si* le solide était fait de composants atomiques individuels constamment identifiés par leur position dans un réseau cristallin plus ou moins parsemé de défauts. La représentation, très courante depuis l'invention du microscope à effet tunnel, de manipulations fines permettant de « déplacer les atomes un par un » a dans ce cas un sens parfaitement clair : celui d'une séquence de modifications de la valeur de l'observable nombre dans plusieurs micro-cavités identificatrices. On commence par faire diminuer de 1 à 0 la valeur de l'observable nombre dans une micro-cavité identificatrice du solide-objet, au profit d'une micro-cavité du solide-instrument où la valeur de l'observable nombre augmente de 0 à 1 ; puis on déplace le solide-instrument, et on fait diminuer la valeur de l'observable nombre dans sa micro-cavité au profit d'une autre micro-cavité du solide-objet. Mais là encore, il ne faut pas perdre de vue que l'identification induite par les puits de potentiel n'est pas parfaite, car la probabilité de transition d'une cavité à une autre n'est jamais nulle : l'*effet tunnel*, qui constitue le principe de fonctionnement du microscope utilisé, intervient aussi pour rendre possibles des échanges spontanés d'une micro-cavité cristalline à l'autre. De surcroît, une simple élévation de température jusqu'au point de fusion du solide suffirait à induire la perte rapide de toute trace du repérage initial par la position, et à rendre problématique l'application d'un critère de reproductibilité fondé sur lui.

Le critère de reproductibilité d'une mesure faite à valeur constante d'une observable identificatrice vaut donc généralement de façon précaire et temporaire. Le critère de reproductibilité d'une mesure sur la *même particule* prétend au contraire valoir de façon systématique et permanente. Il en est ainsi soit parce que l'on admet que les particules sont « intrinsèquement » distinctes, et que par conséquent l'éventuelle imperfection des moyens de leur réidentification ne constitue en rien un obstacle de principe à l'application du critère de reproductibilité ; soit parce que l'on fait reposer leur identité sur la perspective d'une amélioration indéfinie, sans limite incompressible et sans dispersion au cours du temps, de la précision avec laquelle s'évalue la valeur des observables identificatrices. L'application de cette seconde stratégie a conduit certains grands physiciens de la fin du dix-neuvième siècle à *définir* l'identité de l'objet de la mécanique classique (le point matériel) en s'appuyant sur la précision *a priori* illimitée et sur la possibilité d'une itération indéfiniment répétée des mesures de la variable identificatrice de référence : la position [L. Boltzmann (1897), p. 230] (voir § 4-1-3). Mais dans la situation qu'affronte la mécanique quantique, avec en particulier les bornes qu'imposent les relations d'« incertitude » de Heisenberg, cette voie ne peut plus être empruntée. A moins de suivre la voie métaphysique de l'identité « intrinsèque » des particules (ce qui s'inscrirait en faux avec les choix faits dans ce chapitre), il reste à se contenter du seul critère d'identité disponible, avec toutes ses imperfections reconnues : celui que permet d'énoncer la répétition à deux instants rapprochés de la mesure couplée d'une observable quelconque et d'une observable identificatrice. Les limitations propres à ce critère, par rapport à celui qui découlait de la « loi de continuité » de la mécanique classique, se traduisent par des conséquences expérimentales que le vocabulaire habituel des physiciens rattache à l'« indiscernabilité des particules » (voir chapitre 4).

Nous avons été conduits à faire l'économie des fonctions d'*unité numérique,* et d'unité *durablement réidentifiable,* qu'occupe le concept de particule dans les propositions expérimentales. Ces fonctions sont désormais remplies par une série de substituts opératoires affaiblis par rapport à leurs équivalents classiques. Pouvons-nous adopter la même démarche une nouvelle fois afin de nous passer de la fonction fédératrice des déterminations du concept de particule, de son aptitude à servir d'« Aussi » au sens de Hegel [(1807) A, II, 1], « Cet *Aussi* (qui) est le pur universel ou même le milieu (qui) est la *choseité* rassemblant toutes ces propriétés » ?

Certaines observables comme la masse, la charge, et le module du spin, sont soumises à ce qu'il est convenu d'appeler des « règles de supersélection » [G.-C. Wick et al. (1970)]. Sans entrer dans les détails, nous nous contenterons de signaler qu'aucune expérience ne manifeste d'effets d'« interférence » entre divers termes correspondant aux valeurs possibles de ces observables, que les quantités correspondant à chacune de ces observables sont conservées, et enfin que ces observables sont compatibles l'une avec l'autre et avec toutes les autres observables. De telles circonstances incitent à traiter les observables supersélectives exactement comme on le ferait d'authentiques classes de « propriétés » possédées simultanément par des objets de nature corpusculaire. Contrairement à d'autres observables, elles remplissent en effet plusieurs conditions nécessaires pour qu'on puisse ranger chacune de leurs valeurs sous le concept formel de propriété conjointement possédée par quelque chose : L'indépendance mutuelle des valeurs mesurées, leur invariance quelle que soit la séquence de contextes expérimentaux employés, un certain degré de permanence permettant de s'assurer de la reproductibilité des évaluations, et la possibilité de conjoindre les contextes expérimentaux qui y donnent accès. Mais ces conditions nécessaires sont-elles aussi *suffisantes ?* Pour que ces valeurs d'observables se voient qualifier de propriétés *d'un objet*, ne faut-il pas les attribuer à un élément identifié, et ré-identifiable à chaque nouvelle mesure des observables ? Sans cela, *de quoi* seraient-elles des propriétés ? En quoi aurait-on le droit d'affirmer qu'elles coexistent *dans le même* objet ?

Or, la conjonction des observables supersélectives ne suffit pas à elle seule à identifier la « particule » qui est censée en porter les valeurs. Dans le langage des physiciens, la valeur de la charge, de la masse, du module du spin, etc. définit une *classe* de particules, pas une particule individuelle. Et par ailleurs, comme nous venons de le voir, il existe des circonstances où les observables complètement identificatrices, venant s'ajouter aux précédentes, font temporairement ou durablement défaut. La coexistence des propriétés « supportées » manque d'un support particulier réidentifiable en toutes circonstances. Même des observables quasi classiques comme les observables supersélectives ne trouvent donc pas toutes les conditions expérimentalement accessibles pour être traitées comme des propriétés *d'objets* à part entière. Seule la connotation suggestive de leurs noms empruntés au vocabulaire de la physique pré-quantique (de quoi serait la « masse » si ce n'est la masse d'*une* particule ou d'*un* système de particules ?) entretient l'illusion. Une illusion que dissiperait facilement l'intégration des masses, et des diverses charges « des particules élémentaires », dans des constantes universelles [E. Schrödinger (1952b), Y. Ben-Dov (1993)]. Si les masses et charges « des particules » peuvent se voir qualifier de propriétés, il semble bien qu'on ne puisse à la rigueur les prédiquer que de la « nature tout entière ».

Les valeurs d'observables répondant à des règles de supersélection peuvent en fin de compte difficilement passer pour un équivalent exact du concept formel de propriétés *d'un objet appartenant à la nature*. Mais leurs caractéristiques distinctives sont *tout ce qui reste*, en physique quantique standard, de l'idée pré-comprise d'une coexistence durable de propriétés indépendantes dans un même objet particulier. Il suffit dès lors de les prendre en compte pour rendre inutile la mise en œuvre de cette idée par le langage expérimental, c'est-à-dire pour rendre inutile l'emploi des dernières traces d'une ontologie naturelle des objets d'investigation. A ce stade, la liste des substituts opératoires des corrélats du concept formel d'objet dans les propositions expérimentales du domaine quantique est complète.

Une ultime mise au point vaut d'être faite à l'issue de ce paragraphe. Tout ce qui précède ne vise en rien à prouver l'*impossibilité* d'étendre la validité de l'ontologie naturelle d'objets corpusculaires supportant des propriétés aux phénomènes régis par la mécanique quantique. Quelques arguments sont allés dans ce sens, mais ils sont restés fragmentaires et n'ont guère de chances d'emporter la décision à eux seuls. Il ne s'agissait ici de rien de plus que de montrer que si le discours habituel des physiciens sur les « particules » et leurs « propriétés » conserve quelques points d'appui factuels, sa pérennisation n'est en rien indispensable, car toutes les fonctions remplies par lui dans les propositions expérimentales disposent d'un substitut opératoire suffisant. Le caractère incomplet et appauvri de ces points d'appui par rapport à ceux dont pouvait se prévaloir le physicien classique ne doit être considéré que comme une *incitation* à limiter l'usage des catégories du langage courant aux éléments du dispositif expérimental, et à s'en affranchir complètement lorsqu'on traite de l'objet de l'expérience. La véritable discussion sur l'éventuelle *nécessité* d'une telle limitation, ou sur l'opportunité de faire sous-tendre les résultats manifestes par des propriétés « cachées » et de pallier le manque de critères d'identification par le postulat d'une identité « intrinsèque », ne sera amorcée qu'au chapitre 4. En attendant, le choix explicite de suspendre le jugement sur l'objet de l'investigation expérimentale a au moins trois avantages. Celui de laisser ouvertes toutes les questions qu'on est en droit de soulever à propos de cet objet. Celui d'offrir le moyen idéal de leur clarification ultérieure, en poussant à établir un inventaire exhaustif des substituts opératoires aux éléments du complexe de la « chose ». Celui, enfin, de mieux faire apparaître rétrospectivement la singularité historique de la physique classique : une situation où rien n'empêchait de faire confluer présomptivement la liste des critères opératoires dans un concept de corps matériel isomorphe à celui de la « chose » de la vie courante, et où la continuité des discours sur l'objet et sur le moyen de l'investigation expérimentale se trouvait par conséquent assuré. Une sorte d'« âge d'or » dont il nous est aujourd'hui facile de mesurer la précarité.

1-3 Probabilités, projections, et prédictions

« La probabilité est quelque chose qui peut être distribué sur le champ des possibilités » [B. De Finetti (1977)]. Les traits distinctifs du (des) champ(s) de possibilités dont traite la mécanique quantique viennent d'être précisés. Et, ainsi que nous allons le voir (§ 1-3-8), ils ont leur traduction en termes de particularités du calcul quantique des probabilités. Avant d'en venir là, pourtant, avant d'établir l'articulation entre gammes de possibles et évaluations probabilistes, il faut commencer par interroger un concept de probabilité que la définition intentionnellement vague de De Finetti a à peine effleuré.

La théorie axiomatique des probabilités de Kolmogorov [(1933)] n'aide guère à faire progresser cette interrogation, car elle ne fournit rien d'autre qu'un schéma formel (dont nous avons déjà signalé au début de la section 1-2 la dépendance vis-à-vis d'un champ pré-compris et unifié de possibles). Elle présente toutefois le cadre général dans lequel n'importe quelle interprétation du concept de probabilité doit pouvoir se couler, en totalité ou *par parties*. En totalité au cas où l'unification des gammes des possibles est réussie, et par parties si cette unification s'avère irréalisable.

Présentons brièvement ce cadre. Soit E un ensemble d'« événements élémentaires » (E est aussi appelé « événement exhaustif »). Soit e l'un de ses sous-ensembles, appelé un « événement aléatoire ». La probabilité d'un événement e est alors définie par Kolmogorov comme un nombre réel P(e) qui obéit aux deux conditions suivantes :

(i) P(E) = 1
(ii) Si e et e′ sont mutuellement exclusifs, c'est-à-dire si :
$e \cap e' = \varnothing$,
alors,
$P(e \cup e') = P(e) + P(e')$.

Il est par ailleurs facile de démontrer à partir de là que :
(iii) $P(\varnothing) = 0$.

La fonction P qui répond à ces spécifications définit un « champ de probabilités » sur l'ensemble des sous-ensembles de E.

En posant ces axiomes, Kolmogorov [(1933) p. 2] se proposait seulement de lier la « (...) théorie mathématique aux développements empiriques de la théorie des probabilités » ; et de considérer pour cela la probabilité comme concept primitif de sa théorie. Il ne s'agissait en aucun cas pour lui de clarifier le concept de probabilité en montrant sa connexion avec d'autres concepts, considérés comme plus fondamentaux. Bien au contraire, l'un de ses buts était de rendre le formalisme des probabilités indépendant d'un débat pluri-séculaire encore lourd de malentendus.

Mais lorsque les questions d'interprétation de la mécanique quantique viennent au premier plan, ce débat ne peut plus être évité. Les apories du formalisme prédictif et probabiliste de la mécanique quantique l'ont placé sous tension. Elles ont forcé les positions préexistantes à mieux se définir, et à s'adapter à des contraintes inédites.

1-3-1 La pluralité des concepts de probabilité

De nos jours, la question « qu'est-ce qu'une probabilité ? » apparaît d'autant plus délicate à trancher qu'*au moins* cinq grandes familles de réponses lui ont été données. Chacune d'entre elles a atteint un grand degré de cohérence interne puis s'est heurtée à des objections externes mettant en évidence son caractère partiel. Ces cinq conceptions de la probabilité sont les suivantes :

(1) Le degré de croyance qu'entretiennent les personnes au sujet de l'occurrence d'un événement [R.P. Ramsey (1926), B. De Finetti, (1977)],

(2) Le degré de croyance qu'un certain corpus de connaissances préalables conduit rationnellement à entretenir au sujet de l'occurrence d'un événement [J.M. Keynes (1929)].

Notons que la définition populaire, laplacienne, de la probabilité comme *rapport du nombre de cas favorables au nombre de cas possibles* relève de cette seconde conception : la délimitation des « cas » auxquels s'applique l'hypothèse d'« indifférence » ou d'« équiprobabilité » dépend en effet d'une évaluation rationnelle appuyée sur des connaissances antérieures.

(3) La fréquence relative d'occurrence d'un certain type d'événements à l'intérieur d'une séquence temporelle d'événements suffisamment longue [R. Von Mises (1931), H. Reichenbach (1934)],

(4) L'inverse du rapport de la population d'un ensemble de systèmes physiques identiques, à la population de l'un de ses sous-ensembles caractérisé par une certaine plage de valeurs des variables d'état [J.W. Gibbs (1902), R. Tolman (1938)],

(5) La potentialité ou *propension* d'un événement à se produire dans un contexte donné et plus particulièrement à la suite d'une préparation expérimentale donnée [K. Popper (1990)].

Il est cependant rare qu'on s'en tienne à la liste ci-dessus ou à une liste approchante. Les textes de réflexion sur les probabilités s'accompagnent le plus souvent d'une prise de position en faveur de l'une des branches de l'alternative, et d'une critique de chacune des autres. Et cette critique elle-même ne reste pas énumérative ;

elle tend à s'articuler autour d'un système de *classification* des conceptions.

Les critères de classification sont au moins aussi intéressants que les conceptions, car ils révèlent des grilles de lecture tacites qui conditionnent les choix et imposent des distortions aux arguments. Leur point commun est d'imposer une dichotomie, de séparer l'ensemble des interprétations du concept de probabilité en deux sous-ensembles inégalement valorisés. Quels sont donc ces critères ? Le premier, et le plus courant, est dérivé du schème dualiste de la théorie de la connaissance ; le second s'appuie sur un clivage d'inspiration kantienne entre contenu empirique et conditions formelles ; le troisième enfin prend pour principe le rapport des probabilités au temps.

1-3-2 Objectivité, subjectivité, et probabilités

Le critère issu de la théorie de la connaissance conduit à classer les conceptions des probabilités en *subjectivistes* et *objectivistes*. Parmi les conceptions énumérées, les deux premières, qui renvoient à des croyances d'origine personnelle ou rationnelle concernant des propositions, sont fréquemment réunies sous l'appellation « subjectiviste ». Les trois dernières, qui reposent sur les entités objectivées que sont les événements, les systèmes physiques, et les dispositifs expérimentaux, se voient qualifier d'« objectivistes », ou, mieux (car c'est dans la perte de la connotation doctrinale que transparaît le jugement de valeur) d'« objectives ». Un examen, même sommaire, suffit pourtant à montrer la difficulté qu'il y a à justifier la ligne de démarcation ainsi tracée. Personne ne conteste que l'on appelle « subjectiviste » un concept de probabilité fondé sur les croyances personnelles des « sujets » humains. Par contre, le cas des croyances rationnelles ne se laisse pas si facilement réduire. Peut-on le qualifier de « subjectif » au nom de l'emploi d'une raison considérée comme propriété de ces mêmes « sujets » humains ? Cela n'a rien d'évident. Le système des « formes de la pensée » rationnelle, qui débouche sur une évaluation probabiliste, recouvre après tout celui des « catégories » dont Kant fait la condition de la valeur *objective* des jugements. Les *raisons* employées pour projeter une estimation probabiliste ne sont pas assimilables à des inclinations personnelles ; elles répondent à des normes garantissant d'avance qu'elles soient acceptables par tous, de façon contraignante et universelle. L'argument d'utilisation d'une « faculté » humaine, employé en faveur de la *subjectivité* de la méthode des croyances rationnelles, se retourne ainsi en argument pour l'*objectivité* de son résultat, au sens du mot « objectivité » qu'a retenu la philosophie critique.

Si l'on voulait absolument se prévaloir de sa dépendance vis-à-vis d'opérations de l'entendement pour qualifer de « subjective » la détermination rationnelle du contenu d'une croyance, il faudrait le faire en l'opposant à une détermination « existant-en-soi », plutôt qu'à une détermination simplement « objective ». Mais les auteurs qui s'affirment partisans des versions objectivistes du concept de probabilité ne sont bien évidemment pas tous prêts à assumer les corrélats métaphysiques de cette option.

En son absence, le maintien du qualificatif « subjectiviste » apposé à la conception (2) des probabilités dépend vraisemblablement d'une autre hypothèse tacite : l'hypothèse d'*incomplétude* du corpus des connaissances de départ. Supposons en effet *a contrario* qu'on étende idéalement les connaissances sur lesquelles repose l'évaluation rationnelle des probabilités à toutes celles qui sont *en principe* accessibles aux communautés de sujets connaissants ; supposons en somme que ces connaissances soient *complètes*. Dans ce cas, il n'y a plus aucune possibilité de distinguer par ses conséquences un tel concept « subjectiviste » des probabilités de sa contrepartie « objectiviste » : le concept popperien de propension. Seul le préjugé déterministe, selon lequel une connaissance exhaustive *doit* converger vers des certitudes plutôt que sur des évaluations optimales de probabilités, conduirait à admettre qu'un discours probabiliste reflète forcément un corpus de connaissances incomplet. Seul le préjugé déterministe obligerait à considérer que l'évaluation rationnelle des probabilités n'est requise qu'afin de compenser de façon optimale la part d'ignorance d'un homme ou d'une communauté humaine, et qu'elle ne saurait par conséquent refléter qu'une situation « subjective ». Le modèle d'une telle façon de voir se trouve chez Laplace [(1812)], dans l'œuvre duquel une conception subjectiviste des probabilités, rapportées à l'« ignorance », s'associe tout naturellement à la défense d'un déterminisme universel.

Réciproquement, l'affirmation d'objectivité des trois dernières conceptions des probabilités ne saurait aller sans nuances, et surtout sans préciser une fois de plus ce qu'on entend par « objectivité ».

La théorie fréquentiste est souvent tenue pour celle des conceptions des probabilités qui est la plus exempte de contaminations « subjectives ». Pourtant, il ne faut pas le perdre de vue, les procédés de *dénombrement* qu'elle implique reposent sur la délimitation d'*unités*, les événements individuels, et sur la singularisation de certains sous-ensembles d'événements appelés « classes de référence ». La question clé pour décider de l'objectivité de la conception fréquentiste est dès lors la suivante : comment se justifient ces opérations de fractionnement ? Ne traduisent-elles pas des exigences de l'œuvre épistémique, et n'introduisent-elles pas ainsi, selon une perspective pré-critique, un élément de « subjectivité » dans la conception fréquentiste ? Ou peut-on penser au contraire qu'elles reproduisent des traits de la « nature telle qu'elle est », ce qui seul, toujours en un sens pré-critique, permettrait d'affirmer l'« objectivité » de la théorie fréquentiste ?

Dans la ligne de la première option, une thèse particulièrement plausible consisterait à admettre que les opérations de fractionnement reflètent l'imposition d'une contrainte *sémantique* au continuum de ce qui arrive. Cette contrainte [J. Lyons (1977)], c'est le « caractère discret » du signifiant au moyen duquel sont formulés les noms qui font référence à des choses, ainsi que les propositions qui expriment des faits et renvoient à des événements. Un signifiant ou un groupe de signifiants doivent en effet se distinguer suffisamment d'autres signifiants, afin d'éviter les recouvrements et l'ambiguïté systématiques ; la continuité phonétique ou graphique entre signifiants n'est pas permise dans un système de communication non ambigu, et cela suffit à expliquer que l'on ait été d'emblée conduit (avant toute démarche secondaire de construction mathématique du continu), à projeter une structure discrète sur le domaine signifié.

La seconde option, quant à elle, a été rendue particulièrement tentante par la naissance de la physique quantique. Car, dans ce contexte théorique, le fractionnement de ce qui arrive semble pouvoir être fondé sur l'*atomicité* « intrinsèque » et les critères de distinction « naturels » de certains événements élémentaires. Mais, outre la circonstance reconnue que l'invocation de la « quantification » des événements élémentaires ne peut prétendre résoudre la question de l'origine du fractionnement que dans un domaine limité de l'expérience (disons le domaine microscopique), il faut souligner que l'affirmation de discontinuité ou d'atomicité intrinsèque *des événements microscopiques eux-mêmes* n'a rien d'évident ; qu'elle ne découle pas directement de la mécanique quantique mais d'une lecture interprétative particulière de son formalisme ; que le passage du schéma aux valeurs propres, ou *schème de quantification,* qui caractérise le formalisme quantique, à l'idée que des événements discrets de transition entre niveaux du schème *surviennent spontanément,* relève une nouvelle fois de l'interprétation. Le point crucial est de savoir si ce genre d'interprétation est impératif, s'il nous est quasiment imposé par le succès prédictif de la mécanique quantique, ou au moins si, eu égard à ce succès, on peut le tenir pour le plus vraisemblable et le plus apte à favoriser l'unification de nos conceptions. Or, ainsi que nous le montrerons à partir de la fin de ce chapitre et du chapitre 2 (§ 2-4-2, 2-5), il n'en est rien. La conception selon laquelle les phénomènes du domaine microscopique manifestent des événements « intrinsèquement » discontinus n'est pas obligatoire, elle engendre parfois des difficultés, et elle est en tout cas très loin d'engendrer une harmonie conceptuelle maximale. Le schème de la quantification *lui-même,* nous le verrons, peut être dérivé à partir d'une conception plus générale et plus unificatrice dans laquelle la part de discontinuité attachée à la notion d'événement n'intervient au départ que comme simple corrélat du caractère discret du signifiant.

Une fois écartée la croyance en un fractionnement « intrinsèque » du devenir de la nature en événements élémentaires, il reste à tirer les conséquences principales de l'autre branche plausible de l'alternative : à savoir l'idée que le découpage de ce qui arrive en unités événementielles traduit une contrainte d'ordre *sémantique.* Cette idée implique-t-elle que la conception fréquentiste des probabilités, appuyée sur un dénombrement des événements, est somme toute aussi « subjectiviste » que la conception qui fait appel aux croyances des personnes ? En aucun cas, car la contrainte sémantique dont nous avons parlé ne traduit aucune caractéristique des sujets particuliers mais constitue une clause générale de possibilité de la communication ; elle est d'ordre transcendantal plutôt que proprement subjectif. En prenant à nouveau le mot « objectivité » au sens kantien de ce qui obéit aux conditions formelles de possibilité d'une connaissance universellement valable, et plus précisément ici (si la distinction a la moindre raison d'être) aux conditions de l'*expression* et de la *communication* d'une telle connaissance, rien n'empêche alors de dire que les événements et les classes d'événements sont des entités « objectives », ni de qualifier d'« objective » la théorie fréquentiste des probabilités qui les suppose. Dans le cadre de la conception de l'objectivité héritée de la clarification kantienne, la théorie fréquentiste des probabilités n'est ni plus ni moins *objective* que la théorie des évaluations rationnelles, pour peu que la première n'ait pas recours à une ontologie de l'événement élémentaire, et que la seconde ne s'associe ni à l'idée d'une « ignorance » réductible ni à une option déterministe.

La théorie ensembliste l'est-elle davantage ? Elle dépend du dénombrement de « systèmes physiques », qui sont des entités permanentes et soumises à des règles (ou lois) d'évolution ; c'est-à-dire, une fois de plus, des entités satisfaisant aux principaux critères formels de l'objectivité exposés dans la Critique de la Raison Pure. De ce point de vue, les raisons de la qualifier d'« objective » sont du même ordre que celles qu'on avait pour la théorie fréquentiste. Il y a cependant dans la théorie ensembliste des traits propres qui tendent à affaiblir la prescription d'« objectivité ». Les systèmes des ensembles de Gibbs ne sont pas en général des systèmes physiques *réels,* autrement dit des systèmes aptes à se manifester par un effet soit expérimental soit directement sensible ; ce sont des systèmes *inventés*. Le raisonnement de Gibbs [(1902)] commence ainsi : « *Imaginons* un grand nombre de systèmes de nature identique, mais différant dans leur phase, à savoir dans leur configuration et leur vitesse ». Ce qui signifie que les opérations de la théorie ensembliste portent sur des systèmes « imaginés » par variation systématique des coordonnées initiales d'un seul système réel dans l'espace des phases et non pas sur des systèmes « trouvés » dans la nature. Schrödinger [(1952a)] le dit de façon encore plus parlante : dans la méthode des ensembles de Gibbs, « les N systèmes identiques sont des *copies mentales* du système considéré ».

L'analyse ensembliste dépend donc d'un dénombrement par la pensée de tous les états accessibles à un système donné ; ou, plus généralement, d'un inventaire rationnel de tous les états de choses rendus possibles par les lois de la théorie physique en vigueur. Et l'évaluation ensembliste des *probabilités* repose sur la distinction d'un sous-ensemble de systèmes ou d'états de choses à l'intérieur de l'ensemble formé. Rappelons-nous maintenant que la théorie physique en vigueur représente la meilleure expression descriptive (ou prédictive) connue du corpus de connaissance disponible à une certaine époque pour chaque membre de la communauté scientifique. Puis, notons que la raison qu'on invoque pour former des ensembles de « copies mentales » d'états de choses, plutôt que de considérer le seul état de choses réalisé, est la connaissance imparfaite qu'on possède *de facto* au sujet de ce dernier. Dans ces conditions, la grille de lecture dualiste utilisée pour distinguer la conception ensembliste des probabilités de celle des évaluations rationnelles n'a plus rien d'éclairant. Les mêmes éléments d'« objectivité » et de « subjectivité » se retrouvent, parfois transfigurés mais toujours reconnaissables, dans les deux situations. Si les deux conceptions devaient être opposées, ce serait plutôt comme une étude en extension peut l'être à une étude des significations, comme l'énumération exhaustive des cas impliqués par un certain corpus de connaissances peut l'être à l'analyse des propositions qui le constituent.

1-3-3 Les probabilités entre épistémologie et ontologie

La dichotomie « subjectif-objectif » dérivée de la théorie classique de la connaissance est en définitive loin de lever à elle seule toutes les ambiguïtés. L'intervention conjointe du second critère de classification des conceptions des probabilités permettrait peut-être d'y parvenir. Ce second critère [R. Carnap, (1950a)] conduit à distinguer deux classes de conceptions : celles qui, identifiant directement les probabilités à un élément de l'univers empirique, font de la détermination des valeurs de probabilités une procédure expérimentale, et celles qui établissent une nette différence entre les évaluations probabilistes et le matériau de leur mise à l'épreuve empirique.

Commençons par la classe des conceptions empiriques. Elle comprend aussi bien la théorie qui identifie la probabilité au degré de croyance des personnes (1), que celle qui en fait une fréquence relative d'occurrence des événements (3). Dans un cas, en effet, les probabilités s'estiment en interrogeant les personnes sur leurs croyances à propos de l'occurrence des événements ;

elles découlent en principe d'une enquête empirique d'ordre psychologique ou psycho-sociologique ; elles reflètent la variété des résultats d'une telle enquête empirique, même si l'on cherche à montrer qu'elles convergent vers leur évaluation rationnelle lorsque certains principes d'auto-consistance des croyances sont appliqués. Dans l'autre cas, les probabilités (ou du moins des approximations indéfiniment améliorables de celles-ci) s'obtiennent en dénombrant directement des événements ; elles proviennent d'une enquête empirique d'ordre physique au sens large. A l'intérieur de cette classe des conceptions empiriques des probabilités, la ligne de partage subjectif-objectif prend un sens parfaitement clair. La théorie « subjective » est celle qui relève d'une analyse empirique des *sujets*, de leurs croyances déclarées, de leurs comportements tacitement régis par des croyances, des intentions qui précèdent leurs actions ou qui leur servent d'explication rétrospective. La théorie « objective » est celle qui s'appuie sur une étude empirique de certains *objets* de connaissance, de leurs propriétés, et des *événements* qu'on peut définir à partir des changements de leurs propriétés.

La dichotomie subjectif-objectif perd beaucoup de sa pertinence, nous l'avons vu, pour les trois conceptions non empiriques des probabilités : la théorie des évaluations rationnelles (2), la théorie ensembliste (4), et la théorie des propensions (5). Le seul élément qui jette un trouble, et qui suscite la tentation de tenir la théorie des évaluations rationnelles pour plus « subjectiviste » que les autres, est son aptitude à faire ouvertement dépendre l'estimation de la probabilité d'un événement de l'éventuelle « ignorance » partielle des conditions qui déterminent cet événement à se produire. Mais, comme le remarque à juste titre Carnap [(1950a)], cette aptitude ne suffit pas à entraîner la « subjectivité » de la conception des probabilités qui la possède. Une évaluation rationnelle de la probabilité (ou du « degré de confirmation d'une hypothèse ») *relativement* à un certain contenu informatif préalable, est une opération tout à fait objective par elle-même ; ce qui lui appose une touche de subjectivité de provenance empirique, c'est l'énoncé factuel de ce contenu informatif préalable, au nom de ce que telle personne affirme connaître, ou bien au nom de ce que telle communauté peut connaître dans la situation particulière qu'elle occupe. Il ne faut pas confondre la *méthode* et le caractère parfois subjectif des *prémisses* qu'on utilise pour la mettre en œuvre.

Une fois cette confusion installée, cependant, tous les jugements ultérieurs risquent d'en porter la marque. Une fois assimilée l'idée que l'utilisation de prémisses informatives partielles lors d'une estimation des probabilités rend cette dernière subjective, et que réciproquement l'emploi d'un mode probabiliste de prédiction n'est rendu indispensable que par le caractère partiel ou *incomplet* des prémisses, quantité de conséquences mal maîtrisées en découlent. L'utilisation des probabilités « implique » la subjectivité, et une théorie physique faisant usage du concept de probabilité ne peut dès lors être dénuée de quelque subjectivité. Plusieurs physiciens et penseurs ont ainsi laissé entendre que la mécanique quantique, conçue comme système d'évaluation rationnelle des probabilités, comporte un élément subjectif qui la distingue des théories classiques. Cette qualification de subjectivité apparaît toutefois d'autant plus discutable que les arguments présentés en faveur du caractère incomplet des prémisses informatives qui imposent l'emploi de probabilités en physique microscopique, n'impliquent *le sujet* qu'en un sens très large et essentiellement impersonnel. Un sens si large que l'on risque de ne plus voir quelle vue générale opposer à la vue prétendument « particulière » du sujet générique, et quelle perspective de complétion opposer à ses connaissances supposées « incomplètes ». Au minimum on affirme que l'incomplétude reflète une imperfection historiquement surmontable mais actuellement insurmontée de l'instrumentation scientifique ; au maximum qu'elle révèle une frontière infranchissable liée à la condition des êtres humains finis que nous sommes.

Le paradigme de la mise en rapport des probabilités et de la subjectivité est à vrai dire tellement prégnant qu'on préfère l'étendre à l'humanité entière dans ses possibilités principielles d'investigation expérimentale plutôt que de l'abandonner. Simplement, dans le cas extrême où ce sont des possibilités *de principe* qui sont en jeu, on tend à substituer le qualificatif « épistémologique » au qualificatif « subjectif » : les probabilités ne sont plus « subjectives » par opposition à « objectives » ; elles sont « épistémologiques » par opposition à « ontologiques » ; elles expriment nos capacités bornées de connaître, et non pas seulement ce qui *est*. Mais au fond, qu'a-t-on fait ainsi sinon projeter le modèle de la relation sujet-objet, qui vaut à l'intérieur du champ de la connaissance empirique, sur la relation entre la connaissance empirique dans son ensemble et ce qu'elle tient pour ses propres bornes ? Et n'y a-t-il pas quelque imprudence (bien connue depuis les débats post-kantiens sur les aspects les plus discutables du concept de « chose en soi ») à passer ainsi ces bornes par la pensée, c'est-à-dire à placer face à la connaissance un « ce qui est » dont tout, par définition, lui échappe ?

Selon Austin [(1961), p. 58], on se heurte là à une sorte d'impropriété grammaticale. Des adjectifs comme « apparent », voire « irréel », ne s'emploient dans le langage courant que par contraste manifeste ou tacite vis-à-vis d'une certaine acception de leur contraire « réel », et par conséquent par contraste à l'égard d'un certain procédé de manifestation de la réalité. « Le doute ou la question " mais est-il *réel* ? " a toujours (*doit* avoir) un fondement particulier ; il doit y avoir quelque " raison de suggérer " que ce n'est pas réel, au sens où il y a une façon spécifique ou un nombre de façons spécifiques de suggérer que telle expérience ou tel objet est peut-être truqué. ». Un oiseau n'est irréel que parce qu'il est empaillé ; un lac n'est irréel que parce qu'il s'agit d'un mirage ; une rencontre n'est irréelle que parce qu'elle a été rêvée. Sans rien qui puisse s'y opposer, la réalité des choses va sans dire, et le scepticisme à son égard sonne creux.

Dans le même esprit, un énoncé probabiliste ne traduit une connaissance imparfaite, une limite épistémologique,

que sur fond d'une possibilité de perfectionner cette connaissance. Mais qu'en est-il si l'on admet que cette possibilité fait défaut ? Qu'en est-il si l'on considère que le caractère probabiliste d'une théorie s'impose en raison d'une limitation *de principe* de la connaissance ? Dans ce cas, comme nous l'avons déjà suggéré au paragraphe précédent, il n'y a plus aucune raison de qualifier les probabilités de *seulement épistémologiques*. Il n'y a plus de raison de le faire, parce qu'il n'y a plus de terme de comparaison qui viendrait justifier cette restriction. Faut-il pour autant élever les probabilités à la dignité de composantes ontologiques, comme le fait Popper avec son concept de propensions ? Non, si « ontologique » s'oppose à « seulement épistémologique », et suggère alors une fois de plus, à sa façon, une utopique sortie hors des bornes de la connaissance. Oui, si l'adjectif « ontologique » ne vise qu'à établir un contraste entre l'horizon de réalisation d'une connaissance parvenue à ses propres bornes et toute connaissance partielle, en retrait par rapport à ce projet d'accomplissement ultime.

Qualifier le concept de probabilité dont fait usage la mécanique quantique d'épistémologique ou d'ontologique, c'est en fin de compte exprimer une même situation de deux points de vue distincts. Mais chacune de ces manières de dire impose à ce qu'elle dit un genre de distorsion qui n'appartient qu'à elle.

D'un côté, affirmer que les probabilités quantiques ne sont qu'épistémologiques, même en ajoutant que cette marque leur est imprimée par les limitations insurpassables de la connaissance humaine, même en qualifiant de non-sens tout discours qui prendrait pour objet l'inconnaissable, c'est susciter la *représentation imaginaire* d'un au-delà des limites et attiser à travers elle le désir de la transgression. L'interprétation épistémique de la mécanique quantique, favorisée par l'« esprit de Copenhague », a eu pour conséquence involontaire mais inévitable le programme de recherche qui vise à l'abolir : celui sur les « variables cachées ».

De l'autre côté, affirmer sans correctif que les probabilités quantiques sont ontologiques, c'est laisser croire qu'on a réussi à établir le caractère indéterministe des véritables lois de la nature « telle qu'elle est ». Or, on sait parfaitement de nos jours que la question de savoir si les « véritables » lois de la nature sont déterministes ou indéterministes, est indécidable. Des phénomènes strictement prédictibles, apparemment déterminés, peuvent être sous-tendus aussi bien par des régularités statistiques émergeant d'un fond d'événements *aléatoires* que par des lois « vraiment » déterministes [E. Schrödinger (1922) ; A. Kojève (1932)]. Et inversement, des phénomènes imprédictibles, apparemment indéterminés, peuvent être sous-tendus aussi bien par des processus de chaos *déterministe* que par des lois « vraiment » stochastiques [G. Nicolis & I. Prigogine (1992) ; J. Bouveresse (1993)].

Les deux perspectives, l'orientation épistémologique et l'orientation ontologique, ont pour trait commun de décrire l'opération d'estimation probabiliste d'un point de vue extérieur à la situation de celui qui l'effectue. La première conduit à sortir de cette situation afin d'en tracer les limites, afin de circonscrire le domaine des connaissances en principe accessibles qui servent de prémisses à l'évaluation des probabilités. La seconde conduit *également* à sortir de cette situation, mais cette fois pour proclamer la correspondance asymptotique entre l'estimation probabiliste et sa norme propensionniste, transcendante, « Ontologique » au sens fort. Les deux, nous venons de le voir, se heurtent à leur version propre de l'aporie de l'extériorité. Poser une *limite* « absolue » des connaissances, c'est suggérer qu'il y a un extérieur, fût-il inaccessible aux sujets connaissants, que l'endroit de la limite a un envers, et que par conséquent les probabilités épistémiques sont en quelque manière subjectives (ou anthropologiques) ; par ailleurs, placer l'indéterminisme au cœur d'une réalité extérieure, c'est laisser entendre en filigrane qu'on a réussi à trancher le débat entre ceux qui croient que les lois fondamentales de la nature sont déterministes et ceux qui croient qu'elles sont indéterministes, alors même qu'on sait n'avoir aucun moyen d'y parvenir. Quelle issue à ce dilemme ? Réintégrer la situation d'estimation probabiliste, renoncer à tout mouvement de dépassement, que ce soit pour tracer des frontières ou pour parler de ce qui est censé se trouver au-delà : « (...) la juste voie consiste à se détourner de l'idée de l'exil cosmique » [J. Mac Dowell (1981)]. En somme, professer un « quiétisme » probabiliste très voisin du quiétisme des conceptions de la vérité qui commence à se dessiner au terme de la controverse sur le réalisme et l'anti-réalisme sémantique [P. Engel (1994)]. L'attitude à l'égard des probabilités quantiques qui résulte de ce choix est formellement identique mais métaphysiquement très éloignée de celle qui se prévaut de leur contenu ontologique ; elle consiste à se comporter exactement *comme si* ces probabilités étaient un trait insurpassable du monde tel qu'il est, tout en laissant délibérément ouvertes les interrogations (réflexives ou intentionnelles) qui surgiraient d'un essai de dépasser le « comme si ». On aboutit ainsi à une façon *quasi* ontologique de comprendre les probabilités quantiques, isomorphe à la conception *quasi* réaliste de la vérité, de la référence, et des valeurs éthiques [S. Blackburn (1993) ; M. Bitbol (1994)]. Et on s'approche insensiblement, par la même occasion, de la conception internaliste et participative de la mécanique quantique qui sera esquissée en conclusion de ce livre.

1-3-4 Temps et probabilités

« La logique de la probabilité tient compte de l'attente tout autant que la logique en général tient compte de la pensée » écrit Wittgenstein [(1969b)]. Cela veut d'abord dire que le procédé d'évaluation rationnelle des probabilités a autant et *aussi peu* de rapport avec des processus mentaux que la logique elle-même. Cela pointe aussi vers une particularité des sciences probabilistes : leur rapport au temps, et plus particulièrement à la polarité passé-futur que suppose la dissymétrie entre constat et attente. Mais ce rapport au temps est loin d'être univoque, et on peut espérer s'en servir comme critère additionnel de classification des conceptions des probabilités. A première vue, les évaluations rationnelles (2) et les propensions (5) se situent plutôt sur le versant de l'*attente*. Les évaluations rationnelles ont en effet valeur de pari motivé sur l'occurrence d'événements futurs, et les propensions d'un dispositif expérimental venant d'être mis en place ne sont censées se manifester qu'à travers l'occurrence ultérieure d'une suite d'événements. Comme l'écrit Popper [(1990) p. 42], dans la conception propensionniste « (...) l'avenir ouvert est d'une certaine manière déjà là, avec ses nombreuses virtualités en concurrence, presque à la manière d'une promesse, d'une tentation, d'une attirance. Le futur est *activement* présent à tout moment du temps ». La métaphore que favorise la théorie des propensions est celle du libre choix dans lequel « Ce ne sont pas les coups reçus par-derrière, du passé, qui nous poussent et nous forcent, mais c'est l'attraction, l'attrait de l'avenir et de ses possibilités concurrentes, qui nous attire et nous séduit ». Au contraire, les conceptions des probabilités fondées sur les croyances subjectives (1), les fréquences (3), et les ensembles (4) paraissent reposer à divers titres sur des *constats*. Constat de l'énoncé d'une croyance ou de conduites antérieures conforme à cette croyance (1) ; constat effectif d'une certaine proportion d'événements de référence dans la suite des événements déjà survenus (3) ; constat par la pensée qu'au sein d'un ensemble de systèmes identiques, une certaine proportion de ces systèmes est caractérisée par telle plage de valeurs des variables d'état (4). Un raffinement supplémentaire de l'analyse temporelle de ce second groupe de conceptions des probabilités conduit à séparer les conceptions (1) et (3), qui s'appuient sur un constat des *successions* d'événements, de la conception (4) qui suppose un constat (par la pensée) sur ce qui arrive *à un instant donné*. L'éventuel raccord des deux groupes, de la conception fréquentiste (3) et de la conception ensembliste (4), repose sur ce que Boltzmann a appelé « l'hypothèse ergodique » [R. Jancel (1963)]. L'hypothèse ergodique (dont l'étymologie combine les mots grecs *ergon* = travail, et *odos* = chemin) consiste en effet pour l'essentiel à admettre qu'un système physique passe *successivement* par tous les états qui, lui étant accessibles de façon équiprobable *à un instant donné*, se trouvent dénombrés par le procédé ensembliste.

Cette classification des conceptions des probabilités selon un critère temporel reste en vérité très superficielle. Un examen un peu plus soutenu suffit à laisser voir que le passé n'est jamais absent des définitions des probabilités orientées vers le futur, et qu'inversement les constats probabilistes effectués au passé ne font pas l'économie d'une référence aux prolongements futurs. Quant au fossé qui sépare les conceptions successive et coexistante (fréquentiste et ensembliste) des probabilités, il se trouve rapidement comblé dès l'instant où on impose aux deux conceptions de se conformer au cadre instauré par l'axiomatique de Kolmogorov. Appuyons ces assertions sur une sélection d'exemples.

Comment procède-t-on d'abord en faisant une évaluation rationnelle des probabilités, ou en fixant une propension (qu'on peut considérer, nous l'avons vu, comme un cas limite de l'évaluation rationnelle) ? A coup sûr, on n'applique pas une méthode inductive consistant à s'appuyer sur une série de faits passés pour en projeter la répétition dans le futur. Dans cette mesure, dans la mesure où elle ne se conforme pas au modèle-type de l'induction, la conception identifiant la probabilité à l'évaluation rationnelle s'écarte considérablement d'une conception fréquentiste qui conduit à focaliser l'attention sur un corpus restreint de constats passés. Mais par ailleurs, l'évaluation rationnelle des probabilités n'a rien d'un pari gratuit, ni d'une prédiction aveugle ; comme son nom l'indique, elle est fondée en raison, ce qui signifie qu'elle tient compte de la totalité des principes normatifs régissant l'action et la communication. Elle en tient compte tantôt à travers des considérations de symétrie, tantôt à travers des dénombrements de liens causaux, tantôt à travers un usage délibérément partiel de théories physiques déterministes, tantôt, si l'évaluation probabiliste se confond avec la théorie physique elle-même (comme en mécanique quantique), à travers son raccord asymptotique à des théories antérieures (les théories classiques) qui ont fait leurs preuves dans un domaine de validité circonscrit. Elle s'appuie à sa façon sur le passé, mais non pas tant sur le passé lacunaire des faits, que sur la résultante, systématisée et régulée par des normes rationnelles, des paris qui n'ont pas été perdus jusque-là.

L'assimilation des probabilités aux fréquences relatives semble, elle, ne rien devoir à l'anticipation. Mais qu'en est-il vraiment ? Selon Reichenbach [(1934)], une évaluation probabiliste s'identifie strictement au rapport entre le nombre d'événements de la classe de référence et le nombre total des événements survenus (sous-entendu : dans le passé). La difficulté est que la probabilité ainsi définie varie selon qu'on considère une suite plus ou moins longue d'événements. Pour obtenir une spécification univoque de la probabilité, il faut recourir à la loi des grands nombres qui énonce la convergence progressive de la fréquence constatée vers une certaine valeur limite lorsque la dimension de l'échantillon d'événements pris en compte s'accroît. Dès lors, « (...) les assertions probabilistes des sciences physiques devraient être considérées comme se rapportant à des suites idéalement étendues, infiniment longues, d'événements, et comme s'appliquant seulement de façon approximative à des cas plus restreints » [B. Van Fraassen (1980) p. 183]. Mais où trouver ces suites infiniment longues ? A moins de considérer que les événements survenus constituent déjà un corpus infini de connaissances, il est difficile d'éviter de faire appel à des renseignements qui *n'ont pas* été obtenus. Soit des renseignements futurs, soit (nous allons le voir plus loin) des renseignements contrafactuellement possibles.

L'option la plus immédiate consiste à faire dépendre la définition fréquentiste des probabilités des informations qu'est susceptible d'apporter le futur. Un futur qui a pour principal avantage d'être *ouvert*, et de se prêter ainsi à toutes les extrapolations. Cette orientation étant prise, la loi des grands nombres peut se voir assigner deux sortes de statuts. Celui d'un instrument d'induction : si les événements de la classe de référence se sont produits avec une certaine fréquence dans une série passée, ils se reproduiront avec une fréquence voisine, à une fluctuation près dont la valeur relative est d'autant plus petite que cette série passée est importante. Ou celui d'un énoncé normatif : au fur et à mesure que les suites d'événements s'allongent, la fréquence des événements de la classe de référence s'approche indéfiniment (à une fluctuation près) d'une certaine valeur fixée, considérée comme la limite de cette fréquence pour une série infiniment prolongée dans le futur. Mais ici, il faut faire attention. Sous couvert d'un léger remaniement technique, l'intervention d'une norme, d'une valeur fixée servant d'asymptote aux fréquences estimées sur des séquences finies de plus en plus longues, modifie complètement la nature de la conception fréquentiste. A première vue rien n'a changé, puisqu'il s'agit toujours de faire intervenir un constat pour fixer la valeur de la fréquence. Lorsqu'il s'étend à un futur infini, cependant, le dénombrement des événements ne relève que d'un constat purement nominal, ou si l'on veut d'un constat idéal valant pour un dieu omniscient contemplant le passé le présent et le futur de l'histoire du monde étalés sous son regard désengagé. Si l'on ne s'accorde pas cette facilité démiurgique, l'établissement d'une valeur limite pour les fréquences s'appuie nécessairement sur une attente anticipatrice.

La stratégie de complétion par le futur parvient-elle au moins à rendre pleinement satisfaisante la définition fréquentiste des probabilités ? Rien n'est moins sûr. D'abord, en faisant appel à des événements non encore survenus pour fixer une norme indépendante du choix de telle ou telle suite finie, la conception fréquentiste s'écarte de l'idéal de ses fondateurs. Il s'agissait en effet pour eux d'élaborer un concept purement empirique de probabilité, de recourir au seul dénombrement des événements déjà survenus pour établir sa valeur, et d'éviter par conséquent de devoir faire de cette valeur l'approximation d'une valeur limite reposant en droit sur un infini actuel et en fait sur quelque chose comme une évaluation rationnelle. Par ailleurs, il est facile de montrer que cet écart vis-à-vis des strictes exigences empiristes ne suffit pas à résoudre la totalité des problèmes. Même dans leur version infinitiste, tournée vers le futur, les fréquences ne possèdent pas certaines des déterminations mathématiques que l'axiomatique de Kolmogorov confère aux probabilités. Contrairement à celui des probabilités, « le domaine de définition des fréquences n'est pas clos sous des réunions dénombrables, ni sous des intersections finies » [B. Van Fraassen (1980) p. 184]. Pour qu'une définition des probabilités fondée sur des fréquences parvienne à s'approprier ces déterminations, il faut *en plus*, remarque Van Fraassen, qu'elle mette en œuvre la catégorie modale du possible ; c'est-à-dire qu'elle identifie la probabilité d'un résultat avec la fréquence que l'on *obtiendrait* si l'on répétait l'expérience une infinité dénombrable de fois, pour des séries finies ou dénombrablement infinies d'essais. L'ennui est que cette définition modale et *multiplement* infinitiste de la probabilité en termes de fréquences, quoique formellement satisfaisante, a perdu la plupart des spécificités qui expliquaient l'attrait de la conception fréquentiste de base. Elle n'a plus d'empirique que l'apparence, puisqu'elle acquiert un trait relevant manifestement des conceptions non empiriques des probabilités : la manipulation des possibles.

L'opposition entre la conception fréquentiste, appuyée sur le constat empirique d'une succession, et la conception ensembliste dépendant du constat intellectuel d'une situation instantanée, apparaît en particulier caricaturale. Une fois dotée de tous les raffinements qui lui confèrent une forme mathématiquement appropriée, la conception fréquentiste se rapproche considérablement de la conception ensembliste. Elle s'en rapproche parce qu'elle favorise, autant que la conception ensembliste, une définition des probabilités en extension. De même que la méthode des ensembles de Gibbs exigeait que l'on fasse coexister des « copies par la pensée » du système considéré, la méthode modale des fréquences exige que l'on fasse coexister des « copies par la pensée » de l'expérience de référence. La méthode modale des fréquences ne fait au fond que substituer, dans sa définition en extension, l'énumération des séquences de résultats possibles de l'expérience de référence à l'énumération des états possibles d'un système physique.

Il ne faut cependant pas tenir cette substitution pour négligeable. Il est vrai qu'elle a peu de conséquences dans le cas familier des jeux de hasard ou en physique classique ; mais elle acquiert une signification cruciale pour le débat sur la mécanique quantique. Faire reposer l'évaluation probabiliste sur l'énumération des états possibles d'un système physique, comme dans la conception ensembliste, c'est en effet accréditer la représentation d'un système *qui se trouve* dans un certain état même si on ignore lequel. La partition de l'ensemble de ses états possibles en sous-ensembles d'états appelés « états macroscopiques », puis l'estimation du nombre relatif d'états faisant partie de chacun de ces « états macroscopiques » doit alors être conçue comme compensation partielle de cette ignorance. Une telle orientation convient parfaitement en physique statistique (soit classique soit quantique) ; elle est favorisée par les physiciens qui soutiennent les interprétations à « variables cachées » de la mécanique quantique ; mais elle ne s'accorde guère avec le choix de s'en tenir, jusqu'à plus ample informé, à une formulation opératoire de la mécanique quantique. Dans ce dernier cas, on doit préférer la méthode modale des fréquences qui focalise l'attention sur des expériences et leurs résultats, ou bien la méthode propensionniste qui oriente vers des potentialités « inhérentes à une situation (...) » expérimentale plutôt qu'inhérentes à un objet [K. Popper (1990)].

1-3-5 Les probabilités et l'aventure de la projection

Les conceptions des probabilités ne se distinguent pas l'une de l'autre comme le constat diffère de l'attente ;

elles diffèrent, nous venons de le voir, dans leur manière de faire intervenir le constat dans une méthode de quantification optimale de l'attente.

La définition de la probabilité comme fréquence dans sa variété classique, unidimensionnelle, non modale, tend à favoriser une acception élémentaire de la thèse de l'induction : la fréquence d'occurrence attendue pour une certaine classe de résultats d'expérience est estimée à partir de la seule fréquence des résultats de la même classe, constatée dans le passé. Mais comment fait-on dans ce cas pour estimer la probabilité d'obtenir tel type de résultat d'une expérience qui n'a jamais été effectuée à ce jour ? De deux choses l'une. Soit on renonce, soit on admet que le résultat d'*autres* expériences passées peut aider à effectuer une telle estimation. Le problème est que cette seconde option engage de proche en proche à l'abandon complet du mode de pensée inductif. Car supposer que les résultats obtenus pour d'autres expériences peuvent aider à anticiper sur la fréquence des résultats de l'expérience de référence, c'est s'appuyer implicitement ou explicitement sur une analyse rationnelle des liens entre les divers protocoles expérimentaux ; et c'est se servir de ces liens pour étendre le champ de la prédiction au-delà de l'énoncé d'une simple répétition. De là à admettre que ce qui fonde une prédiction, ce n'est pas tant le résultat séquentiel des expériences passées que le système articulé des projections vers le futur, il n'y a qu'un pas.

Ce pas, c'est d'abord celui qui a été franchi par Kant à la suite de sa critique de Hume ; c'est aussi celui qu'a dû accomplir à nouveaux frais la philosophie contemporaine contre la tradition d'une épistémologie positiviste et inductiviste prévalente au tournant du siècle. Karl Popper en a été l'un des pionniers en philosophie des sciences, mais plusieurs autres auteurs ont suivi la même voie dans divers secteurs de la philosophie. Citons par exemple N. Goodman [(1984), p. 98] : « (le problème de Hume) était (...) de choisir lesquelles, parmi ces régularités, déclenchent le processus projectif. Nous abordons le problème du côté complètement opposé, en posant que l'esprit est en marche dès le départ, émettant des projections spontanées tous azimuts ». L'interrogation soulevée par cette dernière conception est double : comment le faisceau des projections spontanées, déployé « dès le départ » sans règles apparentes, se place-t-il dans la perspective régulatrice d'un ensemble de normes rationnelles ; et surtout, la mise en jeu de normes rationnelles suffit-elle à garantir sa pertinence anticipatrice ?

Ce genre de questions restant ouvertes, la prudence est de rigueur. On doit en particulier se garder d'une trop grande confiance en la spontanéité de la projection, qui conduirait à l'excès inverse de celui que suscite le préjugé empiriste. Et on doit éviter d'affirmer que des probabilités déterminées *a priori* conformément à des normes rationnelles s'accordent nécessairement, en vertu de quelque harmonie préétablie entre la raison et l'expérience, avec les fréquences constatées sur de longues suites d'événements. Des arguments ont bien été avancés dans ce sens, mais ils dépendent toujours d'une arrière-pensée métaphysique. Ainsi par exemple le « principe d'indifférence » qui, avec les considérations de symétrie, guide habituellement l'énoncé préalable de l'équiprobabilité des occurrences, est-il dérivé par Leibniz [(1678)] d'un « principe de raison suffisante » auquel se conformerait la création divine [B. Van Fraassen (1989)]. Privés de telles garanties transcendantes, les principes qui guident la projection probabiliste *a priori* ne peuvent dissimuler leurs faiblesses. Réduits à l'essentiel, le principe d'indifférence et les autres principes qui président à l'évaluation rationnelle des probabilités ne consistent qu'en autant d'énoncés de l'*absence* de raisons qu'on a de favoriser l'une des options au détriment des autres : « Il ne faut *pas* expliquer une irrégularité dans la répartition des résultats par la symétrie du dé. C'est seulement dans cette mesure que cette symétrie explique la régularité de la répartition » [L. Wittgenstein, (1969b), p. 237]. La projection probabiliste ne s'intègre au corps des projections précédemment réussies que par le biais de sa face négative : puisque rien, dans le système de nos projections antérieures, ne nous autorise à fonder la prédiction de l'irrégularité des résultats sur un argument de symétrie, alors nous nous *risquons* à prédire la régularité des résultats au nom de ce même argument de symétrie. La raison qu'on a de ne pas prédire quelque chose est retournée, sans garanties, en motivation pour prédire son contraire. L'opération de projection reste donc une aventure, et cela est encore souligné par certaines circonstances, comme le paradoxe de Bertrand [1], à travers lesquelles il est longtemps apparu que rien ne vient même assurer *l'unicité* de l'évaluation rationnelle des probabilités.

Le sens de ces remarques est que l'évaluation rationnelle des probabilités ne comporte pas en elle-même la clé de son accord avec la fréquence des événements constatés. Comme le note à juste titre Carnap [(1950a) p. 174], une théorie *a priori* des probabilités ne saurait comporter de théorème affirmant que la fréquence observée F *doit* converger vers la probabilité estimée P. Le théorème qui se rapproche le plus de l'énoncé impératif précédent est celui-ci : *la probabilité P′ que la fréquence relative F de survenue d'événements de la classe de référence reste dans l'intervalle P±ε au cours d'une certaine suite d'expériences suffisamment longue, est très voisine de 1.* Mais cette formulation non impérative de la convergence n'est au fond que le premier terme d'une régression à l'infini. Comment pouvons-nous en effet être *sûrs* que la fréquence relative F′ des suites d'expériences pour lesquelles la fréquence de survenue des événements de la classe de référence est F±ε se trouve être égale à la probabilité *a priori* P′ ? Une théorie des pro-

1. Le problème de Bertrand s'énonce ainsi : « Une longue paille est lancée au hasard sur un cercle ; étant donné qu'elle tombe de manière à couper le cercle, quelle est la probabilité que la corde ainsi définie soit plus longue qu'un côté du triangle équilatéral inscrit ? » E.T. Jaynes (1973) p. 134. Une discussion, et une tentative intéressante de retrouver l'unicité de l'évaluation rationnelle à partir du principe dit du « maximum d'entropie » (ou plus explicitement du minimum d'information ajoutée par rapport à l'information disponible), peuvent également être trouvées dans cet article de E.T. Jaynes.

babilités *a priori* n'a à offrir aucune certitude de ce type ; elle peut seulement conduire à remarquer que pour une suite de suites d'expériences suffisamment grande, la probabilité P″ que la fréquence F′ reste dans l'intervalle P′ ±ε′ est très voisine de 1. Et ainsi de suite. Une théorie des probabilités *a priori* est fermée sur elle-même ; elle ne peut rien fournir de plus en faveur de chacune de ses estimations probabilistes qu'une autre estimation probabiliste. Le passage des probabilités aux fréquences reste un saut vers l'extra-théorique ; il repose sur une quasi-certitude de convergence qui ne possède aucune garantie dans la théorie.

En contrepartie, une estimation probabiliste *a priori* offre une très grande résistance à son éventuelle réfutation expérimentale. Il serait même juste de dire qu'elle est en droit irréfutable par la seule expérience finie : « (...) la probabilité calculée s'accorde avec *n'importe quelle* fréquence réellement observée, dans la mesure où elle laisse le temps ouvert » [L. Wittgenstein (1969b), p. 238]. Si l'évaluation probabiliste repose sur de solides raisons, si le renoncement à ces raisons entraîne avec lui la chute d'un pan trop large et trop bien validé (ou trop bien « implanté », dit Goodman) des connaissances, le constat d'une fréquence qui s'écarte de la valeur projetée ne suffira pas à réfuter cette dernière. Beaucoup d'autres expériences devront être faites, beaucoup d'autres divergences devront surgir, avant que la possibilité de remplacer le système de projections d'où dérivent les probabilités soit simplement envisagée. Et cette substitution ne sera pas effectuée tant qu'elle ne parviendra pas à remplir une condition cruciale : s'effectuer au profit d'un nouveau système de projections qui, sans cesser d'être « aventureux », rende compte à la fois des anomalies constatées et de ce dont rendait compte l'ancien système de projections, sans mettre en cause des connaissances suffisamment validées par ailleurs. Dans la terminologie de Goodman [(1984), p. 104-110] une nouvelle hypothèse est « projectible » si, étant en conflit avec une plus ancienne, elle est mieux implantée que cette dernière et ne s'oppose à aucune autre hypothèse encore mieux implantée qu'elle-même. « On n'abandonne une hypothèse que si l'on y gagne » [L. Wittgenstein (1969b), p. 229].

Ces caractéristiques des évaluations probabilistes, voire des anticipations cognitives en général, ont été retrouvées par l'épistémologie contemporaine des sciences physiques.

(a) Le passage de l'enracinement dans le constat à l'analyse de la projection prend ici la forme d'un passage de la thèse de la « découverte inductive » des lois à celle de la formulation hypothético-déductive d'une théorie globale.

(b) La nécessité de mettre en jeu un mode de connexion de la théorie avec l'expérience qui ne bénéficie ni de garantie ni même de contrepartie à l'intérieur de cette théorie, est désormais admise sans arrière-pensée dans une épistémologie de la physique marquée par la réflexion sur la mécanique quantique. Elle se traduit par la juxtaposition à la théorie d'un schème interprétatif extrinsèque (ou règles de correspondance empirique).

(c) Enfin, de nombreux épistémologues reconnaissent à présent, contre la version la plus caricaturale de la thèse de Popper, que l'impossibilité principielle de *vérifier* expérimentalement une loi physique induite a son pendant en termes d'impossibilité principielle de *réfuter* expérimentalement une théorie physique d'où les lois sont déduites. Seul son remplacement par une nouvelle théorie qui la corrige, l'englobe, et permet des prédictions nouvelles, conduit la communauté scientifique à se comporter comme si elle avait été réfutée. C'est le célèbre slogan de Lakatos [(1978), p. 34] : « Nous considérons une théorie de la série comme " réfutée " quand elle est surclassée par une théorie ayant un plus grand contenu corroboré. »

Les épistémologues contemporains ont moins remarqué qu'à sa naissance, la mécanique quantique a exigé la mise en œuvre de la même combinaison de conservatisme et d'aventure, de raisons de prédire et de raisons de s'abstenir de trop prédire, que n'importe quel système d'évaluation des probabilités *a priori*.

L'« ancienne théorie des quanta », dont le développement s'étend approximativement sur 25 ans, de 1900 à 1925, de Planck à Heisenberg, s'est édifiée en associant des composantes issues de la physique classique à des composantes propres, totalement inédites. La méthode d'une coexistence à peu près pacifique entre ces deux séries d'éléments disparates consistait à maintenir les définitions classiques des variables, tout en les articulant les unes aux autres d'une manière nouvelle, non classique, par le biais des « postulats quantiques ». Les concepts mécaniques et électrodynamiques restaient intacts, mais ils étaient insérés dans un réseau de relations profondément remanié. Une difficulté majeure suscitée par cette sorte de compromis était que certaines clauses en restaient tacites : jusqu'où s'étendait le domaine d'exercice des composantes classiques, et à quel moment perdaient-elles toute pertinence ? Jusqu'où le conservatisme restait-il tolérable et à partir d'où l'aventure devait-elle commencer ? Le « principe de correspondance », utilisé par Bohr dès 1913, énoncé par lui en 1914, puis progressivement raffiné jusqu'en 1922 [M. Jammer (1989), O. Darrigol (1992)], constituait une réponse, bien qu'encore fragmentaire, à cette interrogation. Il consistait au premier degré en règles permettant d'extrapoler vers l'échelle microscopique l'accord asymptotique qui devait apparaître entre la théorie des quanta et l'électrodynamique classique à mesure qu'on rejoignait l'échelle macroscopique. Ainsi estimait-on par exemple les *probabilités de transition* typiques de la théorie quantique, à partir des intensités de rayonnement que fournissait l'électrodynamique classique. Il apparaissait cependant peu vraisemblable à plusieurs physiciens (parmi lesquels Sommerfeld et Pauli) que l'intervention des théories classiques soit davantage qu'un palliatif provisoire et partiel aux lacunes prédictives de la théorie des quanta. Dans la situation nouvelle, on ne devait pas pouvoir effectuer des projections définies, cohérentes, généralisables, à partir des seules ressources des théories anciennes. La critique n'est pas restée sans effet sur les défenseurs du principe de correspondance. Heisenberg y a répondu en 1924 par un « affinement » du principe de correspondance qui devait aboutir un an plus tard à la mécanique matricielle, c'est-à-dire à la forme inaugurale de la mécanique quantique telle que nous la connaissons de nos jours. « Si par principe de correspondance, écrivait-il à Pauli le 8 octobre 1924, on entend comme tu le fais la fausse supposition que l'on peut arriver à l'intensité quantique en moyennant l'intensité classique, alors tu as raison (...) ; si au contraire on entend une correspondance naturelle et logique avec la théorie classique, alors j'ai raison » [O. Darrigol (1992), p. 243)]. Selon Heisenberg, la physique classique n'avait pas à être utilisée directement comme outil prédictif là où la théorie des quanta laissait un blanc ; car dans le contexte inédit de la physique atomique, les connaissances préalables n'offraient aucune garantie pour chaque prédiction particulière. La procédure adéquate consistait plutôt à intégrer certaines des caractéristiques structurales de la physique classique dans un formalisme prédictif complètement original. Cela permettait de remplir automatiquement la condition de non-contradiction des prédictions quantiques avec un corpus de connaissances classiques très bien implanté dans la circonscription des phénomènes macroscopiques. Et en même temps, pour tout le reste, cela laissait à la mécanique quantique le statut « aventureux » d'un système de projection probabiliste *a priori* restant à tester expérimentalement. La physique classique n'intervenait plus comme raison de prédire quelque chose, mais seulement comme *raison de ne pas prédire* certaines choses qui entreraient en conflit avec ses prédictions à l'échelle macroscopique.

De nos jours, la multiplication d'observables sans équivalent classique comme le spin, le « charme », la « couleur », etc., n'a fait que révéler plus clairement que jamais le parallèle entre l'édification des théories quantiques et les méthodes généralement employées pour les évaluations rationnelles de probabilités. Le rôle joué en négatif par le principe de correspondance l'est dorénavant par l'analyse de *symétries*. La mécanique quantique, remarque S. Weinberg [(1987), p. 72], est une « scène vide » ; « l'élément qui doit être ajouté à la mécanique quantique est un principe, ou plusieurs principes, de symétrie ». Mais à la réflexion, cette situation n'est pas particulière aux nouvelles observables. L'utilisation du principe de correspondance dans les années qui ont vu naître la mécanique quantique apparaît en effet *a posteriori* comme une mise en œuvre déguisée des principes de symétrie anciens et reconnus qui forment l'armature de la physique classique. Il s'agit des énoncés d'invariance par translation dans l'espace, par translation dans le temps, et par rotation dans l'espace, que le théorème de Noether [H. Goldstein (1980), p. 588] associe respectivement aux lois de conservation de la quantité de mouvement, de l'énergie, et du moment cinétique.

Comme toute évaluation probabiliste, la mécanique quantique assume le risque de retourner en projections les énoncés d'indifférence fournis par un ou plusieurs principes de symétrie. A la différence de bien d'autres évaluations probabilistes, la mécanique quantique constitue un système de projection intégré et à vocation universelle.

1-3-6 Probabilités, événements, et principe de bivalence

Le lien entre probabilités et événements est plus lâche que ne le laissent penser les formes d'expression usuelles. Une probabilité est dite être la probabilité *d'un événement,* mais cela signifie-t-il que l'énoncé probabiliste se rapporte à un événement particulier ? Suivant la conception fréquentiste des probabilités, la question précédente ne se pose même pas. La probabilité s'y trouvant définie comme le rapport du nombre d'événements de la classe de référence au nombre total d'événements au cours d'une longue suite d'expériences, elle ne prétend pas concerner *un* événement. Cette dissociation complète entre la probabilité et l'événement particulier est toutefois considérée le plus souvent comme un défaut de la conception fréquentiste. On lui oppose les conceptions des évaluations rationnelles ou des propensions, selon lesquelles cela a au moins un sens de calculer la probabilité qu'*un* événement se produise. Dans ce contexte, la question initiale retrouve une certaine pertinence. Le fait de pouvoir considérer la probabilité calculée comme probabilité qu'un événement se produise, suffit-il à conférer à l'énoncé probabiliste le statut d'un énoncé se rapportant à tel événement particulier ? Il est facile de voir qu'il n'en est rien. Projeter la probabilité *d'*un événement (ou la probabilité *qu'*un événement se produise) n'est pas dire quelque chose *sur* un événement. Car, contrairement à un énoncé catégorique qui serait rendu vrai par la survenue d'un certain événement à l'instant t et faux par sa non-survenue à l'instant t, l'évaluation probabiliste, compatible avec n'importe quelle éventualité singulière, a une valeur de vérité qui n'est en rien affectée par la survenue ou la non-survenue de l'événement. « Quand les gens disent que la proposition " il est probable que *P* se produise " énonce quelque chose sur l'événement *P*, ils oublient que la probabilité subsiste même si l'événement *P* ne se produit pas. Certes, avec la proposition " *P* va probablement se produire ", nous énonçons quelque chose sur l'avenir, mais rien " sur l'événement *P* ", comme nous le ferait croire la forme grammaticale de l'énoncé » [L. Wittgenstein (1969b), p. 232].

L'évaluation probabiliste énonce quelque chose sur l'avenir, sur un avenir ouvert à toute éventualité, et non pas sur l'événement particulier qui lui sert d'argument. Elle énonce quelque chose sur l'avenir tout en n'annonçant *ni la survenue ni la non-survenue* d'un événement. N'est-il pas alors tentant de considérer que les énoncés probabilistes constituent à eux seuls un écart vis-à-vis du principe de bivalence, pour les propositions portant sur l'avenir ? La proposition « il est probable (ou possible) que *P* se produira demain » ne se présente-t-elle pas comme un *troisième terme* entre « il est vrai que *P* se produira demain » et « il est faux que *P* se produira demain » ?

Regardons-y de plus près, en commençant par quelques définitions sur le principe de bivalence et le principe du tiers exclu.

Le principe de bivalence s'énonce comme suit :

Quelle que soit la proposition p, p est soit vraie soit fausse.

On peut exprimer ceci en disant que le principe de bivalence rend les deux valeurs de vérité (vrai ou faux) conjointement exhaustives, de même que le principe de non-contradiction les rend mutuellement exclusives. En mettant en jeu les opérateurs logiques de négation et de disjonction, le principe de bivalence se traduit également des deux façons suivantes :

Quelle que soit la proposition p, soit p est vraie et non-p est fausse, soit p est fausse et non-p est vraie.

Quelle que soit la proposition p (p ou non-p) est toujours vraie.

Autrement dit, en vertu du principe de bivalence la disjonction d'une proposition et de sa négation couvre exhaustivement le champ de la vérité, de même qu'en vertu du principe de non-contradiction la conjonction d'une proposition et de sa négation exclut la vérité.

Autrefois, le principe de bivalence se distinguait du principe du tiers-exclu comme l'assignation d'une valeur de vérité aux propositions se distingue de leur simple assertion. Si le principe de bivalence s'énonce : « " p " est soit vraie soit fausse », le principe du tiers-exclu correspond plutôt à : « soit p soit non-p ». On tend de nos jours à amplifier cette distinction, en projetant sur elle le clivage entre formalisme et modèle interprétatif. Le principe du tiers-exclu relève de la seule logique formelle ininterprétée. Il s'écrit : $\forall p, \vdash (p \vee \neg p)$. Et il se lit : pour toute proposition p, " $p \vee \neg p$ " est une formule bien formée, démontrable à partir du système axiomatique du calcul propositionnel en appliquant deux règles de dérivation appelées la « substitution » et le « détachement ». Par contraste, le principe de bivalence est un énoncé sémantique, qui fournit un élément d'interprétation du calcul propositionnel de la logique.

Ces définitions étant acquises, nous pouvons apporter une réponse nuancée à la question posée sur la compatibilité entre énoncés probabilistes et principe de bivalence. Dans un sens, qui a trait à l'usage de la langue, un énoncé probabiliste constitue bien un écart vis-à-vis du principe de bivalence. Mais dans un autre sens, qui concerne les règles du calcul des probabilités, les énoncés probabilistes standard *présupposent* le principe de bivalence. Développons successivement ces aspects pragmatique et syntaxique du rapport entre les énoncés probabilistes et le principe de bivalence.

(i) Affirmer « il est probable (ou il est possible) que *P* se produira demain », plutôt que « il est vrai que *P* se produira demain » ou bien « il est vrai que *P* ne se produira pas demain », c'est refuser d'inscrire son acte de parole dans l'un des deux termes de la disjonction dont fait usage le principe de bivalence. Mais ce n'est pas forcément refuser d'asserter le principe de bivalence. Eviter de se prononcer sur la survenue d'un événement, éviter d'énoncer la vérité de l'une des deux propositions contradictoires concernant sa survenue parce qu'on n'a aucune raison de le faire, cela n'empêche pas d'admettre qu'en droit, l'une des deux propositions catégoriques est vraie et l'autre fausse. La suspension de l'*usage* de la bivalence dans une pratique de la langue incluant des énoncés modaux ou des énoncés probabilistes laisse ouverte la question de sa validité en tant que principe interne régissant la logique des propositions catégoriques.

(ii) La théorie des probabilités de Kolmogorov repose sur une logique isomorphe à la théorie des ensembles. C'est-à-dire, entre autres, une logique dans laquelle la disjonction d'une proposition (correspondant à un sous-ensemble) et de sa négation (correspondant au complément de ce sous-ensemble) couvre exhaustivement le champ de la vérité. Le calcul *classique*, kolmogorovien, des probabilités repose donc sur l'hypothèse de la validité universelle du principe de bivalence.

Les conséquences de cette hypothèse sur le calcul des probabilités sont considérables. Nous allons mettre l'accent sur l'une d'entre elles, parce qu'il se trouve justement qu'elle n'est généralement *pas* respectée par le calcul *quantique* des probabilités.

Cette conséquence significative porte sur la probabilité $P(r \wedge (s \vee \neg s))$. Calculons-la de deux façons ; l'une qui utilise le principe de bivalence et l'autre une loi de distributivité.

a) Selon le principe de bivalence, on a $s \vee \neg s = t$; en d'autres termes $s \vee \neg s$ est une tautologie (ou proposition toujours vraie, correspondant à l'« événement exhaustif » E). Or, quelle que soit la proposition r, $r \wedge t = r$. Par conséquent :

$$P(r \wedge (s \vee \neg s)) = P(r)$$

b) Selon la loi de distributivité de la conjonction par rapport à la disjonction, on a $r \wedge (s \vee \neg s) = (r \wedge s) \vee (r \wedge \neg s)$, et par conséquent :

$$P(r \wedge (s \vee \neg s)) = P((r \wedge s) \vee (r \wedge \neg s)).$$

Les propositions $(r \wedge s)$ et $(r \wedge \neg s)$ étant mutuellement exclusives, l'application du second axiome de la théorie de Kolmogorov donne :

$$P((r \wedge s) \vee (r \wedge \neg s)) = P(r \wedge s) + P(r \wedge \neg s)$$

En comparant les deux résultats, on obtient en fin de compte :

$$P(r) = P(r \wedge s) + P(r \wedge \neg s)$$

Définissons à présent la quantité $P_s(r)$:

$$P_s(r) = \frac{P(r \wedge s)}{P(s)}$$

Il est facile de montrer [Kolmogorov (1939) § 4] que si P définit un champ de probabilités, P_s a également les propriétés qui définissent un champ de probabilités. On l'appelle la probabilité conditionnelle que r se réalise sous la condition s.

L'égalité :

$$P(r) = P(r \wedge s) + P(r \wedge \neg s)$$

se réécrit alors :

$$P(r) = P_s(r)P(s) + P_{\neg s}(r)P(\neg s)$$

Cette dernière égalité a valeur de témoin. On dira qu'elle relève d'une *structure probabiliste disjonctive.* Sa dérivation s'appuyant (entre autres) sur le principe de bivalence, sa violation pourrait par contraste être interprétée comme l'indice d'une possible mise à l'écart du principe de bivalence.

1-3-7 Que serait un monde sans le principe de bivalence ?

Un calcul des probabilités qui ne supposerait pas la validité du principe de bivalence pour les propositions catégoriques portant sur le futur aurait au moins l'avantage de rétablir une certaine homogénéité entre la pratique et les principes. La tension entre le caractère pragmatiquement inopérant du principe de bivalence dans un usage de la langue comportant des énoncés modaux ou probabilistes, et le calcul des probabilités de Kolmogorov qui repose sur sa validité universelle dans la logique des propositions catégoriques, trouverait ainsi une manière de résolution. A quelles conditions ce résultat peut-il être atteint ?

La discussion sur la validité du principe de bivalence pour les propositions portant sur le futur est antérieure à Aristote et elle a connu une grande fortune au moyen-âge sous le nom de « querelle des futurs contingents »

[J. Vuillemin (1984)]. Son noyau tient entièrement dans deux questions voisines mais qui ne doivent en aucun cas être confondues ; l'une est d'ordre éthique et l'autre d'ordre épistémologique.

Question éthique : l'application du principe de bivalence pour les propositions portant sur le futur entraîne-t-elle forcément le fatalisme, ou peut-elle s'accorder avec le libre arbitre ?

Question épistémologique : l'application du principe de bivalence pour les propositions portant sur le futur entraîne-t-elle forcément l'adoption d'une théorie physique déterministe, ou peut-elle s'accorder avec les théories physiques indéterministes ?

La réponse qui sera apportée à cette dernière question dans la suite du paragraphe est la suivante : l'application du principe de bivalence pour les propositions portant sur le futur est compatible non seulement avec les théories déterministes, mais aussi avec une *certaine classe restrictive* de théories indéterministes. Le critère de définition de cette classe de théories indéterministes s'accordant avec le principe de bivalence appliqué au futur pourrait bien cependant *exclure* la mécanique quantique standard.

Analysons donc de plus près les conditions d'application du principe de bivalence aux propositions portant sur le futur. Selon J.R. Lucas [(1989)], une proposition comme « il est vrai que la bataille navale aura lieu demain ou il est vrai qu'elle n'aura pas lieu demain » peut être légitimement assertée dans *deux* cas. Le premier cas est celui où l'on est sûr que dès à présent existent les *causes* qui déterminent l'événement à se produire ou à ne pas se produire, même si on les ignore. Le principe de bivalence vaut alors au présent pour des propositions portant sur ces causes, et il est étendu au futur à travers un raisonnement (implicitement ou explicitement) déterministe. Le second cas est celui où l'on peut se prévaloir d'un argument *ex post facto.* Au moment (disons demain) où on aura pu constater la survenue ou la non-survenue de la bataille navale, le principe de bivalence sera devenu rétrospectivement valide. On dira, au futur du passé : « hier, déjà, il était vrai que la bataille navale surviendrait le lendemain », ou bien « hier, déjà, il était vrai que la bataille navale ne surviendrait pas le lendemain ». Bien que nous ne sachions pas encore aujourd'hui ce qui va arriver et bien qu'il n'y ait peut-être même pas de cause fixant de façon univoque ce qui arrivera demain (indéterminisme), il est dès lors légitime de s'appuyer sur la perspective d'un constat futur et de son extension vers le passé pour affirmer dès aujourd'hui non pas bien sûr directement une proposition, mais le fait que l'une ou l'autre des deux propositions portant sur le futur est vraie [1]. L'affirmation de la validité universelle du principe de bivalence, y compris pour les propositions portant sur le futur, n'implique ici en rien une option déterministe ; elle ne fait que traduire la certitude qu'à un moment ou à un autre, le cours des événements fait l'objet d'un constat, et que ce constat atteste ou réfute rétroactivement toute proposition ayant anticipé sur lui.

Qu'arrive-t-il maintenant si l'on ne peut ni assumer un postulat déterministe ni s'appuyer sur un constat rétrospectif ? Doit-on écarter le principe de bivalence pour les propositions portant sur le futur ? Pas nécessairement, car même si on manque d'un constat rétrospectif, même s'il n'existe aucun moyen perceptif ou expérimental de l'effectuer, il reste la possibilité de soutenir dans l'abstrait la validité du principe de bivalence pour les propositions portant sur l'accompli : « il est vrai que l'événement *e* est survenu *ou* il est vrai que l'événement *e* n'est pas survenu (bien qu'il ne soit pas possible

1. P. Yourgrau [(1991), p. 94] fait état de quelques bonnes raisons de nier la légitimité du raisonnement *ex post facto*. Mais suivre Yourgrau sur ce point, cela reviendrait aussi à admettre implicitement que la question de la validité du principe de bivalence pour les propositions portant sur le futur est *déjà* tranchée (en négatif) par le seul rejet du préjugé déterministe. Dans ce paragraphe, nous ne nous accorderons pas cette facilité et essayerons plutôt, en suivant jusqu'au bout les conséquences de l'argument *ex post facto*, de montrer par quel genre de condition il faut *compléter* l'indéterminisme pour rendre radicalement intenable le principe de bivalence, quelle que soit l'orientation temporelle choisie.

de savoir quelle branche de l'alternative a été réalisée) ». Si on admet ceci, si on considère que l'une ou l'autre des deux propositions contradictoires portant sur la survenue d'un événement est vraie aujourd'hui indépendamment des moyens que l'on a de s'en assurer, rien n'interdit d'élaborer un nouveau raisonnement *ex post facto* aboutissant à énoncer que l'une ou l'autre des deux propositions contradictoires portant sur la survenue *alors* future du même événement était déjà vraie hier, et de se prévaloir par avance d'un tel raisonnement pour soutenir la validité du principe de bivalence pour les propositions portant *aujourd'hui* sur le futur. L'idée que les propositions portant sur le futur sont régies par le principe de bivalence ne perdrait tout point d'appui que si l'invalidité du principe de bivalence s'étendait aux propositions correspondantes qui portent sur le présent ou sur l'accompli.

Que pourrait alors impliquer l'invalidité du principe de bivalence pour des propositions portant sur le présent ou sur l'accompli ? Supposons par exemple que l'on refuse d'affirmer la validité du principe de bivalence pour toutes les propositions, y compris celles portant sur le présent ou l'accompli, lorsque n'a été mise en place aucune procédure pouvant permettre d'effectuer le constat de l'état de choses auquel elles renvoient. Faire cela c'est adopter une version forte de l'option appelée « anti-réalisme » par M. Dummett [(1982)]. L'anti-réalisme est en effet défini par Dummett comme la position (ou l'ensemble de positions) consistant à ne reconnaître qu'un énoncé a une valeur de vérité déterminée que s'il y a un moyen perceptif, expérimental, ou plus généralement procédural, par référence auquel on peut envisager de la lui attribuer. « Vrai », pour un anti-réaliste, veut dire « vrai de manière opératoirement attestable », de même que « faux » veut dire « faux de manière opératoirement attestable ».

Mais cette manière essentiellement épistémologique de présenter les choses a un gros inconvénient. Elle admet qu'on puisse susciter, par des propositions, la représentation d'événements ou d'états de choses hypothétiques, et elle interdit par ailleurs d'assigner à ces propositions une valeur de vérité en raison de l'incapacité circonstancielle ou principielle dans laquelle on se trouve de mettre en œuvre les moyens de leur éventuelle corroboration. A l'interdit près, l'attitude précédente est identique, par les représentations qu'elle suscite, à celle du réalisme le plus naïf, qualifié d'« externe » par H. Putnam. Si l'on veut atteindre une position cohérente de bout en bout, si on ne veut pas inviter tacitement d'un côté à une recherche qu'on déclare proscrire de l'autre, il ne faut pas se contenter de dire que la valeur de vérité d'une proposition factuelle est suspendue à l'existence de son moyen d'attestation ; il faut aller jusqu'à affirmer qu'en dehors de toute référence à un moyen d'attestation possible il n'est même pas envisageable d'assigner un *sens* à la proposition factuelle. Sans un moyen d'attestation disponible ou concevable, explicitement décrit ou simplement présupposé, non seulement la proposition factuelle ne peut pas être dite vraie ou fausse, mais elle n'a pas de sens déterminé, et dès lors il n'y a pas lieu de soulever la question de son éventuelle « vérité cachée ». L'analogie avec l'analyse wittgensteinienne des propositions mathématiques [J. Bouveresse (1988)] est évidente. De même que d'une méthode d'attestation expérimentale dépend le sens (et pas seulement la valeur de vérité) de la proposition factuelle, selon Wittgenstein, d'une méthode de démonstration dépend le sens (et pas seulement la valeur de vérité) de la proposition mathématique. L'analogie avec les conceptions des positivistes logiques, en revanche, n'est qu'apparente. Une différence importante entre la conception précédente et celle du positivisme logique est que la seconde s'associe à une thèse vérificationniste et inductiviste dont la première fait l'économie. Cela ne revient pas au même de dire qu'une proposition factuelle est dépourvue de sens hors de toute possibilité de se rapporter à un moyen d'attestation, et de dire qu'une proposition a pour sens son moyen de vérification. Une autre différence porte sur l'attitude que favorisent les deux conceptions à l'égard de la variété des actes de parole. Là où le positivisme logique tendait à repousser dans le non-sens *tout* ce qui, dans l'usage de la langue, s'éloigne de la proposition factuelle perceptivement ou expérimentalement vérifiable, la thèse qui vient d'être décrite se contente de taxer de non-sens celles des propositions qui, bien qu'étant présentées comme *factuelles*, sont privées de possibilité d'attestation. Les énoncés normatifs, ou plus généralement performatifs, restent à l'abri de cette critique ; leur sens ne dépend pas d'une procédure d'attestation expérimentale, mais des règles qui fixent les circonstances de leur emploi au cours des rapports sociaux.

On est ainsi parvenu à identifier à quel genre de condition le principe de bivalence serait à coup sûr invalidé pour les propositions portant sur le futur, et par conséquent à quelle condition l'une des hypothèses principales sur lesquelles repose le calcul kolmogorovien des probabilités devrait être rejetée. Cette condition n'est autre que la dépendance de la valeur de vérité des propositions factuelles sur lesquelles reposent les raisonnements *ex post facto*, voire du sens de ces propositions, vis-à-vis des moyens de leur attestation. Mais si cette façon de présenter les choses a l'avantage de la prudence, elle a le défaut de ne pas être très parlante. Une fois achevé le travail d'ascèse qui consiste à rapporter systématiquement les éléments du discours à l'usage des instruments de l'action et de la communication, il est tentant de relâcher un peu l'effort. Après tout, le but qu'on s'assignait en mettant hors-jeu la représentation d'un « au-delà » des propositions attestables par des perceptions ou des manipulations expérimentales, n'était pas de réfuter l'existence d'un tel au-delà (ce qui reste hors de la portée de la méthode employée) ni même d'affirmer la stricte inutilité de s'y rapporter de temps à autre (ce qui se voit démenti par l'histoire des idées), mais seulement de ne pas clore hâtivement la question de ce à quoi pourrait ressembler ce genre d'« au-delà », de ne pas entériner trop tôt des représentations familières dont la prégnance suffit à paralyser celles des recherches qui tendent à s'en écarter. Un travail de renouvellement des représentations, pour peu qu'il ne se fige pas en affirmation métaphysique, peut aider la pensée à se frayer sa voie.

Que devrait être le monde dans lequel nous vivons, quel genre de rapports devrait-il entretenir avec nous, pour que la valeur de vérité et le sens des propositions énonçant un fait soient suspendus à la disponibilité d'un moyen d'attestation ? Trois configurations du monde et de ses relations avec nous s'accordent parfaitement avec la dépendance des propositions factuelles vis-à-vis des procédures d'attestation.

La première est celle où le monde est notre œuvre ; où le moyen d'attestation de l'événement est aussi le moyen de sa création. Au nom de quoi dirait-on que *e* est arrivé indépendamment des procédés qui permettent de s'en assurer, si par l'utilisation de ces procédés nous *engendrons* l'événement ? Quel sens attribuer à une proposition énonçant un fait pour lequel aucun moyen d'attestation n'est disponible, si c'est la nature de ce dernier qui détermine la forme des faits que nous sommes supposés engendrer ? La réponse négative à ces questions va de soi. Elle n'a cependant guère de portée, car elle repose sur une prémisse inadmissible. L'idée que le monde est notre œuvre n'entre pas seulement en conflit avec la remarque de bon sens mais de portée limitée que « les faits sont têtus » ; elle contrevient aux préalables mêmes de l'entreprise de connaître. Comme le remarque J. Ortega y Gasset [(1933) V, VII], c'est seulement lorsque les choses font défaut, lorsqu'elles résistent, lorsqu'elles ne peuvent plus être considérées comme un simple prolongement du corps soumis à la volonté de son possesseur, que de simplement disponibles elles deviennent objets interrogés ou objets d'une connaissance possible. « Si le monde alentour répondait à tous mes besoins, à toutes mes nécessités, je ne me serais jamais posé aucune question au sujet de rien, il ne me serait jamais arrivé de penser à rien. »

Le seul intérêt de l'image de « l'homme auteur du monde » réside donc dans sa fonction de caricature ; c'est elle qui sert de repoussoir aux partisans d'un réalisme « externe » ; c'est elle qui, lorsqu'elle est considérée comme une conséquence nécessaire de la dépendance de la valeur de vérité ou du sens des propositions factuelles vis-à-vis de leurs moyens d'attestation, motive la dénégation de cette dépendance. D'où l'intérêt d'introduire dans le débat d'autres représentations qui, bien qu'étant conciliables avec la relativité à un contexte de la vérité et du sens des propositions factuelles, ne justifient pas la même réaction de rejet.

Voici donc une seconde représentation : le monde réel n'est pas découpé par lui-même, de manière pré-déterminée, en événements mutuellement exclusifs. Mais en son sein, à un certain niveau de son organisation dispositionnelle, émergent des structures aptes à donner aux processus qui s'y déroulent la forme approximative de branches d'une alternative, ou d'événements d'une gamme de possibles. Celles de ces structures qui sont maîtrisées dans l'intention de systématiser les gammes de possibles et d'en faire autant de grilles de lecture du devenir naturel, sont appelées des *appareillages expérimentaux*. Ainsi comprend-on qu'une proposition énonçant la survenue d'un « événement » puisse n'avoir de sens que par référence implicite ou explicite à un appareillage expérimental, en dépit du fait que cet événement manifeste à sa façon un fond de processus « sub-événementiels » sur lequel les expérimentateurs n'ont aucun véritable contrôle. Ici, l'homme ne « crée » pas l'événement singulier, mais ses actions et ses perceptions s'inscrivent nécessairement dans celui des niveaux d'organisation dispositionnelle du monde au sein duquel peuvent émerger (sous certaines conditions instrumentales ou sensorielles) des occurrences assez exclusives les unes des autres pour être inter-subjectivement reconnaissables comme « faits ». M. Dummett a proposé un excellent correspondant, en philosophie des mathématiques, de cette conception qui nous assigne un rôle d'*acteurs* tributaires dans leurs actions d'un certain mode d'organisation, plutôt que de *créateurs*. La différence est simplement qu'il n'est pas pertinent en mathématiques d'invoquer une sorte de milieu sub-événementiel ou sub-structural à organiser, ni des niveaux d'organisation à l'intérieur de celui-ci. D'une action pré-conditionnée par le degré de l'échelle structurale sur lequel elle peut s'exercer, on passe ici à une dynamique de l'organisation. Dans la représentation qui, selon Dummett [(1991), p. 68], sous-tend avec le plus de vraisemblance la thèse anti-réaliste en mathématiques, l'organisation surgit comme corrélat des règles de notre action investigatrice ou exploratrice sans toutefois être le *produit arbitraire* de cette action : « (...) nous pourrions choisir l'image d'une réalité mathématique conformément à laquelle celle-ci ne préexiste pas, mais vient en quelque sorte à l'existence en même temps que nous l'explorons. Nos investigations amènent à l'existence quelque chose qui n'était pas là avant, mais qui n'est pas pour autant le fruit de notre propre création ».

La troisième et dernière représentation, enfin, est celle d'un monde à l'unité organique. Ce monde, dont on peut admettre qu'il *est* pré-formé en un ensemble d'événements, ne possède pas de parties indépendantes les unes des autres. Chacun de ses événements est strictement déterminé par tous les autres. En particulier, les événements qui concourent à la préparation d'une expérience donnée déterminent celui des événements que l'expérience devait servir à manifester, et ils sont pour leur part co-déterminés par la totalité des événements prenant place dans leur environnement proche ou lointain. Chaque événement est à proprement parler unique et irreproductible, car, à travers les conditions expérimentales de sa détermination, il dépend d'un concours de circonstances qui implique l'univers entier à un instant donné. Ce n'est par conséquent que d'un point de vue extérieur, désengagé, qu'il est licite de détacher l'événement de l'ensemble des modalités de sa survenue. En revanche, du point de vue intérieur et engagé d'un expérimentateur, le détachement de l'événement apparaît comme un acte de pure intellection abstraite. Le seul moyen dont dispose un expérimentateur pour « mettre en évidence » un événement supposé survenir de lui-même, est en effet de construire, de préparer, et de placer un certain appareillage (ou simplement de se placer lui-même, avec ses organes des sens), au moment et au lieu appropriés ; or, ces opérations ne font pas qu'organiser les moyens de détecter tel événement qui surviendrait de toutes façons : elles participent, par hypothèse, de ce qui le *détermine*. L'événement auquel on a accès à travers un instrument n'est pas celui qui est censé survenir indépendamment de l'instrument, toutes circonstances non instrumentales étant fixées par ailleurs, mais celui qu'un ensemble de conditions incluant l'instrumentation mise en place détermine à survenir. Ainsi comprend-on que, *pour* un expérimentateur plongé dans un monde à l'unité organique, une proposition énonçant la survenue d'un événement n'ait de sens que par référence à l'appareillage expérimental qu'il a décidé de mettre en place. Ce constat *intra*-mondain ne s'oppose pas au fait que, dans une perspective *extra*-mondaine, chaque événement survienne dans l'absolu, et que tout le reste (y compris l'expérimentateur et ses « décisions ») fasse partie d'un unique réseau de co-déterminations. Il en est la conséquence immédiate par changement de point de vue.

1-3-8 Un calcul des probabilités sans événements

La structure de la mécanique quantique contraint-elle à considérer la valeur de vérité des propositions comme indissociable des conditions expérimentales de leur attestation ? Est-elle l'une de ces théories probabilistes (dont les traits distinctifs et les représentations associées viennent d'être décrits) qui ne reposent *pas* sur le principe de bivalence ? Selon une conception de la mécanique quantique qui reconnaît sa dette à l'égard de Bohr et de l'« école de Copenhague », il en va bien ainsi. Si l'on admet, selon le célèbre aphorisme bohrien de J.A. Wheeler [(1983)], qu'« aucun phénomène élémentaire n'est un phénomène tant qu'il n'est pas un phénomène observé », et que par conséquent la définition même du phénomène enveloppe les conditions instrumentales de son « observation », aucune proposition factuelle ne peut se prévaloir d'une valeur de vérité qui transcenderait ces conditions instrumentales.

Plus récemment, le travail d'esprit néo-copenhaguien mené par R. Omnès [(1994a), p. 353 sq.] a tendu à récuser sélectivement l'applicabilité du principe de bivalence dans certaines situations. De façon significative, c'est la mise en œuvre *rétrospective* du principe de bivalence qui s'est vu refuser une validité universelle. Lorsque deux mesures successives sont effectuées sur le « même système » (avec des guillemets visant à rappeler le travail de désarticulation du concept de système physique accompli au § 1-2-13), les propositions énonçant un *résultat* de ces mesures sont soit vraies soit fausses. En revanche, les propositions énonçant des événements intermédiaires supposés survenir d'eux-mêmes (ou si l'on veut les propositions énonçant les propriétés qu'avait le « système » entre les deux mesures et qu'il *aurait* manifestées *si* une mesure intermédiaire avait été faite), ne sont ni vraies ni fausses. Tout au plus peut-on définir un critère de « fiabilité » pour ces dernières propositions. Les propositions qui attribuent des propriétés au « système » entre deux mesures sont *fiables* à la condition suivante, énoncée au mode conditionnel contrafactuel : *si* un moyen d'attestation *avait* été utilisé afin de mettre en évidence ces propriétés, rien *n'aurait* été changé quant à la probabilité du résultat de la mesure finale calculée à partir du résultat de la mesure initiale. Chacune des séquences d'événements signifiées par une suite de propositions fiables intercalées entre deux propositions vraies s'appelle une « histoire consistante de Griffiths ». Bien entendu, si la séquence de propositions fiables qui peuvent être énoncées à propos de ce qui s'est passé entre deux mesures avait toujours été unique (ou encore si les histoires consistantes de Griffiths s'étaient réduites à une seule histoire séparant deux résultats effectivement obtenus), on n'aurait eu aucune raison de distinguer la partition de l'ensemble des propositions instaurée par le critère de fiabilité de celle qu'établit le critère de vérité en cas de réalisation effective d'opérations de mesure intermédiaires. Mais il se trouve qu'en général, la mécanique quantique autorise plus d'une histoire consistante entre deux mesures. Le critère de fiabilité est donc nettement plus faible que le critère de vérité et ne peut en aucune manière être considéré comme son prolongement naturel hors des situations où des expériences ont été effectivement menées à bien.

L'ironie de l'affaire est que le travail original de Griffiths avait pour but de restaurer une lecture réaliste de la mécanique quantique, en redonnant sens à l'idée qu'une variable possède déjà une valeur avant la mesure, que les systèmes *ont* des propriétés dans l'absolu, et en qualifiant pour cela de vraies ou fausses certaines propositions précisant ces valeurs et ces propriétés entre deux mesures [B. d'Espagnat (1994), p. 252]. Or, sous la pression argumentative d'une partie de la communauté des physiciens, Griffiths et Omnès ont reconnu que les propositions intermédiaires ne peuvent plus être considérées *que* comme fiables ou non fiables, c'est-à-dire ni vraies ni fausses. Le résultat majeur de cette reformulation de la mécanique quantique standard a donc été de faire voir avec plus de clarté que jamais les affinités de cette théorie avec l'*anti*-réalisme au sens de Dummett, dont l'un des principaux traits distinctifs est justement la *non*-validité universelle du principe de bivalence.

Il est facile de voir en quoi la structure de la mécanique quantique constitue un sérieux défi à l'hypothèse de l'applicabilité universelle du principe de bivalence. En anticipant un peu sur la prochaine section, il apparaît que la formule d'addition des probabilités d'une disjonction, démontrée à la fin du § 1-3-6 à partir d'une liste de prémisses dont fait partie le principe de bivalence, ne vaut généralement pas en mécanique quantique. On peut le comprendre dès à présent si l'on revient brièvement sur l'expérience des fentes d'Young (Figure n° 1 du § 1-2-10). En employant la terminologie habituelle, qui présuppose que les objets ont des propriétés dans l'absolu et que les événements peuvent être dits survenir indépendamment des conditions expérimentales de leur attestation, les trois propositions à considérer sont les suivantes :

x = « L'objet émis par la source S a frappé l'écran au point x »

a = « l'objet émis par la source S et ayant frappé l'écran au point x est passé par la fente A »

¬**a** = « l'objet émis par la source S et ayant frappé l'écran au point x n'est pas passé par la fente A ».

Dans la configuration de l'expérience des fentes d'Young, la proposition ¬**a** équivaut à la proposition :

b = « l'objet émis par la source S et ayant frappé l'écran au point x est passé par la fente B ».

Transposée aux trois propositions considérées, la formule d'addition des probabilités d'une disjonction donnée au paragraphe 1-3-6 devient :

$$P(\mathbf{x}) = P_{\mathbf{a}}(\mathbf{x})P(\mathbf{a}) + P_{\neg\mathbf{a}}(\mathbf{x})P(\neg\mathbf{a})$$

Or il se trouve (§ 2-2-3) que la formule quantique correspondant à cette situation est tout à fait distincte de la formule qui vient d'être écrite. La formule quantique appropriée relève d'une structure probabiliste non disjonctive. Elle prévoit, en excellent accord avec l'expérience, l'apparition d'une figure d'interférence sur l'écran détecteur pour de grands nombres d'impacts, alors que la formule précédente ne le prévoit pas. Comment interpréter cette divergence ? Plusieurs options sont ouvertes ; elles reviennent à mettre en question une ou plusieurs des prémisses dont dépend la dérivation de la formule invalidée.

La première option, sans cesse raffinée depuis le travail de Birkhoff et von Neumann [(1936)], consiste à récuser les *lois de distributivité* de la conjonction et de la disjonction. Les motivations de ce choix d'adopter une « logique quantique » ont été évoquées au § 1-2-10 ; elles seront plus amplement discutées, et rattachées à une option réaliste, au chapitre 4.

La seconde option [M. Friedman & H. Putnam (1978)] a pour particularité de rejeter non pas l'une des prémisses, mais toutes en bloc, et d'affirmer que le calcul classique des probabilités n'est en *aucune* manière applicable aux phénomènes de la physique microscopique.

Une telle affirmation n'aide cependant en rien à se figurer la raison de l'inadéquation du calcul classique des probabilités dans un certain domaine d'activité expérimentale ; elle consiste seulement à redire cette inadéquation d'une autre manière, et à désigner le calcul quantique des probabilités comme devant être utilisé en lieu et place du calcul classique.

La troisième option consiste à récuser la validité du principe de bivalence pour les *seules* propositions qui renvoient à des événements définis *en l'absence de référence à la mise en place de l'instrument de leur attestation.* Elle est d'autant plus plausible que la formule classique d'addition des probabilités d'une disjonction, inadéquate tant qu'aucun appareil de détection d'un « passage » par la fente A ou par la fente B n'a été mis en place, redevient parfaitement adéquate quand un détecteur a été positionné à la sortie de la fente A et/ou de la fente B. Dans ce cas, en effet, les figures d'interférence disparaissent, et la formule probabiliste quantique devient identique à la formule classique. En dépit de cela, l'idée d'invalider le principe de bivalence pour une certaine classe de propositions factuelles a été très critiquée.

Essayons de comprendre pourquoi. Après avoir exposé l'argument précédent, R.I.G. Hughes [(1989), p. 233] s'avoue tenté par la mise à l'écart partielle du principe de bivalence. Il ajoute cependant juste après : « Mais je pense que l'on doit résister à la tentation. L'expérience (des fentes d'Young) avec détecteurs (à la sortie des fentes) est conçue pour répondre à une question spécifique : les événements **a** et **b** sont-ils mutuellement exclusifs ? Et la réponse qu'elle fournit est dénuée d'ambiguïté : ils le sont. » Si on le rapporte à ce que nous avons dit sur la catégorie de propositions factuelles à laquelle le principe de bivalence est inapplicable, l'argument donné par Hughes (et déjà esquissé par A. Fine [(1972)]) apparaît manquer singulièrement de pertinence. Car les propositions factuelles qui sont censées sortir du champ de validité du principe de bivalence sont *seulement* celles qui renvoient à des événements définis *sans* référence à la mise en place effective du dispositif expérimental de leur attestation. Si la référence à la mise en place du moyen d'attestation est incluse dans la définition des événements **a** et **b**, il est bien évident que cette condition n'est pas remplie, et que la validité du principe de bivalence n'est, dans ces circonstances, aucunement en cause. Aussi ne peut-on accepter que sous d'importantes réserves la remarque suivante de Hughes : il n'y a, dit-il, « (...) aucune raison évidente de ne pas prendre à la lettre les indications que fournissent les détecteurs ; elles montrent que **a** et **b** sont en effet mutuellement exclusifs ». Il est indubitable, il *doit* être mis à l'abri du doute car cela est un présupposé constitutif des actes et des discours du chercheur dans son laboratoire, que des événements expérimentalement attestés sont mutuellement exclusifs et que les propositions correspondantes sont soumises au principe de bivalence. Mais cela n'implique en rien que des propositions renvoyant à des événements *non* expérimentalement attestables parce que le dispositif de leur attestation *n'a pas* été mis en place, soient, elles aussi, soumises au principe de bivalence. Se servir du constat fondateur que des événements expérimentalement attestables sont mutuellement exclusifs pour en déduire que des événements *non* expérimentalement attestables sont *aussi* mutuellement exclusifs, c'est supposer d'avance ce à quoi on voulait aboutir : que la valeur de vérité des propositions factuelles ne dépend pas de la disponibilité et encore moins de la mise en œuvre effective d'un moyen d'attestation.

Quand des raisonnements aussi peu convaincants sont utilisés dans un livre par ailleurs remarquable, on doit y voir le signe de réticences informulées.

Une première réticence s'exerce sans doute à l'encontre des connotations franchement *irréalistes* que suscitent le terme et le concept dummettien d'« anti-réalisme ». Admettre l'équivalence entre « vrai » et « vrai de manière expérimentalement attestable », n'est-ce pas risquer d'en venir à croire que les événements sont purement et simplement créés par l'expérimentateur et qu'il n'y a rien à l'*extérieur* de ce pouvoir créateur ? Nous avons vu que cette crainte était injustifiée, puisque rien n'empêche de forger des représentations du monde qui fassent droit à la dépendance du sens et de la valeur de vérité des propositions vis-à-vis des moyens d'attestation sans pour autant entraîner que ce qui arrive soit l'œuvre de celui qui en témoigne.

Les deux représentations répondant à ces spécifications, et exposées *in abstracto* au paragraphe précédent, ont également été discutées lors du débat sur l'interprétation de la mécanique quantique. L'idée d'une réalité sub-événementielle d'où émerge, à un certain niveau d'organisation, l'équivalent *approximatif* d'une gamme d'événements possibles mutuellement exclusifs s'exprime dans les « théories de la décohérence » (§ 5-3-5). Quant à l'idée d'une réalité aux événements pré-formés mais organiquement et instantanément liés les uns aux autres, elle a trouvé une remarquable réalisation dans l'« interprétation ontologique de la mécanique quantique » développée par Bohm et son école de pensée (§ 4-5-6). Ainsi les craintes d'irréalisme suscitées par la définition « anti-réaliste » de la vérité sont-elles écartées, puisqu'il est *également* possible d'énoncer ses conditions de pertinence en termes de représentation d'une certaine sorte de réalité.

Il y a cependant aussi une autre stratégie pour parvenir à ce résultat. Une stratégie préventive, consistant à désamorcer les craintes avant qu'elles n'aient trouvé le motif de s'exprimer. On sait que le défaut de la thèse anti-réaliste est qu'elle en dit soit trop soit pas assez à propos de ce qui conditionne la connaissance empirique et se tient au-delà d'elle. Elle en dit trop si elle suggère (par son emploi de propositions dont le sens est pré-donné, même si leur valeur de vérité ne l'est pas) que la nature des événements qui peuvent survenir est pré-définie là-dehors, même si la question de leur survenue effective reste indécidable en l'absence d'un instrument d'attestation. Elle n'en dit pas assez si, s'étant avancée discrètement sur le terrain de l'évocation de ce qui se tient là-dehors, elle refuse d'en préciser les traits. Les représentations d'une réalité sub-événementielle ou d'une réalité aux événements organiquement liés avaient toutes deux pour but de pallier le « pas assez ». Mais rien n'empêche de compenser réciproquement le « trop » d'évocation représentative de la position anti-réaliste en restreignant l'emploi des propositions à celles que des moyens d'attestation en principe disponibles associent à un critère de décision ; en subordonnant à ces moyens le sens et pas seulement la valeur de vérité des propositions (§ 1-3-7) ; en ne posant en somme que les questions qui peuvent recevoir une réponse à portée d'action expérimentale.

Cette restriction ne risque-t-elle pas cependant d'être ressentie comme artificielle, et de se voir dénoncer comme un état renforcé de l'interdit positiviste, qui ne demande, là encore, qu'à être transgressé ? Elle risque en effet de l'être tant qu'on emploie une terminologie qui permet de poser des questions de fait pour lesquelles aucun moyen expérimental d'attestation n'est disponible. Mais pour peu que la restriction se transforme en motivation *tacite* du discours et de l'action du chercheur, pour peu qu'elle s'incarne dans sa terminologie et ses méthodes, elle n'aurait même plus à être considérée comme un renoncement. Restrictions et renoncements ne se définissent après tout que par opposition à quelque chose de plus vaste dont le discours et l'action n'auraient pas cessé d'esquisser les contours et dont, en raison de limitations instrumentales, on n'aurait dû retenir qu'une partie. A partir du moment où aurait été accomplie l'intégration de ces limitations dans les structures du discours et de l'action (c'est-à-dire dans l'*ontologie présupposée* par le discours et par l'action), les investigations pourraient s'effectuer de la même façon et avec le même engagement, que si le domaine auquel elles s'appliquent était *seul* réel et qu'il n'y avait donc *rien* à regarder par-delà. Les conditions d'une telle mutation du champ des anticipations seront discutées au chapitre 5 (§ 5-2-5).

La seconde réticence de R.I.G. Hughes s'exerce à l'encontre de l'idée qu'il existerait une cassure radicale entre un domaine microscopique où le principe de bivalence ne vaut plus, et un domaine macroscopique où il continue à valoir. Ceci est manifeste dans son raisonnement : tirer argument du fait admis que les détecteurs placés au voisinage des fentes fournissent des indications mutuellement exclusives pour conclure que des événements de passage à travers les fentes surviennent et sont mutuellement exclusifs, c'est laisser entendre (ce qu'on peut admettre sans difficulté) que la continuité logique doit être parfaite d'un bout à l'autre de l'échelle des grandeurs spatiales. Mais c'est aussi supposer que cette continuité logique s'établit nécessairement sur le modèle des rapports entre les faits intersubjectivement attestés de la vie courante ou de la pratique du laboratoire ; que ce sont les caractéristiques logiques de ces faits qui doivent être projetées dans la totalité du domaine d'investigation de la physique. Or, cette dernière hypothèse est beaucoup plus contestable. L'une des deux représentations alternatives qui ont été proposées ne montre-t-elle pas qu'une continuité logique peut se faire jour tout en échappant aux formes familières ? Selon la représentation associée aux théories de la décohérence, il n'y a *aucune* échelle où des événements mutuellement exclusifs surviennent dans l'absolu. Le fait que nous puissions malgré cela en témoigner ne se comprend que comme effet de l'émergence, à notre niveau d'organisation, de structures interactives *approximativement* isomorphes à celles de gammes de possibilités mutuellement exclusives. La continuité d'échelle s'établit donc ici sur un mode sub-événementiel et non pas sur le mode des formes événementielles émergentes. Le principe de bivalence n'est supposé valoir à proprement parler *nulle part,* même si nous sommes placés dans une situation telle que nous prenons très peu de risques en le tenant pour une précondition de la parole et de l'action dans l'environnement quotidien du laboratoire.

La crainte de l'irréalisme et celle de la discontinuité logique ayant été apaisées, aucun obstacle ne s'oppose plus à ce qu'on attribue l'inapplicabilité de la formule classique d'addition des probabilités d'une disjonction à l'invalidité du principe de bivalence. Seules les implications d'un tel choix restent à préciser. En mécanique quantique, tout d'abord, contrairement à ce qui arrive dans le cas classique, l'invalidation du principe de bivalence dans les règles du calcul des probabilités accompagne et confirme la tendance pragmatique à la violation du principe de bivalence dont témoigne le remplacement des énoncés catégoriques par des énoncés probabilistes dans certaines situations conversationnelles. Mais cette sorte d'harmonie entre la syntaxe et l'usage du calcul des probabilités n'est pas le seul résultat du choix effectué. Une autre conséquence, plus fondamentale, porte sur le rapport entre les évaluations probabilistes et les événements, qui distingue la mécanique quantique à la fois des théories déterministes classiques *et* des théories stochastiques classiques (voir tableau n° 1). Dans les théories déterministes classiques, la probabilité est probabilité d'un événement qui soit survient nécessairement, en vertu des lois de la nature et de conditions initiales *ignorées,* soit nécessairement *ne* survient *pas,* en vertu des mêmes lois de la nature et de conditions initiales différentes. Dans les théories stochastiques classiques, la probabilité est probabilité d'un événement qui, bien qu'en l'absence de stricte nécessité légale, survient ou ne survient pas de lui-même. Dans le domaine régi par la mécanique quantique, par contre, l'invalidation du principe de bivalence donne à la probabilité le statut d'une évaluation entièrement conditionnelle ; elle n'est plus probabilité d'un événement qui survient ou ne survient pas de lui-même, mais probabilité d'un fait dont l'occurrence ou la non-occurrence intersubjectivement attestable est suspendue à l'interposition d'une certaine structure instrumentale. Le calcul qui doit aboutir en fin de parcours à une évaluation probabiliste se déroule ainsi de proche en proche sans qu'à aucun moment intermédiaire les conditions instrumentales de l'occurrence des faits ne soient supposées réalisées ; c'est seulement à la dernière étape, celle qui a *motivé* le calcul, qu'on introduit l'équivalent symbolique de cette supposition : l'application de la règle de Born. Le moment où l'on fait intervenir cette dernière étape étant, comme on le voit, essentiellement conventionnel (même si les conditions de son intervention sont réalisées à une bien meilleure approximation près au-delà d'une certaine échelle qu'en deçà), rien n'interdit de la repousser de proche en proche, sans bornes bien définies, comme on l'a souvent fait dans les discussions sur le « problème de la mesure » depuis von Neumann (§ 5-3-1).

Déterminisme	Indéterminisme	
-Mécanique classique. -Théories à variables cachées déterministes	-Mécanique statistique classique. -Théories à variables cachées stochastiques	Mécanique quantique
	Structure probabiliste disjonctive	*Structure probabiliste non disjonctive*
Evénements survenant d'eux-mêmes		Faits définis relativement à un contexte ou à un dispositif d'attestation
Validité universelle du principe de bivalence		Principe de bivalence non valide en l'absence de référence à un dispositif d'attestation

Tableau n° 1

Concluons. Plus que tout autre, le calcul quantique des probabilités peut être dit porter sur l'avenir et non sur des événements ; car à la différence de tout autre, il apparaît d'emblée énoncer quelque chose sur un avenir ouvert à toute éventualité expérimentale et non sur les éléments d'une gamme pré-donnée d'événements possibles.

2-LA MECANIQUE QUANTIQUE COMME SCHEMA PREDICTIF CONTEXTUEL

« (L)e but minimal d'une théorie physique consiste à fournir des prévisions concernant les résultats de mesures ultérieures à partir de résultats de mesures initiales » [P. Février (1956), p. 9]. Ce genre de constat peut éviter d'avoir à se heurter d'emblée aux impasses interprétatives de la mécanique quantique. Aborder cette théorie par un biais historique, ce serait en effet s'astreindre à suivre le fil d'une lente et laborieuse déconstruction ontologique à partir des représentations permises par la physique classique. Au contraire, la développer dans une perspective minimale, instrumentaliste, permet de mettre au jour le matériau d'une éventuelle reconstruction ontologique et de n'engager cette dernière qu'en connaissance de cause. Faire un tel choix n'équivaut pas à affirmer dogmatiquement que la mécanique quantique *n'est qu'*une de ces « théories de la prévision », dont la structure générale a été précisée par J.L. Destouches [(1981)] et P. Destouches-Février [(1951)], mais seulement à remarquer que ses traits essentiels se laissent appréhender presque immédiatement lorsqu'on *commence* par la considérer comme un pur symbolisme prédictif.

2-1 Esquisse d'une théorie prédictive

Trois modifications seront apportées au schéma des « théories de la prévision » de J.L. Destouches et P. Destouches-Février.

La première consiste à utiliser d'entrée de jeu le formalisme des espaces de Hilbert, devenu le moyen de communication courant des physiciens quantiques. La seconde revient à se passer complètement du concept d'un système physique *sur lequel* s'effectuerait la mesure [1], en s'appuyant pour cela sur l'analyse critique qui en a été faite au § 1-2-11 (le lexique courant, contenant la mention de « systèmes physiques », pourra cependant être employé de temps à autre par souci de concision dans l'expression stéréotypée de certains exemples concrets). La troisième modification revient à substituer au concept de *mesure initiale* celui de *préparation.*

La phrase-programme citée en début de chapitre devient ainsi : *Le but minimal d'une théorie physique consiste à fournir des prévisions concernant des résultats de mesures, à partir d'une préparation donnée.*

Le concept de préparation, mis en avant par H. Margenau [(1937) ; (1963)], a une généralité bien plus grande que celui de mesure initiale. Une préparation peut parfois s'identifier à une mesure initiale (à condition qu'elle soit non destructive), mais ce n'est pas toujours le cas. Il n'est pas nécessaire que *chaque* préparation

1. Cette modification a une portée considérable. Alors que selon P. Destouches-Février [(1951), p. 91], « la notion fondamentale de la physique est celle de système », et que la mesure implique des *paires* ordonnées système-appareil, nous tentons ici de ne pas instaurer d'emblée un dualisme méthodologique qui devrait par la suite être désamorcé à travers la critique de notions comme la complémentarité (voir chapitre 3) ou par l'introduction du concept de contextualité (ce chapitre et chapitre 4).

s'accompagne d'une mesure initiale non destructive pour qu'on puisse la considérer comme un potentiel d'information à partir duquel évaluer les prédictions concernant les résultats de mesures ultérieures. Il suffit pour cela que la reproductibilité des variables pertinentes d'une *classe* de préparations ait été préalablement attestée par une série de mesures (éventuellement destructives). L'appartenance d'une préparation à cette classe conduit alors à expérimenter sous l'hypothèse que l'information dont elle est détentrice est identique à celle qui a été auparavant obtenue sur des échantillons témoins de la classe.

Les expériences les plus courantes en physique microscopique ne comprennent pas une mesure non destructive initiale systématique. Elles s'effectuent donc généralement en deux temps :

(i) Une première série de préparations $P_1,P_2,...,P_n$ est effectuée. Chacune d'entre elles est suivie de la mesure test (éventuellement destructive) de variables pertinentes dont on vérifie la stricte reproductibilité.

Un exemple : la préparation consiste à émettre de la lumière à faible intensité (quantum d'énergie par quantum d'énergie) vers un polariseur d'axe vertical. Les mesures tests consistent pour leur part à placer à la suite du premier polariseur, le long de la droite qui l'unit à l'émetteur, un *second* polariseur d'axe soit vertical soit horizontal, puis à vérifier sur un écran absorbant :

– qu'un impact est systématiquement détecté sur l'écran après chaque émission si le second polariseur a son axe vertical,

– et qu'aucun impact n'est détecté sur l'écran si le second polariseur a son axe horizontal.

(ii) Une seconde série de préparations $P_{n+1},P_{n+2},...,P_N$ du *même type* qu'en (i) est effectuée. Mais chacune d'entre elles est à présent suivie d'une mesure de la variable au sujet de laquelle il faut donner des prédictions probabilistes, et non pas d'une mesure test de variables dont le résultat est systématiquement reproductible (avec une probabilité égale à 1).

Un exemple : la préparation est du même type que dans l'exemple précédent (émission de lumière à faible intensité vers un premier polariseur d'axe vertical). Mais la mesure consiste cette fois à placer entre le premier polariseur et l'écran absorbant un second polariseur en série, d'axe incliné à l'angle α par rapport à la verticale. C'est la mesure de la polarisation selon la direction α, dont il s'agit de prédire, sur un mode probabiliste, le résultat.

Une telle procédure en deux étapes équivaut formellement à la séquence *mesure initiale – mesure finale* des « théories de la prévision » de J.L. Destouches et P. Destouches-Février, à ceci près que le résultat de la mesure test initiale n'est ici que *contrafactuellement* disponible lorsque le résultat de la mesure ultérieure est effectivement obtenu. Après avoir effectué une mesure initiale à la suite de chaque préparation d'une première série et avoir vérifié qu'elle donne toujours le même résultat, la prédiction du résultat des mesures de la seconde série s'appuie en effet tacitement sur l'hypothèse que *si* la mesure test initiale *avait* été faite après chaque préparation à la place de la mesure finale, elle *aurait* continué à fournir le même résultat.

La manipulation des propositions contrafactuelles est chose délicate ; il existe certains cas, déjà évoqués au § 1-2-3, où leur utilisation trop extensive, portant sur la valeur de plusieurs variables à la fois, a des conséquences contraires aux prédictions empiriquement adéquates de la mécanique quantique ; mais une composante élémentaire de contrafactualité comme celle qui vient d'être délimitée, portant sur la valeur d'une seule variable, est indispensable pour que le discours de l'expérimentateur ne se dissolve pas dans l'énumération de cas particuliers.

Le modèle générique des expériences auxquelles doit s'appliquer la théorie ayant été précisé, il devient à présent possible d'énoncer les principes du calcul des prédictions qui lui est associé. Ces prédictions dépendent des *trois éléments constituants de chaque expérience :*

(i) le type de préparation, éventuellement caractérisé par une série de mesures tests préliminaires ;
(ii) le laps de temps et les conditions physiques qui séparent le lieu et l'instant de la préparation du lieu et de l'instant de la mesure de la variable à prédire ;
(iii) le type de variable dont il faut prédire le résultat de la mesure.

Chacun de ces éléments constituants doit donc avoir un répondant dans le formalisme de la théorie prédictive. Dans le cas particulier de la mécanique quantique, la correspondance s'établit comme suit. Au type de préparation répond un vecteur d'un espace de Hilbert, appelé « vecteur d'état » ; à la séparation (spatio-temporelle et physique) entre la préparation et la mesure répond une équation d'évolution, qui n'est autre que l'équation de Schrödinger dans le cas non relativiste ; au type de variable mesurée répond un opérateur dans l'espace de Hilbert, appelé « observable ». Notre exposé simplifié de la mécanique quantique, qui a pour seule ambition de constituer un point de départ utile pour la réflexion philosophique, va suivre pas à pas les étapes de cette correspondance : il va d'abord être question du vecteur d'état, puis de l'équation de Schrödinger, et enfin des observables et des divers rapports qui s'établissent entre elles. Mais il va falloir aussi se garder de prendre à la lettre les subdivisions d'un tel plan. Le vecteur d'état, l'équation de Schrödinger, et les observables, ne constituent en rien des *descriptions séparées* des trois moments distingués dans une expérience. La définition d'un vecteur d'état est d'emblée tournée vers ce que la connaissance (par des mesures tests préalables) d'un certain type de préparation permet de prédire au sujet de n'importe quelle observable pouvant être mesurée ultérieurement ; la structure de l'équation de Schrödinger est déterminée par le besoin d'établir un raccord prédictif entre les circonstances de la préparation et celles, généralement plus tardives, de la mesure ; et la forme des observables est orientée vers la prédiction de la valeur mesurée d'un certain type de variable à partir de n'importe quelle préparation. Vecteurs d'état, équation de Schrödinger, et observables, se comprennent comme les trois volets d'un unique outil *prédictif*, et non pas comme des *représentations* distinctes de chacun des trois temps du processus expérimental.

2-2 Préparer

2-2-1 Vecteurs d'état et préparations

Au § 1-3-8, la discussion autour de la validité du principe de bivalence a abouti à l'idée selon laquelle le formalisme de la mécanique quantique consiste en un genre inédit de calcul de probabilités. Un calcul d'évaluations probabilistes conditionnelles, suspendu à l'interposition de telle ou telle structure expérimentale fixant sa propre gamme d'occurrences factuelles possibles, et non pas un calcul d'évaluations probabilistes catégoriques portant sur les éléments d'une gamme pré-donnée d'événements possibles. L'information prédictive qu'on doit pouvoir dériver d'une préparation donnée ne s'identifie donc pas à une simple liste de probabilités appliquée bi-univoquement à une liste d'événements déterminée d'avance, mais à un instrument mathématique polyvalent, permettant de dériver autant de listes de probabilités que de listes de faits correspondant aux types d'expériences qu'on pourrait accomplir à l'issue de la préparation. La contrainte majeure qui s'exerce sur cet instrument mathématique est dans ces conditions la suivante : *chaque* liste de nombres qu'il associe à la liste de faits rendus possibles par une structure expérimentale doit répondre aux axiomes de la théorie formelle des probabilités de Kolmogorov. Une contrainte qui suffit à elle seule à fixer l'essentiel de ses caractéristiques. Dans cet exposé volontairement simplifié, nous n'allons cependant pas parcourir l'itinéraire qui va de la contrainte aux caractéristiques ; nous présenterons d'emblée un instrument mathématique ayant les caractéristiques voulues, puis (au § 2-2-2, point (1)), nous dirons un mot des théorèmes qui établissent sa quasi-unicité.

Soit donc un espace abstrait H ayant autant de dimensions que de faits élémentaires d'une certaine gamme de possibles expérimentaux. Nous admettrons que ce nombre de dimensions, et donc le nombre de faits de la gamme, est *fini* (disons qu'il est égal à n). Cette hypothèse, soulignons-le, n'équivaut pas à introduire la *quantification* dès les prémisses d'un raisonnement qui devra y conduire (au § 2-4-2). Rien n'empêche en effet de considérer jusqu'à nouvel ordre qu'elle ne fait qu'exprimer deux préalables d'ordre épistémologique : le découpage de ce qui arrive en faits suffisamment distincts pour apparaître mutuellement exclusifs (caractère *discret*), et le choix de se limiter, *par souci de simplicité*, au cas de gammes *finies* de faits possibles. Plusieurs des conclusions philosophiquement intéressantes que nous tirerons de cette analyse élémentaire pourront être étendues sans modification notable à des gammes continûment infinies comme celles qui relèvent des variables position et quantité de mouvement [1]. D'autres conclusions (comme la

1. Il faut tout de même rappeler (pour les lecteurs les plus avertis, et par anticipation du contenu des paragraphes suivants) en quoi le cas des spectres finis et discrets, seul traité ici, ne peut pas permettre de retrouver *toutes* les distinctions imposées par le traitement de spectres continus. Lorsqu'il est question de spectres discrets, rien n'empêche de mettre en œuvre une préparation caractérisée par un vecteur d'état identique à un vecteur de base (c'est-à-dire, § 2-4-2, à un vecteur propre d'une observable). Dans ce cas, le risque existe de confondre les notions pourtant profondément dissemblables de *vecteur propre* (représentant un événement possible dans un contexte expérimental donné) et de *vecteur d'état* (exprimant la teneur prédictive d'une préparation). En revanche, lorsqu'il est question de spectres continus, une préparation permet tout au plus d'obtenir des vecteurs d'état *approximant* des vecteurs propres [P.A.M. Dirac (1930), p. 48]. Dans ce dernier

quantification), exigeront un bref retour sur les spécificités des gammes continûment infinies.

La confusion n'étant plus à craindre, nous remplacerons dans ce qui suit le mot « fait » par l'expression « événement contextuel » ou même plus simplement « événement ».

Les événements contextuels que nous allons considérer sont du type suivant :

$$e_{ai} \equiv (A = a_i)$$

Autrement dit : « l'événement contextuel élémentaire e_{ai} est survenu » signifie que la valeur a_i a été obtenue lors d'une mesure de la variable A.

Un événement élémentaire particulier e_{ai} sera représenté dans l'espace H par un axe de coordonnées qui a pour origine le point O, et qui est *orthogonal* aux axes représentant les autres événements élémentaires de la même gamme. A l'axe représentant l'événement élémentaire e_{ai} sera associé un vecteur de base noté $|a_i\rangle$, de même direction et de norme (ou si l'on veut de longueur) unité. La gamme entière des événements élémentaires possibles dans le contexte d'une mesure de la variable A, est alors représentée par un système de n axes orthonormés et de n vecteurs de base associés dans l'espace H.

Posons à présent les règles principales du calcul quantique des probabilités, avant de les justifier un peu plus loin dans ce paragraphe puis au paragraphe suivant.

L'instrument mathématique cherché, celui qui permet de calculer, à partir d'une préparation donnée, non seulement la probabilité des événements de la gamme A mais aussi celle des événements de n'importe quelle

cas la notion de vecteur d'état (caractérisant une préparation expérimentale effective) se distingue sans équivoque possible de celui de vecteur propre (*pure idéalisation*, souligne Dirac).

Ces distinctions sont fortement soulignées, à juste titre, par M. Mugur-Schächter, et je la remercie de m'avoir incité à les préciser dans la présente note.

autre gamme B, C, D,... représentable par un système d'axes différent dans le *même* espace H, est le suivant :

Un vecteur de l'espace H, de norme unité, noté $|\psi\rangle$, et traditionnellement appelé « vecteur d'état ».

L'algorithme de calcul des probabilités des événements élémentaires e_{ai} à partir de $|\psi\rangle$ est fondé sur des opérations très simples de projection géométrique. La probabilité que l'événement e_{ai} survienne (c'est-à-dire que la mesure de la variable A donne le résultat a_i) n'est autre en effet que le carré du module de la *projection* c_i du vecteur $|\psi\rangle$ sur l'axe parallèle à $|a_i\rangle$:

$$P(a_i,\psi) = |c_i|^2$$

Cette formule se lit : « la probabilité que le résultat a_i soit obtenu à la suite d'une mesure de la variable A *si* la préparation expérimentale est caractérisée par le vecteur d'état $|\psi\rangle$, est égale au carré du module de la projection de $|\psi\rangle$ sur l'axe parallèle au vecteur $|a_i\rangle$ ». Elle est appelée la *règle de Born, ou l'algorithme probabiliste de Born,* car c'est Max Born qui l'a formulée pour la première fois en 1926 dans le cadre de son interprétation statistique de la mécanique ondulatoire de Schrödinger [M. Jammer (1974), p. 38].

On sait d'autre part que la projection d'un vecteur $|\psi\rangle$ sur l'axe parallèle à $|a_i\rangle$ a un module égal à celui du *produit scalaire* du vecteur unité $|a_i\rangle$ par le vecteur $|\psi\rangle$. Si l'on note ce produit scalaire : $\langle a_i|\psi\rangle$, la probabilité précédente se réécrit :

$$P(a_i,\psi) = |\langle a_i|\psi\rangle|^2$$

La figure n° 2 permet de visualiser l'étape projective de cet algorithme sur un cas très simple : celui où l'espace H comporte seulement deux dimensions et où les axes sont (provisoirement) considérés comme des droites de nombres réels.

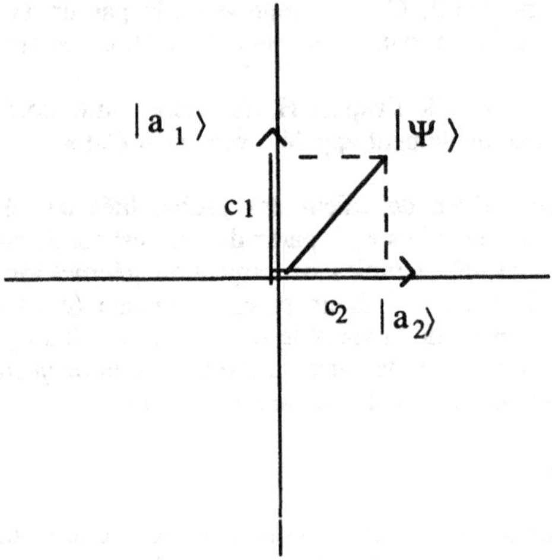

Figure n° 2

Comment calculer par ailleurs la probabilité d'un « événement aléatoire » au sens large, c'est-à-dire de la *disjonction* d'un certain nombre d'événements élémentaires faisant tous partie de la gamme de résultats possibles d'une variable donnée ? Cette probabilité s'obtient par généralisation de l'algorithme précédent. Soit un événement aléatoire $e = e_{ai} \vee e_{aj} \vee e_{ak} \vee \ldots$ La probabilité que l'événement aléatoire e survienne (c'est-à-dire que la mesure de la variable A donne l'un quelconque des résultats a_i, a_j, ou a_k) est le carré du module de la *projection* du vecteur $|\psi\rangle$ sur le sous-espace $h_{ijk\ldots}$ de H dont les axes de coordonnées sont parallèles aux vecteurs de base $|a_i\rangle$, $|a_j\rangle$, $|a_k\rangle$, etc. On note cela :

$$P(a_i \vee a_j \vee a_k \vee \ldots, \psi) = |P_{ijk\ldots}|\psi\rangle|^2$$

$\mathbb{P}_{ijk\ldots}$ est appelé le *projecteur* sur le sous-espace $h_{ijk\ldots}$

Avec cette notation, la probabilité d'un événement élémentaire pourrait aussi s'écrire :

$$P(a_i,\psi) = |\mathbb{P}_i|\psi\rangle|^2.$$

Ces règles de calcul étant posées, on peut en donner un premier élément de justification en montrant que les listes d'évaluations probabilistes qu'elles permettent de définir obéissent aux axiomes de Kolmogorov pour *chaque* gamme de résultats possibles.

Le premier axiome de Kolmogorov énonce que la probabilité de l'événement exhaustif E est égale à 1. Ici, l'événement exhaustif E à considérer équivaut à la disjonction de tous les événements appartenant à *une* gamme de possibles. Mais d'après la règle précédente, la probabilité de cette disjonction n'est autre que le carré du module de la projection du vecteur $|\psi\rangle$ sur l'espace H tout entier. La projection d'un vecteur sur l'espace auquel il appartient n'étant autre que ce vecteur, le carré de son module est le produit scalaire du vecteur par lui-même, soit :

$$P(E, \psi) = \langle\psi|\psi\rangle,$$

Or, nous avons fait précédemment l'hypothèse que la norme du vecteur (et par conséquent aussi le carré de sa norme, qui équivaut au produit scalaire du vecteur $|\psi\rangle$ par lui-même) est égale à 1. On a donc :

$$P(E, \psi) = 1,$$

ce qui est parfaitement conforme au premier axiome de Kolmogorov.

Le second axiome de Kolmogorov énonce que la probabilité de la disjonction de deux événements est égale à la somme des probabilités de chacun des deux événements, si ces événements sont disjoints. Montrons que le mode d'évaluation probabiliste proposé respecte cette clause pour deux événements élémentaires (la généralisation à des événements aléatoires quelconques et à un nombre d'événements supérieur à deux ne poserait aucun problème particulier). D'après la règle de calcul de la probabilité d'une disjonction d'événements élémentaires donnée plus haut, la probabilité de l'événement $e_{ai} \vee e_{aj}$ est le carré du module de la projection du vecteur $|\psi\rangle$ sur le plan h_{ij} dont les axes de coordonnées sont parallèles aux vecteurs de base $|a_i\rangle$ et $|a_j\rangle$:

$$P(a_i \vee a_j, \psi) = |\mathbb{P}_{ij}|\psi\rangle|^2$$

Par ailleurs, les probabilités de e_{ai} et e_{aj} sont respectivement égales au carré du module de la projection du vecteur $|\psi\rangle$ sur l'axe parallèle à $|a_i\rangle$, et au carré du module de la projection du vecteur $|\psi\rangle$ sur l'axe parallèle à $|a_j\rangle$:

$$P(a_i, \psi) = |c_i|^2 \text{ et } P(a_j, \psi) = |c_j|^2$$

Or, il se trouve que les projections du vecteur $\mathbb{P}_{ij}|\psi\rangle$ sur les axes $|a_i\rangle$ et $|a_j\rangle$ du plan h_{ij} sont égales aux projections du vecteur $|\psi\rangle$ effectuées directement sur ces mêmes axes, à savoir respectivement c_i et c_j. En appliquant le *théorème de Pythagore* au triangle rectangle formé par $\mathbb{P}_{ij}|\psi\rangle$ et ses projections c_i et c_j sur les axes $|a_i\rangle$ et $|a_j\rangle$, on obtient par conséquent :

$$|\mathbb{P}_{ij}|\psi\rangle|^2 = |c_i|^2 + |c_j|^2$$

Ou encore :

$$P(a_i \vee a_j, \psi) = P(a_i, \psi) + P(a_j, \psi)$$

Ce résultat est parfaitement conforme au second axiome de la théorie de Kolmogorov.

En résumé : le vecteur d'état n'est pas une probabilité, mais les nombres que la règle de Born permet de calculer à partir de lui obéissent, pour une gamme de possibles, *aux axiomes de la théorie classique des probabilités.*

2-2-2 Signification minimale du vecteur d'état

La signification minimale du concept de vecteur d'état va maintenant être fixée en analysant successivement *deux* propriétés d'*invariance* du mode de calcul des probabilités utilisant les vecteurs d'état et la règle de Born.

(1) Les résultats qui ont été obtenus au paragraphe précédent valent quel que soit le système de n axes choisis dans l'espace H de dimension n, et donc *quelle que soit la variable* dont les valeurs possibles sont représentées dans H.

Le premier axiome de la théorie de Kolmogorov, pour commencer, est automatiquement satisfait pour *toutes* les variables et *toutes* les gammes de possibles pouvant être représentées dans H, en vertu des propriétés d'une seule entité mathématique : le vecteur $|\psi\rangle$. En effet, le produit scalaire du vecteur $|\psi\rangle$ par lui-même, au moyen duquel on calcule la probabilité de l'événement exhaustif, est égal à 1 indépendamment du système de coordonnées.

Quant au second axiome de Kolmogorov, nous avons démontré qu'il vaut pour le calcul des probabilités utilisant les vecteurs d'état et la règle de Born en nous appuyant sur un théorème (le théorème de Pythagore) qui s'applique à *chaque* triangle rectangle dont l'hypothénuse est le vecteur et dont les côtés sont les projections du vecteur sur des axes de coordonnées *quelconques*. Le second axiome est donc automatiquement satisfait, en vertu des propriétés projectives du seul vecteur $|\psi\rangle$, dans *tout* système d'axes orthogonaux de l'espace H, pour *toutes* les variables et *toutes* les gammes de possibles pouvant être représentées dans H.

Le vecteur $|\psi\rangle$, avec les règles de calcul des probabilités associées, est donc exactement le genre d'instrument mathématique synthétique et polyvalent que nous cherchions. Il est apte à fixer des listes de probabilités correspondant à une multiplicité de gammes de possibles, d'une façon qui satisfasse *automatiquement, et pour chacune d'entre elle,* aux axiomes de Kolmogorov.

Mais est-ce bien le seul instrument mathématique qui ait les caractéristiques voulues ? Une série de théorèmes dus à P. Destouches-Février établit qu'il est *presque* le seul. Il constitue un élément particulièrement simple de la classe peu étendue des formes mathématiques qui répondent à la condition suivante : constituer un outil de prévision probabiliste d'événements définis non pas dans l'absolu, mais relativement à un *contexte expérimental ;* constituer par conséquent un outil de prévision probabiliste d'événements qui ne font pas partie d'une gamme unifiée de possibles mais d'autant de gammes que de contextes expérimentaux. La démonstration de ce résultat s'établit en deux temps.

En premier lieu, selon J.L. Destouches et P. Destouches-Février, dans les « théories de la prévision » valant pour des événements définis soit dans l'absolu soit relativement à un contexte expérimental, on peut à certaines conditions remplacer l'élément X permettant de calculer les prévisions à la suite d'une préparation, par une superposition linéaire de ceux des éléments de prévision X_i qui fournissent une probabilité 1 de voir arriver tel événement e_{ai} d'une gamme de possibles quelconque A :

$$X \rightarrow \sum_{i=1}^{i=n} c_i X_i$$

On appelle cette opération la « décomposition spectrale » de l'élément de prévision (l'ensemble des résultats possibles a_i de la mesure d'une variable A s'appelle en effet le *spectre* de cette variable).

Une théorie dans laquelle on ne se contente pas de *substituer* l'élément de prévision par sa décomposition spectrale, mais dans laquelle on pose l'*identité* de l'élément de prévision et de sa décomposition spectrale est appelée une « théorie à schéma vectoriel » [P. Destouches-Février (1956), p. 21]. Or cette condition correspond exactement au cas de la mécanique quantique. Le vecteur d'état $|\psi\rangle$ de la mécanique quantique est en effet égal à la somme vectorielle de ses projections sur le système des vecteurs de base $|a_i\rangle$, et s'écrit par conséquent :

$$|\psi\rangle = \sum_{i=1}^{i=n} c_i \, |a_i\rangle$$

Quant au vecteur de base $|a_i\rangle$, il correspond parfaitement à la définition d'un élément de prévision fournissant une probabilité 1 d'obtenir le résultat a_i. Sa projection sur l'axe qui lui est parallèle a un module égal à 1, et par conséquent, en vertu de la règle de Born, la probabilité d'obtenir a_i est aussi égale à 1.

Le formalisme des vecteurs d'état de la mécanique quantique s'identifie en définitive à la variété « théorie à schéma vectoriel » de *la théorie générale de la prévision* de J.L. Destouches et P. Destouches-Février. C'est-à-dire qu'il en constitue un cas à peine particulier.

En second lieu, P. Destouches-Février [(1951), p. 240] démontre que pour *toute* théorie permettant la prévision d'événements définis non dans l'absolu mais *relativement à des contextes expérimentaux incompatibles*, la probabilité d'obtenir un résultat de mesure a_i doit prendre la forme :

$$P(a_i, \psi) = |c_i|^k$$

Faisant appel à un théorème dû à Birkhoff et von Neumann [(1936)], elle aboutit ensuite à montrer que *le nombre k ne peut être qu'égal à 2*. La règle de Born de la mécanique quantique apparaît ainsi comme une caractéristique typique des théories prédictives portant sur des événements définis relativement à des contextes expérimentaux parfois incompatibles [1].

1. H. Everett [(1957)] démontre très simplement un théorème analogue. Son propos est d'assigner une *mesure* unique (au sens

P. Destouches-Février et J.L. Destouches nomment ce résultat le « principe de décomposition spectrale ». Il équivaut en effet exactement, sur le plan formel, à un résultat bien connu de la théorie classique des ondes : l'intensité d'éclairement de la i-ème composante spectrale d'une onde est égale au carré du module de l'amplitude de cette composante.

La conclusion à tirer de ce qui vient d'être dit est particulièrement importante : *Des raisons sérieuses existent pour penser qu'en construisant une théorie des prévisions assez générale pour respecter l'axiomatique de la théorie classique des probabilités sur n'importe quelle gamme d'événements définis contextuellement, on aboutit à des mathématiques de forme ondulatoire.*

Le fait que l'une des versions initiales de la mécanique quantique, celle élaborée par Schrödinger [(1926)], ait été une « mécanique ondulatoire », est la traduction historique de cette situation. Une réflexion plus approfondie sur ce rapport étroit qui existe entre la forme ondulatoire

de Lebesgue) à chacun des éléments d'une superposition linéaire de vecteurs d'état orthogonaux. Il impose alors la condition suivante d'« additivité » : si l'on choisit un sous-ensemble de la superposition, disons $\sum_{i=1}^{i=n^*} c_i \mid a_i\rangle$, et qu'on le considère comme un seul élément $\alpha \mid \psi^*\rangle : \alpha \mid \psi^*\rangle = \sum_{i=1}^{i=n^*} c_i \mid a_i\rangle$, alors la *mesure* de $\mid \psi^*\rangle$ doit être égale à la somme des *mesures* assignées à chacun des $\mid a_i\rangle$. La condition ne peut être remplie *que* si ces dernières *mesures* sont proportionnelles à $|c_i|^2$. Il faut souligner que cette condition, imposée pour *n'importe quelle décomposition linéaire* de $\mid \psi^*\rangle$, et donc pour *n'importe quelle variable* qui pourrait être mesurée à la suite d'une préparation caractérisée par $\mid \psi^*\rangle$, exprime implicitement une clause de *contextualité*. La conclusion à en tirer est dès lors *a priori* très proche de celle que P. Destouches-Février tire de son théorème. Il faut cependant prendre garde à une difficulté bien connue de nos jours : au nom de quoi peut-on assimiler la « mesure » précédente à une *probabilité ?* Cette difficulté, considérable dans le cadre descriptif choisi par Everett, ne risque même pas d'apparaître dans un cadre d'emblée prédictif comme celui choisi par P. Destouches-Février.

de la théorie et la contextualité des événements sur lesquels portent ses prédictions sera conduite aux paragraphes 2-2-3 et 2-5-1.

Pris ensemble, les deux résultats de P. Destouches-Février permettent quoi qu'il en soit de donner une certaine crédibilité à ce que nous annoncions au début du paragraphe : le formalisme des vecteurs d'état dans un espace H, complété par la règle probabiliste de Born, apparaît constituer une solution quasi unique au problème consistant à trouver un instrument de calcul conforme aux axiomes de la théorie classique des probabilités de Kolmogorov, pour chaque gamme de possibles définie relativement à un contexte expérimental.

(2) Les règles de calcul appliquées au vecteur $|\psi\rangle$ permettent de satisfaire automatiquement aux axiomes de Kolmogorov pour chaque gamme de possibles *séparément*, mais non pas pour un ensemble de possibles qui serait la *réunion* de toutes ces gammes de possibles. Ceci justifie la distinction systématique qu'établit M. Mugur-Schächter [(1994)] entre probabilités de Kolmogorov et probabilités quantiques. La théorie des probabilités de Kolmogorov s'applique au cas particulier où la gamme de possibles est unique ; son application universelle sous-entend par conséquent que rien n'interdit de conjoindre les déterminations obtenues avec une précision arbitraire dans des contextes expérimentaux distincts, ou bien encore que les objets possèdent des propriétés qui prédéterminent la valeur de toutes les variables qui pourraient être mesurées sur eux. Au contraire, les probabilités quantiques, avec leur algorithme permettant de dériver des probabilités pour chaque gamme de possibles à partir d'un unique vecteur de l'espace H, sont adaptées à une situation où la conjonction des déterminations obtenues dans des circonstances expérimentales distinctes n'est pas toujours licite. Leur vecteur $|\psi\rangle$ décomposable indifféremment selon n'importe quel système d'axes de l'espace H, symbolise parfaitement la situation en suspens dans laquelle

on se trouve aussi longtemps que les conditions expérimentales ou environnementales de l'émergence d'un ensemble d'occurrences intersubjectivement reconnaissables comme *faits* (à une approximation suffisante près), ne sont pas en place. Le vecteur d'état est ainsi doublement en retrait de l'actualité ; il l'est non seulement parce qu'il ne fixe pas celui des événements d'une gamme de possibles qui doit survenir, mais aussi parce qu'il n'inscrit en lui aucune gamme de possibles particulière. « L'opération de préparation (caractérisée par $|\psi\rangle$) revient à définir de façon purement physique, non cognitive, un ensemble infini (...) de pures potentialités » [M. Mugur-Schächter (1994)].

L'hypostase de ces potentialités conduirait à une position voisine de celle qu'adopta Heisenberg vers la fin de sa carrière : « (...) les atomes ou les particules élémentaires (...) forment un monde de potentialités ou de possibilités plutôt qu'un monde de choses ou de faits » [W. Heisenberg (1958) p. 248]. Mais il y a aussi une lecture non métaphysique, disons *herméneutique*, du concept de potentialité auquel renvoie le vecteur $|\psi\rangle$ issu d'une préparation expérimentale. $|\psi\rangle$ ne renvoie pas dans cette perspective à des objets, mais à des situations. Il ne représente pas les puissances de manifestation empirique conditionnelle d'un ou plusieurs *objets* pouvant être soumis à toute sortes de conditions instrumentales, mais simplement l'invariant du système des transformations de coordonnées probabilistes entre toutes les *situations* expérimentales accessibles à la suite d'une préparation donnée.

Cette dernière lecture de la signification du vecteur d'état ressort très clairement d'une forme intermédiaire donnée par Dirac et Jordan, en 1926, à la mécanique quantique alors naissante. Il s'agit justement de ce qu'il est convenu d'appeler la « théorie des transformations » [M. Jammer (1989), p. 310]. En simplifiant beaucoup, une théorie des transformations revient à passer directement de la liste des probabilités qui correspondent aux résultats possibles de la mesure d'une variable A à la liste des probabilités qui correspondent aux résultats possibles de la mesure d'une variable B, sans passer par l'intermédiaire du vecteur d'état $|\psi\rangle$. Comment obtient-on ce résultat ? Partons de deux décompositions spectrales de $|\psi\rangle$, l'une qui correspond au spectre de A et l'autre au spectre de B :

$$|\psi\rangle = \sum_{i=1}^{i=n} c_i \, |a_i\rangle \text{ et } |\psi\rangle = \sum_{p=1}^{p=n} q_p \, |b_p\rangle$$

On peut facilement trouver l'expression des coefficients c_i en fonction des coefficients q_p. Chaque vecteur $|b_p\rangle$ se décompose en effet de la façon suivante dans la base des vecteurs $|a_i\rangle$:

$$|b_p\rangle = \sum_{i=1}^{i=n} |a_i\rangle \langle a_i | b_p\rangle$$

Dans cette formule, $\langle a_i | b_p\rangle$ est le produit scalaire du vecteur unitaire $|a_i\rangle$ par le vecteur unitaire $|b_p\rangle$, c'est-à-dire la projection de $|b_p\rangle$ sur l'axe sous-tendu par $|a_i\rangle$. Le carré du module de $\langle a_i | b_p\rangle$ représente la probabilité d'obtenir le résultat a_i lors de la mesure de la variable A, *si* la préparation est caractérisée par un vecteur d'état égal à $|b_p\rangle$. On l'appelle aussi (au nom de l'image assez surannée des « sauts quantiques »), la « probabilité de transition » de b_p à a_i, et on peut l'écrire $P(a_i, b_p)$.

Quant au tableau complet et ordonné des coefficients $\langle a_i | b_p\rangle$, il forme ce qu'on appelle *la matrice de transformation* du système de coordonnées défini par la base de vecteurs $|b_p\rangle$ vers le système de coordonnées défini par la base des vecteurs $|a_i\rangle$.

En remplaçant $|b_p\rangle$ par sa décomposition dans la base des vecteurs $|a_i\rangle$, on obtient :

$$|\psi\rangle = \sum_{p=1}^{p=n} \sum_{i=1}^{i=n} q_p \, |a_i\rangle \langle a_i | b_p\rangle$$

Enfin, en comparant cette expression de $|\psi\rangle$ à son expression initiale dans la base $|a_i\rangle$, on en déduit que :

$$c_i = \sum_{p=1}^{p=n} q_p \langle a_i \mid b_p \rangle$$

En utilisant ce genre de formule, on pourrait à la limite oublier le vecteur d'état $|\psi\rangle$, et se servir uniquement de matrices de transformation. Mais cela reviendrait à focaliser à chaque fois son attention sur une paire de variables : les deux entre lesquelles s'effectue la transformation. Au contraire, le concept de vecteur d'état a l'avantage de renvoyer d'emblée à ce qui est commun à *toutes* les mesures de variables pouvant faire suite à une préparation donnée. Dans la théorie des transformations, on a une algèbre universellement applicable à toute situation expérimentale, mais des entités qui ne représentent les situations expérimentales que deux à deux. Par contre, dans la forme moderne de la mécanique quantique, l'universalité opératoire de l'algèbre est concrétisée par une entité elle-même universelle : le vecteur d'état.

Le vecteur d'état répond en définitive à ce qu'on attendait d'un outil probabiliste adapté à la prédiction de faits définis contextuellement, comme ceux dont doit rendre compte la mécanique quantique. Il constitue une entité mathématique universelle et invariante apte à fournir des informations probabilistes sur les résultats de n'importe quelle expérience qui pourrait être effectuée dans le futur d'une préparation, et non pas sur une gamme pré-donnée d'événements.

2-2-3 Vecteurs d'état et interférences

Nous avons signalé au point (1) du paragraphe précédent l'existence d'un isomorphisme entre l'algorithme probabiliste de la mécanique quantique et les théories classiques ondulatoires. Cet isomorphisme se lit à travers le « principe de décomposition spectrale » commun aux deux théories :

$$P(a_i, \psi) = |c_i|^k, k = 2$$

Cette formule a une conséquence majeure : la mécanique quantique prévoit que des effets de forme ondulatoire (interférences et diffraction) doivent se manifester dans la distribution d'un nombre suffisant d'événements expérimentaux.

Des prédictions ayant la forme de figures d'interférence apparaissent dans deux types de circonstances :

(i) Dans le calcul de la probabilité du résultat de mesure d'une variable, à partir des probabilités des résultats qu'aurait donnés la mesure d'une autre variable si elle avait été effectuée. Autrement dit, dans un calcul effectué en partant d'une *formule de transformation.*

(ii) Dans le calcul de la probabilité du résultat de mesure d'une variable, à partir du vecteur d'état d'une préparation résultant de la composition de deux ou plusieurs préparations. Autrement dit, dans un calcul effectué en partant du *principe de superposition.*

M. Mugur-Schächter [(1994)] insiste à juste titre pour distinguer soigneusement les deux cas, et nous allons donc les traiter successivement.

Commençons par considérer la formule de transformation :

$$c_i = \sum_{p=1}^{p=n} q_p \langle a_i \mid b_p \rangle$$

D'après la formule de Born, la probabilité d'obtenir le résultat a_i lors d'une mesure de la variable A faisant suite à la préparation caractérisée par $|\psi\rangle$, est $|c_i|^2$:

$$|c_i|^2 = \left|\sum_{p=1}^{p=n} q_p \langle a_i | b_p \rangle\right|^2 = \sum_{p=1}^{p=n} |q_p|^2 \, |\langle a_i | b_p \rangle|^2 + \text{[termes croisés]}$$

Les termes croisés qui apparaissent dans la formule ci-dessus sont exactement semblables aux termes décrivant l'interférence de deux ondes, dont les amplitudes se soustraient en certains points alors qu'elles s'ajoutent en d'autres points. Il est vrai que ce résultat, impliquant une variable B qui *aurait pu* être mesurée entre la préparation et la mesure de A mais qui *ne* l'a *pas* été, reste assez abstrait tant qu'il ne s'oppose pas à un autre résultat : celui qui concerne le cas particulier où une mesure (non destructive) de B a été *effectivement* mise en œuvre et où les termes croisés disparaissent. Le renseignement qu'on peut en tirer n'est cependant pas négligeable, en raison de ses implications épistémologiques : *la formule classique d'addition des probabilités d'une disjonction n'est* généralement *pas applicable en mécanique quantique.* Pour bien le voir, adoptons les notations suivantes :

$$|c_i|^2 = P(a_i, \psi)$$

$$|q_p|^2 = P(b_p, \psi)$$

$$|\langle a_i | b_p \rangle|^2 = P(a_i, b_p)$$

La formule classique d'addition des probabilités d'une disjonction donnerait :

$$P(a_i,\psi) = \sum_{p=1}^{p=n} P(a_i,b_p)P(b_p,\psi)$$

Ce qui peut s'écrire :

$$P(a_i,\psi) = P(a_i,b_1)P(b_1,\psi) + \sum_{p=2}^{p=n} P(a_i,b_p)P(b_p,\psi)$$

Ou encore, en utilisant le théorème de Bayes :

$$P(a_i, \psi) = P(a_i,b_1)P(b_1, \psi) + P(a_i,\neg b_1)P(\neg b_1, \psi)$$

Or, dans le calcul quantique des probabilités, des termes de multiplication croisée viennent s'ajouter aux termes du membre de droite de ces égalités. Le calcul quantique des probabilités ne traite donc pas les éventualités résultant d'une expérience définie contrafactuellement comme si elles constituaient les termes d'une disjonction. *Si* nous adoptons l'interprétation de ce résultat qui a été favorisée au § 1-3-8, nous devons conclure que le principe de bivalence n'est pas applicable aux résultats d'une expérience définie contrafactuellement [1] ; et que par conséquent, la structure de la mécanique quantique n'est pas *directement* compatible avec l'idée précomprise selon laquelle les investigations portent sur des objets dotés de propriétés intrinsèques qui attendent seulement d'être *révélées* par une expérience effective, ou sur des événements qui surviennent d'eux-mêmes mais qui dépendent de la mise en œuvre d'une expérience pour ne plus être ignorés [2].

Etudions à présent le *second* ensemble de circonstances dans lesquelles le calcul quantique des probabilités fournit des prédictions ayant la forme de figures d'interférences. Nous avons vu au paragraphe 2-2-2 qu'on peut en principe remplacer un élément de prévision quelconque X par une superposition linéaire d'éléments X_i fournissant une probabilité 1 de mesurer

1. Une autre interprétation possible du même résultat, comme on l'a vu au paragraphe 1-3-6, consiste à considérer que les lois de distributivité de la disjonction et de la conjonction sont invalidées par la mécanique quantique. Il s'agit là de la stratégie de la « logique quantique » de Birkhoff et von Neumann, dont nous rediscuterons au paragraphe 4-4-1.

2. Un moyen *indirect* de mettre formellement en accord la structure prédictive de la mécanique quantique et le concept de propriété intrinsèque, *en dépit* du renoncement à appliquer le principe de bivalence aux propositions expérimentales contrafactuelles, consiste à passer par le détour d'une certaine classe de *théories à variables cachées* (dont les grands traits ont été évoqués aux paragraphes 1-3-7 et 1-3-8 et qui sera réexaminée à la section 4-5). Le problème est que le holisme inévitablement associé à ces théories vide de son sens l'idée selon laquelle les propriétés sont simplement « révélées » par une expérience effective. Dans le cadre de ces théories, la configuration expérimentale contribue en effet à déterminer les propriétés en même temps qu'elle sert à les « mettre en évidence ».

la valeur a_i d'une certaine variable ; et que c'est ce remplacement qui permet ensuite d'estimer la probabilité de chaque valeur a_j de la variable à la suite de la préparation caractérisée par X, en calculant le carré du module du coefficient c_j associé à X_j dans la superposition. Mais il y a une condition mathématique à la possibilité générale d'un tel remplacement [J.L. Destouches (1981), p. 83] : c'est que l'ensemble *E* des éléments de prévision dont on se sert effectivement soit complété par un ensemble *E'* d'éléments de prévision abstraits, de telle sorte que la réunion $E \cup E'$ de ces deux ensembles soit dotée d'une structure d'espace vectoriel (c'est-à-dire, pour l'essentiel, de telle sorte que *toute* superposition linéaire de deux éléments de $E \cup E'$ soit également un élément de $E \cup E'$). Traduite en termes de vecteurs d'état d'un espace de Hilbert, cette condition prend la forme suivante : soient deux vecteurs d'état quelconques ; *toute* superposition linéaire de ces vecteurs d'état doit également être un vecteur d'état.

Passons à présent des symboles du formalisme aux étapes opératoires qui leur correspondent. La clause formelle précédente se traduit alors par une contrainte portant sur l'extension du domaine des préparations expérimentales [M. Mugur-Schächter (1993)] : si *deux préparations* sont caractérisées respectivement par les vecteurs d'état $|\psi_1\rangle$ et $|\psi_2\rangle$, il doit être toujours possible de mettre en œuvre *une troisième préparation* qui soit caractérisée par une superposition linéaire quelconque de ces deux vecteurs d'état :

$$|\psi\rangle = \lambda_1 |\psi_1\rangle + \lambda_2 |\psi_2\rangle$$

Telle est la signification minimale du *principe de superposition* de la mécanique quantique.

Dirac [(1930) § 2] disait de ce principe qu'il est « l'une des plus fondamentales et des plus drastiques » parmi les « nouvelles lois de la nature » requises en physique microscopique. Ce qui vient d'être dit tend à corroborer ce jugement de valeur, à ceci près que la présentation qui a été faite du principe de superposition l'apparente à un *principe normatif* exigeant la mise en conformité des possibilités opératoires avec celles qu'offre le formalisme prédictif, plutôt qu'à une quelconque « loi de la nature ».

Un exemple-type d'application du principe de superposition est celui de l'expérience des fentes d'Young (Figure n° 1, § 1-2-10). Soient deux préparations : l'une qui comprend la source et un cache percé de la seule fente **A**, l'autre qui comprend la même source et un cache percé de la seule fente **B**. Si la première préparation élémentaire est caractérisée par le vecteur d'état $|\psi_1\rangle$, et la seconde par $|\psi_2\rangle$, le principe de superposition indique qu'il doit être possible de mettre en œuvre une troisième préparation caractérisée par le vecteur d'état :

$$|\psi\rangle = |\psi_1\rangle + |\psi_2\rangle$$

Cette préparation n'est autre que celle qui se compose de la source et d'un cache percé des fentes **A** et **B**. Calculons donc la probabilité d'observer un impact au point d'abscisse x, sur un écran situé à la suite des deux fentes d'Young. En passant pour l'instant sous silence l'évolution temporelle entre le cache percé et l'écran (voir section 2-3), et en appliquant directement la règle de Born au vecteur d'état issu de la préparation, cette probabilité s'écrit :

$$P(x, \psi) = |\langle x|\psi\rangle|^2 = |\langle x|\psi_1\rangle + \langle x|\psi_2\rangle|^2$$

C'est-à-dire, après développement :

$$P(x, \psi) = |\langle x|\psi_1\rangle|^2 + |\langle x|\psi_2\rangle|^2 + \langle\psi_1|x\rangle\langle x|\psi_2\rangle + \langle\psi_2|x\rangle\langle x|\psi_1\rangle$$

Ou encore :

$$P(x, \psi) = P(x, \psi_1) + P(x, \psi_2) + [\text{termes croisés}]$$

Ces termes croisés s'avèrent exactement identiques à ceux qui indiqueraient une *interférence* entre les ondes en phase provenant des deux fentes d'Young. Ici, l'effet est facile à mettre en évidence expérimentalement ; il prend la forme de figures d'interférence dessinées par un nombre suffisant d'impacts sur l'écran.

On retrouve ici, dans une version plus concrète, la conclusion tirée au point (1) du § 2-2-2 :

Une théorie probabiliste portant sur des événements dont la définition est contextuelle conduit dans certaines conditions à des prédictions de forme ondulatoire : les phénomènes d'interférence.

(Bien entendu, la réciproque ne vaut pas : une théorie comprenant des prédictions de forme ondulatoire ne porte pas nécessairement sur des événements définis contextuellement).

2-2-4 Vecteurs d'état et nombres complexes

Nous sommes restés jusqu'à présent discrets sur les caractéristiques de l'« espace abstrait H » dans lequel sont plongés les axes qui représentent des événements expérimentaux élémentaires. Et tout aussi discrets sur la nature des coefficients c_i, qualifiés de *projections* du vecteur d'état de l'espace H sur chacun des axes de coordonnées. Il faut donc apporter une précision : l'aptitude prédictive de la mécanique quantique suppose que les coefficients c_i soient en général des *nombres complexes* (et non pas exclusivement des nombres réels). Quant aux vagues « espaces abstraits » précédemment évoqués, on doit les remplacer par *des espaces de vecteurs à composantes complexes : les espaces de Hilbert.*

Nous commencerons donc par un bref rappel sur les nombres complexes et sur les traits distinctifs des espaces de Hilbert. Puis nous essaierons de comprendre pour quelles raisons le recours aux nombres complexes est inévitable, et aussi pourquoi il a été mal vécu par quelques-uns des principaux fondateurs de la mécanique quantique.

Les nombres complexes furent progressivement introduits et utilisés au dix-septième siècle (en particulier par Descartes), afin de pouvoir généraliser l'idée que toute équation algébrique de degré n possède n racines, même dans le cas où on ne peut trouver n racines *réelles*. La représentation géométrique des nombres complexes fut quant à elle généralisée au dix-neuvième siècle à la suite des travaux d'Argand, Gauss, et Cauchy [A. Dahan-Dalmedico, J. Peiffer (1986)]. Voici quelques définitions algébriques élémentaires. Tout nombre complexe peut s'écrire :

$$z = a + ib$$

Dans l'expression de z, a et b sont des nombres réels. i est pour sa part le nombre « imaginaire » tel que $i^2 = -1$. On appelle a la « partie réelle » de z et b la « partie imaginaire » de z.

Le nombre complexe z^*, dont l'expression est $z^* = a - ib$, s'appelle le conjugué complexe de z. Son produit par z est le carré du module de z, noté $|z|^2$:

$$zz^* = (a + ib)(a - ib) = a^2 + b^2 = |z|^2$$

Le nombre complexe z, pur concept algébrique au départ, peut aussi être représenté géométriquement par un vecteur dans un plan dont l'axe des abscisses est appelé « axe des réels » et dont l'axe des ordonnées est appelé « axe des imaginaires ». Les coordonnées de ce vecteur sur ces axes sont respectivement a et b. Connaissant le module $|z|$ et l'inclinaison θ du vecteur représentant z par rapport à l'axe des réels (que l'on appelle aussi son « argument », ou sa « phase »), on peut écrire z et z^* comme suit :

$$z = |z|(\cos\theta + i\sin\theta) \text{ et } z^* = |z|(\cos\theta - i\sin\theta)$$

On peut aussi donner une autre écriture plus condensée et plus commode de z et z^*, toujours en fonction de leur module et de leur argument. Quand on compare le développement en série des fonctions sinus, cosinus, et exponentielle, on remarque en effet que :

$$\cos\theta \pm i\sin\theta = e^{\pm i\theta}$$

Par conséquent,

$$z = |z|e^{i\theta} \text{ et } z^* = |z|e^{-i\theta}$$

Passons maintenant à quelques définitions concernant les espaces de Hilbert. Un espace de Hilbert H est un espace de vecteurs à composantes complexes, dans lequel un produit scalaire ayant certaines caractéristiques est défini.

Soient deux vecteurs $|\psi_1\rangle$ et $|\psi_2\rangle$ de H. Et soient leurs composantes complexes, que l'on écrit respectivement : c_{1i} et c_{2i}. Le produit scalaire de ces deux vecteurs est le *nombre complexe* suivant :

$$\langle\psi_1 | \psi_2\rangle = \sum_{i=1}^{i=n} c_{1i}^* \, c_{2i}$$

Son conjugué complexe se note :

$$\langle\psi_1 | \psi_2\rangle^* = \langle\psi_2 | \psi_1\rangle$$

Ces quelques définitions formelles constituent un bagage suffisant pour pouvoir discuter en connaissance de cause d'un grand nombre de questions d'interprétation de la mécanique quantique. On est cependant en droit de s'interroger sur leur motivation. *Pourquoi* est-il indispensable que la mécanique quantique utilise des nombres complexes plutôt que des nombres réels, et que la théorie de la prévision en quoi elle consiste mette en œuvre des vecteurs d'un espace de Hilbert ? L'exercice consistant à « expliquer » la forme d'une théorie est bien entendu assez délicat, et sa réussite est suspendue, nous l'avons vu au cours de la section 1-1, à l'existence d'un accord tacite concernant ce qu'on accepte comme réponse satisfaisante à la question « pourquoi ? ». Ici, nous pouvons envisager deux sortes d'« explications ». Une explication *a posteriori* et une explication *a priori*. L'explication *a posteriori* est assez décevante dans sa simplicité : la plupart des phénomènes dont la mécanique quantique a à rendre compte *exigent* l'utilisation d'un outil de calcul probabiliste au moins aussi général qu'un vecteur dans un espace de Hilbert. L'utilisation d'autres outils de calcul aux capacités plus restreintes, par exemple un vecteur dans un espace abstrait à coordonnées réelles, ne permettrait *pas* de faire des prédictions adéquates. C'est le genre d'argument qu'emploie A. Pérès [(1991)] : « Nous sommes conduits à postuler l'existence d'une amplitude de transition *complexe* (...) afin d'obtenir le résultat µ dans un test expérimental qui suit la préparation m. (...) Ceci justifie l'utilisation des espaces de Hilbert, sur des bases purement phénoménologiques ».

Quant à l'explication *a priori*, elle est *en droit* aussi convaincante (ou aussi peu convaincante) que l'explication *a posteriori*, car son bien-fondé repose également en dernière analyse sur l'adéquation empirique de son retournement prédictif. Mais elle a pour elle une élégance et un pouvoir de conviction qui lui vient de ce que, loin d'être un élément isolé et « ad hoc », elle s'insère dans un réseau d'anticipations apte à couvrir une grande partie du champ de la physique contemporaine. L'adéquation empirique dont dépend la validation du formalisme des espaces de Hilbert n'est pas la sienne propre, mais celle du système théorique beaucoup plus vaste dont il est partie intégrante. Le risque prédictif n'est pas annulé par une justification *a priori ;* il est simplement réparti dans un ensemble projectif intégré apte à faire face en bloc à l'épreuve de l'expérience.

A l'instar des procédés employés dans beaucoup de procédés d'évaluation probabiliste *a priori*, et conformément à une méthode utilisée extensivement dans la physique des hautes énergies, l'explication *a priori* de l'utilisation d'espaces à coordonnées complexes s'appuie sur des considérations de *symétrie*. Elle s'appuie plus précisément sur des considérations à propos de l'adaptation mutuelle de plusieurs niveaux de symétries. Car on peut montrer que l'utilisation de nombres complexes est généralement indispensable si l'on veut rendre compatibles les symétries opérant dans l'espace abstrait dont les axes représentent des événements expérimentaux, avec les symétries opérant dans l'espace ordinaire de l'expérimentation. La nécessité de faire intervenir des nombres complexes en mécanique quantique peut donc être dérivée, comme le principe de superposition au paragraphe précédent, d'un *principe normatif* de mise en conformité des possibilités opératoires et formelles.

Considérons par exemple le cas des mesures de diverses composantes spatiales d'un spin de module 1/2. Le spectre de chacune de ces composantes comporte deux valeurs possibles ; et par conséquent l'espace abstrait H dans lequel ces valeurs sont représentées comporte deux dimensions. Mais d'autre part, l'espace de l'expérimentation est un espace à trois dimensions ; et par conséquent le nombre de composantes spatiales indépendantes de la variable « spin » est égal à trois. R.I.G. Hughes [(1989) p. 123] montre alors que si certaines conditions de variation continue des deux probabilités associées à chaque composante d'un spin 1/2 par rotation de cette composante dans l'espace ordinaire tridimensionnel doivent être réalisées, « une représentation dans $\mathbb{R}^2$ (c'est-à-dire dans un espace H à deux dimensions réelles) est exclue ». Seule une représentation dans $\mathbb{C}^2$, c'est-à-dire dans un espace H à deux dimensions *complexes,* permet de respecter les conditions fixées.

En d'autres termes, plus abstraits, la difficulté à résoudre est la suivante : le groupe de symétries de rotation d'un espace tridimensionnel est « O(3) », ce qui se lit « groupe orthogonal à 3 dimensions ». Mais, dans un espace abstrait à deux dimensions *réelles,* on ne peut représenter (au maximum) qu'un groupe O(2). L'adoption d'axes de coordonnées complexes résout la difficulté : si les *deux* dimensions de l'espace abstrait représentant les *deux* résultats accessibles de la mesure d'une composante spin sont *complexes*, et que par suite leurs transformations sont régies par le groupe SU(2) (« groupe spécial unitaire à deux dimensions »), il devient parfaitement possible d'y représenter le groupe O(3) qui correspond aux rotations dans l'espace de l'expérimentation à *trois* dimensions *réelles*. « Ceci suggère que toute représentation consistante de l'ensemble (des composantes du spin) et de l'ensemble (des vecteurs d'état) doit respecter les symétries de l'ensemble des points dans l'espace physique. Et, dans un sens très précis, c'est cela qui est accompli par la représentation des (composantes du spin et des vecteurs d'état) dans $\mathbb{C}^2$ » [R.I.G. Hughes (1989), p. 127].

Récapitulons. Si l'on veut représenter dans un seul espace abstrait l'outil prédictif (le vecteur d'état) aussi bien que les caractéristiques génériques des opérations expérimentales, à savoir : (1) la gamme des résultats possibles de chaque variable, et (2) les symétries et continuités spatiales qui unissent certains ensembles de variables, alors cet espace est un espace de Hilbert.

Bien entendu, ce n'est pas cette voie qui a été suivie historiquement pour l'introduction de fonctions de variables complexes dans le formalisme de la mécanique quantique. Ce type de fonction est apparu sous couvert de l'application d'une théorie ondulatoire de type *apparemment* classique aux phénomènes atomiques. Mais, tandis qu'une théorie vraiment classique comme celle des ondes électromagnétiques ne faisait intervenir les fonctions de variables complexes qu'en tant qu'intermédiaires de calcul, avec comme prescription de revenir aussitôt que possible au carré du module et/ou à la partie réelle de ces fonctions (qui correspondent respectivement à l'intensité et à l'amplitude variable des champs « réels »), la mécanique quantique (dans sa version « mécanique ondulatoire ») apparaissait ne pas pouvoir s'affranchir de la phase ou de la partie imaginaire de la fonction d'onde Ψ. En juin 1926, Schrödinger se montrait assez gêné par cette circonstance : « Sans doute à l'heure actuelle une certaine difficulté subsiste encore, du fait qu'on est obligé d'employer une fonction d'onde complexe. Si cela était réellement inévitable et s'il ne s'agissait pas simplement d'un artifice de calcul, cela signifierait qu'il existe au fond deux fonctions d'onde ayant un caractère fondamental et que l'état du système ne peut être complètement décrit que par ces deux fonctions » [E. Schrödinger (1933), p. 196].

La difficulté a pu sembler résolue par l'interprétation probabiliste de Born, formulée pour la première fois à l'automne 1926. Selon cette interprétation, l'unique élément signifiant de la fonction Ψ est le carré de son module, qui fournit la densité de probabilité de « trouver » un corpuscule dans une région infinitésimale de l'espace [M. Born (1935), p. 140]. Seul l'un des deux constituants de la fonction complexe Ψ, son module, qui est un nombre réel, avait donc à intervenir. La clause restrictive était même apparemment plus drastique qu'en électromagnétisme classique, puisque dans ce dernier cas l'amplitude variable du champ (partie réelle de la fonction d'onde) compte autant que son intensité (carré du module de la fonction d'onde).

S'arrêter là, comme l'a fait Born durant quelques semaines de l'automne 1926, serait cependant avoir une vue très partielle de la situation. Il est vrai que la fonction Ψ ne se raccorde à l'univers des faits expérimentaux intersubjectivement attestables qu'à travers la probabilité que permet d'estimer le calcul final du carré de son *module ;* mais sa *phase* n'est pas un élément dont on pourrait se passer sans inconvénient grave pour l'adéquation empirique de la mécanique quantique. Cette phase (ou du moins les différences de phases selon l'itinéraire spatial) intervient dans les termes croisés qui apparaissent souvent dans l'expression des carrés de modules ; elle est donc l'élément du formalisme qui permet de prévoir des effets d'interférence expérimentalement corroborés. Les modifications de la phase par diverses influences physiques (par exemple par un potentiel électromagnétique, comme dans l'effet Aharonov-Bohm [R.P. Feynman et al. (1963)]), conduisent à des prédictions de déplacement des figures d'interférence qui sont également corroborées.

On admet donc de nos jours que l'utilisation de variables complexes n'a rien d'un simple artifice de calcul dont on pourrait aisément faire l'économie. Elle conditionne de bout en bout la capacité prédictive de la mécanique quantique, et peut par ailleurs être considérée, nous l'avons vu, comme la marque laissée sur les espaces de représentation par les symétries de l'espace des opérations expérimentales.

2-3 Evoluer

2-3-1 Représentation de Schrödinger et représentation de Heisenberg

Rien n'interdit d'identifier la *totalité des circonstances précédant la mesure d'une variable* à la *préparation expérimentale* (Figure n° 3, (1)), et par conséquent de se servir directement du vecteur d'état résultant de cette préparation conçue au sens large pour calculer les probabilités de chaque valeur possible de la variable. Mais cette méthode manquerait de souplesse, car elle exigerait de déterminer autant de vecteurs d'état que de variantes préparatives. Rien n'interdit non plus en principe d'identifier la totalité des circonstances *suivant* la préparation au *dispositif de mesure* d'une variable (Figure n° 3, (3)), et par conséquent de se servir du système d'axes orthogonaux représentant cette mesure conçue au sens large pour calculer les probabilités. Mais cette méthode manquerait également de souplesse, car elle exigerait de déterminer autant de systèmes d'axes orthogonaux dans l'espace de Hilbert H que de circonstances métriques particulières. La stratégie habituellement suivie consiste donc à procéder en deux étapes (Figure n° 3, (2)) :

(i) Commencer par ne tenir pour « préparations » qu'un ensemble assez stéréotypé de procédures, dites de *filtrage*. Leur avantage est de faciliter la détermination du vecteur d'état, car elles correspondent à des situations où la valeur d'une variable A connue est contrafactuellement fixée : *si* elle était mise en œuvre *juste* à la sortie du filtre, la mesure de la variable A *fournirait* à coup sûr (avec une probabilité 1) telle valeur de sa gamme de possibles. Le vecteur d'état cherché n'est autre dans ces conditions que le vecteur de base de l'axe qui représente cette valeur de A dans l'espace de Hilbert H.

(ii) Prendre en compte le fait que la sortie du filtre est en général séparée de l'opération de mesure B que l'on met *effectivement* en œuvre par un laps de temps, et par un intervalle spatial le long duquel peuvent être imposées diverses conditions physiques (champs électrique, magnétique, gravitationnel, statiques ou variables, etc.).

Entre la détermination du vecteur d'état juste à la sortie du filtre et l'estimation de la probabilité d'un résultat de la mesure de B, doit dès lors s'intercaler une phase de calcul de l'*évolution* de l'un des deux éléments intervenant dans l'algorithme probabiliste de Born : soit le vecteur d'état soit le système d'axes orthogonaux représentant B dans l'espace de Hilbert. Le choix de faire porter l'évolution sur le vecteur d'état ou sur le système d'axes résulte d'une tendance à partir soit d'une conception extensive de la préparation (évolution du vecteur d'état) soit d'une conception extensive de la mesure (évolution du système d'axes). Chacune des deux options a une racine historique remontant aux années 1925-1926 ; la première dérive de la mécanique ondulatoire de Schrödinger et la seconde de la mécanique matricielle (ou mécanique quantique) de Heisenberg, Born et Jordan. On les rapporte donc respectivement à une représentation dite « de Schrödinger » et à une représentation dite « de Heisenberg ».

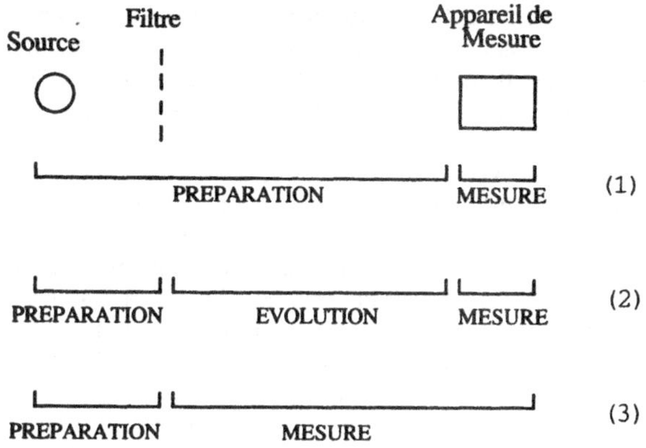

Figure n° 3

2-3-2 L'équation de Schrödinger

Dans ce qui suit, nous nous limiterons à la représentation de Schrödinger, la plus communément utilisée. Quelle est alors l'équation d'évolution du vecteur d'état ? Des considérations élémentaires sur la stabilité temporelle du *statut d'outil d'évaluation probabiliste* conféré au vecteur d'état, permettent de cerner la forme générale de cette équation.

Soient deux instants t_0 et t, avec t postérieur à t_0. Appelons $U(t,t_0)$ l'opérateur qui transforme le vecteur d'état $|\psi(t_0)\rangle$ caractérisant la préparation au sens étroit (Figure n° 3, (2)), en un autre vecteur d'état $|\psi(t)\rangle$. On écrit cela :

$$|\psi(t)\rangle = U(t,t_0)\,|\psi(t_0)\rangle$$

A partir de là, nous pouvons spécifier un cahier des charges minimal de l'opérateur $U(t,t_0)$, en trois points :

1) L'opérateur $U(t,t_0)$ doit pouvoir transformer les prédictions valant à l'instant t_0 pour une certaine variable, en des prédictions valant à l'instant t pour la *même* variable. Le vecteur $|\psi(t)\rangle$ doit donc appartenir au *même* espace de représentation, engendré par le *même* ensemble de vecteurs de base, que le vecteur $|\psi(t_0)\rangle$. En d'autres termes, les vecteurs $U(t,t_0)|\psi(t_0)\rangle$ et $|\psi(t_0)\rangle$ appartiennent au *même espace de Hilbert*.

2) L'opérateur $U(t,t_0)$ doit transformer une assignation de probabilités en une autre assignation de probabilités. Le vecteur $|\psi(t)\rangle$, transformé de $|\psi(t_0)\rangle$ par $U(t,t_0)$, doit donc être compatible avec les axiomes de la théorie des probabilités de Kolmogorov. En particulier, sa norme doit rester égale à 1 à tout instant. Une transformation $U(t,t_0)$ qui répond à cette condition de conservation de la norme des vecteurs transformés au cours du temps, est appelée une transformation *unitaire*.

3) S'il existe un opérateur d'évolution $U(t,t_0)$ qui transforme $|\psi(t_0)\rangle$ en $|\psi(t)\rangle$, il doit aussi exister un opérateur noté $U(t_1,t)$, qui transforme $|\psi(t)\rangle$ en $|\psi(t_1)\rangle$. Le produit des deux opérateurs d'évolution doit pour sa part être égal à l'opérateur qui transforme directement $|\psi(t_0)\rangle$ en $|\psi(t_1)\rangle$:

$$U(t_1,t)U(t,t_0) = U(t_1,t_0).$$

Il est facile de montrer que ces conditions sont remplies lorsque l'opérateur d'évolution a la forme suivante :

$$U(t,t_0) = e^{-iH(t-t_0)},$$

dans laquelle *H* est un certain opérateur « hermitique » [1] (indépendant du temps) de l'espace de Hilbert auquel appartiennent les vecteurs d'état considérés.

Plus généralement, il est possible de prouver que si un opérateur d'évolution U(t) répond à un ensemble de

1. Nous ne préciserons pas davantage cette condition ici. Voir par exemple C. Cohen-Tannoudji, B. Diu, et F. Laloë (1977), p. 129.

contraintes assez proches des trois conditions énumérées, il existe un opérateur hermitique *H* unique tel que U(t) soit égal à : e^{-iHt} [R.I.G. Hughes (1989), p. 114 ; B. Van Fraassen (1991), p. 180]. On peut alors écrire :

$$i\frac{\partial \mid \psi(t)\rangle}{\partial t} = H \mid \psi(t)\rangle$$

Cette dernière équation (ou loi) d'évolution, dont la validité s'étend au cas où *H* dépend du temps, a la *forme* exacte de l'équation formulée pour la première fois par Schrödinger en 1926. La manière dont elle a été obtenue, à partir de contraintes très générales sur ce que doit être l'opérateur d'évolution du vecteur d'état considéré comme outil d'évaluation probabiliste, permet à R.I.G. Hughes d'annoncer, non sans précautions d'écriture, une « dérivation *a priori* de l'équation de Schrödinger ».

Il manque cependant une expression appropriée de l'opérateur *H* pour que l'équation ci-dessus soit vraiment *identique* à l'équation de Schrödinger. Mais fournir une telle expression suppose qu'on aille au-delà des réflexions précédentes sur les conditions temporelles à remplir par tout instrument mathématique servant à prévoir la probabilité d'événements définis relativement à un contexte. Cela suppose qu'on entre dans le détail des opérations expérimentales qui déterminent ce contexte ainsi que les circonstances intermédiaires qui prévalent entre la préparation et la mesure. La façon la plus générale de le faire consiste à analyser les *symétries* propres aux opérations expérimentales (§ 1-3-5 et 2-5-3). A l'origine de la mécanique quantique, toutefois, cette analyse a pris la forme d'une extrapolation des seules symétries qui sont implicitement à l'œuvre dans une description classique des processus expérimentaux. L'application du *principe de correspondance* entre physique classique et formalisme quantique a en particulier permis d'établir une équivalence entre l'opérateur *H* qui intervient dans l'équation de Schrödinger et le *Hamil-*

tonien (ou fonction de Hamilton) de la mécanique classique, dont l'expression peut être dérivée en faisant intervenir un principe d'invariance des lois par translation dans le temps. Le Hamiltonien représentant en mécanique classique l'énergie d'un système, l'opérateur H représente en mécanique quantique l'*observable énergie*. Le contenu de l'équation de Schrödinger s'énonce alors en une phrase : la variation du vecteur d'état par unité de temps est proportionnelle à l'action de l'opérateur énergie sur ce vecteur d'état.

L'« Equation de Schrödinger » apparaît en définitive pouvoir se dériver à partir de deux séries de clauses de stabilité structurelle par translation dans le temps : l'une appliquée dans l'espace de représentation de l'instrument de calcul des probabilités d'événements contextuels ; l'autre appliquée dans l'espace ordinaire de l'expérimentation.

2-4 Mesurer

2-4-1 Conjonctions, corrélations et « non-séparabilité »

Au § 1-2-8, on a vu que l'unification des gammes de résultats possibles et des langages relevant de divers types de procédures expérimentales peut s'accomplir de deux façons : en montrant que les propositions énonçant l'obtention de résultats qui relèvent de gammes différentes sont *redondantes,* ou en établissant qu'il n'est pas impossible de les *conjoindre*. Les obstacles éventuels que rencontrent ces stratégies d'unification ont été rapportés à l'incompatibilité de certaines procédures expérimentales. Nous traiterons donc tour à tour du cas des variables compatibles (dans ce paragraphe) et de celui des variables incompatibles (au § 2-4-2).

Commençons par les variables compatibles. La question de leur éventuelle *redondance* ne sera pas analysée ici, car sa traduction dans le formalisme quantique est trop longue à exposer au regard de ses implications philosophiques assez mineures (elle repose sur les notions de sous-espaces propres, de dégénérescences, de combinaisons algébriques d'observables, etc. [C. Cohen-Tannoudji, B. Diu, et F. Laloë (1977), p. 132]). Un mot en sera dit incidemment au § 2-4-2. En revanche, le problème de la *conjonction* des variables compatibles va être envisagé plus à fond, parce qu'il offrira l'occasion d'engager à nouveaux frais une réflexion sur le bien-fondé du schéma dualiste de la théorie de la connaissance.

Quelques définitions préalables seront utiles dans ce but, car elles nous éviteront d'être piégés d'emblée dans un vocabulaire d'objets corpusculaires dont il s'agira en fin de parcours d'évaluer la pertinence : une préparation « singulière » est une préparation telle qu'une mesure de l'observable « nombre » effectuée à sa suite (voir § 1-2-13) donne (ou donnerait) la valeur 1 ; une préparation « binaire » est une préparation telle qu'une mesure de l'observable nombre effectuée à sa suite donne (ou donnerait) la valeur 2. L'équivalent corpusculaire aurait été : lors d'une préparation, on émet une particule ou deux particules.

Ces définitions étant acquises, considérons d'abord le cas de deux expériences complètement disjointes ; puisqu'elles impliquent deux préparations singulières distinctes et la mesure de deux variables distinctes, il n'y a aucune raison de ne pas disjoindre également leurs représentations prédictives. On représente donc les résultats possibles de la mesure de la première variable par un système d'axes (ou de vecteurs de base) orthogonaux dans un espace de Hilbert H_α, et l'instrument de prévision probabiliste résultant de la première préparation par un vecteur $|\psi_\alpha\rangle$ de H_α. De même, on représente les résultats possibles de la mesure de la seconde variable par un système d'axes dans un espace de Hilbert H_β, et l'instrument de prévision probabiliste résultant de la seconde préparation par un vecteur $|\psi_\beta\rangle$ de H_β.

Mais supposons à présent que les deux expériences aient leur préparation en commun : soit parce que deux variables distinctes, *compatibles,* et non redondantes, sont mesurées à la suite d'une même préparation singulière, soit parce que deux variables quelconques sont mesurées à la suite d'une même préparation binaire (chacune dans une sous-région où la mesure de l'observable nombre donne la valeur 1). On attend bien, dans ces situations, deux résultats distincts relevant de deux gammes de possibles ; cependant, la préparation étant commune aux deux expériences effectuées, le vecteur d'état qui traduit la teneur prédictive de cette préparation doit aussi leur être commun. Comment concilier la dualité des gammes de possibles, dont chacune exige d'être représentée par un système de vecteurs de base orthogonaux dans un espace de Hilbert qui lui soit propre, et l'unicité du vecteur d'état ?

Ce problème est résolu par le procédé suivant : engendrer un nouvel espace de Hilbert, « produit tensoriel » des deux espaces de Hilbert originaux, et représenter un seul vecteur d'état à l'intérieur de cet espace. Les deux gammes initiales de possibles sont ainsi préservées, mais l'espace élargi dans lequel on les représente est unique, permettant de traduire l'unicité de la préparation par l'unicité du vecteur d'état.

Qu'est-ce donc que le produit tensoriel de deux espaces ? Considérons deux espaces H_α et H_β ayant respectivement n et m dimensions. H_α est engendré par un système de n axes orthogonaux (ou de n vecteurs de base $|\alpha_i\rangle$), et H_β par un système de m axes orthogonaux (ou de m vecteurs de base $|\beta_j\rangle$). L'espace produit tensoriel de H_α et H_β, noté :

$$H_\alpha \otimes H_\beta,$$

est un espace qui a un nombre (n x m) de dimensions, et qui est engendré par des vecteurs de base associés bi-univoquement aux paires de vecteurs ($|\alpha_i\rangle$, $|\beta_j\rangle$). On appelle ces nouveaux vecteurs de base des vecteurs

« produits tensoriels » des deux constituants de la paire associée, et on les note :

$|\alpha_i\rangle \otimes |\beta_j\rangle$
ou bien :
$|\alpha_i\rangle\, |\beta_j\rangle$
ou encore :
$|\alpha_i\beta_j\rangle$.

Adoptons maintenant comme définition du produit scalaire de deux de ces vecteurs la formule suivante :

$$\langle \alpha_{i'}\beta_{j'} | \alpha_i\beta_j\rangle = \langle \alpha_{i'} | \alpha_i\rangle \langle\beta_{j'} | \beta_j\rangle.$$

Deux des vecteurs qui engendrent l'espace $H_\alpha \otimes H_\beta$ ont alors un produit scalaire égal à zéro si le produit scalaire d'un constituant du premier vecteur et du constituant correspondant de l'autre vecteur, est égal à zéro. Les constituants étant par hypothèse orthogonaux deux à deux et ayant de ce fait un produit scalaire nul, les vecteurs produits tensoriels eux-mêmes peuvent être considérés comme orthogonaux deux à deux. On dispose donc, avec la famille $|\alpha_i\beta_j\rangle$, d'un ensemble de vecteurs orthogonaux engendrant l'espace $H_\alpha \otimes H_\beta$. Cette famille de vecteurs est l'instrument requis pour représenter les résultats de la mesure de deux variables dans un seul espace et pour évaluer conjointement leur probabilité au moyen d'un seul vecteur d'état.

On note $|\Psi\rangle$ ce vecteur d'état de l'espace produit tensoriel, et on note c_{ij} ses projections sur les vecteurs de base $|\alpha_i\beta_j\rangle$:

$$|\Psi\rangle = \sum_{i,j} c_{ij}\, |\alpha_i\beta_j\rangle$$

La probabilité *conjointe* d'obtenir le résultat α_i lors de la mesure de la variable α *et* le résultat β_j lors de la mesure de la variable β, est alors :

$$P(\alpha_i \text{ et } \beta_j, \Psi) = |c_{ij}|^2 = |\langle \alpha_i\beta_j | \Psi\rangle|^2$$

L'un des sujets d'étude les plus importants lorsqu'il est question de probabilités d'obtention conjointe de deux résultats expérimentaux, est celui de leurs *corrélations*. L'obtention de l'un des résultats augmente-t-elle la probabilité d'obtenir l'autre, la diminue-t-elle, ou n'a-t-elle aucun effet sur elle ? Dans les deux premiers cas, on dit que les variables dont ces résultats constituent des valeurs possibles sont corrélées, et dans le dernier qu'elles ne sont pas corrélées. En théorie classique des probabilités, l'absence de corrélation se manifeste par la possibilité de *factoriser* la probabilité conjointe, c'est-à-dire de la décomposer en deux facteurs indépendants qui fournissent respectivement la probabilité d'obtenir un résultat lors de la mesure de la première variable abstraction faite du résultat de la mesure de la seconde, et la probabilité d'obtenir un résultat lors de la mesure de la seconde variable abstraction faite du résultat de la mesure de la première :

$$P(\alpha_i \text{ et } \beta_j) = P(\alpha_i).P(\beta_j)$$

Si ce n'est pas le cas, si cette formule ne vaut pas, il reste la possibilité de décomposer la probabilité conjointe en deux facteurs *non* indépendants : la probabilité d'obtenir un résultat lors de la mesure de la première variable, et la probabilité *conditionnelle* d'obtenir un résultat lors de la mesure de la seconde variable *si* le premier résultat a été obtenu :

$$P(\alpha_i \text{ et } \beta_j) = P(\alpha_i).P(\beta_j \text{ si } \alpha_i)$$

Essayons à présent de voir comment l'absence de corrélation et l'écriture conditionnelle des corrélations se traduisent au niveau de cet instrument de calcul des probabilités d'événements définis *contextuellement* qu'est le vecteur d'état. La différence est que le vecteur d'état doit pouvoir traduire une absence de corrélation ou une corrélation pour toute variable qui *pourrait* être mesurée à la suite de la préparation, et non pas pour telles variables et gammes de possibles pré-déterminées.

L'absence de corrélation pour un couple de variables α et β dont la mesure pourrait suivre la préparation caractérisée par $|\Psi\rangle$ se manifeste par la possibilité de factoriser ce vecteur d'état, c'est-à-dire de l'écrire sous forme d'une paire (ou produit tensoriel) de deux vecteurs d'état appartenant respectivement aux espaces de Hilbert H_α et H_β :

$$|\Psi\rangle = |\psi_\alpha\rangle \otimes |\psi_\beta\rangle$$

Dans ce cas, en effet, la règle de Born et la définition adoptée pour le produit scalaire permettent d'écrire :

$$P(\alpha_i \text{ et } \beta_j, \Psi) = |\langle\alpha_i\beta_j|\Psi\rangle|^2 =$$

$$= |\langle\alpha_i|\psi_\alpha\rangle\langle\beta_j|\psi_\beta\rangle|^2 = |\langle\alpha_i|\psi_\alpha\rangle|^2\,|\langle\beta_j|\psi_\beta\rangle|^2$$

Et par conséquent :

$$P(\alpha_i \text{ et } \beta_j, \Psi) = P(\alpha_i, \psi_\alpha).P(\beta_j, \psi_\beta)$$

Lorsque le vecteur d'état peut se factoriser sous forme d'un produit tensoriel de vecteurs d'état, la probabilité conjointe correspondante se factorise sous forme d'un produit de probabilités mutuellement indépendantes. *On dit dans ces conditions que la préparation n'implique aucune corrélation des variables* α *et* β *qui pourraient être mesurées à sa suite.* Comme on peut le vérifier aisément, ce résultat ne vaut pas seulement pour les variables particulières α et β. Il s'étend à n'importe quel couple d'autres variables $(\alpha, \alpha', \alpha'',...)$, $(\beta, \beta', \beta'',...)$ qui pourrait être mesuré à la suite de la préparation caractérisée par $|\Psi\rangle$, à condition que ces variables soient représentables par différents ensembles de vecteurs de base dans les mêmes espaces de Hilbert que α et β.

Nous venons de trouver l'équivalent, pour des événements définis contextuellement, de la factorisation des probabilités : il s'agit de la factorisation du vecteur d'état en un produit tensoriel de vecteurs d'état. Qu'en est-il à présent lorsque le vecteur d'état ne peut *pas* être factorisé et qu'il apparaît par conséquent des corrélations ? Peut-on désigner un équivalent des probabilités conditionnelles ? La réponse à cette question est positive : l'équivalent de la probabilité conditionnelle dans un formalisme adapté à des événements définis contextuellement existe, et il est appelé le *vecteur d'état relatif*.

Le vecteur d'état global, qui s'écrit sous sa forme la plus générale :

$$|\Psi\rangle = \sum_{i,j} c_{ij} \, |\alpha_i\rangle \otimes |\beta_j\rangle$$

peut en effet toujours se réécrire, après une petite manipulation algébrique :

$$|\Psi\rangle = \sum_{i} d_i \, |\alpha_i\rangle \otimes \, |\phi_{\alpha i}\rangle$$

Le vecteur $|\phi_{\alpha i}\rangle$ est un vecteur de l'espace H_β dont la norme est égale à 1. C'est lui qu'on appelle *le vecteur d'état relatif* de $|\alpha_i\rangle$ [H. Everett (1957)]. L'expression précédente sera alors appelée une « superposition linéaire d'états relatifs ».

Pour voir les affinités de ce vecteur d'état relatif avec une probabilité conditionnelle, supposons que tous les coefficients d_i soient nuls, sauf le k-ième qui est égal à 1. Dans cette hypothèse, le vecteur d'état résultant de la préparation est simplement :

$$|\Psi^*\rangle = |\alpha_k\rangle \otimes \, |\phi_{\alpha k}\rangle$$

Evaluons maintenant la probabilité conjointe d'obtenir le résultat α_i lors de la mesure de la variable α, et le résultat β_j lors de la mesure de la variable β. En appliquant la règle de Born et la définition du produit scalaire, on obtient :

$$P(\alpha_i \text{ et } \beta_j, \Psi^*) = |\langle\alpha_i\beta_j|\Psi^*\rangle|^2 = |\langle\alpha_i|\alpha_k\rangle|^2 \, |\langle\beta_j|\phi_{\alpha k}\rangle|^2$$

Les vecteurs $|\alpha_k\rangle$ étant orthogonaux deux à deux, les produits scalaires $\langle\alpha_i|\alpha_k\rangle$ sont presque tous nuls ; l'exception est le cas où i = k, puisque alors on a affaire au produit scalaire d'un vecteur normé par lui-même, dont la valeur est égale à 1. Autrement dit, la probabilité calculée à partir de $|\Psi^*\rangle$ d'obtenir les valeurs α_i et β_j, est nulle pour *toutes* les valeurs de α_i à l'exception de α_k. Le vecteur d'état $|\Psi^*\rangle$ représente donc une préparation telle que la variable α mesurée à sa suite (conjointement avec β) prend *certainement* la valeur α_k. Dès lors, $|\langle\beta_j|\phi_{\alpha k}\rangle|^2$ équivaut à la probabilité conditionnelle d'obtenir la valeur β_j pour la mesure de β, *si* la mesure de α à la suite de la même préparation donne certainement α_k. On peut écrire ceci :

$$P(\beta_j \text{ si } \alpha_k, \Psi^*) = |\langle\beta_j|\phi_{\alpha k}\rangle|^2$$

Ici encore, il faut souligner que ce résultat vaut pour *n'importe quelle* observable (β, β', β'',...) pouvant être représentée dans H_β. Il est par ailleurs facile d'étendre sa signification au cas où la préparation n'est plus caractérisée par le vecteur d'état $|\Psi^*\rangle$, mais par le vecteur d'état général $|\Psi\rangle$. Dans cette dernière situation, $|\langle\beta_j|\phi_{\alpha k}\rangle|^2$ représente la probabilité conditionnelle d'obtenir la valeur β_j pour la mesure de β à la suite d'une préparation singulière caractérisée par $|\Psi\rangle$ *si* une mesure non destructive de α était effectuée conjointement et donnait le résultat α_k.

Le vecteur d'état relatif est en définitive le meilleur équivalent que l'on puisse trouver de la probabilité conditionnelle dans le formalisme de la mécanique quantique. La différence entre probabilités conditionnelles et vecteurs d'état relatifs n'est cependant pas négligeable. Elle est celle qu'on doit s'attendre à trouver entre une situation où on traite d'événements définis dans l'absolu et une situation où on s'occupe d'événements définis contextuellement. Dans le premier cas, on fournit la probabilité qu'un événement d'une gamme pré-donnée de possibles se produise, *si* un autre événement relevant d'une autre gamme pré-donnée s'était produit auparavant. Dans le second cas on fournit un instrument permettant de calculer les probabilités de tel résultat d'une première variable, *si* la mesure d'une seconde variable était effectuée conjointement et donnait un certain résultat. Dans le premier cas, on fournit un énoncé *simplement* conditionnel, suspendu à l'occurrence préalable d'un événement. Dans le second cas, on fournit un énoncé *doublement* conditionnel, suspendu à l'interposition d'un dispositif expérimental supplémentaire *et* à l'obtention d'un certain résultat à l'aide de ce dispositif.

A vrai dire, ce n'est pas ainsi que l'on présente habituellement le formalisme des produits tensoriels d'espaces de Hilbert [C. Cohen-Tannoudji, B. Diu, F. Laloë (1977), p. 153]. On projette sur lui un dualisme précompris de l'objet et de l'appareillage, du mesuré et du mesurant. Et au lieu d'y voir la représentation d'une seule classe homogène de situations expérimentales (celles où la préparation est unique et les mesures multiples), on lui demande de rendre compte de deux sortes de configurations qui, sur fond de ce dualisme épistémologique, apparaissent profondément dissemblables :

(i) la mesure de deux variables compatibles et non redondantes sur le même système physique,

(ii) la mesure de la même variable, ou de deux variables éventuellement incompatibles, sur deux systèmes physiques distincts, éloignés l'un de l'autre mais ayant pu interagir dans le passé.

Dans ces conditions, chacun des cas précédemment énumérés se dédouble. La corrélation ou l'absence de corrélation vaut tantôt pour les valeurs de deux variables mesurées sur le même système, tantôt pour les valeurs de variables mesurées sur deux systèmes distincts. Et la signification qu'on est tenté d'attribuer à chacune de ces possibilités varie en conséquence. Deux exemples historiques, l'un portant sur deux variables mesurées sur le « même système », l'autre sur des variables mesurées sur

« deux systèmes distincts », permettront de discuter cette signification.

F. London et E. Bauer (1939) ont analysé l'expérience de Stern et Gerlach, qui consiste à mesurer la variable « composante du spin selon l'axe Oy » (S_y) en soumettant un flux d'atomes d'argent à un champ magnétique non uniforme dans la direction Oy. Si on place un écran à la suite de ce dispositif, on obtient autant de taches étagées le long de la direction Oy que de valeurs possibles de la variable S_y (il y en a deux dans le cas des atomes d'argent, dont le module du spin est égal à 1/2). L'expérience de Stern et Gerlach introduit donc une *corrélation* entre les valeurs de la variable S_y (que l'on pourrait en principe mesurer par d'autres procédés que l'appareil de Stern et Gerlach) et les valeurs de la variable Y : « coordonnée des atomes le long de l'axe Oy ». Cette corrélation se traduit formellement par un vecteur d'état prenant l'aspect d'une superposition linéaire de produits tensoriels de vecteurs de base de l'espace de représentation de S_y et de *vecteurs d'état relatifs* de l'espace de représentation de Y. Mais doit-on affirmer que la corrélation concerne les valeurs de deux variables S_y et Y mesurées sur le *même système ?* London et Bauer signalent que cette précision est parfois impossible à apporter et qu'elle est généralement superflue.

(i) Elle est impossible à apporter lorsqu'on ne s'est pas donné des critères additionnels d'identification, ce qui est habituellement le cas. C'est seulement lorsque la préparation est au maximum « binaire », autrement dit lorsque la valeur de l'observable *nombre* ne dépasse pas le nombre de valeurs possibles de S_y et Y (à savoir deux), qu'on peut n'avoir besoin de recourir à aucun critère extérieur : la valeur de l'une des variables corrélées peut en effet être traitée dans cette circonstance comme si elle était une étiquette identificatrice du support de l'autre.
(ii) La précision est par ailleurs généralement superflue : « la plupart des mesures de physique atomique ne s'appliquent pas en vérité à des systèmes individuels ; elles s'occupent plutôt de rechercher les propriétés géné-

rales d'*espèces entières* ». La corrélation vaut en somme pour *n'importe quel* atome d'argent dont la préparation inclut le passage à travers le champ magnétique non uniforme de l'expérience de Stern et Gerlach. Elle caractérise une situation (la préparation) plutôt qu'un objet (l'atome d'argent). Elle apparaît à la suite de toute préparation comprenant une source faite d'un échantillon d'argent chauffé, et un champ magnétique non uniforme.

Ainsi aperçoit-on, sur cet exemple, l'un des procédés les plus utilisés pour engendrer des « paradoxes » quantiques : on commence par utiliser des formes de discours faisant référence à un objet d'expérimentation partiellement isomorphe aux corps matériels réidentifiables et porteurs de propriétés (ici, un « même » atome d'argent soumis à deux mesures) ; puis on met successivement en évidence leur manque de pertinence, les difficultés qu'elles engendrent dans la plupart des cas, et leur caractère de toutes manières superflu. Par contraste, le mode d'expression intégralement instrumentaliste utilisé jusque-là (et rendu acceptable par la déconstruction ontologique des paragraphes 1-2-12 et 1-2-13) a l'avantage d'éviter ces écueils tout en ne préjugeant rien quant à l'éventuelle orientation interprétative qui pourrait être prise par-delà le pur formalisme prédictif de la mécanique quantique.

L'autre exemple porte sur deux mesures effectuées respectivement sur l'un et l'autre des deux systèmes d'une paire. A la suite du célèbre article d'Einstein, Podolsky, et Rosen [(1935)], Schrödinger [(1935b)] a étudié exhaustivement la traduction de cette situation dans le formalisme quantique. Lorsque les deux systèmes ont interagi dans le passé, signale Schrödinger, il n'est plus possible de factoriser le vecteur d'état de la paire qu'ils forment en deux vecteurs d'état correspondant respectivement à chacun d'entre eux. Ce vecteur d'état s'écrit comme une superposition linéaire de produits tensoriels de vecteurs d'état. Les états des deux systèmes sont devenus « entremêlés » (« entangled »), dit Schrödinger. Et il ajoute : « je n'appellerais pas cela *l'un des* traits caractéristiques mais plutôt *le* trait caractéristique de la mécanique quantique, celui qui détermine son entière séparation à l'égard des modes de pensée classiques ». Les conséquences de cet *entremêlement* sont considérables et parfois difficilement concevables. Tout d'abord, l'entremêlement implique qu'on ne peut même plus vraiment attribuer un « état » en propre à chaque système ; seul le grand système englobant les deux systèmes peut se voir attribuer un « état ». Ensuite, s'il est vrai qu'une mesure pourrait parvenir à *démêler* les vecteurs d'état et conduire à en attribuer un en propre à chaque système, ce démêlement s'effectue selon des modalités pour le moins surprenantes : « (...) bien que nous ayons restreint les mesures démêlantes à un système, le (vecteur d'état) obtenu pour l'autre système n'est en rien indépendant du choix particulier d'observations que nous choisissons dans ce but (...) Il est plutôt inquiétant que la théorie puisse permettre à un système d'être guidé ou piloté dans l'un ou l'autre type d'état au bon vouloir de l'expérimentateur en dépit du fait qu'il n'y a pas du tout accès ». C'est là ce qu'on appelle la *non-séparabilité* des systèmes quantiques.

De toute évidence, une bonne partie de la teneur paradoxale des précédents énoncés tient aux connotations classiques du terme « état », retransmises subrepticement à l'expression « vecteur d'état ». Comment admettre pour commencer *qu'un système ne* soit *dans aucun état ?* Ne faut-il pas plutôt penser que « le sous-système est bien dans un certain état (...) seulement je ne le connais pas » [E. Schrödinger (1935a)] ? Et n'en arrive-t-on pas ainsi inévitablement à l'idée que la mécanique quantique est « incomplète », puisqu'elle efface jusqu'à la notion de ces états individuels inconnus pour s'en tenir au seul état global qu'on connaît ? Comment comprendre par ailleurs une forme si extrême de non-séparabilité des systèmes physiques, que la famille d'états dans lesquels pourrait se trouver l'un d'entre eux dépend du « (...) *programme* d'observations qu'on entend réaliser sur l'autre » ?

Supposons en revanche que le vecteur d'état (en dépit de son nom) ne représente *pas* l'« état » d'un « système physique » considéré comme objet de l'expérimentation ; supposons, comme nous l'avons fait jusque-là, qu'il caractérise une *préparation* dans ses rapports avec n'importe quelle mesure consécutive possible. S'il en est ainsi, on ne s'étonne pas qu'il n'y ait qu'*un seul* vecteur d'état pour *une* préparation donnée (incluant l'interaction), fût-elle associée à une valeur 2 de l'observable *nombre*. Et on ne s'étonne pas non plus de la forme la plus extrême de la non-séparabilité, car elle se réduit à une *sorte de corrélation* issue d'*une sorte de cause commune :* la préparation.

Pour apprécier pleinement la portée de ce dénouement au paradoxe de la non-séparabilité, il faut cependant dissiper le flou lié à l'expression « une sorte de », qui est venue nuancer les concepts familiers de corrélation et de cause commune.

Qu'en est-il d'abord de la *sorte de corrélation* qu'exprime le calcul quantique des probabilités ? Elle ne ressemble qu'en partie à celles que décrit la théorie classique des probabilités. Mais ses traits distinctifs peuvent aisément être reconduits à la particularité la plus marquante des situations expérimentales dont rend compte la mécanique quantique : la contextualité. Rappelons en effet que son expression par des vecteurs d'état relatifs « entremêlés » plutôt que par des probabilités conditionnelles, tient au fait qu'elle s'établit non pas entre des événements d'une gamme pré-déterminée, mais entre des événements définis *relativement à un contexte* (faisant partie d'une gamme qui n'est fixée qu'une fois le programme d'expérimentation fixé). On pourrait exprimer ceci en disant qu'il ne s'agit pas d'une simple corrélation mais d'une *pré-corrélation* dont les manifestations possibles en termes de corrélations effectives sont aussi variées que les programmes d'expérimentation qui pourraient être menés à bien à la suite de la préparation.

Venons-en à présent à la « sorte de cause commune » qui intervient dans le problème de la non-séparabilité. Van Fraassen [(1991), p. 349] distingue six explications possibles d'une corrélation observée : le hasard, la coïncidence, l'harmonie préétablie, l'identité logique, la coordination par échange instantané de signaux, et les causes communes. En laissant de côté les quatre premières, qui sont soit circonstancielles soit artificielles, il reste l'échange instantané de signaux et les causes communes. L'échange instantané de signaux a le handicap de n'avoir aucune manifestation empirique (§ 4-5-6) ; et les causes communes au sens étroit, c'est-à-dire la présence de circonstances qui déterminent *catégoriquement* les événements corrélés, ont pour défaut d'aboutir aux inégalités de Bell (§ 4-5-3). Mais rien n'empêche de concevoir le concept de cause commune en un sens plus large, c'est-à-dire comme la présence de circonstances préparatives déterminant *conditionnellement* autant de familles de corrélations que de contextes expérimentaux qui pourraient être utilisés au décours de la préparation. Sans prédéterminer des couples d'événements corrélés, ces circonstances garantissent que tel type de corrélation apparaîtrait *si* l'on mettait en œuvre un contexte expérimental incluant : (a) deux appareils relativement auxquels sont définis les événements et (b) un compteur de coïncidences relativement auquel est défini l'événement de *comparaison* des deux événements distincts. Les circonstances préparatives rendent compte non pas, *isolément*, de ce qui est corrélé (les événements), mais, *conjointement*, de toute corrélation qui se manifesterait *si* les conditions de l'occurrence et de la comparaison de deux événements d'une paire étaient réalisées. Elles imposent ce que nous avons appelé une *pré-corrélation*. La non-séparabilité quantique apparaît ainsi comme une forme affaiblie de corrélation, dont rend compte une version contextuelle, non génératrice d'inégalités de Bell, du concept de causes communes.

En bref : La « non-séparabilité » traduit la pré-corrélation de familles d'événements définies contextuellement. La succession de la préparation et des corrélations constatées peut être subsumée sous un concept élargi de causalité, adapté à la contextualité des événements expérimentaux.

2-4-2 Observables incompatibles et règles de quantification

Des déterminations ou des variables sont dites incompatibles si l'on ne peut ni pratiquer la conjonction des contextes expérimentaux qui leur correspondent ni trouver une compensation complète à cette impossibilité (§ 1-2-4). Une phrase énonçant une conjonction ou une disjonction de valeurs exactes relevant de variables incompatibles à la suite d'une préparation singulière donnée n'exprime donc en général aucune proposition expérimentale bien définie ; l'incompatibilité des variables a pour conséquence une limite imposée à la description (§ 1-2-10). La question qui se pose à présent est la suivante : comment peut-on désigner un équivalent de cette limitation *descriptive,* dans un formalisme quantique essentiellement *prédictif ?*

En substituant une prédiction certaine à chaque description. En remplaçant par exemple « La variable A prend telle valeur » par « La probabilité d'obtenir telle valeur *si* on mesure la variable A, est égale à 1 ». Ainsi, pour chaque préparation singulière, l'impossibilité de conjoindre descriptivement les valeurs exactes de deux variables incompatibles a pour correspondant prédictif l'absence d'une double certitude concernant la valeur qu'on trouverait *si* on effectuait la mesure de l'une ou de l'autre variable. Deux variables A et B étant incompatibles, lorsque la probabilité d'une valeur de A est égale à 1 à la suite d'une préparation singulière, il ne doit pas en général y avoir de valeur de B dont la probabilité soit aussi égale à 1 pour la même préparation singulière.

Or le formalisme de la mécanique quantique repose sur une représentation des valeurs que peuvent prendre les variables par des axes (ou des vecteurs de base) dans un espace de Hilbert H, et sur un instrument d'évaluation probabiliste identifié à un vecteur $|\psi\rangle$ de cet espace. Pour qu'à la suite d'une préparation donnée les probabilités des valeurs de deux variables incompatibles ne soient pas en général *simultanément* égales à 1, il suffit alors que les valeurs de ces variables soient représentées dans le *même* espace de Hilbert H par des axes (ou des vecteurs de base) pour la plupart *inclinés* l'un par rapport à l'autre (on a représenté à la Figure n° 4 le cas très simple de deux variables incompatibles comportant *deux* valeurs chacune). Supposons en effet que le vecteur $|\psi\rangle$ soit confondu avec l'un des vecteurs de base de la variable A, disons $|a_1\rangle$. La projection de ce vecteur sur lui-même a un module égal à 1, et par conséquent la probabilité, calculée à l'aide de la règle de Born, d'obtenir la valeur a_1 de la variable A, est égale à 1. Mais les vecteurs de base représentant les valeurs possibles de la variable B sont pour la plupart inclinés par rapport aux axes représentant les valeurs possibles de la variable A. La projection d'un vecteur $|\psi\rangle$ confondu avec $|a_1\rangle$ sur n'importe quel vecteur de base représentant une valeur possible de la variable B aura donc en général un module inférieur à 1. Si l'on est certain d'obtenir l'une des valeurs de la variable A, on ne peut généralement pas avoir de certitude concernant les valeurs de la variable B. Le dispositif des axes inclinés exclut en somme qu'on puisse dans chaque cas avoir une double certitude concernant les valeurs que l'on obtiendrait si l'on mesurait les deux variables. Il constitue une excellente traduction de l'incompatibilité des variables dans le système de symboles d'un formalisme prédictif contextuel.

Il faut maintenant donner une version algébrique de cette idée géométrique très simple des axes inclinés comme représentation de l'incompatibilité des variables, car c'est elle qui a été consacrée par le temps, et qui a été le point focal d'une bonne partie des débats sur l'interprétation de la mécanique quantique. Pour cela, il est indispensable d'introduire un outil mathématique supplémentaire : une famille d'opérateurs appelés des « observables », agissant sur les vecteurs de l'espace de Hilbert. A la variable A pouvant prendre les valeurs a_j représentées dans l'espace de Hilbert H par un système

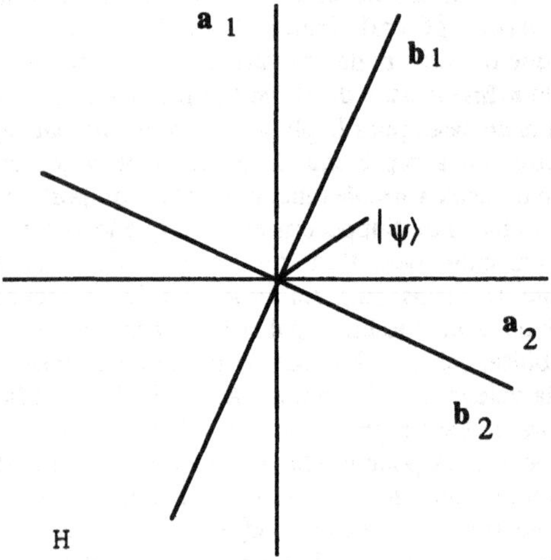

Figure n° 4

de vecteurs de base $|a_j\rangle$, on associe un opérateur A, appelé « l'observable A », et défini comme suit :

$$A = \sum_j a_j \mathbb{P}_j$$

Conformément à la définition donnée au § 2-2-1, $\mathbb{P}_j$ représente l'opérateur *projection (d'un vecteur quelconque de l'espace H) sur le vecteur* $|a_j\rangle$.

L'action de l'observable A sur un vecteur de base $|a_j\rangle$ est particulièrement simple et intéressante à commenter. La projection de $|a_j\rangle$ sur lui-même n'est autre que $|a_j\rangle$; et la projection de $|a_j\rangle$ sur d'autres vecteurs $|a_i\rangle$ qui lui sont orthogonaux est un vecteur de module égal à zéro. On a donc :

$$\mathbb{P}_j\,|a_j\rangle = |a_j\rangle, \text{ et } \mathbb{P}_i\,|a_j\rangle = 0$$

En appliquant ces égalités à tous les projecteurs qui interviennent dans la définition de l'observable *A*, on obtient :

$$A \mid a_j\rangle = a_j \mid a_j\rangle$$

L'action de l'opérateur *A* sur l'un des vecteurs de base se réduit par conséquent à multiplier ce vecteur par la valeur dont il est le représentant dans l'espace de Hilbert.

Lorsque la relation précédente, appelée *équation aux valeurs propres,* est respectée, on dit que les vecteurs $\mid a_j\rangle$ sont des *vecteurs propres* de *A*, et que les valeurs a_j sont les *valeurs propres* de *A*.

Une remarque importante : tout vecteur obtenu en multipliant l'un des vecteurs de base $\mid a_j\rangle$ par un nombre (complexe) quelconque obéit aussi à l'équation aux valeurs propres de *A*. Chacun de ces vecteurs peut être qualifié de vecteur propre de *A*. Les vecteurs de base $\mid a_j\rangle$ sont ceux des vecteurs propres de *A* dont la norme est égale à 1.

L'incompatibilité des variables, leur représentation par deux systèmes d'axes inclinés, trouvent dès lors une nouvelle expression : *Deux observables incompatibles n'ont pas tous leurs vecteurs propres en commun.*

Il ne reste plus qu'à énoncer le théorème algébrique crucial, autour duquel s'articule une bonne partie des conséquences novatrices de la mécanique quantique :

Théorème : *Deux observables incompatibles ne commutent pas entre elles.*

Pour le montrer, commençons par donner une définition de la « commutativité de deux observables ». Deux observables commutent entre elles si le résultat de leur action sur *n'importe quel* vecteur $\mid \psi\rangle$ de l'espace H est indépendant de l'ordre de leur application :

$A\,(B\,|\psi\rangle) = B\,(A\,|\psi\rangle)$, ou encore :
$AB\,|\psi\rangle = BA\,|\psi\rangle$

On écrit aussi cela :

$(AB\text{-}BA)\,|\psi\rangle = 0$, ou : $AB\text{-}BA = 0$ ou encore
$AB = BA$

AB-BA, que l'on note aussi *[A,B],* est appelé le *commutateur* des observables *A et B.*

Montrons ensuite que (dans le cas le plus simple, appelé « non-dégénéré » [1]) si deux observables *A* et *B* d'un même espace de Hilbert commutent, un vecteur propre quelconque de l'une est aussi un vecteur propre de l'autre.

Choisissons à cet effet un vecteur propre $|a_j\rangle$ de l'observable *A*, qui satisfait à l'équation aux valeurs propres :

$$A\,|a_j\rangle = a_j\,|a_j\rangle$$

En faisant agir l'observable *B* sur les deux membres de cette équation, on obtient :

$$BA\,|a_j\rangle = Ba_j\,|a_j\rangle$$

Mais $Ba_j = a_jB$. Et comme d'autre part on a fait l'hypothèse que *A* et *B* commutent, ce qui s'exprime par $BA = AB$, on peut écrire :

$$AB\,|a_j\rangle = a_jB\,|a_j\rangle \text{ ou encore : } A(B\,|a_j\rangle) = a_j(B\,|a_j\rangle)$$

Par conséquent le vecteur $B\,|a_j\rangle$ obéit à l'équation aux valeurs propres de *A* ; il est l'un des vecteurs propres

1. Une « dégénérescence » est l'association d'une valeur propre non pas à *un* vecteur propre mais à un « sous-espace propre » engendré par *plusieurs* vecteurs propres. Dans ce cas, $B\,|a_j\rangle$ est égal non pas au produit de $|a_j\rangle$ par un nombre, mais plus généralement à un vecteur appartenant au même sous-espace propre que $|a_j\rangle$. Ceci ne modifie guère le résultat essentiel de la démonstration.

de *A* qui correspondent à la valeur propre a_j. Dans le cas « non dégénéré », cela entraîne que $B\,|a_j\rangle$ est égal au produit de $|a_j\rangle$ par un nombre (complexe) quelconque b. Ce qui s'écrit :

$$B\,|a_j\rangle = b\,|a_j\rangle$$

Autrement dit, $|a_j\rangle$, qui est un vecteur propre *quelconque* de l'observable *A*, est *aussi* un vecteur propre de l'observable *B*, avec la valeur propre b.

Nous venons donc de prouver que (dans le cas « non dégénéré ») deux observables *A et B* d'un même espace de Hilbert qui commutent ont tous leurs vecteurs propres en commun. Deux observables *A et B* qui commutent ne sont donc *pas* incompatibles (elles sont compatibles voire redondantes). On peut en déduire, réciproquement, que deux observables incompatibles ne commutent pas. Le théorème est démontré.

Traduite dans les termes d'une algèbre d'opérateurs appelés des *observables,* l'incompatibilité de deux variables s'écrit en définitive sous forme de *relations de commutation :*

$AB \neq BA$, ou bien : $AB-BA \neq 0$, ou encore : $[A,B] \neq 0$

C'est sous cette forme cryptique qu'elle devait entrer dans l'histoire. A l'automne 1925, après le remarquable travail de refonte de la théorie des quanta accompli par W. Heisenberg, ses collègues M. Born et P. Jordan tâchèrent d'en isoler le noyau mathématique. Et ce qu'ils trouvèrent était fort simple : la mécanique quantique de Heisenberg ne diffère de la mécanique classique que par la substitution de matrices (dont le produit est non-commutatif), aux variables ordinaires (dont le produit est commutatif). Quelques mois plus tard, en 1926, Dirac proposera même de franchir un niveau supplémentaire dans l'abstraction, et de retenir uniquement la différence de propriétés algébriques : la mécanique quantique ne diffère de la mécanique classique que par la substitution de nombres-q (dont l'algèbre est non commutative) aux nombres-c (dont l'algèbre est commutative) [O. Darrigol (1992) p. 320]. Ainsi, les équations décrivant l'évolution de la position et de la quantité de mouvement étaient formellement *les mêmes* qu'en mécanique classique (il s'agit des équations de Hamilton), mais la position et la quantité de mouvement étaient désormais représentées par deux nombres-q respectivement notés X et P, plutôt que par deux nombres-c respectivement notés x et p.

Les nombres-q X et P obéissaient à la relation de commutation suivante :

$$PX\text{-}XP = -\,i\,\frac{h}{2\pi} \quad \text{(où h est la « constante de Planck »)}$$

Il restait à établir le lien entre cette condition algébrique et les idées fondatrices de la théorie des quanta formulées par Planck (en 1900), par Bohr (à partir de 1913), puis par Sommerfeld (à partir de 1916). Quel rapport y avait-il entre la non-commutativité des observables et la « quantification » des valeurs des variables ? Quel rapport pouvait-on déceler en particulier entre la non-commutativité des observables et l'image, désormais caduque, des « orbites quantifiées » des électrons de l'atome de Bohr et Sommerfeld ? Ces rapports sont presque immédiats à établir :

(i) Les relations de commutation, appliquées à des observables à spectre continu (comme X et P), et associées à certaines conditions aux limites implicites ou explicites, *ont pour conséquence* des conditions de quantification. L'exemple le plus connu et le plus simple est celui de la quantification de l'oscillateur harmonique, pour lequel les conditions aux limites s'expriment implicitement à travers l'expression du potentiel dans l'opérateur hamiltonien [J.M. Ziman (1969), p. 1].

(ii) Les conditions de quantification des orbites de Bohr et Sommerfeld peuvent être obtenues par *approximation* (pour des valeurs de h très petites mais non nulles) à partir de relations de commutation, et de conditions aux limites s'exprimant à travers l'expression du potentiel central du noyau de l'atome [M. Born (1935), p. 129-131]. Réciproquement, les relations de commutation s'obtiennent par « généralisation » à partir des conditions de quantification des orbites de Bohr et Sommerfeld [M. Born & P. Jordan (1925), in : B.L. Van der Waerden, (1967), p. 291].

Une fois reconnues ces relations multiples et étroites entre l'algèbre non commutative des observables et les conditions de quantification, toute distinction entre elles a fini par disparaître. Dirac [(1930), p. 84, 87] n'hésite pas par exemple à *nommer* les relations de commutation des « conditions quantiques fondamentales » ; il parle de ces « nouvelles équations appelées *conditions quantiques* ou *relations de commutation* » ; il attribue indifféremment à la constante de Planck h sa signification initiale de quantum d'action, ou sa signification heisenberguienne d'échelle d'imprécision imposée par l'incompatibilité non complètement compensable des observables conjuguées. La plupart des auteurs ont par la suite pratiqué la même identification, ouvertement ou de manière tacite. Désormais, à chaque fois que l'on cherche à formuler le correspondant quantique d'une théorie classique antérieure, ou encore, selon une expression consacrée, à chaque fois que l'on cherche à « quantifier » cette théorie, on se contente de remplacer les nombres-c par des nombres-q et d'écrire des relations de commutation entre ces derniers.

Récapitulons : L'incompatibilité des contextes expérimentaux relativement auxquels sont définies des déterminations se traduit algébriquement par la non-commutativité des observables correspondantes. Et la non-commutativité des observables, associée à certaines conditions aux limites, entraîne des schèmes de quantification.

2-4-3 La réduction du vecteur d'état

Il est vrai qu'une phrase énonçant une *conjonction* de valeurs précises relevant de variables incompatibles à la

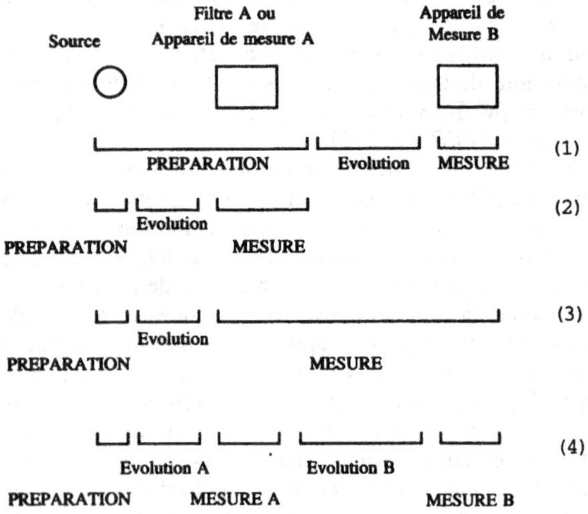

Figure n° 5

suite d'une préparation singulière donnée n'exprime aucune proposition expérimentale bien définie ; mais ce n'est pas le cas d'une phrase énonçant une *séquence* de valeurs relevant de variables incompatibles. Rien n'empêche en principe d'effectuer la mesure *consécutive* de deux variables incompatibles, avec une précision arbitrairement bonne pour chacune des variables prise isolément. Cette situation doit donc pouvoir être représentée dans le formalisme prédictif de la mécanique quantique. Pour y parvenir, il va cependant falloir raffiner l'analyse du concept de préparation et jouer sur les extensions ou les limitations de son domaine d'application (Figure n° 5). L'extraordinaire écheveau de malentendus portant sur ce qu'il est convenu d'appeler la « réduction du vecteur d'état » ou la « réduction du paquet d'onde » est en partie lié, comme on le verra en fin de paragraphe, à une déficience de cette analyse.

Nous étudierons donc quatre découpages possibles d'une expérience comportant des mesures séquentielles (Figure n° 5, (1) à (4)). Ces découpages ont comme auparavant pour constituants : la préparation, la (ou les) évolution(s), et la (ou les) mesure(s). Les processus d'évolution ont une importance de principe sur laquelle il faudra revenir, mais dans un premier temps nous simplifierons le symbolisme en supposant que le changement qu'ils imposent aux vecteurs d'état entre chaque préparation et chaque mesure reste négligeable.

(1) Commençons par considérer comme *préparation* l'ensemble formé par une source et un « filtre » à la suite duquel une certaine valeur de la variable A (disons a_i) est contrafactuellement fixée : *si* elle était mise en œuvre juste à la sortie du filtre, la mesure de la variable A *fournirait* à coup sûr la valeur a_i. Dans ce cas (Figure n° 5 (1)), le vecteur d'état servant à calculer la probabilité des résultats de n'importe quelle mesure pouvant être effectuée à la suite du filtre n'est autre que $|a_i\rangle$. La probabilité d'obtenir la valeur b_j est donc :

$$P(b_j, a_i) = |\langle b_j | a_i\rangle|^2 = |\mathbb{P}_{Bj} | a_i\rangle|^2$$

(2) Considérons ensuite que la source constitue à elle seule la préparation. Le vecteur d'état servant à calculer la probabilité des résultats d'une mesure quelconque effectuée à la sortie de cette source est noté $|\psi\rangle$. Si l'on mesure la variable A à la suite de la source (Figure n° 5 (2)), la probabilité d'obtenir le résultat a_i est :

$$P(a_i, \psi) = |\langle a_i | \psi\rangle|^2 = |\mathbb{P}_{Ai} | \psi\rangle|^2$$

(3) La préparation s'identifiant toujours à la seule source, envisageons maintenant une expérience composée, consistant à mesurer la variable B à la suite d'un filtre A interposé entre la préparation et l'appareil de mesure (Figure n° 5 (3)). L'arrangement expérimental ne se distingue en rien du cas (1) ; seul le lieu *conventionnel* de son découpage entre préparation et mesure s'est déplacé. Ce déplacement a cependant pour conséquence

que tout calcul de probabilité d'un résultat doit désormais s'effectuer à partir du vecteur d'état $|\psi\rangle$ caractérisant la préparation « source », et non pas à partir du vecteur d'état $|a_i\rangle$ caractérisant la préparation « source + filtre A ».

Pour y parvenir, il faut préciser davantage le rôle qu'on assigne à un filtre. Un filtre A, nous l'avons vu, est d'abord un dispositif tel que toute mesure de la variable A effectuée à sa suite donnerait à coup sûr une valeur déterminée parmi ses valeurs possibles (disons a_i). Un filtre *idéal* A doit en plus avoir pour propriété de *ne pas* modifier la probabilité *a priori* d'obtenir celui des résultats (a_1, a_2, a_3,..., ou bien a_n) qu'il sélectionne, lors d'une mesure de A effectuée à la suite de la source. Que la mesure de A soit effectuée *avec ou sans* un filtre idéal intermédiaire A sélectionnant la valeur a_i, la probabilité *a priori* d'obtenir le résultat a_i reste :

$$P(a_i, \psi) = |\langle a_i|\psi\rangle|^2 = |\mathbb{P}_{Ai}|\psi\rangle|^2$$

Traduisons maintenant cela en termes de prédiction des fréquences observées. D'un côté, *toutes* les mesures de A *à la sortie du filtre idéal* doivent donner a_i, mais d'un autre côté *seule une proportion* $P(a_i, \psi)$ des mesures effectuées *directement à la sortie de la source* donnent le résultat a_i. La probabilité *a priori* devant être la même dans l'un et l'autre cas, cela signifie que le nombre de mesures pouvant être effectuées à la sortie du filtre a été diminué dans la proportion $P(a_i, \psi)$. On peut exprimer ceci des deux façons suivantes :

(i) si l'observable « nombre » à la sortie de la source prend une valeur N, l'observable nombre à la sortie du filtre prend la valeur :

$$N \times P(a_i, \psi)$$

(ii) si *N* expériences sont effectuées et que l'observable « nombre » à la sortie de la source prend une valeur égale à 1 lors de chaque expérience, la proportion d'expériences où l'observable « nombre » prend une valeur égale à 1 à la sortie du filtre idéal A est :

$$N \times P(a_i, \psi)$$

Dans toutes les autres expériences parmi les N effectuées, l'observable « nombre » prend une valeur égale à 0 à la sortie du filtre.

Ceci étant acquis, il devient facile de calculer la probabilité *a priori* d'obtenir un résultat b_j lors de la mesure de B à la sortie du filtre idéal A, connaissant le vecteur d'état $|\psi\rangle$ qui caractérise la préparation *source*.

Pour *chaque* mesure effectuée, la probabilité d'obtenir un résultat b_j à la sortie du filtre idéal A est, comme dans le cas (1) :

$$P(b_j, a_i) = |\langle b_j | a_i\rangle|^2 = |\mathbb{P}_{Bj} |a_i\rangle|^2$$

Mais il faut aussi tenir compte du fait que la mesure de B ne peut pas être faite à *chaque* expérience où l'observable nombre à la sortie de la *source* prend la valeur 1. C'est seulement dans les cas où l'observable nombre à la sortie du *filtre* prend aussi la valeur 1 qu'on peut mesurer B. Si l'on veut estimer la probabilité *a priori* d'obtenir un résultat b_j pour la mesure de B *dans ces conditions de filtrage*, il suffit donc de multiplier la probabilité d'obtenir ce résultat pour chaque mesure effectuée à la sortie du filtre par la proportion des mesures qui *peuvent* être effectuées à la sortie du filtre :

$$P_{fai}(b_j, \psi) = |\langle b_j | a_i\rangle|^2 \, |\langle a_i | \psi\rangle|^2 = |\langle b_j | a_i\rangle\langle a_i | \psi\rangle|^2$$

Comme on peut facilement le remarquer, l'expression précédente revient à projeter d'abord $|\psi\rangle$ sur le vecteur de base $|a_i\rangle$ puis à projeter cette projection sur le vecteur de base $|b_j\rangle$, et enfin à prendre le carré du module du vecteur résultant. On peut par conséquent écrire aussi :

$$P_{fai}(b_j, \psi) = |\mathbb{P}_{Bj}\mathbb{P}_{Ai} |\psi\rangle|^2$$

Tout se passe bien comme si on avait une préparation unique (la source, caractérisée par le seul vecteur d'état $|\psi\rangle$), puis une mesure combinée unique (la-mesure-de-B-à-la-suite-d'un-filtre-idéal-A, dont chaque résultat est associé à la seule séquence de projecteurs $P_{Bj}P_{Ai}$). En dépit de ses raffinements successifs, le schéma élémentaire préparation-mesure sur lequel a été construit le formalisme prédictif de la mécanique quantique reste jusque-là opérant.

(4) Considérons enfin que, la préparation s'identifiant toujours à la source, on pratique non pas une mesure de B à la suite d'un *filtre idéal* A, mais une mesure de B à la suite d'une *mesure non destructive* de A (Figure n° 5 (4)). Le problème est à présent de déterminer la probabilité *a priori* d'un résultat b_j de la mesure de B, sachant qu'une mesure intermédiaire de la variable A a été effectuée.

Si l'on isole, parmi tous les couples de résultats de la mesure de A et B se terminant par b_j, ceux qui commencent par a_i, on se retrouve exactement dans la situation précédente : on a *filtré*, cette fois il est vrai par la pensée, les seules expériences pour lesquelles le résultat de la mesure de A donne a_i. La probabilité d'obtenir b_j après a_i est donc fournie par la même expression que précédemment :

$$P(b_j \text{ après } a_i, \psi) = |\langle b_j | a_i\rangle|^2 \, |\langle a_i | \psi\rangle|^2$$

La probabilité *a priori* du résultat b_j après une mesure intermédiaire non destructive de la variable A *quel que soit le résultat de cette dernière*, se déduit de la précédente en faisant la *somme* des probabilités correspondant à chaque résultat possible de la mesure de A :

$$P(b_j \text{ après } A, \psi) = \sum_i |\langle b_j | a_i\rangle|^2 \, |\langle a_i | \psi\rangle|^2$$

Il reste maintenant à revenir à la présentation habituelle de l'opération de mesure séquentielle, et à montrer comment cette présentation engendre la notion un peu baroque de « réduction de l'état ». Dans le discours véhiculaire des physiciens, la situation représentée à la Figure n° 5 (4) se traduit par la suite de propositions suivante :

– Le système physique est préparé à la source dans l'état $|\psi\rangle$.

– Lorsque ce système se déplace de la source à l'appareil de mesure de A, son état évolue conformément à l'équation de Schrödinger.

– En admettant que cette évolution est quantitativement négligeable, la probabilité d'obtenir le résultat a_i lors de la mesure de A est : $|\langle a_i|\psi\rangle|^2$

– Le résultat de la mesure de A ayant été la valeur propre a_i, la probabilité d'obtenir le résultat b_j lors de la mesure de B ne peut plus s'évaluer à partir de l'état $|\psi\rangle$, mais à partir du vecteur d'état propre $|a_i\rangle$. Cette probabilité est : $|\langle b_j|a_i\rangle|^2$

– Il faut donc admettre que l'état du système a *changé brutalement* à la suite de la mesure de A ; il a *sauté* de $|\psi\rangle$ à $|a_i\rangle$; on dit que l'état du système a été *réduit*.

– Il y a en définitive deux modes d'évolution de l'état des systèmes : l'un, qui prévaut entre deux mesures, est déterministe, continu, et conforme à l'équation de Schrödinger ; l'autre, qui prévaut au moment d'une mesure, est stochastique et discontinu.

Ce compte-rendu est très commode, puisqu'il permet de ne manipuler que des formules mathématiquement très simples. Mais il donne naissance à l'idée, longtemps perçue comme le paradoxe majeur de la mécanique quantique, d'un double mode d'évolution aux domaines de juridiction mal définis. Surtout, il repose sur une subtile confusion.

Disons un mot de cette confusion. Le premier temps du compte-rendu s'appuie sur l'idée qu'une mesure de la variable A est effectuée à la suite d'une préparation constituée par la source, suivant le schéma de la Figure n° 5 (2). Mais le second temps du compte-rendu, qui implique une sélection par la pensée des seules situations où le résultat de la mesure de A est a_i, s'établit exactement de la même façon que si la préparation à considérer pour l'estimation de la probabilité d'un résultat de la mesure de B incluait désormais un *filtre A ;* le schéma suivi est donc ici celui de la Figure n° 5 (1). Le compte-rendu complet consiste en bref à projeter sur un même plan deux découpages conventionnels préparation-mesure qui, bien que tous deux envisageables isolément, sont exclusifs l'un de l'autre.

Si on s'était gardé de cette juxtaposition, si on n'avait pas isolé un résultat, conférant ainsi au « filtrage par la pensée » une fonction d'élimination des autres résultats qui est celle d'un véritable filtre instrumental, la seule expression probabiliste pertinente dans la situation considérée aurait été celle-ci : la probabilité d'un résultat b_j après une préparation caractérisée par le vecteur d'état $|\psi\rangle$, *quel que soit* le résultat de la mesure intermédiaire non destructive de la variable A. Elle s'écrit, ainsi que nous l'avons vu plus haut :

$$P(b_j \text{ après } A, \psi) = \sum_i |\langle b_j | a_i \rangle|^2 \, |\langle a_i | \psi \rangle|^2$$

Cette formule ne conduit en rien à *singulariser* l'un des vecteurs $|a_i\rangle$ comme représentant « l'état dans lequel le système a sauté à la suite de la mesure de A », car tous les vecteurs propres de l'observable *A* y sont représentés. Elle suscite cependant une autre question délicate, dont les débats des dix dernières années ont montré toute l'importance : celle de la perte des effets d'interférence lorsqu'une mesure intermédiaire est effectuée. Supposons en effet *a contrario* qu'on veuille calculer la probabilité d'obtenir le résultat b_j après une préparation caractérisée par $|\psi\rangle$, lorsque *aucune* mesure intermédiaire de A n'est effectuée. Cette probabilité n'est autre que :

$$P(b_j, \psi) = |\langle b_j | \psi \rangle|^2$$

Mais par ailleurs (voir § 2-2-1, 2-2-2), $|\psi\rangle$ peut toujours s'écrire comme une superposition linéaire de la famille $\{ |a_i\rangle \}$ de vecteurs de base de l'espace de Hilbert :

$$|\psi\rangle = \sum_i c_i \, |a_i\rangle = \sum_i \, |a_i\rangle\langle a_i \, |\psi\rangle$$

En tenant compte de cette dernière expression de $|\psi\rangle$, la probabilité cherchée s'écrit :

$$P(b_j, \psi) = |\langle b_j \, |\psi\rangle \, |^2 = | \, \sum_i \langle b_j \, |a_i\rangle\langle a_i \, |\psi\rangle \, |^2$$

Ou encore :

$$P(b_j, \psi) = \sum_i \, |\langle b_j \, |a_i\rangle \, |^2 \, |\langle a_i |\psi\rangle \, |^2 + \text{(Termes de multiplication croisée)}$$

La probabilité d'obtenir directement un résultat donné lors de la mesure de B diffère donc de la probabilité d'obtenir le même résultat lorsqu'une mesure intermédiaire de la variable A est effectuée entre la préparation et la mesure de B ; elle en diffère par des termes de multiplication croisée qui équivalent à des termes d'*interférence*.

Quelle est donc la signification de cet écart entre deux familles de prédictions portant sur la mesure d'une variable, selon que la mesure intermédiaire d'une variable incompatible est ou n'est pas effectuée ? Pourquoi des effets d'interférence apparaissent-ils dans la seconde situation et pas dans la première ? Comme on l'a vu au § 2-2-3, la présence d'effets d'interférence caractérise une situation où le calcul des probabilités concerne des événements qui ne sont définis que relativement à un contexte expérimental. Tant que le contexte de définition d'un ensemble d'événements n'est pas en place, il est impossible de mener à bien le calcul des probabilités comme si l'un *ou* l'autre d'entre ces événements survenait de lui-même sans qu'on sache lequel. La formule classique de sommation des probabilités d'une disjonction ne vaut pas, et c'est une formule comprenant des termes d'interférence qui doit être utilisée à sa place. En revanche, dès l'instant où le contexte de définition de la gamme d'événements considérée a été *effectivement* mis en œuvre, il redevient possible de calculer les probabilités sous l'hypothèse que l'un des événements est survenu même si on ne sait pas lequel. La formule classique de sommation des probabilités d'une disjonction est dès lors de nouveau applicable.

On peut cependant objecter à cette façon de rendre raison de la disparition des termes d'interférence qu'elle s'appuie entièrement sur des notions performatives comme celle de *mise en œuvre d'un contexte expérimental ;* qu'elle repose en somme sur une étude réflexive de l'expérimentation plutôt que sur une analyse de la nature. N'y aurait-il pas moyen de donner une « explication physique » de la disparition des effets d'interférence induite par la présence d'objets massifs et complexes comme les appareils de mesure, et de l'apparition corrélative de quelque chose comme des événements expérimentaux mutuellement exclusifs ? Le problème est qu'ici, « explication physique » voudrait dire prise en compte par la théorie physique la plus générale du moment, qui, jusqu'à nouvel ordre, se trouve être la mécanique quantique. Or un concept comme celui d'événements expérimentaux mutuellement exclusifs constitue une *pré-condition* pour sa formulation ; il constitue en vérité une pré-condition pour la formulation de n'importe quelle théorie prédictive, puisqu'une prédiction n'a de sens que si on dispose auparavant du concept d'événements à prédire. Etant une pré-condition de la théorie, il serait vain de penser qu'il puisse être justifié au sens habituel par cette théorie : une justification-en-retour des pré-conditions de la théorie par la théorie conditionnée serait circulaire. Tout ce que l'on peut (et que l'on doit) parvenir à tirer de ce cercle, c'est la preuve *a posteriori* que les résultats de la théorie ne sont pas en pratique incompatibles avec les pré-conditions de sa formulation. Ce dernier rôle (épistémologiquement crucial mais métaphysiquement mineur) *de preuve d'auto-consistance performative* sera pour l'instant le seul que nous attribuerons à la théorie quantique de la mesure complétée par les théories contemporaines de la *décohérence*. Nous reviendrons sur la décohérence à la section 5-3, dans une perspective plus large.

Retenons en tout état de cause ceci : le problème principal, soulevé par la prise en compte des mesures séquentielles dans le formalisme prédictif de la mécanique quantique, n'est pas celui de la « réduction de l'état » proprement dit, mais celui de la disparition des effets d'interférence.

2-4-4 La « réduction du paquet d'ondes » dans l'histoire

Il reste à utiliser les résultats de l'analyse précédente pour jeter un éclairage rétrospectif sur le débat qui a accompagné l'emploi de la notion de « réduction du paquet d'ondes » ou de « réduction de l'état ».

L'introduction de cette notion par Heisenberg [(1927)] fut presque modeste ; elle prit l'aspect d'une simple prescription visant à manipuler l'outil prédictif, démarche qui ne semblait guère destinée à susciter des controverses. Heisenberg imaginait un électron sur un niveau d'énergie atomique assez élevé, sur lequel on effectue une première mesure de la position puis une mesure de la quantité de mouvement. La fonction d'onde permettant de calculer la probabilité de « trouver l'électron » dans telle région de l'espace après la mesure de la quantité de mouvement avait alors la forme d'un *paquet d'ondes* assez étalé et s'étalant de plus en plus au cours du temps, mais dont le maximum d'intensité suivait l'une des orbites de l'atome de Bohr. Puis une seconde mesure de la position était pratiquée à l'aide d'un faisceau lumineux de longueur d'onde λ. « La seconde détermination de la position sélectionne un “ x ” défini dans la totalité des possibilités et limite les options pour toutes les mesures subséquentes. Après la seconde détermination de la position, les résultats de mesures ultérieures ne peuvent être calculés que si on attribue de nouveau à l'électron un paquet d'ondes “ plus petit ” d'extension λ (longueur d'onde de la lumière utilisée pour l'observation). Par conséquent, toute détermination de la position *réduit le paquet d'ondes* à son extension initiale λ. » Soulignons l'ordre de ces phrases, qui ne doit rien à l'arbitraire. Heisenberg ne commence pas par dire que l'interaction de l'électron avec la lumière de longueur d'onde λ réduit son paquet d'ondes à une extension λ, pour signaler ensuite que la prédiction de résultats de mesures ultérieures effectuées sur l'électron devra de ce fait utiliser le paquet d'ondes réduit. Il part au contraire de la remarque que pour calculer la prédiction du résultat d'une mesure ultérieure il faut tenir compte de la dernière mesure de position qui situe l'électron dans une plage d'étendue λ, et donc utiliser un paquet d'ondes de dimensions λ ; puis dans un second temps il en déduit que le paquet d'ondes a été *réduit* par la mesure de la position. Le pouvoir prédictif avant l'onde réduite, et non pas l'onde réduite avant le pouvoir prédictif.

Si l'on s'en était tenu à l'idée que la « réduction du paquet d'ondes » est une manière économique d'exprimer la restriction, à la suite d'une expérience, du corps de prémisses servant à l'évaluation rationnelle des probabilités d'événements définis contextuellement, elle n'aurait guère suscité de controverses. Mais les ambiguïtés entretenues sur sa signification, sur celle de la fonction d'onde, voire plus largement sur celle des probabilités, ne pouvaient que brouiller les cartes et relancer un débat dont peu d'arguments étaient vraiment maîtrisés. Ces ambiguïtés se manifestent au demeurant dès le texte fondateur qui vient d'être cité. En quelques paragraphes, Heisenberg montre qu'il hésite entre affirmer que la fonction d'ondes n'exprime rien d'autre que *la teneur prédictive d'une préparation expérimentale*, et faire de la fonction d'ondes l'*attribut d'une particule*. D'un côté, « (...) on peut caractériser *le constat expérimental* par un paquet d'ondes ou, mieux, par un paquet d'amplitude de probabilité », et de l'autre côté « (...) on *attribue* de nouveau *à l'électron* un paquet d'ondes (...) ». La seconde attitude porte la marque (même ténue, même transfigurée) de la conception défendue par de Broglie les années précédentes : celle d'une onde « réelle » associée aux corpuscules et les guidant. Son schéma continuera à affleurer, après bien des nuances et des affaiblissements successifs, dans l'emploi quotidien du concept d'« état d'un système » par les physiciens. La première attitude, quant à elle, a souvent été écartée en raison de l'incapacité de ses défenseurs à éviter l'écueil du subjectivisme (le « constat expérimental » dont parle Heisenberg n'est-il pas *notre* constat ?).

La controverse sur la « réduction du paquet d'ondes » ou sur la « réduction de l'état » ne va dès lors plus cesser d'osciller entre les deux pôles distingués par la théorie de la connaissance. La « réduction » sera considérée tantôt comme un phénomène objectif, tantôt comme l'expression d'une modification subjective, tantôt (et c'est là l'option la plus fascinante) comme une sorte de combinaison des deux.

La conception *objectiviste* (en un sens essentiellement pré-critique du terme), consiste à voir dans l'onde ψ soit une onde « réelle » [1] dans l'espace ordinaire ou dans un espace de configuration, soit la traduction symbolique de l'état, lui aussi « réel », d'un système physique. Si l'on adopte ce point de vue sans compromis, la « réduction du paquet d'ondes » soulève un problème de description physique qui résiste à toute tentative de résolution à l'intérieur du cadre de la mécanique quantique standard. Comme l'indique Schrödinger [(1935a)] admettre la réduction de l'état d'un système lors d'une mesure, c'est surajouter au mode d'évolution continu régi par l'équation de Schrödinger un autre mode d'évolution discontinu et stochastique dont les circonstances de mise en jeu sont *physiquement* mal définies. C'est considérer que « (...) chaque *mesure* suspend la loi qui, par ailleurs, régit en permanence l'évolution temporelle de la fonction ψ ; [qu']elle lui substitue une tout autre évolution qui n'est

1. Le mot « réel » est utilisé ici sans beaucoup de précautions ; mais la pertinence de son application à l'onde ψ fera l'objet d'une analyse plus précise au chapitre 5.

pas régie par une loi mais dictée par le résultat de la mesure. Or, pendant une mesure, il n'est pas possible que d'autres lois de la nature que les lois habituelles soient en vigueur, car [la mesure] est objectivement un processus naturel comme un autre et elle ne saurait affecter le cours de régulier de la nature ». Si l'on veut aller jusqu'au bout des conséquences de l'option « objectiviste », si l'on veut concilier pleinement la réduction de l'état considérée comme processus naturel avec la loi d'évolution de cet état, il faut donc altérer cette dernière. C'est ce qu'ont proposé de faire G.C. Ghirardi, A. Rimini et T. Weber [(1986)] : ajouter à l'équation de Schrödinger, continue et déterministe, un terme d'évolution discontinue et stochastique, très petit pour chaque particule, mais cumulatif pour des systèmes macroscopiques comprenant beaucoup de particules. Cette approche a été accueillie avec enthousiasme par J. Bell [(1987b)], mais elle a aussi fait l'objet de critiques pertinentes [D.Z. Albert (1990)].

A l'autre extrémité de la palette dualiste, se situent les interprétations « subjectivistes » de la réduction du paquet d'ondes, elles-mêmes fondées sur une lecture subjectiviste de la fonction d'onde ou du vecteur d'état. Or, cette lecture a pour l'essentiel son origine en 1926, chez l'auteur de l'interprétation probabiliste de la fonction d'onde : Max Born. On soupçonne ainsi, avec Popper [(1982)], que la lecture subjectiviste de la fonction d'onde n'a fait que transmettre à la physique l'héritage d'une tradition subjectiviste alors prédominante en théorie des probabilités.

Born a lui-même beaucoup hésité au cours de sa carrière sur la formulation à donner à son interprétation : elle traite de *probabilités* (avec une vague connotation individuelle) mais se voit qualifiée de *statistique* (avec un référent explicitement collectif) ; elle est parfois censée fournir la probabilité qu'un électron *soit* dans telle région de l'espace, et d'autres fois limitée à indiquer la probabilité qu'un électron y soit *trouvé* expérimentalement [Born (1935), p. 140 sq.] ; elle est orientée tantôt vers la probabilité qu'une particule *occupe* un état, tantôt vers la probabilité qu'elle *quitte* cet état par un « saut quantique » [M. Beller (1990)]. L'idée qui domine nettement les premiers écrits de Born est quoi qu'il en soit celle d'une trajectoire corpusculaire ou d'une transition quantique qui surviennent dans l'absolu, bien qu'elles restent imprévisibles en raison d'une lacune fondamentale dans nos possibilités de connaître [1]. Selon cette perspective, la fonction d'onde fournit *a priori* la probabilité qu'un événement se produise de lui-même, et *a posteriori* la probabilité de constater expérimentalement cet événement lorsqu'il s'est produit mais qu'il est encore ignoré. Comme le dit M. Jammer [(1974), p. 43], dans la version initiale de l'interprétation probabiliste de Born « (...) ψ ne représente pas le système physique ni l'un de ses attributs physiques mais seulement notre *connaissance* concernant ces derniers ». S'il en est ainsi, la réduction du paquet d'ondes ne signale plus l'effondrement soudain d'une onde répandue dans tout l'espace ou le changement brutal de l'état attribué à un système physique ; elle constitue simplement un procédé permettant de prendre en compte l'accroissement de notre *connaissance* de l'état du système à la suite d'une expérience. La modification des prémisses de l'évaluation probabiliste à la suite d'un gain d'informations nouvelles sur les événements à prédire n'est-elle pas après tout couramment pratiquée dans des domaines qui n'ont rien à voir avec la physique quantique ?

Cette conception permet d'esquiver la plupart des obstacles auxquels se heurte l'interprétation « objectiviste » de la réduction du paquet d'ondes ; mais elle se heurte à une difficulté non moins considérable, et qui a très vite été reconnue comme telle. D. Bohm [(1951), p. 127] a su l'exposer de manière concise : « La fonction d'onde

1. L'interprétation *statistique* de Born ressemble beaucoup à celle d'Einstein. La seule différence réside dans le statut de la lacune épistémique : fondamentale et donc impossible à combler selon Born, n'excluant pas la perspective d'un comblement futur selon Einstein. Voir la lettre du 4 septembre 1950 de Born à Einstein, et la lettre du 15 septembre 1950 d'Einstein à Born [M. Born (1972)].

diffère d'une fonction de probabilité classique sous un aspect important ; avant que les interférences n'aient été détruites par l'action d'un appareil de mesure approprié, la fonction d'onde ne peut pas être interprétée de façon consistante comme simple probabilité. (...) Un effondrement brutal de la fonction d'onde représenterait donc à cet instant un changement réel dans l'état de l'électron (d'un comportement d'apparence ondulatoire à un comportement d'apparence corpusculaire). » La réduction du paquet d'ondes a beau avoir des points communs avec la réduction purement épistémique des fonctions de probabilités, elle a des conséquences (la disparition des effets d'interférence impliqués par la fonction d'onde non réduite) qui outrepassent de loin ce qu'on attendrait d'un simple accroissement de connaissances au sujet d'un processus physique qui se déroulerait indépendamment d'elle. Tout se passe en effet comme si elle s'associait *aussi* à une modification du type de processus physique auquel on a affaire : d'un processus régi par des lois ondulatoires on passe, après réduction, à des règles de comportement d'apparence corpusculaire. Si l'on persiste à penser en termes de processus physiques microscopiques se déroulant d'eux-mêmes (comme l'ont fait aussi bien les premiers partisans de l'interprétation « subjectiviste » de la fonction d'onde que ceux de l'interprétation « objectiviste »), alors il faut admettre que la réduction du paquet d'ondes ne traduit pas tant la *révélation* de ces processus que leur *altération*.

Récapitulons. La réduction du paquet d'ondes peut difficilement être tenue pour un processus « objectif », à moins d'accepter une modification *ad hoc* de l'équation de Schrödinger. La réduction du paquet d'ondes ressemble beaucoup à une simple modification des prémisses « subjectives » d'une évaluation probabiliste, mais ses conséquences débordent la connaissance pour atteindre ce qui est objectivement connu.

Face à ce dilemme, une solution inédite, que l'on pourrait qualifier d'*héroïque,* et qui a connu un succès considérable dans le grand public, a été proposée. Cette solution consiste à amalgamer l'interprétation subjectiviste de la réduction du paquet d'ondes au constat de ses corrélats objectifs. Puisque la réduction du paquet d'ondes est un acte cognitif du sujet, et qu'elle a des conséquences sur l'objet en modifiant son *état*, on « doit » reconnaître que s'est manifestée pour la première fois à travers elle une irruption des opérations mentales dans l'univers physique.

Certains auteurs ont exprimé l'idée précédente dans un langage ouvertement psychologisant, très vulnérable à la critique. Selon E.P. Wigner [(1961)], par exemple, « (cet) argument en faveur d'une différence des rôles joués par les instruments d'observation inanimés et les observateurs dotés de conscience – et par conséquent en faveur d'une violation des lois physiques lorsque la conscience intervient – est entièrement convaincant aussi longtemps qu'on accepte les affirmations de la mécanique quantique orthodoxe dans toutes leurs conséquences ». D'autres physiciens ont cru pouvoir mettre ce genre de démarche à l'abri du scepticisme de leurs collègues en conformant leur vocabulaire aux nouveaux paradigmes fonctionnalistes issus des recherches en Intelligence Artificielle : « Comme nous l'avons vu, une onde quantique est en réalité une description de notre *connaissance* du système (c'est-à-dire un concept relevant du logiciel), alors qu'une particule est une pièce du matériel. Le paradoxe de la mécanique quantique est que d'une certaine façon les niveaux de description logiciel et matériel sont devenus inextricablement enchevêtrés » [P.C.W. Davies & J.R. Brown (1986), p. 34]. Les modes d'expression varient, mais le présupposé auquel ils s'adossent est le même : il y a *là-devant* un système, un objet, « une pièce de matériel », auquel on peut attribuer un état ; et cet état se trouve brusquement modifié par quelque chose qui ne relève pas de la même région ontologique que lui : soit une entité psychique soit un niveau d'organisation émergent.

A vrai dire, le volet initial de ce présupposé sous-tend *toutes* les interprétations de la réduction du paquet d'ondes discutées jusque-là. Il sous-tend l'interprétation objectiviste et l'interprétation subjectiviste, et non pas seulement l'interprétation syncrétiste qui ne fait au fond que rassembler les dissonances des deux premières en les poussant à leur paroxysme. Selon la position objectiviste, la fonction d'onde représente quelque chose *de* l'objet à connaître, et la réduction quelque chose qui arrive à cet objet. Selon la position subjectiviste, la fonction d'onde représente notre connaissance imparfaite *à propos de* l'objet, et la réduction une modification de cette connaissance. Une objectivité donnée d'avance et mise à l'abri de la discussion dans les deux cas ; des objets aux propriétés certes non classiques et altérées par des instruments grossiers, mais *toujours-déjà disponibles ;* des sujets supposés recueillir, fût-ce à travers la médiation déformante des appareillages, quelques informations *sur* les objets ; et enfin, face à l'évidente inadéquation de ce schéma, une tentative inédite et syncrétiste de le dépasser qui tourne court parce qu'elle reste tributaire de ses préalables ; parce qu'en cherchant à répandre des éléments de subjectivité dans un univers conçu comme objectif, elle s'est abstenue de *commencer* par mettre en question la pré-constitution de l'objectivité.

Or, une analyse précise des modifications à apporter aux évaluations probabilistes à la suite d'une opération de mesure montre que c'est justement là que gît la difficulté. Elle montre que la sélection et la stabilisation d'une gamme de possibles est un moment préliminaire indispensable à toute description d'occurrences effectives appartenant à cette gamme ; que cette sélection ne peut être considérée comme accomplie indépendamment des moyens expérimentaux permettant de désigner un résultat ; qu'il faut donc distinguer formellement *deux* étapes dans un processus de mesure : celle de l'objectivation d'une gamme de possibles et celle de la sélection d'un élément de cette gamme, l'étape de constitution d'objectivité et l'étape de détermination sur fond d'objectivité constituée. On doit parallèlement distinguer *deux* phases et *non pas une seule,* dans le passage des estimations probabilistes directement issues de la préparation à celles qui tiennent compte d'un certain résultat de mesure intermédiaire. Ces deux étapes, évoquées au § 2-4-3, sont les suivantes :

(1) La disparition des termes d'interférence dans la formule donnant la probabilité d'une disjonction de valeurs d'observable ;

(2) L'indication de l'un des résultats expérimentaux possibles comme celui qui a été effectivement obtenu.

La disparition des termes d'interférence, pour commencer, assure que les conditions probabilistes de la validité du principe de bivalence sont remplies. *C'est elle qui marque le moment de l'objectivation.* Car c'est seulement à partir d'elle que tout se passe sur le plan du calcul des probabilités comme si l'un des événements d'une gamme de possibles était survenu à l'exclusion de tout autre, bien qu'on ne sache pas lequel ; c'est seulement à partir d'elle que rien n'empêche de parler d'événements *objectivement survenus* mais temporairement ignorés par les sujets de la connaissance.

Mais comment rendre compte d'un tel évanouissement des termes d'interférence ? Nous nous contenterons ici (en accord avec les remarques du § 2-4-3) de retourner les remarques précédentes en un argument de type transcendantal : seule la formule classique d'addition des probabilités d'une disjonction d'événements se laisse lire comme exprimant une simple ignorance de ce qui arrive par ailleurs de soi-même ; sa mise en œuvre, *au moins en ce qui concerne les résultats expérimentaux*, participe des conditions d'objectivité de la connaissance et du discours. Aucune théorie scientifique prédictive ne peut donc manquer de la prendre comme point de départ, même si la prudence impose de vérifier (par les théories de la décohérence, voir section 5-3) la consistance d'une telle prémisse avec les conséquences déduites de la théorie.

Une fois l'étape (1) franchie, la singularisation d'un résultat et sa traduction en termes de modification brutale de l'outil prédictif ont exactement la signification épistémique limitée qu'ils se verraient attribuer dans la manipulation des probabilités classiques. Celle d'une simple prise en compte d'informations additionnelles à propos d'un univers d'événements survenant d'eux-mêmes ; à propos d'événements strictement indifférents aux processus cognitifs qui portent sur eux.

Le moment de la perte des termes d'interférence dans la formule donnant la probabilité d'une disjonction opère en définitive comme une sorte de cloison étanche séparant un domaine à objectiver et un domaine objectivé. En deçà de la cloison, les concepts d'objets, d'états, de propriétés, d'événements survenant dans l'absolu, n'ont pas cours ; et il serait par conséquent aussi vain d'invoquer un changement brutal de nos connaissances *au sujet de* l'état dans lequel se trouvait l'objet avant la mesure qu'un changement brutal *de* cet état. Au-delà de la cloison, des événements peuvent être dits survenir d'eux-mêmes, sans que la connaissance que nous pouvons en acquérir ne les modifie en quoi que ce soit. Ni d'un côté de la cloison ni de l'autre, par conséquent, la tentation syncrétiste d'investir les sujets d'un rôle d'acteur sur la scène des états et des événements objectifs ne trouve la moindre occasion de s'exprimer. En deçà, la scène n'est pas encore constituée, et au-delà tous les rôles sont déjà tenus. Mais, remarquera-t-on, il y a la cloison elle-même. Sa mise en place n'a-t-elle pas été imposée par un souci d'adaptation de l'outil prédictif à certaines caractéristiques des sujets ? Sans doute. Mais il ne s'agit pas ici de caractéristiques particulières, et encore moins de connaissances incidemment possédées et qui pourraient tout aussi bien ne pas l'être ; seulement des traits généraux qu'impose la possibilité d'un discours objectif.

Dans l'histoire du débat sur la réduction du paquet d'ondes, les deux étapes indiquées, la perte des termes d'interférence et la sélection de l'un des résultats, ont généralement été distinguées. Mais cette distinction est restée purement formelle et n'a pas empêché de surprenants débordements réciproques. Sans une claire perception de la signification des deux étapes, à savoir la mise en œuvre du *contexte* sans lequel aucune gamme d'événements objectivés n'est pré-définie, *puis* la singularisation de l'un des événements de la gamme, il ne pouvait en aller autrement.

Nous avons déjà cité Bohm qui, dans son traité de mécanique quantique de 1951, laissait entendre que la perte des effets d'interférence est occasionnée par l'« effondrement » de la fonction d'onde, faisant ainsi à tort de la première étape un simple corrélat de la seconde. Mais le (mauvais) exemple fut donné bien plus tôt par Heisenberg, au cours du bref échange d'idées avec Dirac qui suivit l'intervention de Bohr au congrès Solvay de 1927. A Dirac, selon lequel la réduction du paquet d'ondes est un « choix de la nature » qui, « (...) une fois fait, est irrévocable et affectera tout l'état futur du monde », Heisenberg fit une réplique restée célèbre : « Je dirais plutôt (...) que l'observateur *lui-même* fait le choix, parce que ce n'est qu'au moment où l'observation est faite que le " choix " est devenu une réalité physique et que le rapport de phases dans les ondes, le pouvoir d'interférence, est détruit. » Dans cette phrase s'exprimait pour la première fois l'écheveau de confusions qui allait apposer sur la notion de « réduction du vecteur d'état » une tonalité énigmatique durant les soixante-dix années qui suivirent. Confusion entre le « processus d'observation » et l'intervention de l'observateur ; entre la disparition des termes d'interférence et le « choix » de l'un des résultats ; entre le moment de l'objectivation d'une gamme de possibles (« devenir une réalité physique ») et le moment de la prise de connaissance, par quelque sujet, de l'un des possibles. L'intrication des problèmes était telle que les plus remarquables efforts d'explicitation mathématique des différents moments de l'évaluation probabiliste restèrent sans conséquences clarificatrices dans l'immédiat. Ainsi, von Neumann [(1932), p. 287], qui avait pourtant bien mieux individualisé le moment de la perte des effets d'interférence que Heisenberg, admettait encore qu'il était impossible de le comprendre sans référence à cette ultime étape de la mesure qu'est la perception d'un résultat par un observateur. « Tout acte de mesure, affirmait-il, nous fait sortir de (l')univers physique ; ou plus exactement, il nous fait pénétrer dans la vie intérieure, dans l'esprit même de l'observateur (...). » Cette « sortie » de l'extériorité vers l'intériorité rendait selon lui raison de la disparition brutale des termes croisés (ou termes d'interférence) dans le calcul quantique des probabilités *aussi bien que* de la singularisation d'un résultat.

Il faudra attendre de nombreuses décennies, et des développements formels de plus en plus fins, imposant de salutaires contraintes à une saisie interprétative de la mécanique quantique encore embryonnaire, pour que les deux temps du compte-rendu prédictif du processus de mesure se voient enfin distingués non seulement sur le plan du symbolisme mathématique mais aussi sur le plan des concepts :

« La réduction de la fonction d'onde est un résultat d'ordre *logique* ayant parmi ses hypothèses l'existence d'une décohérence dans l'appareil de mesure, ce qui est un véritable *effet physique*. Les deux notions ne doivent pas être confondues » [R. Omnès (1994a)].

Traduite dans un lexique plus conforme à la perspective adoptée dans ce chapitre, la phrase citée donnerait :

La réduction du vecteur d'état est une prescription d'origine empirique *imposée au fonctionnement de l'outil prédictif ; elle a parmi ses conditions préalables la disparition des termes d'interférence, requise par un argument* transcendantal. *Les deux démarches, empirique et transcendantale, ne doivent pas être confondues.*

2-5 Contextes et unité conceptuelle

Les analyses qui précèdent ne nous ont pas permis de comprendre la mécanique quantique en tant que description d'un devenir naturel. Mais en contrepartie, nous avons pu rendre raison d'à peu près tous les aspects paradoxaux de cette théorie, ainsi que de la variété de ses formes historiques, en la considérant comme expression de conditions universelles de l'activité opératoire et discursive d'une communauté générique d'expérimentateurs. Si la mécanique quantique n'offre pas par elle-même de représentation de ce qui arrive, chacun de ses éléments est parfaitement apte à représenter un moment abstrait dans la chaîne des opérations de préparation, de mesure, et d'anticipation des résultats de la mesure.

Il est utile de récapituler et de discuter les résultats obtenus dans le cadre de cette démarche méthodologiquement réflexive, avant de suivre les traces des chercheurs qui ont tenté de la dépasser d'emblée en direction de l'objet supposé de leur investigation.

2-5-1 Contextes, mécanique quantique et mécanique ondulatoire

On est parti de l'idée que toute gamme de déterminations possibles se définit relativement à un contexte perceptif ou instrumental. Tant que les contextes peuvent être conjoints, ou que l'indifférence des déterminations vis-à-vis de l'ordre et de la chronologie de mise en œuvre des contextes assure un substitut de conjonction, rien n'empêche d'unifier la gamme des possibles, de rendre sa définition relative à un seul contexte global, puis d'escamoter complètement ce dernier et de traiter les éléments de la gamme comme s'ils traduisaient autant de caractérisations absolues (§ 1-2-4). La structure de la proposition, qui permet de prédiquer plusieurs déterminations du même sujet sans mention d'un contexte, présuppose le succès indéfini de cette suite d'opérations (§ 1-2-5). A un tel présupposé s'associent une logique classique, booléenne (§ 1-2-9), et une théorie des probabilités classique, kolmogorovienne (§ 1-3-6). L'irruption d'obstacles à la conjonction des contextes, ou le constat d'une dépendance irréductible des phénomènes vis-à-vis de l'ordre d'utilisation des contextes, rendent inapplicable ce schéma familier. La stratégie d'escamotage ne peut plus être poursuivie, et une mention explicite des contextes devient inévitable ; de là vient le sentiment, répandu à la suite de la naissance de la mécanique quantique, d'un retour en force de l'« épistémologie » au détriment d'une « ontologie » précomprise dans l'usage des propositions du langage courant.

Dans cette situation, la logique booléenne et les probabilités kolmogoroviennes ne subsistent que *fragmentées* en plusieurs sous-logiques et sous-structures probabilistes, à chaque fois reliées à un contexte particulier. Le problème qui se pose alors est celui de leur articulation (et non plus de leur synthèse) dans une seule méta-logique et un seul formalisme probabiliste méta-contextuel. Ce genre de méta-logique est généralement isomorphe à la célèbre « logique quantique » non distributive de Birkhoff et von Neumann (§ 1-2-10, 4-4-1, et Annexe I). Quant au formalisme probabiliste méta-contextuel, il s'identifie au noyau structural de la mécanique quantique tel qu'il a été exposé dans ce chapitre.

Les deux caractéristiques marquantes que le formalisme probabiliste méta-contextuel permet de prédire sont la quantification et les effets d'apparence ondulatoire (Figure n° 6). La quantification dérive, par l'intermédiaire d'une algèbre non commutative des observables incompatibles, de l'impossibilité de conjoindre tous les contextes relativement auxquels sont définis les déterminations (§ 2-4-2). Quant aux effets d'interférence, d'apparence ondulatoire, il est possible de dériver leur prédiction de la nécessité d'associer à chaque préparation une seule structure prédictive (le vecteur d'état) apte à se traduire en autant de listes de probabilités que de gammes de possibles relatives à un contexte (§ 2-2-2, 2-2-3). En d'autres termes, nous avons de sérieux arguments pour penser que, de la prise en compte des contraintes que sont la contextualité des déterminations et l'incompatibilité mutuelle de certains contextes, découlent tout naturellement les *deux* traits majeurs qui distinguent la mécanique quantique des théories physiques antérieures.

Mais la possibilité de dériver la quantification et les effets ondulatoires de cet ensemble unique de prémisses épistémologiques n'a pas été reconnue immédiatement,

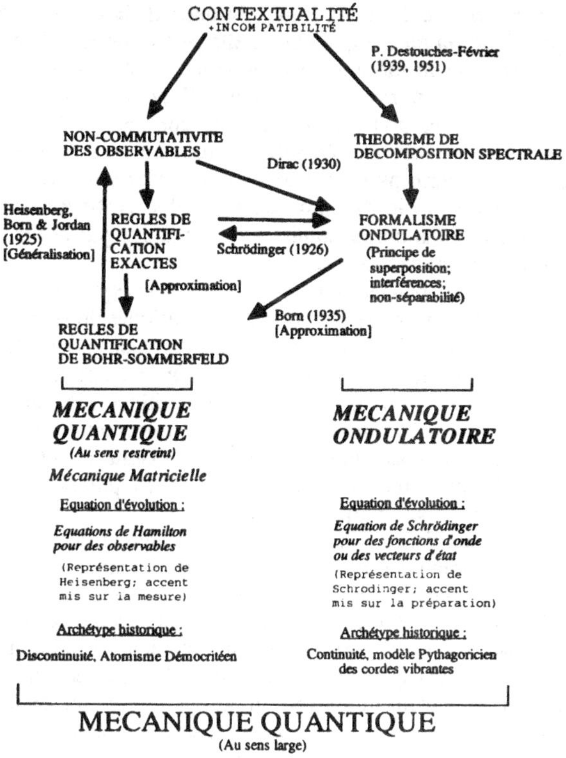

Figure n° 6

durant les années de création de la mécanique quantique, ni très clairement par la suite. Dès lors, les deux caractéristiques marquantes de la nouvelle physique ont été interprétées historiquement de façon plus souvent conflictuelle (en termes de priorité de l'une sur l'autre dans la nature), que synthétique (en termes d'origine épistémique commune). Ce déficit de perception du tronc commun contextuel d'où dérivent la quantification et les effets ondulatoires s'est tour à tour manifesté à travers la concurrence des deux formes initiales de la mécanique quantique (la mécanique matricielle de Heisenberg, Born et Jordan et la mécanique ondulatoire de de Broglie et Schrödinger), à travers l'opposition d'une mathématique discontinue et d'une mathématique continue, à travers une référence privilégiée soit à l'atomisme démocritéen soit à la théorie pythagoricienne des cordes vibrantes, et enfin à travers le dilemme de la double pertinence de représentations corpusculaire et ondulatoire par ailleurs mutuellement exclusives.

En déroulant ces deux chaînes de conséquences, de représentations, et de formulations historiques de la théorie, à partir de la contextualité, on n'a donc pas seulement contribué à en rendre raison. On a aussi mis en place l'instrument privilégié de leur critique rétrospective. Une critique qui va d'abord se concentrer sur des questions de vocabulaire, et qui sera ensuite étendue à des difficultés bien connues liées à l'extrapolation des images hors paradigme.

Les deux formes initiales de la mécanique quantique n'ayant jamais été clairement subsumées jusque-là sous un même *concept*, le conflit dont elles furent le motif en 1926 s'est longtemps prolongé sous une forme latente. Sa trace est restée lisible dans un accident de dénomination. Tandis que les groupes de de Broglie et Schrödinger appelaient la nouvelle théorie « mécanique ondulatoire », privilégiant ainsi la représentation continue et les effets d'interférence, le groupe de physiciens de Göttingen et Copenhague (Heisenberg, Born, Jordan, Pauli, et aussi Bohr à la suite des premiers) la qualifiaient de « mécanique quantique », ce qui revenait à généraliser l'un des noms donné à *leur* version de la théorie, et à privilégier par là la représentation discontinue et les effets de quantification. La prédominance sociologique aidant, c'est cette dernière dénomination qui s'est imposée, favorisant une perception fragmentaire et unilatérale de la portée de la révolution qui venait de survenir en physique. Pourtant, en toute rigueur, les questions de préséance étant mises à part, aucun des deux noms n'avait la moindre raison de prévaloir. Schrödinger démontra au début de 1926 non seulement que sa mécanique ondulatoire *impliquait* la mécanique matricielle (ou mécanique quantique) de Heisenberg, Born et Jordan, mais que l'*équivalence* mathématique des deux théories était complète. La règle de correspondance probabiliste de Born, énoncée à la fin de 1926, ne fit que parachever cette équivalence mathématique en une équivalence physique. Par la suite, la théorie des transformations de Dirac et son utilisation systématique d'un formalisme de vecteurs et d'opérateurs dans un espace de Hilbert montrèrent comment il était possible de dériver la mécanique quantique *et* la mécanique ondulatoire à partir d'un schéma commun. Le nom de la théorie aurait donc dû être celui du schéma commun, et non pas celui de l'un des deux aspects dérivés. Le problème était que ce schéma commun était purement formel, et qu'il ne s'y associait donc aucun vocable évocateur qui aurait pu fournir un élément de dénomination.

Les choses changent à partir du moment où l'on a clairement identifié la raison d'être du schéma commun ; à partir du moment où l'on a montré qu'il n'exprime rien d'autre que la dépendance des gammes de faits possibles à l'égard de contextes généralement incompatibles. La communauté formelle s'étant vue compléter par la communauté d'un concept (celui de contextualité), rien ne retient de dénoncer la partialité des *deux* dénominations traditionnelles qui renvoient tantôt aux seules conséquences *quantiques,* tantôt aux seules conséquences *ondulatoires* de la mise en œuvre systématique de ce concept. Rien n'empêche non plus de souligner l'inadéquation du mot « mécanique » [1], utilisé par les *deux* dénominations, et qui ne parvient à pérenniser les représentations de figures, de mouvement, et de forces, typiques de la science mathématique de la nature du dix-septième siècle, qu'en les assortissant de quantité de correctifs. Car on dispose désormais d'une possibilité de

1. J.-M Lévy-Leblond et F. Balibar [(1984)] dénoncent aussi, à juste raison, l'emploi persistant du terme « mécanique » dans la dénomination de la théorie, mais ils retiennent « quantique ».

dénomination unifiée fondée sur la communauté d'un concept. *Ni* mécanique ondulatoire, *ni* mécanique quantique, *ni* même « quantique » tout court, la nouvelle théorie se présente *avant tout* (nous rappellerons au § 2-5-3 ce qu'il faut y ajouter pour en faire une théorie physique au sens plein du terme) comme un *formalisme prédictif contextuel.*

2-5-2 Corpuscules et ondes

Ces tensions lexicales ne constituent que l'une des formes cryptiques prises par la célèbre querelle des images corpusculaire et ondulatoire. En l'absence d'une conception nette et universellement admise du pôle unificateur de la nouvelle théorie, le débat était condamné à osciller entre les deux représentations dérivées. Certains auteurs, comme M. Born [(1953)] ou A. Landé [(1965)], défendaient le privilège (pour le premier), voire l'exclusivité (pour le second), de la représentation corpusculaire. D'autres, comme E. Schrödinger, soulignaient la priorité de la représentation ondulatoire. D'autres encore, comme D. Bohm après L. de Broglie, considéraient que les objets de la physique quantique associent une nature corpusculaire au pilotage par une onde.

Le cas de Bohr s'avère plus subtil, car d'un côté il était parmi les créateurs de la mécanique quantique celui qui se trouvait le plus près d'avoir identifié la racine contextuelle de la théorie (voir chapitre 3), et d'un autre côté il persistait à assigner un statut, fût-il seulement symbolique, aux représentations corpusculaire et ondulatoire issues de la mécanique et de l'électromagnétisme classiques. Selon lui, il n'était certes pas question de prétendre que l'objet de la physique microscopique *possède simultanément* des propriétés corpusculaires et ondulatoires, ce qui relèverait de l'antinomie, mais seulement que la mise en œuvre de divers dispositifs expérimentaux mutuellement exclusifs suscite des comportements qui tantôt ne se laissent appréhender qu'à travers une image classique de type corpusculaire, tantôt ne se laissent appréhender qu'à travers une image classique de type ondulatoire. Les deux étant indispensables pour épuiser la totalité des comportements expérimentaux, on les qualifie de *complémentaires :* « (...) il ne s'agit pas de contradictions, mais bien de conceptions complémentaires, dont seul l'ensemble peut constituer une généralisation du mode de description classique » [Bohr (1929), p. 53]. Malheureusement, ce compte-rendu recèle des faiblesses.

Car en premier lieu, il n'est pas correct d'affirmer que les aspects appréhendables à travers l'une et l'autre des deux images apparaissent *seulement* dans des contextes expérimentaux mutuellement exclusifs. *Chaque* expérience de physique microscopique révèle *conjointement* des aspects dont certains peuvent être appréhendés intuitivement à travers l'image ondulatoire, et d'autres à travers l'image corpusculaire. Nous prendrons pour témoins de cette affirmation les différentes versions de l'expérience des fentes d'Young. On affirme couramment que la version à *deux* fentes ouvertes, et sans détecteurs à la sortie des fentes (§ 1-2-10, Figure n° 1, L_{AB}), révèle les aspects ondulatoires des objets microscopiques, tandis que la version à *une* fente ouverte ou bien comprenant des détecteurs à la sortie des fentes, en révèle les aspects corpusculaires. Or, de toute évidence, les deux versions manifestent conjointement les deux aspects. La version à deux fentes manifeste des aspects ondulatoires à travers une figure d'*interférence* apparaissant sur l'écran, mais cette figure est tracée par la distribution d'un grand nombre de petites taches pouvant être interprétées comme des impacts corpusculaires. La version à une fente manifeste pour sa part des aspects corpusculaires plus marqués que la version à deux fentes, en ceci qu'à l'impact sur l'écran s'ajoute la possibilité de reconstituer un élément de *trajectoire* (le passage à travers la fente) ; mais elle manifeste *aussi* des aspects ondulatoires, à travers la figure de *diffraction* que dessinent les impacts sur l'écran.

En second lieu, même dans des conditions instrumentales qui sont censées privilégier l'une des images classiques complémentaires au détriment de l'autre, on est loin de pouvoir identifier *tous* les éléments de l'image favorisée. Une expérience comprenant deux fentes d'Young permet de retrouver sous forme de distribution statistique d'impacts les variations périodiques d'*intensité* (c'est-à-dire de carré du module de l'amplitude) typiques de l'interférence d'une onde, mais il est exclu (sauf dans certains cas particuliers) d'accéder directement à l'*amplitude* de cette onde. Une expérience de chambre de Wilson permet de reconstituer des moments discrets (le pointillé irrégulier, en ligne brisée, des gouttelettes d'eau condensée) d'une « trajectoire » évocatrice du passage d'un corpuscule, mais pas la trajectoire entière dans sa continuité. Dire comme Heisenberg [(1930)] : « l'expérience montre que les électrons se comportent dans mainte circonstance comme des corpuscules mais elle ne prouve pas du tout que les électrons possèdent tous les attributs des corpuscules », est en partie juste mais insuffisant. Non seulement l'expérience ne prouve pas que les électrons *possèdent* en permanence tous les attributs des corpuscules, mais elle ne prouve même pas qu'il existe des circonstances où « ils » se *comportent* de bout en bout *comme* des corpuscules.

Des effets de type ondulatoire ou corpusculaire qui se manifestent dans des circonstances expérimentales qui ne sont pas *complètement* exclusives les unes des autres ; des images d'ondes et de corpuscules dont seuls des éclats très incomplets se laissent apercevoir expérimentalement. L'assise d'arguments sur laquelle repose le concept bohrien de complémentarité des représentations ondulatoire et corpusculaire s'en trouve considérablement fragilisée. Dès lors, plutôt que d'essayer de compenser la reconnaissance du caractère dérivé, secondaire, partiel, et fragmentaire, des éléments des deux représentations classiques, en les prenant de quelque manière *ensemble* par le biais du concept de complémentarité, ne vaut-il pas mieux se contenter du constat de leur invalidité globale dans toutes les circonstances ?

Plutôt que de concevoir une sorte de conglomérat symbolique de la représentation ondulatoire et de la représentation corpusculaire, n'est-il pas plus clair d'admettre que *ni* l'une *ni* l'autre n'ont de raison de subsister dans leur entier ? Une fois que l'on a bien identifié l'origine commune, contextuelle, des distributions spatiales semi-continues de forme ondulatoire et des discontinuités quantiques évocatrices d'une représentation corpusculaire, il n'y a plus de raison d'hésiter à franchir ce dernier pas.

Le résidu signifiant de la complémentarité onde-corpuscule au sens de Bohr se limite alors à ceci : l'opposition entre le *continu* des distributions probabilistes et le *discontinu* du constat empirique singulier ; entre l'instrument prédictif et le fait ; entre la représentation dans un espace de Hilbert de la teneur anticipatrice de la *préparation,* et les occurrences discrètes dont la survenue dans l'espace ordinaire est intersubjectivement reconnue à la suite d'une *mesure* [1].

2-5-3 L'avenir de la mécanique quantique

La structure de base de la mécanique quantique, avons-nous indiqué, est celle d'un formalisme prédictif contextuel. Si elle se réduisait à cela, cependant, la mécanique quantique n'aurait aucun titre à se voir qualifier de théorie physique ; tout au plus de *nouvelle théorie des probabilités* (ou de *méta-théorie des probabilités*) assez flexible pour s'adapter au cas où les gammes de possibles ne sont définies que relativement à un contexte.

1. Si l'on excepte son insistance sur une représentation de l'instrument prédictif dans l'espace-temps plutôt que dans l'espace de Hilbert, Schrödinger a fait valoir une idée très voisine : « Très vraisemblablement, la contradiction onde-corpuscule traduit un nouveau principe important et fondamental : la non-identité de ce qui est détaillé dans l'espace-temps d'un côté et de ce qui est observable d'un autre côté. » E. Schrödinger, « Neue Wege in der Physik », *elektrotechnische Zeitschrift,* 50, 15-16, 1929.

On pourrait donc l'appeler « la complémentarité au sens de Schrödinger » [M. Bitbol (1996a)].

Le formalisme prédictif contextuel ne devient une théorie physique qu'à partir du moment où il est complété soit par des règles de correspondance avec la physique classique soit plus généralement par des principes de symétrie (§ 1-3-5). Ces règles ou ces principes énoncent la persistance d'*invariants* à travers les modifications de certaines classes d'éléments des contextes expérimentaux : invariants par rotation ou par translation dans l'espace, par translation dans le temps, par changement de « jauge » électromagnétique, etc.

Quelques-uns de ces principes constituent, comme le suggère E.P. Wigner [(1967), p. 29], autant de *conditions de possibilité* de toute entreprise prédictive prétendant à une validité universelle : « Si les corrélations entre événements changeaient de jour en jour, et si elles étaient différentes pour différents points de l'espace, il serait impossible de les découvrir. Par conséquent, les invariances des lois de la nature vis-à-vis de déplacements dans l'espace et dans le temps sont presque des conditions préalables nécessaires pour qu'il soit possible de découvrir ou même de cataloguer les corrélations entre événements qui sont les lois de la nature. » D'autres principes de symétrie ont un statut plus incertain ; ils reflètent bien la tendance constitutive de la recherche scientifique à l'identification de foyers stables dans les flux de phénomènes définis par chaque pratique opératoire particulière, mais ils ne sont pas aussi étroitement liés que les précédents aux présupposés qui sous-tendent l'œuvre d'investigation expérimentale dans son ensemble. Il faut donc s'efforcer de mettre en évidence des différences et de dégager des critères de classifications. E.P. Wigner [(1967)] distingue deux catégories de principes de symétrie. Les anciens principes de symétrie, qui reposent sur des clauses d'invariance globale dans l'espace-temps et qui s'appliquent donc à toutes les relations entre événements, c'est-à-dire indifféremment à *toutes* les « lois de la nature ». Et les nouveaux principes de symétrie qui ne s'appliquent qu'à des modes spécifiques d'interaction, c'est-à-dire à un ensemble restreint de lois de la nature. A vrai dire ce mode de classification revient à superposer deux critères : l'un qui concerne l'*espace* dans lequel opère le groupe de symétrie, l'autre qui a trait au caractère global ou local de la symétrie. D'une part les groupes de symétrie peuvent désormais opérer indifféremment dans un espace « externe », dans des espaces « internes », ou dans des espaces produits ; en termes plus explicites, ils opèrent tantôt dans l'espace-temps ordinaire de l'expérimentation, tantôt dans des espaces abstraits à l'intérieur desquels on représente des paramètres dont quelques-uns (comme la phase des composantes du vecteur d'état) interviennent dans le schéma prédictif tout entier et d'autres (comme par exemple l'angle d'isospin) uniquement dans certaines de ses applications. D'autre part, les principes de symétrie peuvent conduire à dégager des invariants soit par changement de repères couvrant tout l'espace considéré, soit seulement par changement de repères dans une région infinitésimale de cet espace. Dans le premier cas, on dit qu'ils sont globaux, et dans le second qu'ils sont locaux. L'exemple le plus connu d'un groupe de symétrie *global* dans l'espace-temps ordinaire est le groupe de Lorentz qui caractérise la théorie de la relativité restreinte. Il s'oppose au type de symétrie *locale* dans l'espace-temps ordinaire qu'on utilise en théorie de la relativité générale. L'intérêt considérable des symétries locales est qu'elles imposent, pour exprimer la relation entre des repères voisins, l'intervention de relations mathématiques appelées les « connexions » [K. Moriyasu (1983)] ; et que de ces connexions dérivent des expressions pour les divers « champs de forces ». Des connexions affines de la relativité générale dérive par exemple une expression du champ gravitationnel, des connexions de Weyl entre les valeurs locales de la phase des composantes du vecteur d'état dérive une expression du champ électromagnétique, etc.

Ainsi, ce à quoi on est parvenu à ce stade est quelque chose de plus vaste qu'une théorie physique : une *méthode* permettant de former des théories physiques en remplissant un cadre prédictif contextuel polyvalent par des contenus particularisants relevant de tels ou tels principes de symétrie. La parenté de cette méthode avec le schéma épistémologique évolutif de I. Lakatos [(1978)], selon lequel une théorie scientifique associe un « noyau dur » d'axiomes et de structures à une « ceinture protectrice » d'hypothèses auxiliaires, est évidente. A ceci près qu'ici le noyau dur est d'une généralité inégalée parce qu'il couvre la totalité des situations de prédiction jusque-là envisageables, et que la ceinture protectrice inclut non seulement des hypothèses auxiliaires mais aussi des hypothèses qui faisaient traditionnellement partie du noyau dur de la théorie et qui pouvaient donc être tenues pour « principales ». A la réflexion, par conséquent, la révolution scientifique de 1925-26 n'aurait pas tant consisté à remplacer un noyau dur par un autre, qu'à rendre le noyau dur plus flexible et à déplacer la frontière entre lui et la ceinture protectrice de telle sorte qu'il devienne presque inattaquable.

Essayons de montrer un peu plus précisément de quelle façon cela s'est fait. La stratification de la mécanique classique se résumait à trois couches, dont les deux premières sont indissolublement liées : un formalisme prédictif déterministe valant pour des événements définis dans l'absolu, des principes de symétrie globaux (ceux que Wigner qualifie de conditions de possibilité de l'œuvre de prédiction) exprimés à travers le formalisme déterministe, et des hypothèses « auxiliaires » adaptées à chaque expérience. La stratification des théories quantiques comprend pour sa part au moins cinq couches faiblement articulées : un calcul des probabilités valant pour n'importe quels événements définis relativement à un contexte, des principes de symétrie globaux hérités de la physique classique à travers le principe de correspondance, des principes de symétrie particuliers, une palette entière d'hypothèses dérivées des principes de symétrie, et des hypothèses propres à chaque situation expérimentale. Il en résulte la possibilité de former autant de théories quantiques que de principes de symétrie associés. Si l'on se contente d'employer des principes de symétrie globaux qui sont à la fois ceux de la physique classique et ceux qui sont pré-requis pour assurer la validité universelle des énoncés prédictifs, on aboutit à la mécanique quantique standard non relativiste, dont les deux versions principales ont été formulées par Heisenberg en 1925 et Schrödinger en 1926. Si l'on y adjoint une condition d'invariance (également globale) vis-à-vis de la transformation de Lorentz, on parvient à la théorie quantique relativiste de Dirac [(1935)]. Enfin, l'adoption d'autres stratégies de complétion, et l'utilisation de nouveaux principes de symétrie particuliers, aboutissent à diverses variantes de la théorie quantique des champs, voire à la théorie des supercordes. De là l'augmentation considérable de la flexibilité des théories quantiques par rapport au cas des théories classiques. La limite de flexibilité des théories classiques ne pouvait s'identifier qu'à leur seul site contingent : le clivage entre les hypothèses auxiliaires et les *lois* qui exprimaient à la fois les principes de symétrie et un genre particulier de règle prédictive (déterministe et à gamme de possible pré-donnée). Au contraire, rien n'empêche de reculer la limite de flexibilité des théories quantiques jusqu'à n'importe quel site d'articulation entre leur formalisme prédictif contextuel très général (qui englobe les cas déterministes et à gamme de possibles prédonnée comme cas-limites) et leurs autres strates constitutives. Rien n'empêche de la reculer assez loin, au moins jusqu'aux principes de symétrie particuliers.

On ne doit pas s'étonner dans ces circonstances que le sentiment d'une certaine pérennité de la mécanique quantique, dans son noyau structural plutôt que dans ses formes historiques et ses « hypothèses » successives, commence à se répandre chez les physiciens. Lisons par exemple la prophétie de S. Weinberg [(1987), p. 70] : « La mécanique quantique survivra-t-elle dans une future théorie finale de la physique ? Je parie qu'il en sera ainsi, d'abord à cause de son succès gigantesque durant les soixante dernières années, mais plus encore à cause du sentiment d'inévitabilité qu'elle nous donne. (...) Je ne connais aucune généralisation de la mécanique quantique qui fasse sens. C'est-à-dire que je ne connais aucune théorie plus vaste et logiquement consistante dont la mécanique quantique apparaisse comme un cas particulier. Habituellement, ce qui ne va pas quand on essaie de généraliser la mécanique quantique est que, soit la somme des probabilités n'est pas égale à 1, soit on obtient des probabilités négatives. » L'expérience des révolutions scientifiques passées nous invite certes à la réserve. Mais il faut reconnaître au noyau structural de la mécanique quantique (le formalisme prédictif contextuel) une vocation inédite à la longévité. Une vocation qu'il doit non à une improbable tendance accrue vers la fidélité dans l'*explication*, mais plutôt à son aptitude à accommoder en son sein une classe inhabituellement large (et sans limite connue à ce jour) de modes de *prédiction* [1].

1. Soulignons à nouveau que le risque ou l'« aventure » impliqués par toute œuvre de projection n'ont pas été éliminés pour autant. D'un côté, dans la mesure où le noyau de la théorie physique l'assume par avance dans toutes ses formes envisageables jusque-là, le risque est globalisé (il se confond dans ce cas avec le risque de la vie même, avec le risque que comporte la nécessité d'anticiper qu'elle implique). Et d'un autre côté, dans la mesure où les théories physiques dérivées s'édifient en utilisant des *symétries particulières*, le risque qui leur est spécifiquement associé se focalise sur une éventuelle mise en cause de ces symétries.

3-CE QUI RESTE DES *IMAGES DU MONDE*

Les créateurs de la mécanique quantique en sont très tôt venus à considérer que la représentation qu'ils souhaitaient donner des objets de leurs investigations s'était défaite en simples évocations imagées de portée limitée. Selon le témoignage de Heisenberg [(1969)], Bohr confiait déjà en 1922, à une époque où beaucoup de physiciens prenaient pourtant encore au sérieux la représentation des atomes comme systèmes solaires en miniature : « J'espère que ces images décrivent la structure des atomes aussi bien – mais *seulement* aussi bien – que cela est possible dans le langage visuel de la physique classique. » Peu après, vers la fin de 1924, la conviction de Heisenberg s'affirma « qu'il ne fallait pas rechercher les orbites des électrons dans l'atome » mais plutôt s'en tenir à des « grandeurs que l'on pouvait observer directement », conformément aux orientations positivistes défendues par son ami Otto Laporte [Heisenberg (1969) p. 90]. De même, pensait Heisenberg, qu'en théorie de la relativité restreinte la représentation d'un espace et d'un temps absolu avait laissé la place à des critères de coordination entre les indications des règles et des horloges, en physique atomique la représentation des orbites électroniques devait être écartée au profit des seules fréquences discrètes mesurées. L'affaiblissement de la représentation en une juxtaposition d'images plus ou moins métaphoriques se radicalisait en élimination complète des images dans la mécanique matricielle de 1925.

3-1 L'IMAGE ET L'OBJET

3-1-1 Quatre orientations sur les images

La phase extrême de « révolte iconoclaste », comme l'appelle Schrödinger [(1948)], fut cependant assez vite surmontée sous l'influence de Bohr, durant les années 1925-1927. Elle laissait la place à une position beaucoup plus complexe, faisant intervenir simultanément ou tour à tour *quatre* sortes d'attitudes vis-à-vis de la valeur des images, parmi lesquelles la pure et simple condamnation de la représentation imagée n'intervenait que comme un premier moment et un cas limite. Voici ces quatre attitudes :

(1) La mise à l'écart persistante des images au profit du formalisme mathématique, ou encore du « symbolisme » en son sens le plus abstrait. Comme le dit Bohr [(1963), p. 60] dans ses expressions les plus proches de l'instrumentalisme : « A strictement parler, le formalisme mathématique de la mécanique quantique et de l'électrodynamique offre simplement des règles de calcul pour la déduction des anticipations à propos d'observations obtenues sous des conditions expérimentales bien définies, et spécifiées par des concepts classiques. »

(2) Une dénonciation nuancée des *limitations* de nos formes d'intuition, qui n'implique pas forcément l'abandon d'un exercice restreint de leur pouvoir ; une critique dirigée contre l'*unité* de l'image classique du monde, qui laisse entendre que le maintien d'une pluralité d'images à signification limitée n'est pas exclu. En physique classique, les données expérimentales « (...) s'ajoutent les unes aux autres et peuvent être combinées en *une* image consistante des objets soumis à l'investigation » [N. Bohr (1963), p. 4] ; par contraste, « (...) nous nous apercevons qu'il est impossible de formuler le contenu de la théorie quantique à l'aide d'*une seule* espèce de représentation classique (...) » [N. Bohr (1929), p. 89].

(3) La mise en œuvre effective de cette multiplicité d'images des processus physiques, quitte à atténuer leur portée en les qualifiant de seulement analogiques, métaphoriques, ou symboliques. D'une part, « nous savons maintenant, tant pour la lumière que pour les particules matérielles, que plusieurs espèces d'images sont nécessaires pour représenter tous les aspects des phénomènes (...) » [N. Bohr (1929), p. 88]. Mais d'autre part, toute tentation de conférer une signification ontologique à cette pluralité d'images (qui se réduit en général à une dualité) est rapidement désamorcée. Car « ces deux représentations n'ont qu'une valeur d'analogies, correctes seulement dans des cas limités » [W. Heisenberg (1930), p. 7].

Comme l'indique C. Chevalley [in : N. Bohr (1958), p. 550], ce type « (...) d'interprétation de l'image comme signe ou symbole » était déjà très répandu dans la théorie de la connaissance allemande de la fin du dix-neuvième siècle, en particulier dans la théorie dite « hiéroglyphique » de la représentation due à H. von Helmholtz. Toute l'ambiguïté d'une telle attitude tient à ce qu'elle ne remplace l'image par le symbole qu'en conservant à l'image fonction de symbole.

(4) L'accréditation d'une *méta*-image. C'est-à-dire non pas une image qui concerne les seuls constituants de l'atome, mais l'esquisse d'une représentation de l'action réciproque des constituants microscopiques et de l'instrumentation qui y donne accès : « Tandis qu'à l'intérieur du domaine de la physique classique, l'interaction entre l'objet et l'appareil de mesure peut être négligée, ou compensée si nécessaire, en physique quantique cette interaction forme une part inséparable du phénomène » [N. Bohr (1963), p. 4].

C'est l'inséparabilité de l'interaction et du phénomène, ou encore l'indivisibilité de l'objet et de l'appareil, qui est censée rendre compte de la fragmentation ou du caractère mutuellement exclusif des images symboliques ; car chacune d'entre elles ne vaut que par référence à une classe d'arrangements expérimentaux, généralement exclusive d'une autre classe. Mais cette façon même de présenter l'indivisibilité est ambivalente, car elle s'appuie sur la représentation préalable d'un objet et d'un appareil divisés. Elle demande à celui qu'elle tend à convaincre de quitter par la pensée la position qui serait la sienne s'il était un expérimentateur dont l'unique accès à l'objet putatif passe par l'appareil, et d'adopter une situation d'« exil » d'où il lui serait possible d'apercevoir comme en surplomb la confrontation de l'objet et de l'appareil.

3-1-2 Image et visée intentionnelle

L'enjeu de la résurgence partielle des images à travers la troisième attitude, celle qui consiste à leur attribuer une fonction symbolique, s'avérait considérable. Une physique figée dans la phase d'instrumentalisme méthodologique qu'elle avait traversée en 1925 aurait logiquement abouti à la critique de l'idée même d'un *objet* de son investigation. Elle aurait été conduite (comme le laisse parfois entendre Bohr dans la première attitude, la plus négative, qu'il adopte face aux images) à se concevoir exclusivement comme lien prédictif entre des manipulations préparatives et des faits expérimentaux intersubjectivement constatables. Et elle se serait alors trouvée devant un dilemme : soit réduire la science à cet « empirisme dénué de sens » que dénonçait Einstein, soit affronter la tâche philosophiquement délicate (et inédite dans le domaine des sciences de la nature) de penser un savoir qui, ne portant pas *sur* un monde d'objets, serait conçu comme système de transformations entre toutes les positions que peuvent occuper des *acteurs-dans-le-monde*. Au contraire, la remise en valeur du concept d'image, aussi assortie de précautions qu'elle ait été, conduisait à repousser *sine die* la dissolution complète de l'archétype dualiste de la théorie de la connaissance. Elle permettait de continuer à s'exprimer comme si, derrière les procédures et les faits dont rend compte le formalisme prédictif de la mécanique quantique, se trouvait désigné un *objet* dont les faits expérimentaux *révèlent* des aspects, fût-ce de manière médiate, fût-ce à travers une pluralité de grilles de lecture qui lui sont étrangères mais dont il ne peut pas être complètement dissocié.

Quelle est donc la raison du lien si étroit qui s'établit entre représentation, image, et objet ? Dans son acception la plus élémentaire, la représentation ou l'image se caractérise par sa *ressemblance* à quelque chose, et elle suppose par là, réciproquement, un quelque chose de distinct d'elle-même à quoi ressembler. Son statut de re-présentation implique un objet représenté : « Représenter signifie ceci : à partir de soi, mettre quelque chose en vue devant soi, en s'assurant, en confirmant et en garantissant l'ainsi fixé (...) La représentation est objectivation investigante et maîtrisante » [M. Heidegger (1949), p. 140]. Il est vrai que Bohr et Heisenberg ont bien pris soin (à travers l'usage de termes comme analogie ou symbole) d'écarter l'idée que les images corpusculaire ou ondulatoire *ressemblent* de quelque manière à leur objet. Elles visent seulement selon eux à offrir la contrepartie visuelle de notre usage persistant de concepts classiques pour décrire les expériences. Le pouvoir objectivant des images aurait-il donc été perdu avec la mise à l'écart de leur fonction re-présentative et son remplacement par une fonction symbolique ? En aucune manière. « Ce qui caractérise en effet la pensée en tant qu'image, c'est l'intentionnalité, la " projectivité " constitutive » [J. Bouveresse (1974), p. 133]. Indépendamment du *mode* de correspondance ou de projection envisagé, mimétique pour l'« icône », échantillonnante pour l'« index » (au sens de Peirce), ou conventionnelle pour le « symbole », une directionnalité intentionnelle est partie intégrante de la notion générique d'image. Une image, y compris à valeur exclusivement symbolique, un symbole, y compris dégagé de toute contrainte de ressemblance picturale, sont image ou symbole *de* quelque chose. Ne pas vouloir perdre jusqu'à la dernière trace symbolique de ces *images du monde* qui constituaient l'aboutissement de la démarche de la science classique, c'est donc laisser entendre qu'on n'a pas complètement renoncé à considérer que les procédures réglées de l'investigation expérimentale pointent, même indirectement, même en s'éloignant beaucoup de l'idéal de la pure transparence, vers quelque esquisse d'un objet. De là découle la part de *réalisme intentionnel* de Bohr, telle que la fait par exemple ressortir une conversation rapportée par Heisenberg [(1969), p. 285] : « Nous sommes forcés d'utiliser des images et des paraboles qui n'expriment pas ce que nous voulons dire réellement. Il nous est également quelques fois impossible d'éviter les contradictions ; mais nous pouvons néanmoins, à l'aide de ces images, nous rapprocher en un certain sens de l'état de choses réel. Cet état de choses lui-même, nous ne pouvons pas le nier. » Il restera à examiner à la section 3-2 si cette thèse philosophiquement indécise, tiraillée entre l'importance qu'elle accorde à la définition opératoire de phénomènes irréversibles et disjoints, et sa visée persistante d'un objet au-delà des phénomènes, tient face à une analyse tant soit peu poussée.

3-1-3 Une méta-image : l'interaction entre appareil et objet

Le concept formel d'objet a une double fonction dans la théorie de la connaissance. Celle d'un corrélat intentionnel de la représentation et celle d'une cause transcendante de l'apparaître sensible. La *critique de la raison pure* de Kant, qui a pourtant largement contribué à dépasser ce schéma, en porte encore la trace. D'un côté l'objet en tant que phénomène est simplement défini comme « ce qui est posé devant la connaissance » [Kant (1781), p. 117], ou encore comme le quelque chose d'unique et de stable que l'entendement parvient à comprendre dans le divers et le fluent de l'intuition sensible [*ibid.*, p. 94]. Et d'un autre côté, l'objet en tant que chose-en-soi se voit attribuer le pouvoir d'affecter notre esprit [*ibid.*, p. 53] ou de frapper nos sens [*ibid.*, p. 31]. La première page de *l'esthétique transcendantale* établit un lien indissoluble entre les deux fonctions, dans la mesure où, selon elle, l'objet ne peut se comprendre comme ce à quoi se *rapporte* notre connaissance que s'il nous est par ailleurs *donné* à travers la réceptivité sensible [*ibid.*, p. 53]. La teneur intentionnelle de l'objet reste donc ici conditionnée par sa signification transcendante. Une autre thèse est pourtant envisageable ; une thèse qui a été esquissée au cours de *l'analytique transcendantale* et qui s'est vue systématiser par les courants néo-kantiens de l'école de Marbourg au tournant du siècle. Cette seconde thèse revient à retenir exclusivement la teneur intentionnelle de l'objet, et à ne plus réserver à la chose-en-soi que le rôle d'un « (...) *concept limitatif* qui a pour but de restreindre les prétentions de la sensibilité, et qui n'est donc que d'un usage négatif » [*ibid.*, p. 229]. L'élégante symétrie de la visée *vers* l'objet et de l'affection *par* l'objet est ainsi perdue, mais on évite du même coup l'imprudence consistant à susciter la représentation du face-à-face entre le monde et un arrière-monde dont rien d'autre n'est par définition accessible que ses manifestations intra-mondaines.

C'est de toute évidence la première thèse, la plus traditionnelle, qui a imposé sa marque sur les raisonnements originaux de Bohr et de Heisenberg à la fin des années 1920 et au début des années 1930 ; avec cependant quelques réserves qui la déstabilisent. Conformément au schéma typique de la théorie de la connaissance, ces auteurs ne conçoivent la directionnalité intentionnelle des images symboliques ondulatoires et corpusculaires que par référence à la méta-image de la confrontation entre un objet microscopique et diverses classes d'appareillages. L'objet ne se comprend chez eux comme ce à quoi se rapporte la théorie physique que s'il est par ailleurs apte à interagir avec une pluralité de structures instrumentales parfois incompatibles, et à en affecter durablement l'état. Mais les mêmes auteurs ne cessent par ailleurs de mettre en garde contre tous les débordements auxquels pourrait donner naissance la méta-image qu'ils esquissent. S'appuyant sur un argument vérificationniste, Heisenberg retire par exemple toute signification à la reconstitution de la trajectoire d'un corpuscule dans le passé de sa dernière interaction constatée avec un instrument [Heisenberg (1930), p. 15]. Il exclut ainsi d'extrapoler la validité de la méta-représentation d'une interaction en deçà de l'instant précis où cette interaction s'est produite. Quant à Bohr, comme l'indique D. Murdoch [(1987), p. 224], il trace plus généralement, texte après texte, les grandes lignes d'une théorie de la signification dans laquelle la « référence à la vérifiabilité ou à la confirmabilité est partie intégrante de la signification d'un concept ». Selon la perspective d'une telle théorie de la signification, un méta-discours opérant en amont de toute possibilité de vérification dans le but d'énoncer les conditions de la vérification, comme c'est le cas du méta-discours sur l'interaction entre l'objet et l'appareil, ne peut être regardé sans méfiance. Il est inacceptable pour la raison même qui le fait apparaître indispensable.

Ce point d'équilibre assez précaire a été dénoncé par Popper, dans l'un des appendices à la *Logique de la découverte scientifique,* ajoutés durant les années 1960. Aux points 9 et 10 de l'appendice XI, Popper conclut son analyse de l'expérience de pensée du microscope de Heisenberg par les phrases suivantes : « L'immense influence de l'expérience imaginaire de Heisenberg est due, j'en suis convaincu, au fait que ce dernier est parvenu à communiquer par son truchement une nouvelle image métaphysique du monde physique. (...) L'image métaphysique du monde que Heisenberg communique d'une certaine façon en expliquant son expérience sans jamais l'introduire réellement dans son explication est la suivante. La *chose en soi* est inconnaissable : nous ne connaissons que ses apparences qu'il faut appréhender (ainsi que Kant l'a signalé) comme provenant de la chose en soi *et* de notre appareil de perception. (...) Nous essayons d'attraper si l'on peut dire la chose en soi, mais sans jamais y parvenir : nous ne trouvons dans nos pièges que des apparences. Nous pouvons tendre un *piège à particule* classique ou un *piège à onde* classique (...) ». La remarque porterait tout à fait si l'on précisait que Heisenberg et Bohr n'ont pas tant communiqué une nouvelle image métaphysique du monde que montré comment retenir l'ancienne en la parant d'une touche de nouveauté. L'ancienne image est celle de la chose-en-soi-affectant-notre-appareil-de-perception. Et la touche de nouveauté consiste à ne pas considérer l'« appareil-de-perception » comme une simple réceptivité inerte mais comme une *ré-activité ;* comme une source de rétro-action, voire de « perturbation » chez Heisenberg et chez le premier Bohr, exercée sur l'objet qui est venu l'affecter. La résurgence et l'adaptation d'une image métaphysique traditionnelle n'auraient rien de répréhensible si les implications d'une telle décision étaient suivies jusqu'au bout et mises à l'épreuve de la situation présente de la physique. Mais, regrette Popper, le surmoi critique est tellement dominant chez Heisenberg et Bohr qu'ils dérobent d'une main la représentation méta-imagée qu'ils avaient laissée entrevoir de l'autre. « (C)e que je désapprouve, c'est la diffusion presque inconsciente de cette image métaphysique, souvent combinée avec des proclamations anti-métaphysiques. » Si l'image métaphysique de l'objet interagissant avec l'appareillage ne se trouvait pas systématiquement refoulée, l'attitude qui s'y associerait logiquement ne serait autre que le programme de recherches sur les variables cachées. Les conséquences de ce dernier ne sont pas forcément attirantes ; il se heurte à quantité de limitations, dont le théorème dit d'« impossibilité » de von Neumann, connu de Heisenberg et Bohr, ne représente qu'une petite partie ; mais au moins faut-il prendre le temps de le mener à son terme pour en apercevoir les inconvénients (chapitre 4).

3-2 Bohr et l'ombre de l'objet

On doit accorder à Popper que la méta-image de l'action et de la rétro-action qui lient l'objet à l'appareillage a été un moyen privilégié de conquête sociale. Si le séisme conceptuel provoqué par la naissance de la mécanique quantique a eu quelque retentissement dans le grand public, c'est en partie à travers elle. Face aux énigmes popularisées que sont la dualité onde-corpuscule et le paradoxe de « chat de Schrödinger », elle a eu en effet le mérite d'offrir l'occasion d'une réappropriation rapide, par l'intuition représentative, de quelques-unes des raisons supposées de la situation aporétique.

Mais cette méta-image a aussi une histoire, qui est celle de son déclin. Après avoir été adoptée avec enthousiasme par les physiciens du groupe de Göttingen-Copenhague durant la période formatrice de la fin des années 1920, elle a été de plus en plus souvent tenue en suspicion par eux, et surtout par Bohr à partir des années 1930. Cette évolution se produisit tantôt sous la contrainte d'une critique interne qui mettait la méta-image au défi de ses ultimes conséquences, tantôt sous l'impact d'une critique externe, principalement einsteinienne. Le plus surprenant est que, mode d'expression commode ou ombre portée d'un dualisme dont on n'espérait pas pouvoir se passer, elle soit parvenue à survivre si longtemps à la reconnaissance de son manque de pertinence.

3-2-1 Le phénomène et la perturbation

Entre tous les créateurs de la mécanique quantique, Bohr est celui qui a le mieux saisi la nouveauté de cette théorie à sa source : l'élargissement des règles prédictives à des faits expérimentaux définis relativement à un contexte. Depuis 1927, année de la conférence de Côme, jusqu'en 1962, année de sa mort, Bohr n'a cessé d'insister sur deux traits typiquement contextuels des phénomènes pris en charge par la physique quantique : leur indivisibilité et leur irréversibilité. Leur indivisibilité, c'est-à-dire l'impossibilité de les dissocier des conditions expérimentales de leur apparition ; et leur irréversibilité, c'est-à-dire leur association à des processus d'amplification instrumentaux dont l'inversion est hautement improbable. L'indivisibilité entraîne la dépendance des *gammes de phénomènes possibles* à l'égard d'une classe de dispositifs expérimentaux, et l'irréversibilité associée à l'indivisibilité implique la dépendance de *chaque phénomène effectivement survenu* à l'égard des circonstances particulières de l'expérience qui y a abouti. Le phénomène s'identifie dès lors à une occurrence unique, dépendant à la fois d'un appareil et d'un moment inanalysable de son fonctionnement, et dont la reproductibilité sous des conditions instrumentales identiques est seulement statistique.

En droit, comme nous l'a suggéré notre reconstruction de la mécanique quantique au chapitre 2, l'énoncé de la co-définition du phénomène et de son contexte aurait dû être pris comme point de départ du raisonnement. De cet énoncé et de l'absence de compensation de ses conséquences découlent en effet les *deux* ordres de manifestations expérimentales qui, dès les premières années de ce siècle, avaient orienté les physiciens vers la perspective d'une refonte majeure des concepts : la quantification, et l'association de distributions d'apparence ondulatoire à des discontinuités d'apparence corpusculaire. Tous les résultats caractéristiques de l'ancienne théorie des quanta et de la « dualité onde-corpuscule » peuvent être retrouvés comme conséquences immédiates ou indirectes de l'indissoluble dépendance des faits vis-à-vis de contextes parfois incompatibles. Mais la réciproque ne vaut pas. Il n'est par exemple pas possible de déduire directement la dépendance contextuelle des faits et son incompensabilité en partant de l'hypothèse que les propriétés mécaniques de corpuscules matériels sont quantifiées. Remonter de ce genre de condition de quantification à la non-commutativité des couples d'observables conjuguées, c'est-à-dire à la traduction algébrique de l'incompensabilité de la dépendance contextuelle des faits, requiert en effet ce que Heisenberg, Born et Jordan ont appelé en 1925 une « généralisation ». Une « généralisation » qui revient à pratiquer un éclatement préalable des représentations mécaniques et électrodynamiques pour les *remplacer* par une algèbre d'observables contextuelles, et qui fait par conséquent intervenir la contextualité dans les prémisses de la déduction qui est censée y conduire.

L'assomption de quantification est en somme logiquement moins forte que celle de contextualité. Il n'y a aucun itinéraire déductif permettant de déduire la seconde de la première, à moins que la seconde ne soit présupposée d'une manière ou d'une autre dans l'énoncé de la première. Or c'est bien un itinéraire de ce genre que Bohr a commencé par vouloir emprunter dans ses textes des années 1927-1929, lorsqu'il est parti de l'« existence du quantum d'action », considérée comme donnée empirique ou comme « postulat », pour aboutir à « la limitation de la possibilité d'établir une distinction entre un phénomène et son observation » [N. Bohr (1929), p. 4]. S'entourant de beaucoup de précautions, évitant de mettre directement en scène une relation entre une entité porteuse de déterminations et un appareillage, il emploie pourtant au fil des pages des expressions qui l'évoquent irrésistiblement : « interaction », « perturbation », « état du système ». Sa démarche consiste plutôt à commencer par poser cette relation pour cerner ensuite ce qui la rend inanalysable, qu'à la mettre en question d'entrée de jeu.

Le « postulat quantique », remarque-t-il, implique le caractère fini et incompressible de l'interaction « avec l'instrument d'observation ». L'action et la rétro-action en quoi consiste l'interaction s'effectuent par échange d'un *quantum* qui ne peut pas être infiniment petit. Si on pouvait la connaître dans tous ses détails, cette interaction perturbante n'interdirait pas de continuer à séparer ce qui revient au porteur des propriétés de ce qui revient à l'appareil, puisque alors rien n'empêcherait de soustraire la perturbation du phénomène résultant et de remonter ainsi au phénomène « pur », interprétable comme reflet fidèle d'une propriété initiale. Mais il se trouve justement que « (...) l'étendue de la perturbation apportée par la mesure ne peut jamais être déterminée » [N. Bohr (1929), p. 10]. Et si elle ne peut l'être, c'est, laisse entendre Bohr dans plusieurs de ses textes, que tenter de l'évaluer amorcerait une régression *ad infinitum* d'interactions elles-mêmes finies, comportant à chaque fois l'échange d'un *quantum* d'énergie. Un appareil

« déterminant » d'ordre n devrait interagir (de façon nécessairement perturbante) avec l'appareil « perturbant » d'ordre n-1, qui a lui-même interagi avec un objet (ou un appareil-objet) « perturbé » d'ordre n-2. La conclusion apparaît dans ces conditions inévitable : « La grandeur finie du quantum d'action ne permet pas de faire entre phénomène et instrument d'observation la distinction nette qu'exige le concept d'observation » [*ibid.*].

L'opération déductive a-t-elle pour autant été réussie ? Il est facile de se rendre compte qu'il n'en est rien.

Un premier indice de son inaccomplissement réside dans l'emploi d'arguments purement qualitatifs, contrastant avec le haut niveau de sophistication algébrique qui fut l'un des traits marquants de l'élaboration de la mécanique quantique. Le passage direct, allant de la contextualité à la quantification, s'effectue de façon rigoureuse à travers plusieurs intermédiaires formels : l'impossibilité que deux observables incompatibles aient tous leurs vecteurs propres en commun, les relations de commutation, et une série de calculs qui prennent les deux conditions précédentes pour point de départ. Le passage inverse, allant de la quantification à la contextualité, ne parvient pour sa part à donner l'impression qu'il a été mené à bien qu'en s'appuyant sur une évocation délibérément imprécise des limites rencontrées par l'acquisition expérimentale des informations ; à savoir le caractère « fini » des interactions et l'« incontrôlabilité » de leur effet perturbant.

Un second indice, plus fin et philosophiquement plus riche, se lit dans la remarquable réticence que manifeste Bohr dans ses articles de la période 1927-1929 à expliciter *ce avec quoi* l'appareillage interfère de manière finie et incontrôlable. Il y a « perturbation apportée par la mesure », mais *sur quoi* s'exerce cette perturbation ? Le postulat quantique lie l'observation à une « interaction finie avec l'instrument d'observation », mais *qu'est-ce* qui interagit avec l'instrument ? Le silence de Bohr à ce sujet à la fin des années 1920 est loin de se réduire à une clause de style. Car toute tentative de le rompre aurait pour conséquence soit d'assouplir la répression de l'image métaphysique de la chose-en-soi-face-aux-instruments, soit de s'inscrire en faux contre l'aboutissement contextuel de l'argument qui s'appuie sur elle.

Supposons en effet pour commencer qu'on dise de l'interaction qu'elle a lieu avec un *objet,* et qu'elle conduit à perturber *les propriétés de cet objet*. Parler de cette manière, comme nous avons dû le faire plus haut afin de clarifier l'argument de la régression à l'infini des perturbations incontrôlables, reviendrait à admettre ouvertement la représentation d'un quelque chose possédant des déterminations intrinsèques dont les phénomènes expérimentaux ne seraient qu'une manifestation déformée et indirecte. Et il serait alors particulièrement difficile d'éviter le retour du refoulé métaphysique. Les textes tardifs de Bohr, dans lesquels est invoquée l'interaction avec l'objet mais *pas* la perturbation ou la création de propriétés (§ 3-2-2), montrent qu'il n'est possible d'atténuer les conséquences d'un tel retour que moyennant des précautions constantes d'expression.

Qu'en est-il à présent de l'énoncé plus prudent suivant lequel l'observation interagit avec *le cours des phénomènes,* et qu'elle ne conduit donc à perturber que *les phénomènes ?* S'exprimer ainsi ne nous aiderait pas davantage, car ce serait contrevenir à la conclusion selon laquelle on ne peut plus faire de distinction nette entre le phénomène et les conditions instrumentales de son investigation. Commencer par parler de perturbation du phénomène *par* l'observation pour en déduire l'indivisibilité du phénomène *avec* les moyens d'observation, cela reviendrait à osciller entre deux définitions contradictoires du concept de « phénomène » : celle que demande le cours de la démonstration faisant usage de la notion de perturbation, et celle que cette même démonstration conduit à adopter en fin de compte.

Il faut donc se rendre à l'évidence ; le holisme du phénomène que Bohr tend à promouvoir est incompatible avec ses prémisses crypto-dualistes. D'un point de vue logique comme d'un point de vue formel, la contextualité (voire, comme le dit Bohr, l'indivisibilité) ne saurait occuper qu'une seule place : la première.

Il est possible de *partir* d'un phénomène conçu comme un tout, *puis* de tâcher de le décomposer en deux : une détermination intrinsèque portée par un objet d'une part et ses conditions de mise en évidence perceptivo-expérimentales d'autre part. La décomposition peut se faire à condition qu'un certain ensemble de critères de décontextualisation soit satisfait (§ 1-2-4). Il est également possible (et même à certains égards nécessaire, nous y reviendrons) d'*anticiper* le détachement des phénomènes à l'égard de leur contexte en adoptant d'emblée un langage faisant référence à des objets et à leurs propriétés (§ 1-2-5). Mais une fois cette anticipation accomplie, une fois oublié son aspect risqué, une fois la décontextualisation installée dans le rôle de pré-condition du discours plutôt que d'opération thématisée par le discours, il n'y a plus moyen de remonter à son arrière-plan contextuel par un raisonnement correct. Le « retour » vers la contextualité ou l'indivisibilité (si l'on peut s'exprimer ainsi lorsque le trajet « aller » a toujours-déjà été accompli) ne peut s'accomplir sans pratiquer un véritable saut conceptuel. Un saut auquel invite le sentiment d'inappropriation du langage courant dans le domaine de la physique microscopique, mais dont le langage courant ne permet pas à lui seul de signifier toutes les modalités et d'« expliquer » toutes les raisons.

3-2-2 Le phénomène et sa définition holistique

Bohr n'a pleinement reconnu la vanité des tentatives de « démontrer » l'indivisibilité du phénomène en invoquant une perturbation par l'appareillage qu'à partir de l'année 1935 [L. Rosenfeld (1967) ; J. Faye (1991) p. 205]. Ce tournant de sa pensée a été précipité par le célèbre article d'Einstein, Podolsky et Rosen, publié en mai 1935, et il faut donc rappeler quelques lignes de force de l'argument développé par ces auteurs :

(a) Einstein, Podolsky, et Rosen notent qu'il est possible, selon la mécanique quantique, de préparer un système composé de deux sous-systèmes corrélés (notés 1 et 2) de telle sorte que l'on puisse prédire avec certitude la valeur de deux variables. Ces variables sont la distance qui sépare les deux sous-systèmes, et la somme des quantités de mouvement des deux sous-systèmes :

$$Dq = q_1 - q_2 \text{ et } Sp = p_1 + p_2$$

(b) La mesure précise de la position q_1 du sous-système 1 permet par ailleurs de prédire avec *certitude* le résultat q_2 que donnerait une mesure de la position effectuée sur le sous-système 2 :

$$q_2 = q_1 - Dq.$$

(c) Une prédiction de ce type ne suppose *aucune perturbation* du sous-système sur lequel elle porte. En effet, la mesure précise (« perturbante ») est effectuée sur l'un des sous-systèmes (1) alors que la prédiction certaine porte sur l'autre sous-système (2). Le sous-système 2 se voit dans ce cas *attribuer* une valeur précise de la position.

(d) Il est également possible d'évaluer, par une mesure directe, la quantité de mouvement du sous-système 2. Ce sous-système peut « par conséquent », en vertu du point (c), se voir attribuer *à la fois* une valeur précise de la quantité de mouvement *et* une valeur précise de la position. La valeur précise de la quantité de mouvement est celle qui est obtenue par une mesure effective, et la valeur précise de la position est celle que la mesure de la position du sous-système 1 permettait de prédire avec certitude comme résultat de la mesure de la position qui *aurait pu* être effectuée sur le sous-système 2 à la place de la mesure de la quantité de mouvement.

(e) Or la mécanique quantique ne possède aucune « contrepartie » de cette double attribution ; elle ne permet *jamais* d'indiquer simultanément les valeurs exactes prises par les deux variables conjuguées sur un système.

On doit en conclure, selon Einstein, Podolsky, et Rosen, que la mécanique quantique est « incomplète ».

Que reste-t-il à faire si l'on veut défendre la mécanique quantique contre l'accusation d'incomplétude et si l'on ne retient pas l'idée (voir section 4-5) d'une perturbation-instantanée-à-distance produite sur l'un des sous-systèmes corrélés par une mesure effectuée sur l'autre ? Une option envisageable consiste à abandonner purement et simplement l'idée de faire appel à une perturbation incontrôlable par l'appareillage pour « démontrer » la relativité des phénomènes vis-à-vis d'un contexte expérimental ; et par conséquent aussi pour « démontrer » l'indétermination des valeurs d'un couple de variables dont la mesure requiert deux dispositifs expérimentaux incompatibles. Supposons en effet que la nécessité de relativiser chaque prédiction à la mise en place d'un dispositif expérimental approprié ne soit plus considérée comme la conséquence du fait que les dispositifs sont directement perturbants, mais comme la simple expression d'une contextualité *première* (bien que parfois compensable) des phénomènes. Dans ce cas, la conversion d'une prédiction certaine, *fût-elle obtenue sans perturbation*, en *attribution* d'une détermination à un sous-système (étape (c)), n'a plus rien d'évident. Et l'étape (d) du raisonnement précédent, qui repose sur une telle transition des énoncés prédictifs aux énoncés attributifs, ne s'impose plus.

C'est ce genre de solution que va adopter Bohr, s'éloignant en quelques jours du printemps de 1935 d'une explication de la contextualité par la perturbation, pour se rapprocher d'une conception où la contextualité prévaut sur toute velléité d'explication. Sa première réponse à Einstein, bref entrefilet publié dans *Nature* et daté du 29 juin 1935, témoigne déjà de ce basculement : « Il est vrai que dans les mesures considérées, toute interaction mécanique directe du système et des dispositifs de mesure est exclue, mais un examen plus détaillé montre que la procédure de mesure a une influence essentielle sur les conditions sur lesquelles repose la définition même des quantités physiques. Puisque ces conditions doivent être considérées comme un élément inhérent à tout phénomène auquel le terme “ réalité physique ” peut être appliqué sans ambiguïté, la conclusion des auteurs cités n'apparaît pas justifiée. » Si l'on écarte le mot « influence », qui connote encore vaguement une perturbation, il demeure ceci :

- la définition même des quantités physiques inclut la procédure de mesure ;
- les conditions expérimentales sont un élément inhérent au phénomène ;
- Ces éléments de définition ou d'inhérence ne dépendent pas de l'interaction mécanique *directe* du système et de l'appareillage (et donc de l'éventuelle « perturbation » de l'un par l'autre).

Au centre de la seconde réponse de Bohr [(1935)], beaucoup plus développée que la première, on trouve une remarque voisine, mais recentrée sur la notion de prédiction : « Bien sûr, dans un cas comme celui qui vient d'être considéré, il n'est pas question d'une perturbation mécanique du système étudié durant la dernière étape critique de la procédure de mesure. Mais même à cette étape, il y a essentiellement la question d'*une influence sur les conditions mêmes qui définissent les types possibles de prédictions concernant le comportement futur du système*. Puisque ces conditions constituent un élément inhérent à la description de tout phénomène auquel le terme “ réalité physique ” peut être proprement associé, nous voyons que l'argumentation des auteurs cités ne justifie pas leur conclusion que la description quantique est essentiellement incomplète. » Ces phrases ont souvent été citées, commentées, et jugées obscures. Cependant, si on met là encore de côté le mot « influence » et les lourdeurs stylistiques, il n'est pas si difficile de comprendre ce que veut dire Bohr [F. Lurçat (1991), p. 154]. La mesure de l'une des variables conjuguées sur le sous-système 1 (disons la position) ne perturbe certes pas le sous-système 2. Mais la détermination précise de la variable position sur le sous-système 1 suppose la mise en œuvre d'un dispositif expérimental incompatible avec celui qui aurait été nécessaire pour déterminer précisément la quantité de mouvement du même sous-système 1. Une fois la mesure de la position du sous-système 1 effectuée, seule la position du sous-système 2 peut être prédite par une opération de soustraction. Au contraire, la quantité de mouvement du sous-système 2, qui *aurait pu* être prédite à partir de la quantité de mouvement du sous-système 1 *si* cette dernière avait été mesurée, ne peut plus l'être. *La mesure effectuée sur le sous-système 1 modifie les conditions mêmes qui définissent les types de prédictions possibles portant sur le sous-système 2.* En ne permettant jamais de *prédire* avec certitude la valeur exacte de deux variables conjuguées pour un système, le formalisme de la mécanique quantique ne fait donc que se conformer à la nécessité générale que chaque prédiction soit rapportée à des conditions expérimentales d'attestation bien déterminées. Une théorie physique, comme la mécanique quantique, qui ordonne *toutes* les prédictions pouvant être faites *sous des conditions expérimentales données,* n'a aucune raison de ne pas être qualifiée de *complète.*

Entre l'accusation d'incomplétude d'Einstein, Podolsky, et Rosen, et l'affirmation de complétude de Bohr, il s'est produit un double glissement sémantique. Tandis qu'Einstein, Podolsky, et Rosen, affirment avoir pris la mécanique quantique en flagrant délit d'incomplétude *descriptive,* Bohr montre qu'elle est *prédictivement* complète. D'autre part, lorsque Bohr consent à utiliser le mot « description », il le réserve à des *phénomènes* incluant dans leur définition un contexte expérimental de manifestation ; Einstein, Podolsky, et Rosen, par contre, en étendent non-problématiquement l'emploi aux attributs (ou « éléments de réalité ») d'un système.

Aux yeux d'un penseur comme Bohr, qui part du concept holistique de phénomène, la mécanique quantique est complète, car elle épuise les possibilités de *prédiction* dans toutes les circonstances expérimentales permettant l'apparition d'un phénomène. Pour quelqu'un qui tient la situation où l'on peut détacher événements ou propriétés vis-à-vis de leur contexte de définition pour un simple cas particulier, la mécanique quantique est même *plus* complète que ne l'ont jamais été les théories physiques précédentes. Car elle *inclut* les *prédictions* fournies par ces dernières à propos de déterminations considérées comme intrinsèques ; elle les inclut à la limite, lorsque la constante de Planck tend vers zéro, lorsque les observables tendent à commuter, et lorsque tout se passe approximativement comme si les déterminations étaient indépendantes du contexte de leur définition expérimentale.

Au contraire, un penseur qui fait dépendre son raisonnement du concept pré-compris de détermination intrinsèque et qui n'assigne aux dispositifs expérimentaux que l'aptitude à donner accès directement ou indirectement aux déterminations des objets, en arrive nécessairement à considérer qu'à chaque prédiction certaine d'obtenir un résultat d'expérience correspond un élément de description de ces déterminations. Il ne peut pas accepter, et parvient à peine à concevoir, qu'une théorie physique se borne à fournir des *prédictions conditionnelles* (suspendues à l'utilisation d'un certain appareillage) avec une probabilité égale à 1, sans qu'il soit possible de les convertir en *descriptions catégoriques* de déterminations co-attribuées à un substrat. Une théorie complète est alors selon lui une théorie qui offre une contrepartie *descriptive* à chacune de ces déterminations (ou *« éléments de réalité »*). D'où les deux précisions cruciales qu'apportent Einstein, Podolsky, et Rosen sur la nature de l'incomplétude qu'ils dénoncent : « la *description* quantique de la *réalité physique* fournie par les fonctions d'onde n'est pas complète ».

A vrai dire [F. Lurçat (1991), p. 153], Bohr n'est pas allé aussi loin dans l'épuration de tout résidu de la méta-image de l'interaction entre systèmes et appareillages que ne le laissent croire les reconstructions précédentes de son argumentation. Tout en insistant sur l'idée que l'absence d'interaction mécanique *directe* entre un appareil et le sous-système 2 n'implique pas l'absence de modification des types de prédiction le concernant, il fait reposer cette modification sur une « interaction incontrôlable » entre un appareil et le sous-système 1. Bien que la définition du phénomène implique désormais des conditions expérimentales de prévisibilité au sens large, et non pas directement l'interaction incontrôlable du sous-système concerné avec quelque appareil, ces conditions sont elles-mêmes rapportées en fin de parcours à une interaction avec quelque autre sous-système. La notion d'une interaction incontrôlable est donc éloignée, repoussée de proche en proche, de sous-système en sous-système, peut-être indéfiniment, mais elle demeure présente à l'horizon de la réflexion de Bohr comme justification ultime de son holisme contextuel.

Le discours de Bohr après 1935 se ressent de ce compromis. Il est toujours question, et même plus explicitement qu'auparavant, d'une « (...) interaction entre les instruments de mesure et les objets », qui fait « partie intégrante des phénomènes » [N. Bohr (1963), p. 4] [1]. Mais en contrepartie, la définition du phénomène est rendue complètement indépendante de ses références initiales à une *perturbation directe* occasionnée par l'appareil, et elle tend à un parachèvement du holisme esquissé dans les années 1927-1929. Cette évolution vers une rigueur accrue du mode de pensée contextuel est patente dès 1938 : « Parler, comme on le fait souvent, de la perturbation d'un phénomène par l'observation ou même de la création, par des processus de mesure, d'attributs physiques aux objets, peut en effet prêter à confusion (...). Il est certainement beaucoup plus conforme à la structure et à l'interprétation du symbolisme de la mécanique quantique, ainsi qu'aux principes épistémologiques élémentaires, de réserver le mot " phénomène " à la compréhension des effets observés sous des conditions expérimentales données » [cité par

1. L'usage de ce genre d'expressions a poussé certains commentateurs [H. Folse (1985)] à soutenir la thèse, un peu provocatrice et très contestée par ailleurs [J. Faye (1991)], d'un Bohr partisan du *réalisme métaphysique*.

C. Chevalley in : N. Bohr (1958), p. 518]. Et Bohr la confirme jusqu'à ses derniers écrits : « (N)ous avons affaire ici à une procédure purement symbolique dont l'interprétation physique non ambiguë requiert en dernier ressort que l'on se réfère à un dispositif expérimental complet. Le fait d'avoir négligé ce point a quelques fois conduit à une confusion ; en particulier l'utilisation d'expressions comme " perturbation du phénomène par l'observation " ou " création d'attributs physiques des objets par les mesures " est difficilement compatible avec le langage courant et les définitions pratiques » [N. Bohr (1963), p. 5]. La mesure ne *perturbe* pas le phénomène, puisque le mot « phénomène » ne désigne plus désormais quelque chose d'indépendant des circonstances instrumentales de sa manifestation ; elle ne *crée* pas davantage des attributs intrinsèques des objets, car tout ce qu'elle peut créer ce sont des phénomènes globaux dans lesquels ce qui revient aux attributs supposés n'est pas séparable de ce qui revient à leur effet instrumental.

Ce contraste entre l'extrême dépouillement atteint dans la définition du phénomène et la persistance formelle de la méta-image de l'interaction objet-appareillage, ne peut cependant manquer de faire rebondir l'interrogation. Pourquoi Bohr n'a-t-il pas vraiment tranché, et comment a-t-il pu concilier les deux tendances à première vue antinomiques de sa pensée ?

3-2-3 L'objet et l'observation

Le phénomène a beau avoir été reconnu indivisible, la nécessité d'une « coupure » se fait sentir selon Bohr ; une coupure qui tendrait à reconstituer, au moins sur un plan fonctionnel, la dualité appareil-objet initialement résorbée dans le concept holistique du phénomène. Les raisons qu'il donne en faveur d'une telle reconstitution renvoient tantôt à une contrainte universelle, d'ordre épistémologique, tantôt à une contrainte propre à la physique microscopique, d'ordre pragmatique. La raison épistémologique n'est autre que « (...) la distinction exigée par le concept d'observation entre objet et instrument de mesure » [N. Bohr (1929), p. 65]. Quant à l'autre raison, plus spécifique, elle prend l'apparence trompeuse d'une antithèse de l'affirmation d'indivisibilité des phénomènes : « Le trait essentiellement neuf de l'analyse des phénomènes quantiques est (...) l'introduction d'une *distinction essentielle entre l'appareil de mesure et les objets sous investigation* » [N. Bohr (1963), p. 3]. L'impression qu'on a affaire à une contradiction est vite dissipée lorsqu'on s'aperçoit que la « distinction essentielle » se réduit à la délimitation d'une région du monde physique où l'emploi des catégories du langage courant est *en pratique* requise, et qu'elle ne met donc pas en cause la priorité *de principe* accordée à l'indivisibilité. Aucune de ces deux raisons ne reste cependant à l'abri d'une critique serrée.

Le concept d'observation exige la distinction entre l'objet et les instruments de son investigation. Plus simplement, il suppose que l'investigation soit *dirigée vers* un objet. La grammaire du verbe *observer* l'associe typiquement à un complément d'objet ou à une proposition subordonnée exprimant un fait objectivé. Et son étymologie, ob-server, se tenir attentif (servare) à ce qui est en face (ob-), appelle comme son corrélat *ce qui est jeté en face,* à savoir l'ob-jet. Tout cela est exact ; mais qu'est-ce qui permet d'affirmer que ce que l'on effectue en physique microscopique ce sont essentiellement des « observations » ? Quoi, sinon la pré-conception selon laquelle les recherches de physique microscopique portent sur quelque chose qui se tient face aux instruments, et qui vient parfois interagir avec eux ? Le concept d'observation n'appelle l'objet que si la représentation d'un objet a auparavant rendu « naturel » l'emploi du concept d'observation.

Si l'on écarte une telle pétition de principe, il reste qu'en physique microscopique comme dans bien d'autres sciences, on *expérimente*. Or, effectuer des expériences, ce n'est pas nécessairement se positionner face à quelque chose, mais plutôt s'inscrire dans une pratique, agir de façon coordonnée selon les normes d'une rationalité procédurale, mettre en place une configuration instrumentale dont certains traits répertoriés sont sous contrôle, et demander les modalités de ce contrôle à un programme de recherches théorique. Si observer équivaut à se-tenir-devant (un objet), expérimenter revient avant tout à se-faire-acteur-dans (une situation). De lui-même, le concept d'expérimentation ne suppose pas un objet *sur lequel* porte l'expérience. Il suppose simplement des objets *au moyen desquels* agir, des objets instrumentalisés pouvant être traités dans la pratique du laboratoire et dans la communication entre collègues comme si leurs déterminations étaient dissociables des circonstances particulières, des contextes locaux, et de l'état de chaque sujet expérimentateur. L'anticipation du détachement des déterminations des objets de l'environnement familier à l'égard de leur contexte, qui se trouve toujours-déjà accomplie dans les comportements quotidiens et dans la structure prédicative de la langue, conditionne en définitive l'intersubjectivité des normes et des modalités de contrôle propres à l'expérimentation.

Cette anticipation intervient aussi à un autre niveau. Il ne faut pas oublier en effet que, si l'expérimentation ne s'identifie pas à l'observation, elle *aboutit* inévitablement à une observation. Selon Claude Bernard [(1865), p. 49], « l'expérience n'est au fond qu'une observation provoquée ». Dans le sillage de la définition bohrienne du phénomène, le verbe « provoquer » est il est vrai à prendre au sens le plus fort, car il ne s'agit plus tant ici de détourner le cours de phénomènes qui surviendraient de toute façon d'eux-mêmes, que de mettre en place les conditions qui *définissent* une gamme de phénomènes possibles. Cependant, une fois les conditions posées et l'expérience accomplie, il demeure indispensable d'adopter la posture passive de l'*observation* pour répondre à une question que nulle manipulation ne saurait trancher d'avance. Quel est celui des éléments de la gamme des possibles qui s'est réalisé à l'exclusion de tout autre ; quel est celui d'entre eux qui se tient là disponible *pour tous,* qui est constatable *par tous,* indépendamment des idiosyncrasies biographiques et de la position occupée par chacun ? Dire la nécessité de faire une observation en bout de parcours, cela revient ainsi à énoncer une condition d'objectivité du *résultat* des manipulations expérimentales. Et utiliser le langage courant pour exprimer ce que l'on observe, cela revient à précomprendre (ou à anticiper) la dissociation du résultat vis-à-vis des situations particulières de ceux qui le constatent.

Il n'a jusqu'à présent été question, à travers la médiation d'une observation en fin de parcours expérimental, que de l'objectivation du *résultat.* Et le seul *objet* supposé par une telle observation est le cadran d'un appareil de mesure. Mais il ne s'agit là, pour ainsi dire, que du degré minimum d'objectivité rendu nécessaire par le concept d'expérimentation. La question qui se pose est maintenant de savoir si ce degré minimum est aussi le seul, ou bien s'il est possible de le traverser en direction d'un second niveau de position-d'objet dont il n'aurait été que le révélateur ou le signe indirect ; si la visée intentionnelle de l'expérimentateur doit rester bloquée dans le plan de son appareillage, ou si elle peut se prolonger, fût-ce médiatement et par détours, au-delà de ce plan.

Dans le registre verbal à tonalités un peu plus métaphysiques qu'emploie F. Gonseth [(1948)], on se demande si derrière l'« horizon naturel de réalité » ou « horizon apparent » qui est celui des appareils que nous manipulons, que nous observons, et dont nous parlons, ne se tient pas un « horizon profond » accessible indirectement par « ses traces phénoménales dans l'horizon apparent ». La possibilité de traverser les résultats objectifs de l'expérimentation en direction d'un hypothétique objet étudié, irait de soi si la structure des résultats expérimentaux était telle que rien n'interdisait de l'interpréter comme reflet des déterminations intrinsèques d'entités du même type que celles que présuppose l'« attitude naturelle ». Expérimenter se réduirait alors à prolonger les manipulations-d'objet de la vie courante en se servant d'outils plus fins, et à observer l'effet de ces manipulations par des instruments amplificateurs (comme le microscope). Il ne serait même pas nécessaire de parler d'un « horizon profond », puisque celui-ci pourrait être conçu en parfaite continuité spatiale et légale avec l'« horizon naturel ». La question de la transgression ne perd son caractère trivial que lorsque l'ordre des phénomènes s'écarte de celui que laissaient prévoir les lois régissant les déterminations d'objets isomorphes à ceux du premier horizon. « (T)oute manifestation étrangère à cet ordre sera un appel à la constitution d'un horizon profond », écrit Gonseth.

Mais il ne s'agit là, il faut y insister, *que* d'un appel. Ne peut-il arriver que l'altération de l'ordre des phénomènes soit si complète que cet appel ne puisse être suivi ? N'est-il pas au moins nécessaire, face à des situations expérimentales peu familières, de se demander si la structure assignée à l'horizon profond doit avoir quoi que ce soit de commun avec la structure de l'horizon naturel ? Poser par avance un second horizon et un certain degré (même minime) d'isomorphisme entre les deux horizons serait restreindre considérablement le champ de la réflexion. Or, c'est exactement ce genre de restriction qu'on peut reprocher à Bohr (et à Gonseth qui le suit sur ce point), dans son emploi du concept de *complémentarité*.

Portons cette fois notre attention non plus sur la dualité des représentations ondulatoire et corpusculaire mais sur les couples de valeurs de variables conjuguées, comme la position et la quantité de mouvement.

Conformément à la conception holistique du phénomène expérimental, chaque variable n'est définie que relativement au dispositif particulier de son évaluation. L'emploi des concepts de la physique classique pour la description du fonctionnement des appareillages permet d'élargir cette définition en délimitant des classes d'équivalence de dispositifs ayant pour caractéristique de renvoyer à la *même* variable. On considère par exemple, en s'appuyant sur des descriptions classiques, que la mesure du décalage en fréquence (ou effet Doppler) définit la même variable que la mesure du quotient d'une distance par un temps (§ 1-2-8) ; cette variable n'est autre que la vitesse, qui, multipliée par une masse, donne la variable quantité de mouvement.

Une fois constituées ces classes d'équivalence de dispositifs définissant respectivement la variable position et la variable quantité de mouvement, l'étape suivante consiste à reconnaître (a) leur caractère mutuellement exclusif et (b) l'impossibilité de compenser l'exclusivité mutuelle en se fondant sur une indifférence des valeurs des variables à l'*ordre* des mesures.

Si l'on s'en tenait à cette exclusivité mutuelle non compensable, cependant, on serait confronté à des ensembles disjoints de phénomènes singuliers, irréversibles, et irreproductibles en cas de mesures alternées relevant tantôt d'une variable tantôt de sa conjuguée. Resurgirait ainsi, au moins dans « l'horizon profond », le spectre d'un flux héraclitéen des apparences, sans formes stables autour duquel l'organiser. C'est ce genre de danger que tente de conjurer Bohr, ainsi que le suggère C. Chevalley [in : N. Bohr (1958), p. 86], lorsqu'il surimpose la *complémentarité* à l'exclusivité mutuelle. Car, souligner, comme il le fait, que les valeurs de variables conjuguées « (...) doivent être considérées comme complémentaires en ce sens que, seule, la totalité des phénomènes épuise l'information sur les objets » [*ibid.*, p. 208], c'est laisser entendre que ces phénomènes auparavant isolés, singuliers, fugaces, *convergent* vers une entité permanente qui les lie d'une manière ou d'une autre. Il n'est certes plus question de considérer de tels phénomènes globaux comme des reflets de déterminations propres des objets, mais au moins constituent-ils des « (...) faits *à propos* des objets atomiques, obtenus par différents dispositifs expérimentaux (...) » [N. Bohr (1963), p. 4]. Les phénomènes ont ainsi acquis ce que les Anglo-Saxons appellent une *aboutness* (que l'on pourrait traduire par « à-propos-ité »), c'est-à-dire une directionnalité intentionnelle qui les rapporte à un objet, et qui en fait réciproquement des « aspects ou traces » [F. Gonseth (1948)] de cet objet.

Avec le recul des années, cependant, la complémentarité bohrienne des variables conjuguées apparaît comme une simple stratégie d'urgence, destinée à éviter coûte que coûte le naufrage brutal du concept d'un invariant fédérateur des manifestations variables sous le choc de la révolution de 1925-27. Cette stratégie d'urgence a évité la confrontation avec une table rase qui était à coup sûr inquiétante dans l'immédiat, mais qui aurait favorisé à long terme une réflexion de fond sur le *type* d'invariants rendus plausibles par l'ordre des phénomènes quantiques.

La mise en suspens de cette réflexion se fait lourdement sentir dans le discours sur la complémentarité. En affirmant que les diverses valeurs de variables conjuguées sont des « (...) informations obtenues sur le comportement d'un *même* objet atomique dans des conditions d'expérience chaque fois bien définies mais s'excluant mutuellement (...) », Bohr [(1958), p. 186] escamotait la discussion sur la possibilité de toujours disposer de critères permettant d'affirmer que l'objet *à propos duquel* on obtient des informations distinctes est bien le *même* d'une expérience à l'autre. Et par ailleurs, en affirmant que les résultats de mesures de variables conjuguées comme la position et la quantité de mouvement nous fournissent des indications à propos d'*un* objet, il faisait de l'objet de la physique quantique le fédérateur de deux classes de phénomènes correspondant trait pour trait aux deux caractéristiques définissant l'état d'un point matériel de la *physique classique ;* ce faisant, il évitait toute interrogation sur la fonction fédératrice de l'objet de l'horizon profond, ou sur l'opportunité de le concevoir comme fédérant d'*autres* classes de phénomènes que ceux qui convergent vers l'objet de l'horizon naturel. La complémentarité bohrienne tendait en fin de compte à rétablir une forme d'isomorphisme entre les objets des deux horizons. Elle clôturait trop hâtivement, dans le sens du conservatisme, une série de questions délicates sur la nature des éventuels objets de l'horizon profond. Ces questions seront rouvertes aux chapitres 4 et 5.

3-2-4 L'objet et le domaine classique

L'autre raison pour laquelle Bohr a tendu à reconstituer fonctionnellement la dualité appareil-objet à partir du phénomène indivisible relève de la pragmatique de la communication et opère à la manière d'un argument transcendantal. Elle concerne deux moments distincts de l'expérimentation.

Le premier est celui de la constitution de l'appareillage : il est nécessaire que les pièces et le fonctionnement des appareils soient décrits en termes de déterminations intrinsèques (portées par des supports stables) afin d'adosser l'investigation sur la certitude préalable de l'*objectivité* de l'état de choses auquel aboutit la préparation expérimentale. La préparation doit être la même pour tous, indépendamment de la position et de l'état de chacun, et cette condition est automatiquement présupposée par l'application de la terminologie non contextuelle du langage courant à la description de l'instrumentation. La physique classique permet quant à elle d'étendre et de raffiner le domaine de juridiction du langage courant, puisque rien n'empêche de l'interpréter en termes de déterminations intrinsèques de supports stables. Bien entendu, en décrivant quasi-classiquement le fonctionnement de l'appareil, on ne veut pas dire (ou on ne devrait pas vouloir dire) qu'il fonctionnera « en réalité » comme cela une fois que l'expérience sera lancée ; mais plutôt que ce mode de description est le seul moyen dont on dispose pour obtenir un maximum de précision à propos du projet expérimental sur lequel débouche la préparation, sans risquer de conflit avec l'objectivité pré-comprise du langage courant.

Le deuxième moment est celui du résultat de l'expérience : le résultat d'une expérience doit être communiqué en termes de déterminations intrinsèques d'une pièce de l'appareillage (disons l'écran), car seul ce mode d'expression pose par avance, non problématiquement, l'objectivité des *faits* auxquels aboutit l'investigation.

Une autre manière d'énoncer cette condition serait de dire, comme précédemment, qu'une expérience se termine nécessairement par une *observation* dirigée vers les propriétés d'un objet-indicateur.

Les deux niveaux d'entrée en vigueur de la condition de communicabilité ont aussi un substrat chronologique. Le premier porte sur les gestes accomplis *avant* l'expérience (la préparation) ainsi que sur projet expérimental qui les sous-tend, tandis que le second renvoie à ce qui survient *à l'issue de* l'expérience (le résultat). Quant au cours intermédiaire de l'expérience proprement dit, aucun argument de type pragmatico-transcendantal ne contraint à le faire relever du mode d'objectivité précomprise véhiculé par le langage courant et prolongé par la physique classique. Lorsque la parfaite indifférence du *dispositif* expérimental vis-à-vis du sujet manipulateur, et du *fait* vis-à-vis du sujet observateur d'indication instrumentale, est assurée, aucune des conditions qui rendent possible une expérimentation dont les résultats soient intersubjectivement attestables ne manque. L'objectivation d'un second horizon dont relèveraient les processus prenant place entre préparation et résultat peut bien être ressentie comme hautement souhaitable, le prolongement d'un usage prudent du langage courant vers ce second horizon peut bien être perçu comme une tentation naturelle, rien ne les rend méthodologiquement indispensables.

Il suffit de parcourir les textes de Bohr pour se rendre compte que cet auteur n'a pas toujours parfaitement séparé les deux niveaux d'application de l'argument transcendantal, ni leur chronologie. Dans le texte de 1949 où il expose son débat avec Einstein [N. Bohr (1958), p. 207], Bohr écrit par exemple : « *(D)'aussi loin que les phénomènes puissent transcender le domaine des explications de la physique classique, la description de tous les résultats d'expérience doit être exprimée en termes classiques.* La raison en est simple : par le mot d'" expérience ", nous nous référons à une situation où nous pouvons dire à d'autres hommes ce que nous avons fait et ce que nous avons appris ; il en résulte que la description du dispositif expérimental et des résultats des observations doit être exprimée en un langage dénué d'ambiguïté, se servant convenablement de la terminologie de la physique classique. » Ce faisant, Bohr juxtapose les contraintes pragmatico-transcendantales imposées à deux moments : celui de « ce que nous avons fait » (la préparation) et celui de « ce que nous avons appris » (le résultat) ; et il néglige de marquer assez fortement la différence entre la *description* des processus par la physique classique, et l'usage d'une forme de langage courant éventuellement enrichie d'un *vocabulaire* faisant référence à des concepts classiques.

C'est, semble-t-il, uniquement dans un article de 1948, que Bohr a explicité toutes les distinctions souhaitables. D'un côté il y a défini la mécanique quantique comme un outil prédictif concernant « (...) les informations pouvant être obtenues sous des conditions expérimentales décrites en termes classiques (...) », et de l'autre côté il y a reconnu clairement que si la condition d'objectivation du *résultat* d'une expérience a pour corrélat l'utilisation d'un mode non contextuel d'expression comme le langage courant, elle n'impose *pas* en première analyse celle de la physique classique : « (...) même s'ils ne peuvent pas être analysés en termes de physique classique, tous les faits expérimentaux bien définis doivent être analysés à l'aide du langage ordinaire faisant usage de la logique commune ». Mais il ne s'agissait là que d'un sursaut de finesse discriminative, et Bohr a par la suite continué à mêler étroitement le projet expérimental issu de la préparation et le résultat, la description classique proprement dite et l'enrichissement du langage courant par des *éléments conceptuels* empruntés à la physique classique [N. Bohr (1963)].

Le chevauchement persistant des deux niveaux d'intervention de l'argument transcendantal n'était pas sans conséquences. En superposant partiellement la préparation (dont le projet expérimental associé est *décrit* dans le cadre de la physique classique) et le résultat (exprimé au moyen d'un langage courant enrichi par des éléments de *terminologie* empruntés à la physique classique),

Bohr ne dégageait pas un espace suffisant pour quelque chose qui échapperait de bout en bout au mode de description propre à la physique classique : le processus qui commence une fois la préparation accomplie et se termine (conventionnellement) une fois le résultat obtenu. Il ne laissait pas assez nettement comprendre qu'avoir décrit, pour des raisons d'ordre pragmatico-transcendantales, la préparation et son *projet* expérimental associé au moyen de la physique classique, ne préjuge en rien de la nécessité d'appliquer le mode de description classique à une partie du processus expérimental *effectif*.

L'ambiguïté tient au statut que Bohr assigne au « raffine(ment) par la terminologie classique » du langage courant utilisé pour exprimer les résultats expérimentaux. En insistant sur la nécessité de ce raffinement, il pouvait en effet vouloir dire deux choses très différentes :

(i) Que le fait de l'inscription d'un nombre sur l'écran de l'appareillage, ou du changement de position d'une aiguille sur un cadran, doit s'exprimer à l'aide du langage courant ; mais qu'une interprétation de ce fait brut requiert l'emploi des concepts classiques mis en œuvre pour la description du projet expérimental préparatif qui l'a précédé ; et que c'est seulement le couple formé par le fait brut (énonçable dans le langage courant) et son interprétation (faisant appel à des concepts classiques) qui constitue ce qu'on appelle un « résultat ». Ainsi, le *résultat* « la valeur de l'énergie est 1 MeV » synthétise le fait du positionnement de l'aiguille d'un cadran sur le chiffre 1, la référence à un ensemble préparatif dont une étape est *décrite classiquement comme* dispositif de mesure de l'énergie, et l'étalonnage en MeV des indications que ce dispositif fournit. Cette façon d'entendre le « raffinement par la terminologie classique » n'aurait imposé aucune idée préconçue au sujet ce qui se passe *effectivement* entre la préparation et la lecture de l'indication sur le cadran de l'appareil.

(ii) Que la fraction du processus expérimental qui précède immédiatement le résultat doit être décrite à l'aide de la physique classique ; que l'exigence d'utiliser un mode d'expression présupposant l'objectivité des déterminations s'étend aux événements qui surviennent dans l'appareillage juste avant l'inscription d'un résultat ; qu'en somme l'enrichissement lexical du langage courant par une terminologie classique reflète l'extension spatio-temporelle de la juridiction de la physique classique vers ce qui se passe en amont du résultat. Ici, l'agnosticisme à propos du processus prenant place entre la préparation et la lecture est partiellement levé. Au lieu de considérer que l'emploi d'une terminologie classique pour exprimer le résultat traduit seulement la référence à une description classique de la préparation, on étend sa signification en le projetant sur un moment du processus expérimental lui-même.

Or, c'est cette seconde option qui fut favorisée par Bohr, quelle qu'ait été sa prudence à cet égard. Le problème qui se posa à lui fut dès lors le suivant. Puisque l'extension de la description classique ne pouvait être indéfinie, puisqu'on ne pouvait la faire remonter jusqu'au tout début de l'expérience, puisqu'il fallait à un moment ou à un autre reconnaître la mise en défaut des modes de discours présupposant des déterminations intrinsèques, on devait envisager d'instaurer une « coupure » dans le cours du processus expérimental. Le mode de description classique du fonctionnement de l'appareillage durant le processus s'arrêtait quelque part et il laissait place, à partir de cette coupure, à quelque chose d'autre. Non pas à un « mode de *description* quantique » comme se laisse parfois aller à le dire Bohr, mais plutôt, conformément à ses formulations les plus rigoureuses, au seul symbolisme *prédictif* de la mécanique quantique. Telle était la ligne de partage ou « distinction essentielle » qui contribuait à restaurer une forme de dualisme : d'un côté l'appareillage ou la portion d'appareillage décrite classiquement, et de l'autre ce qui, étant soumis aux seules règles prédictives de la mécanique quantique, est considéré comme *objet* d'investigation.

Mais cette option ne pouvait être défendue qu'à condition de reconnaître le caractère purement *fonctionnel* du dualisme qui en résultait. Car, ainsi que l'admettait Bohr, on n'avait aucune raison de principe de placer la « coupure » requise à un niveau particulier ou à un autre du processus allant de la préparation au résultat. Seules des raisons pratiques poussaient à l'insérer ici plutôt que là : l'unique condition à respecter pour fixer sa position est que l'imprécision introduite en décrivant classiquement une partie de l'appareillage soit inférieure à un certain seuil, dépendant du projet expérimental envisagé. A la limite, si ce seuil d'imprécision tolérable devenait très bas, il pouvait devenir indispensable de ne quasiment *rien* laisser subsister sur le versant classique de la coupure. Arriver à cette extrémité engageait cependant à se contenter de l'*expression* du résultat en langage naturel interprété par référence à la description classique de la préparation, et à ne pérenniser le schéma dualiste que de façon formelle. Mais faire cela, n'était-ce pas se replier vers la première lecture, non dualiste, de l'enrichissement du langage courant par une terminologie classique ?

Il faut donc en convenir : le dualisme de l'instrument classique et de l'objet quantique tend à se dérober de lui-même lorsqu'on le pousse dans ses derniers retranchements.

Le véritable avantage que trouvait Bohr dans la coupure classique-quantique se laisse voir dans un passage à la limite opposé au précédent. Lorsque le seuil d'imprécision fixé n'est pas trop exigeant, il devient possible d'étendre au maximum le domaine de validité du mode classique de description jusqu'à ne laisser hors de ses frontières qu'un résidu quantitativement mineur. Un certain degré de continuité descriptive est ainsi établi, sur tout le parcours instrumental qui aboutit au résultat. Ce prolongement extrême des processus classiques par lesquels on décrit le fonctionnement de l'appareillage favorise deux sortes d'extrapolations, dont chacune peut être considérée comme la réciproque de l'autre. L'extrapolation d'une *visée intentionnelle* d'objet, à travers la médiation d'une description classique reconstituée qui part du résultat et descend d'étape en étape vers le domaine microscopique. Et l'extrapolation de l'idée qu'un objet est assimilable à la *cause* du phénomène, à travers la chaîne causale classique (presque) complète qui remonte de l'objet supposé vers l'affichage du résultat [G. Hermann (1935)].

Tout en proclamant son refus de principe d'« (...)associer la moindre signification à la question de savoir ce qui est sous les phénomènes » [cité par : J. Faye (1991), p. 210], Bohr avait posé les conditions d'un maintien formel de cette sorte de réciprocité entre visée intentionnelle et affection causale qui caractérise la théorie classique de la connaissance. Les objets microscopiques avaient beau ne s'être rien vu reconnaître d'autre que le statut très abstrait d'*invariant* des aspects phénoménaux [*ibid.*], « ils » pouvaient encore, par référence implicite à la continuité descendante du mode de description classique, se voir désigner à la fois comme ce *à propos* de quoi des informations expérimentales sont obtenues, et comme ce qui *cause* un impact sur un écran [N. Bohr (1963), p. 3, 4]. Ainsi un langage conservateur a-t-il fini par recouvrir l'éruption révolutionnaire des premières années.

3-3 Heisenberg, les relations d'« incertitude », et les expériences de pensée

Incertitude, indétermination, ou imprécision ? Ces trois mots ont été utilisés par Heisenberg dès son article fondateur [(1927)] pour caractériser les relations qu'il venait de formuler. Les deux premiers manifestent à nouveau la prégnance de l'alternative sujet-objet : incertitude (subjective) à propos du résultat futur d'une expérience ou à propos de l'état d'un objet ; indétermination (objective) du résultat futur d'une expérience, ou de l'état d'un objet. Quant au troisième mot, imprécision, le plus utilisé en 1927, il a l'avantage de la neutralité mais l'inconvénient d'ouvrir une fausse piste pour l'interprétation des relations de Heisenberg. Comme nous allons le voir, en effet, ces relations ne signifient une limitation de la *précision* des mesures qu'en un sens très particulier et assez éloigné de l'acception commune.

Il semble dans ces conditions que chacune des voies que le vocabulaire habituel incite à emprunter pour comprendre les relations de Heisenberg nous engage dans une impasse ; soit parce qu'elle nous lie à un préjugé dualiste dont il serait peut-être opportun de s'affranchir, soit parce qu'elle nous amène à adopter une conception essentiellement incorrecte. La prudence impose donc de commencer par analyser ces relations dans la perspective agnostique adoptée au chapitre 2. Ce n'est que dans un deuxième temps que nous reviendrons sur le lexique introduit par Heisenberg, à travers la représentation qui le sous-tend : celle d'un *objet-perturbé-par-l'agent-de-mesure.*

3-3-1 Précision ou prévision ?

La plupart des relations de Heisenberg découlent immédiatement des relations de commutation de la mécanique quantique. Et ces dernières peuvent pour leur part être dérivées de l'incompatibilité (incompensable) des dispositifs expérimentaux relativement auxquels sont définies certaines classes de variables dites « conjuguées ». Comme les conditions de quantification (§ 2-4-2), la plupart des relations de Heisenberg sont donc des conséquences indirectes de la contextualité des déterminations et de l'incompatibilité des contextes [1]. Leur forme la plus générale [C. Cohen-Tannoudji, B. Diu, & F. Laloë (1977), p. 287] fait d'ailleurs apparaître cette dépendance, en plaçant dans leur second membre le *commutateur* [*A*, *B*] de deux observables :

$$\Delta A . \Delta B \geq \frac{1}{2} \left| \langle [A,B] \rangle \right|$$

1. La quatrième relation de Heisenberg, celle entre l'énergie et le temps, n'entre pas *a priori* dans ce cadre [L. de Broglie (1951)]. Nous ne discuterons pas ici des problèmes que soulève cette exception.

Il faut toutefois noter que le commutateur n'apparaît pas seul dans ce second membre. Il est entouré de deux crochets et de deux barres verticales. Les deux barres verticales désignent l'opération consistant à prendre la valeur absolue du nombre qui est entre elles ; et les deux crochets désignent l'opération consistant à calculer la valeur moyenne de l'observable ou de la combinaison d'observables qui est entre eux, *pour un type de préparation donné, caractérisé par un certain vecteur d'état.*

Dans le cas particulier où les deux observables considérées sont une composante de la quantité de mouvement et de la position, et où la relation de commutation qui les unit est :

$$[P,Q] = -\,i\,\frac{h}{2\pi}$$

la relation de Heisenberg prend sa forme familière :

$$\Delta P.\Delta Q \geq \frac{h}{4\pi}$$

Il reste maintenant à s'interroger sur les quantités ΔA, ΔB, ΔP, ΔQ, dont le produit forme le premier membre de la relation. Car si la présence du commutateur au second membre manifeste l'origine contextuelle des relations de Heisenberg, les quantités qui interviennent au premier membre déterminent la signification pratique de ces mêmes relations.

Chacune de ces quantités représente un « écart quadratique moyen », c'est-à-dire, pour l'essentiel, la dispersion attendue des valeurs de l'observable autour de sa valeur moyenne. De même que celui de la valeur moyenne, le calcul de la dispersion attendue vaut *pour un type de préparation donné, caractérisé par un certain vecteur d'état.*

Cela acquis, il est facile de donner une interprétation minimale des relations de Heisenberg :

Soit une série de préparations expérimentales identiques. Les unes sont suivies d'une mesure de l'observable A et les autres d'une mesure de l'observable B. Dans ce cas, le produit de la dispersion sur la mesure de A par la dispersion sur la mesure de B doit être supérieur ou égal à la moitié de la valeur moyenne du commutateur de ces deux observables.

Autrement dit : il n'est pas possible de se servir d'un certain type de préparation expérimentale pour réduire la dispersion sur les valeurs de l'une des variables, sans augmenter en proportion la dispersion sur les valeurs de l'autre variable conjuguée.

Prenant cet énoncé au pied de la lettre, on est tenté de suivre une suggestion de Popper [(1959), p. 218] et de Broglie [(1951), p. 89], en appelant les relations de Heisenberg des *« relations de dispersion »,* plutôt que des relations d'incertitude, d'indétermination, ou d'imprécision. Surtout, au-delà de ces questions lexicales, on a désormais le moyen de faire une critique motivée de l'une des mésinterprétations les plus répandues des relations de Heisenberg.

On admet couramment, et c'est la conception que favorise Heisenberg lui-même dans ses textes originaux de 1927 et 1930, que les relations de Heisenberg imposent une *limitation réciproque de la précision* avec laquelle on peut déterminer la valeur de deux variables conjuguées. Or, dans l'interprétation minimale que nous venons de donner, il n'est à aucun moment question de bornes inférieures à la précision des mesures. Rien n'empêche *a priori* que la précision de chacune des mesures effectuées soit arbitrairement bonne ; c'est simplement la *dispersion* des valeurs obtenues (de façon éventuellement très précise) lors de ces mesures qui doit obéir aux relations de Heisenberg. Il est vrai qu'ici, la situation considérée semble très particulière : une série de préparations du même type, et des mesures alternées de l'une *ou* de l'autre des deux variables conjuguées. Ne verrait-on pas resurgir la notion d'imprécision, si l'on s'intéressait à des mesures consécutives (voire peut-être simultanées, dans un sens atténué qu'il faudra spécifier) des deux variables à la suite de la même préparation ?

Commençons donc par considérer une préparation caractérisée par une valeur de l'observable *nombre* égale à 1, suivie de mesures consécutives, et non destructives, de deux variables conjuguées. Supposons par exemple qu'à la suite de cette préparation, on effectue d'abord une mesure non destructive de la variable P, puis une mesure de la variable Q. La précision que l'on peut obtenir lors de la mesure de la seconde variable est-elle limitée par la précision obtenue pour la mesure de la première ? En aucune manière. Rien n'interdit que l'on mesure la variable Q avec une précision arbitrairement bonne, après avoir mesuré la variable P avec une précision arbitrairement bonne. Ce qui est vrai en revanche, c'est que la mesure initiale non destructive et très précise de P opère comme un « filtre » pour toute mesure ultérieure, c'est-à-dire comme une préparation pour laquelle on peut prévoir que *si* une nouvelle mesure de P était mise en œuvre juste après, elle fournirait à coup sûr la *même* valeur (à la faible imprécision près sur la première mesure de P). A la suite de la mesure initiale de P, la dispersion attendue sur les mesures ultérieures de P est donc très faible ; et de ce fait, en vertu des relations de Heisenberg, la dispersion attendue sur les mesures de Q est très grande. Quelle que soit la *précision* que l'on pourra atteindre lors de la mesure consécutive de Q, la *prévision* de la valeur qu'elle donnera est par conséquent rendue extrêmement aléatoire par la grande précision de la mesure préalable de P. On peut dire si l'on veut que la *prévision* de la valeur de Q est rendue « imprécise » par la grande précision de la mesure antérieure de P. La prévision de la valeur est imprécise et non pas la valeur elle-même. Tel est le premier sens, *exclusivement prédictif*, selon lequel il est légitime de parler d'une limitation réciproque de la précision dans la mesure consécutive de deux variables conjuguées.

Ce début de réflexion sur les rapports qu'entretiennent les concepts de précision et de prévision incite à aller plus loin. Car nous pouvons à présent nous demander rétrospectivement ce que voulait dire le mot « précise » lorsque nous l'avons appliqué non problématiquement à chaque mesure isolée. Dans un sens assez largement accepté (bien que non exclusif), la mesure non destructive d'une variable est dite « précise » si elle a fourni une certaine valeur et qu'on peut prédire avec une probabilité proche de 1 la reproduction de cette valeur en cas de nouvelle mesure de la même variable effectuée immédiatement après sur le « même objet » (c'est-à-dire (§ 1-2-13) dans des conditions où l'on est assuré de la constance d'une certaine observable identificatrice). Plus généralement, l'intervalle de précision de la mesure non destructive d'une variable est égal à la gamme de dispersion attendue lors d'une nouvelle mesure de la même variable effectuée immédiatement après. Ces définitions de la précision étant admises, il est parfaitement possible, comme nous l'avons indiqué plus haut, de commencer par faire une mesure arbitrairement précise de la variable P, puis de faire une mesure arbitrairement précise de sa variable conjuguée Q. Mais à la suite de cette mesure très précise de Q, la gamme de dispersion attendue pour Q s'est considérablement restreinte, et par conséquent la gamme de dispersion attendue pour une nouvelle mesure de P s'est considérablement accrue par rapport à ce qu'elle était immédiatement après la première mesure de P. L'acquis *prédictif* de la mesure initialement précise de P a donc été complètement dilapidé par la mesure précise intermédiaire de Q. Le fait d'avoir fait une mesure très précise de P *puis* une mesure très précise de Q avant de remesurer P aboutit donc à une situation *prédictive* exactement équivalente à celle qu'on aurait *si* on disposait à la fois d'un résultat très précis pour Q et très imprécis pour P. Tel est le second sens prédictif (et contrafactuel) selon lequel il est légitime de parler d'une limitation réciproque de la précision.

Si l'on retient l'acception *prédictive* précédente du mot « précision », il est facile de comprendre en quel sens les relations de Heisenberg excluent la détermination simultanée de valeurs précises de deux variables conjuguées. Les relations de Heisenberg n'interdisent pas *par elles-mêmes* que l'on puisse fournir simultanément des valeurs de deux variables conjuguées ; mais ce qu'elles indiquent, c'est que dans ce cas les valeurs fournies n'ont qu'une teneur *prédictive* mutuellement limitée ; et que par conséquent aucune des deux valeurs ne peut être qualifiée de « précise » selon la définition adoptée, sans que l'autre soit « imprécise » en proportion. Les relations de Heisenberg mettent en définitive en évidence une modulation quantitative de ce que nous avons appelé le caractère « incompensable » de l'incompatibilité des dispositifs de mesure relativement auxquels sont définies les couples de variables conjuguées. L'incompatibilité des dispositifs de mesure n'est pas *strictement* incompensable ; elle ne l'est qu'en deçà d'un certain seuil. C'est cette circonstance qui a donné naissance au vaste mouvement contemporain de réflexion sur les « unsharp measurements » (mesures imprécises) [P. Bush (1985) ; A. Prieur (1987)].

3-3-2 Ce que « prouve » l'expérience de pensée du microscope

La découverte des relations d'« incertitude » a-t-elle empêché les physiciens de prendre la pleine mesure de l'ampleur du saut paradigmatique que représente le passage de la physique classique à la physique quantique ? On est tenté de le croire lorsqu'on suit pas à pas les péripéties intellectuelles qui y ont conduit Heisenberg, selon son propre récit, entre la fin de 1926 et le début de 1927. Cette période est en effet pour Heisenberg celle d'un retour (que certains qualifieraient de régressif) sur certaines des audaces de 1925.

La mécanique matricielle de 1925 s'était édifiée sur une table rase radicale des représentations corpusculaires antérieures. La définition des grandeurs physiques mises en jeu, comme la position et la quantité de mouvement, avait beau rester tributaire d'une description classique des instruments de leur évaluation, les liens légaux qui les unissaient n'étaient plus du tout ceux d'une quelconque *trajectoire* classique continue dans l'espace-temps. Mais à la manière de l'un de ces grands « somnambules » d'Arthur Koestler, Heisenberg était à la fois celui qui avait provoqué ce renversement et l'un de ceux qui s'en déclaraient les plus surpris. « En mécanique quantique, remarquait-il non sans perplexité, la notion de trajectoire n'existe même pas » [W. Heisenberg (1969), p. 112]. La première démarche qu'il suivit consista dès lors à mettre en évidence la grande généralité du paradigme quantique, qui, tout en ne comportant pas de contrepartie formelle du concept de trajectoire corpusculaire continue, prédit dans certains cas l'apparition de suites de phénomènes mimant approximativement ces trajectoires. Il s'agissait pour lui à ce stade de montrer que certaines opérations du formalisme quantique pouvaient être interprétées comme représentant « (...)une situation où un électron se trouve à peu près – c'est-à-dire à une certaine imprécision près – en une position donnée, et possède à peu près – c'est-à-dire à nouveau à une certaine imprécision près – une vitesse donnée » [*ibid.*, p. 113]. La marge d'imprécision à l'intérieur de laquelle pouvait encore prendre place quelque chose comme la représentation d'une trajectoire était donnée par les relations d'« incertitude ».

Ce faisant, Heisenberg suivait le seul itinéraire conforme à la logique des révolutions scientifiques : celui qui va du nouveau paradigme dans toute son extension, à l'ancien conçu comme cas particulier. Le discours sur une particule qui se trouve quelque part, même si elle ne s'y trouve qu'à une certaine imprécision près, ne devait être considéré dans ces circonstances que comme un reste affaibli d'image classique, acceptable *en fait* dans un système légal où elle a perdu sa validité *de droit*. S'il était possible d'indiquer par les relations d'« incertitude » comment le paradigme quantique permet *dans certaines circonstances* de s'exprimer *comme si* les représentations classiques gardaient un certain degré approximatif de pertinence, rien n'autorisait à inverser les priorités et à partir de ces représentations pour tenter de remonter au paradigme quantique. Pourtant, c'est exactement cette inversion que Heisenberg tenta ensuite de réaliser. Une fois établi un lien approximatif entre la notion de trajectoire et « les mathématiques de la mécanique quantique », Heisenberg voulut aussi « (...) démontrer que n'importe quelle expérience d(oit) produire des situations satisfaisant obligatoirement à ces relations d'incertitude » [*ibid.*, p. 114]. La preuve la plus générale possible ayant *déjà* été apportée que toute situation expérimentale *soumise aux règles prédictives de la mécanique quantique* satisfait aux relations d'« incertitude », le nouveau projet de démonstration ne pouvait avoir qu'un but : c'est d'essayer de justifier ces relations à partir d'une représentation *quasi classique* des processus impliqués dans une expérience. Désormais, c'était aux représentations antérieures qu'était confiée la tâche impossible de laisser apparaître de quelque manière leurs propres limitations.

Dans son célèbre article de 1927, Heisenberg va jusqu'à inverser les priorités ; il y accorde la première place à une dérivation des relations d'« incertitude » partant de la représentation quasi classique du processus de mesure des variables, plutôt qu'à la preuve directement issue du formalisme quantique. Une courte « démonstration » des relations s'appuyant sur l'expérience de pensée du microscope à rayons γ est en effet donnée dès le premier paragraphe de cet article ; elle précède la preuve fondée sur les relations de commutation du formalisme quantique, qui n'est développée qu'au second paragraphe. Plus caractéristique encore de la nouvelle échelle des valeurs favorisée par Heisenberg à partir de cet article : la signification de la preuve formelle des relations d'« incertitude », voire celle des relations de commutation, est cherchée dans la représentation quasi classique des limitations expérimentales imposées à la détermination simultanée de deux variables conjuguées. Non seulement les relations de commutation sont secondes dans l'ordre de l'exposé, mais leur interprétation repose entièrement sur les représentations quasi classiques qui les précèdent. Sans doute faut-il lire la motivation d'un tel retournement dans la remarque suivante : « Une telle incertitude rend possible cette équation [de commutation] sans requérir un changement de la signification physique des quantités p et q » [W. Heisenberg (1927)]. A la différence des relations de commutation, qui faisaient intervenir des matrices (ou opérateurs, ou nombres-q), les relations d'« incertitude » impliquaient des valeurs de variables ordinaires (ou nombres-c) formellement identiques à celles de la mécanique classique. Les relations d'« incertitude » permettaient donc d'exprimer l'essentiel du contenu des relations de commutation sans avoir à imposer aux symboles p et q le changement de statut mathématique qui en fait des opérateurs.

Heisenberg avait déjà il est vrai, du temps de la mécanique matricielle de 1925, une première raison de ne pas modifier radicalement la signification des grandeurs physiques. En vertu du principe de correspondance de Bohr, ces grandeurs mathématiquement représentées par des opérateurs matriciels qualifiés d'*observables* se définissaient en effet par référence à des classes d'instruments dont le projet de fonctionnement se décrit en termes classiques. Chacune de leurs valeurs possibles, prise isolément, devait par conséquent être rapportée à un arrière-plan instrumental dont le mode de description restait inchangé. Mais les relations d'« incertitude » offraient en plus la possibilité de traduire la relation de commutation entre *observables* en termes de marges d'imprécision sur les *variables ;* et elles permettaient ainsi aux liens qui unissaient les valeurs successives de ces grandeurs dans une trajectoire d'être reconstitués, fût-ce de manière approximative. Les quantités p et q s'inscrivaient ainsi dans le même genre de réseau de relations à double entrée qu'en physique classique : relation de chacune de leurs valeurs à l'instrument décrit dans un cadre classique, et relations mutuelles de plusieurs de leurs valeurs dans une suite qualifiée (en dépit de sa dispersion incompressible) de *trajectoire.* La signification des symboles p et q, qui dépendait de la situation de leurs valeurs dans ce réseau de rapports à deux dimensions, pouvait donc rester (à peu près) intacte.

Chez Heisenberg, comme chez Bohr, des éléments de rappel conservateur ont ainsi fini par l'emporter sur l'extrême tension novatrice de 1924-1925 ; ils l'ont si bien emporté que l'inanité de principe d'une tentative consistant à justifier les écarts instaurés par le nouveau paradigme en s'appuyant sur des fragments de représentation empruntés à l'ancien, n'est plus du tout apparue évidente.

Il faut à présent suivre pas à pas l'argumentation développée par Heisenberg à propos de l'expérience de pensée cruciale du microscope à rayons γ, afin de désigner le moment où, sous le couvert trompeur d'une utilisation persistante de fragments de représentation classique, le basculement d'un paradigme à l'autre s'est discrètement produit.

Au commencement, il y a l'idée que tout agent de mesure impose une perturbation finie de la trajectoire de l'objet corpusculaire étudié (disons d'un électron), et que le maximum de précision pour la mesure de l'une des variables conjuguées s'accompagne d'un maximum de perturbation de la valeur de l'autre : « Supposons, par exemple, la vitesse de l'électron exactement connue, et la position entièrement inconnue. Alors toute observation ultérieure de la position modifiera l'impulsion de l'électron, et cette modification sera indéterminée d'une quantité telle qu'après l'expérience notre connaissance du mouvement de l'électron sera limitée par les relations d'indétermination » [W. Heisenberg (1930), p. 15]. Comme dans l'argument initialement employé par Bohr pour « prouver » l'indivisibilité du phénomène, la démarche de pensée comprend ici deux grands moments : l'étude de la modification de la valeur d'une variable par l'agent de mesure et celle de l'indétermination (ou incontrôlabilité) de cette modification. C'est dans le passage du traitement quasi classique de la modification, aux justifications *apparemment* quasi classiques de l'incontrôlabilité de la modification, que réside le défaut majeur du raisonnement : son recours implicite à une prémisse qui suppose sa conclusion acquise.

Commençons par la *modification*. Afin d'effectuer une mesure de la position de l'électron, nous pouvons par exemple, remarque Heisenberg, employer un microscope. Mais le fonctionnement du microscope comporte l'utilisation d'une source de lumière ou de rayons γ éclairant l'objet à observer ; et les travaux d'Einstein, à partir de 1905, ont conduit à attribuer un aspect corpusculaire (le photon) au rayonnement électromagnétique. L'événement élémentaire sur lequel repose la mesure ultérieure de la position de l'électron consiste donc en un choc de cet électron avec un photon. Pour estimer la modification de la quantité du mouvement de l'électron à la suite de ce choc, Heisenberg utilise un mode de calcul proposé par A.H. Compton et A. Simon en 1925 ; un mode de calcul qui revient à appliquer la forme classique des lois de conservation de la quantité de mouvement et de l'énergie (éventuellement modifiées en tenant compte de la théorie de la relativité restreinte), lors de la collision entre deux corpuscules. L'électron est le premier de ces corpuscules, et le photon le second.

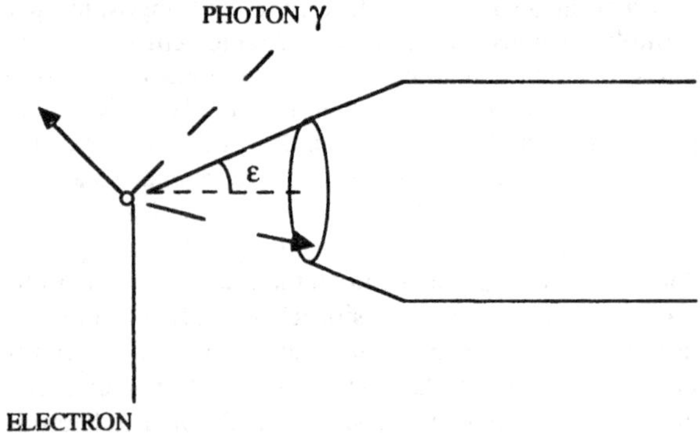

On a souvent remarqué [voir par exemple L. de Broglie (1951)] que des caractéristiques propres à la mécanique quantique, comme le caractère fini du quantum d'action ou la dualité onde-corpuscule, sont impliquées dès ce stade. L'impulsion du photon, qui fournit l'ordre de grandeur de l'impulsion transférée à l'électron lors du choc, est en effet donnée par la formule de de Broglie :

$$p = h/\lambda$$

(où h est la constante de Planck et λ la longueur d'onde associée au photon).

Mais l'intervention de traits quantiques reste ici superficielle parce que purement numérique : c'est seulement la *valeur* de la constante de Planck, et la *valeur* de la longueur d'onde du rayonnement électromagnétique, qui figurent dans cette formule, et non pas le mode de prédiction caractéristique de la mécanique quantique. Soulignons en particulier que la référence à l'aspect ondulatoire du photon se limite à l'introduction de la *quantité* λ, et qu'à aucun moment de la description du choc il n'est fait appel aux *lois* de la propagation d'une onde. Une fois acquise l'évaluation de la quantité de mouvement du photon à partir de sa longueur d'onde associée, les lois qui régissent sa collision avec l'électron sont supposées être celles de la *mécanique classique corpusculaire* (avec des corrections relativistes appropriées).
Admettons à présent que l'on connaisse avec précision toutes les composantes de la quantité de mouvement de l'électron et du photon *avant* le choc (ce qui n'introduit aucune contradiction *a priori* avec les relations de Heisenberg). Et admettons aussi, conformément à l'argument précédent, que la modification apportée à la quantité de mouvement de l'électron par le choc du photon soit de l'ordre de h/λ. Pour connaître *précisément* la composante de la modification d'impulsion selon un axe Ox, perpendiculaire à la direction vers laquelle pointe le microscope, il faudrait connaître précisément la composante selon Ox de l'impulsion du photon *après* le choc, tout comme on la connaissait *avant* le choc. Et il faudrait pour cela avoir connaissance non seulement du *module* de l'impulsion du photon qui entre dans le microscope

après avoir heurté l'électron, mais aussi de la *direction* de son mouvement. Or, remarque Heisenberg, cette direction est indéterminée d'une valeur qui est de l'ordre de l'ouverture angulaire ε de l'objectif du microscope ; cela conduit à une indétermination de la composante selon Ox de l'impulsion du photon *après* le choc (et donc, par ricochet, de la *modification* apportée à l'impulsion de l'électron) dont la valeur est la suivante :

$$\Delta p_x = \frac{h}{\lambda} \sin \varepsilon$$

Ne suffit-il pas dans ces conditions de réduire l'ouverture angulaire ε de l'objectif du microscope pour réduire cette indétermination de la composante selon Ox de l'impulsion du photon à son strict minimum, et pour connaître avec une précision arbitraire la modification d'impulsion subie par l'électron à la suite de son choc avec le photon ? Oui, répond Heisenberg, mais plus on réduit l'ouverture angulaire de l'objectif, plus la précision avec laquelle on pourra connaître la position du photon, et par conséquent la localisation de sa collision avec l'électron, sera mauvaise. « D'après les lois de l'optique », indique-t-il en effet, la résolution Δx d'un microscope est inversement proportionnelle à l'ouverture angulaire de son objectif :

$$\Delta x \approx \frac{\lambda}{\sin \varepsilon}$$

Il ne reste alors qu'à faire le produit des deux quantités Δp_x et Δx concernant le photon pour obtenir des relations d'« incertitude » (ou d'« indétermination »), qui peuvent ensuite être appliquées *de façon médiate* à la position et à la quantité de mouvement de l'électron ayant subi le choc du photon :

$$\Delta x.\Delta p_x \approx h$$

La démarche est bien connue, et elle est reproduite dans les meilleurs traités de mécanique quantique [A. Messiah (1959), p. 122 ; D. Bohm (1951), p. 104]. Il est cependant rare qu'on se penche avec beaucoup d'attention sur ce qu'implique l'invocation des « lois de l'optique » pour fixer la résolution d'un microscope. Ici, les lois qui sont invoquées sont celles de l'optique *ondulatoire*, et non pas celles de l'optique géométrique. Autrement dit, le photon, dont la collision avec l'électron était régie par les lois de la mécanique *corpusculaire*, est supposé soumis aux lois de propagation d'une *onde* à partir du moment où il s'agit de suivre son devenir dans l'objectif du microscope. L'intervention de la dualité onde-corpuscule, qui se limitait à des considérations purement numériques dans la description du choc, acquiert désormais un aspect légal. Les *lois* qui gouvernent le devenir du photon sont tantôt celles de la mécanique corpusculaire tantôt celles de l'optique ondulatoire ; des quantités relevant de concepts ondulatoires interviennent dans la plage d'utilisation des lois corpusculaires, et des quantités relevant de concepts corpusculaires interviennent dans la plage d'utilisation des lois ondulatoires.

En définitive, la prorogation de la pertinence des représentations corpusculaires classiques se limite à la description du choc et de la modification d'impulsion qui s'ensuit. La preuve du caractère incontrôlable de la modification exige par contre l'irruption, *dans toute son ampleur légale*, d'un trait symptomatique de la nouveauté quantique : la dualité onde-corpuscule.

Ce qui nous apparaît comme une tentative maladroite d'inverser l'ordre des priorités épistémologiques, en essayant de faire surgir les limitations propres au nouveau paradigme à partir d'une mosaïque de modes de représentation appartenant à l'ancien, était considéré par Heisenberg comme une mise en œuvre contrôlée de la *complémentarité* de ces représentations. Pour lui, l'expérience de pensée du microscope devait servir à mettre en évidence que « (...) les limites d'application de la représentation corpusculaire peuvent se déduire de la représentation ondulatoire », tout comme d'autres expériences de pensée montreraient comment « (...) la représentation corpusculaire permet d'obtenir les limites fixées par la nature à l'application de la représentation ondulatoire » [W. Heisenberg (1930), p. 8].

Mais aussi prudente qu'elle semble au premier abord, cette façon de parler introduit une importante distorsion. Elle tend à accréditer une parfaite symétrie entre les modes de description ondulatoire et corpusculaire, et dissimule ainsi le rôle privilégié que joue le premier : c'est *dans tous les cas* à travers les caractéristiques légales du modèle *ondulatoire* que sont introduites subrepticement dans les prémisses du raisonnement les relations d'« incertitude » qu'on veut obtenir en conclusion.

Un rayonnement se propageant dans la direction O_x et obéissant aux *lois* de la propagation ondulatoire est en effet soumis à des relations d'étalement spectral du type :

$$\mathbf{\Delta x}.\mathbf{\Delta k_x} \geq 2\pi \text{ (où } k_x = 2\pi/\lambda)$$

Ce qui signifie que plus la région spatiale $\mathbf{\Delta x}$ où l'amplitude de l'onde n'est pas nulle se réduit, plus son spectre en longueurs d'onde s'élargit. Le passage aux relations de Heisenberg exige bien ensuite l'intervention de l'aspect corpusculaire du rayonnement, c'est-à-dire du concept de photon, mais seulement sous la forme *quantitative (non légale)* d'une mise en jeu de la variable quantité de mouvement. Cette variable étant rattachée à la longueur d'onde par la relation $\mathbf{p}_x = h/\lambda$, on obtient cette inégalité de Heisenberg appliquée *au photon :*

$$\mathbf{\Delta x}.\mathbf{\Delta p_x} \geq h$$

Les *lois* de la propagation ondulatoire, complétées par l'introduction d'une grandeur physique relevant de la représentation corpusculaire, ont par conséquent pour corrélat des relations d'« incertitude ». En revanche, en utilisant les *lois* du mouvement corpusculaire, *même* complétées par l'introduction de grandeurs physiques relevant de la représentation ondulatoire, on n'aboutirait pas à des relations d'« incertitude ». Il y a donc une parfaite équivalence entre admettre qu'une entité caractérisée par des *variables* relevant de la représentation corpusculaire est régie par les *lois* de propagation d'une onde, et supposer qu'elle est soumise aux relations d'« incertitude ». Or, n'est-ce pas justement ce qu'admet implicitement Heisenberg lorsqu'il applique les lois de l'optique ondulatoire à la propagation du photon à travers l'objectif du microscope ? Et n'a-t-il pas ainsi, par son utilisation des lois de l'optique ondulatoire, introduit subrepticement des relations d'« incertitude » dans le cours du raisonnement qui était censé y conduire ?

Comme le soulignent à juste titre H. Brown et M. Redhead [(1981)], l'expérience de pensée du microscope, avec son maniement habile des deux représentations « complémentaires », ne prouve au fond qu'une seule chose. C'est qu'en supposant par avance l'agent de mesure (ici, le photon) soumis aux relations de Heisenberg, les renseignements qu'on obtient par son biais à propos de l'objet étudié (ici, l'électron) sont également soumis aux relations de Heisenberg. En d'autres termes, les relations de Heisenberg sont « contagieuses » ; elles s'appliquent transitivement aux objets mesurés si elles ont commencé par être postulées à propos de l'agent de mesure. Les relations d'« incertitude » n'émergent d'une description quasi classique du processus de mesure que si on les a introduites (sans nécessairement le dire) à un point ou à un autre du raisonnement. Cela se voit encore plus clairement lorsqu'on échange nominalement les rôles, c'est-à-dire lorsqu'on considère l'électron comme l'agent de mesure et le champ électromagnétique comme l'objet étudié. Dans ce cas, en effet, Bohr et Rosenfeld [(1933)] ont commencé par admettre *explicitement* que la particule-test chargée qui sert à la mesure des champs électrique et magnétique (l'électron) obéit à des relations de Heisenberg, pour ensuite démontrer que les intensités de ces champs mesurés à l'aide d'une telle particule-test obéissent *aussi*, pour cette raison, à des relations de Heisenberg.

Ayant eu initialement pour but de montrer que l'usage réglé de l'une des représentations classiques permet de faire ressortir les limites d'applicabilité de l'autre, les expériences de pensée de Heisenberg ont en fin de compte servi d'illustration à la règle épistémologique selon laquelle aucun itinéraire de pensée ne saurait mener sans rupture d'un paradigme théorique à celui qui le remplace. Tout ce qu'il a été possible de prouver par leur biais, c'est qu'à la suite d'une description paradigmatiquement hétérogène des processus de mesure faisant intervenir un élément quantique, ce dernier rétablit automatiquement la cohérence du compte-rendu à son profit. Quant à leur façon de pérenniser la méta-image de l'agent de mesure perturbant face à l'objet perturbé, elle n'a pu avoir pour conséquence, en dépit de tous les correctifs et dénégations vérificationnistes de Heisenberg, que de raviver des questions lancinantes sur la trajectoire que suit l'objet « de lui-même », lorsque aucune activité expérimentale ne s'exerce sur lui.

4-OBJETS ANCIENS ET THEORIE NOUVELLE : LE PRIX DU CONSERVATISME ONTOLOGIQUE

A travers ses deux grands représentants que sont Bohr et Heisenberg, l'« esprit de Copenhague » a laissé la pensée physique dans une situation éminemment ambiguë. Celle d'un compromis subtil, et jamais mis en défaut jusque-là dans ses applications pratiques, entre la critique des représentations de la physique classique et leur maintien par fragments à statut symbolique. Sur son versant critique, il poussait à un réexamen radical ; à une refonte qui ne pouvait certes atteindre la définition des grandeurs physiques, puisque celle-ci était enracinée dans le sol de présupposés dont dépendent l'action et la communication quotidiennes, mais qui risquait de briser le réseau de liens mutuels entre ces grandeurs à un niveau rarement mis en cause jusque-là : celui des nœuds du réseau ; celui des objets ; celui des porteurs de propriétés ; celui des termes entre lesquels s'établissent des relations actuelles ou possibles. Sur son versant conservateur, le compromis laissait encore subsister : des entités localisables, mais dont la localisation précise est exclusive du lien causal [1] ; des trajectoires, mais approximatives ; des foyers fédérateurs, mais vers lesquels ne convergent (par le biais de la complémentarité) que des caractérisations mutuellement incompatibles ; un dua-

1. Il s'agit là d'une allusion à l'idée bohrienne d'une complémentarité entre causalité (non spatio-temporelle) et description des phénomènes dans l'espace et dans le temps.

lisme épistémologique à motivations pragmatico-transcendantales, mais sur fond de monisme holistique de principe. L'écartèlement entre les deux démarches opposées avait pour conséquence leur inachèvement.

La première n'aurait pu connaître son aboutissement que dans une nouvelle ontologie substituant des entités totalement inédites aux points matériels localisés et en mouvement de la physique classique, voire dans une critique frontale de toute tentative visant à poser un horizon profond d'objets face à l'activité de l'expérimentateur. Ce sont ces solutions qui seront explorées au chapitre 5 et en conclusion. La seconde démarche offrait pour sa part un certain degré de légitimité à des ébauches de représentations issues tantôt de la physique classique tantôt de la théorie de la connaissance ; elle incitait ainsi bon gré mal gré à poursuivre jusqu'à son terme logique la démarche de retour vers le concept d'objet localisé dans l'espace-temps, porteur de déterminations, et « cause » des événements expérimentaux. Ce retour (que certains considéreraient simplement comme un maintien) n'est-il pas après tout envisageable, contrairement à ce qu'ont affirmé et cru les défenseurs de l'« esprit de Copenhague » ? Et si c'est le cas, à quelles conditions peut-il s'effectuer ? Surtout, quel en est le prix (peut-être excessif, mais il faudra juger sur pièces) pour l'économie globale du système des connaissances scientifiques ? Telles sont les principales questions qui vont être soulevées dans ce chapitre. Les traiter dans toute leur ampleur exige cependant une étude préalable du concept de « chose » ou de corps matériel qui, après avoir subi un remarquable processus d'abstraction, a longtemps servi de modèle à l'objet de la mécanique classique.

4-1 La « chose » et sa constitution

Dans son article sur *l'œuvre d'art*, Heidegger [(1949), p. 19 sq.] répertorie trois « interprétations » traditionnelles de la *chose* de la vie courante. La chose est d'abord un noyau invariant auquel des qualités parfois variables sont jointes ; elle est le support substantiel d'un ensemble de déterminations dont certaines lui sont essentielles et d'autres accidentelles. La chose est ensuite une matière informée, une puissance actualisée par une forme. La chose est enfin un faisceau de percepts liés ensemble ; des percepts qu'on appelle familièrement les *aspects de la chose,* parce qu'on suppose l'œuvre de liaison toujours-déjà achevée. Ces trois interprétations, respectivement substantialiste, hylémorphique, et phénoméniste, renvoient à trois modes de rapport à la chose. Par la parole : la chose peut être nommée puis progressivement caractérisée à l'aide de prédicats. Par le geste créateur : certaines choses peuvent être modelées, sculptées, ou fabriquées à partir d'un bloc informe. Par les sens et l'activité d'orientation : la chose peut entrer dans le champ de l'intuition sensible, puis être perçue et individualisée en anticipant sur la série des tableaux sensoriels qu'on obtiendrait en se déplaçant par rapport à elle.

Comme le remarque Heidegger, chacune des trois interprétations souffre d'un défaut qui lui est propre. La conception substantialiste est trop générale ; elle s'applique à tout étant et pas seulement à la chose ; elle a tendance à forcer la chose dans le schéma stéréotypé de la proposition (ou du jugement) ; et elle s'éloigne ainsi de toute connivence fluente avec la chose pour lui préférer l'immobilisation par la pensée. La conception hylémorphique est également trop statique, en ce qu'elle passe sous silence le *projet* qui préside au modelage d'une forme dans une matière. Quant à la conception phénoméniste, elle prend si méthodiquement le contre-pied de la conception substantialiste qu'elle souffre d'un défaut réciproque. Là où l'interprétation substantialiste allait trop loin dans la seule saisie du stable, de l'universel, et de l'intelligible, l'interprétation phénoméniste se tient trop près de l'éphémère présence, des points de vue particuliers, et du sensible. « Dans les deux interprétations la chose disparaît » [*ibid.*, p. 25], tantôt par l'excès d'éloignement qu'impose à la chose son adaptation à un cadre formel, tantôt par excès de proximité à l'égard de l'utopique immédiateté de son appréhension.

4-1-1 Catégories et expérience

Est-il alors envisageable d'établir un compromis entre ces conceptions extrêmes ; ou au moins de dire comment s'engendre la plus abstraite d'entre elles, la conception substantialiste, à partir de celles qui s'enracinent directement dans les activités perceptives et motrices ?

Selon une première ligne de pensée, le compromis est inconcevable ; et l'engendrement, s'il y en a un, demeure en deçà de toute possibilité d'expression. L'œuvre de Wittgenstein, aussi bien le *Tractatus* que les textes de la période tardive, contient quelques-unes des meilleures raisons de défendre cette position. Pour commencer, le *Tractatus* a parmi ses thèmes récurrents la primauté de la forme du langage par rapport à toute tentative de la justifier. La forme de tout ce qui se dit ne se dit pas elle-même ; elle se montre. Seule la confusion des *concepts,* définissables dans le langage, avec les *concepts formels* que présuppose l'expression linguistique, a pu laisser croire qu'il serait possible de rendre compte des composants de la proposition en se servant de propositions. « Que quelque chose tombe sous un concept formel comme l'un de ses objets ne peut être exprimé par une proposition. Mais cela se montre dans le signe de cet objet. (Le nom montre qu'il dénote un objet, le chiffre montre qu'il dénote un nombre, etc.) » [L. Wittgenstein (1922), 4.126].

Il est vrai que le concept formel d'objet est trop large pour ne pas être capable d'envelopper des objets souvent tenus pour plus « primitifs » que les corps matériels, comme les apparitions ou les « données des sens ». On peut très bien former des propositions ayant pour sujet grammatical un tableau apparent ou une « donnée des sens ». Même si l'objet en général n'a pas de genèse, rien n'exclut donc à ce stade un discours qui prétendrait retracer la genèse d'un type particulier d'objet (le corps matériel, ou la chose) à partir d'un autre type d'objet (les données des sens, les éléments de l'apparaître).

Mais le second Wittgenstein a jeté la suspicion sur ce dernier type de démarche généticiste. L'idée d'un pur langage de phénomènes, qu'il n'aurait sans doute pas récusée à l'époque du *Tractatus*, lui semble devoir être écartée à partir de 1929 pour deux raisons au moins. D'une part, l'emploi d'un langage de phénomènes n'apporterait ni simplification ni clarification dans notre description du monde physique : « la description des phénomènes au moyen de l'hypothèse d'un monde de corps matériels est indispensable par sa simplicité, lorsqu'on la compare à la description phénoménologique incompréhensiblement compliquée » [in : D. Pears (1988), p. 285]. D'autre part, loin de représenter un état natif de l'expression, les « langages de phénomènes » sont (re-)construits et artificiels. Il ne faut pas perdre de vue que les jeux de langage associés à la perception n'accordent aucune priorité à un hypothétique « donné » sensoriel : « Il est pourtant bien certain que nous disons voir ces gens-ci, ces fleurs-là, alors que notre image visuelle – les formes et les couleurs – connaissent des changements constants, dont l'éventail est très ouvert. Eh bien, c'est bel et bien ainsi que nous employons le mot " voir " (ne crois pas que tu puisses lui trouver un meilleur usage – un usage phénoménologique) » [L. Wittgenstein (1980), § 1070 ; J. Bouveresse (1995)].

Un langage d'expressions phénoménologiques qui est second par rapport au langage de choses qui nous est familier, un usage des verbes « voir » ou « percevoir » qui renvoie à l'appréhension des choses et non aux mille variations de leurs profils ; telle est l'une des objections majeures que l'on a longtemps invoquée à l'encontre du phénoménisme. Ainsi que le remarquent par exemple N. Goodman [(1963)] ou W. Sellars [(1963), p. 91] dans leurs évaluations du constructivisme phénoméniste du jeune Carnap [(1928)], le donné prétendument premier, élémentaire, inconditionné, que devait représenter une sensation ou un profil perçu, émerge en vérité au terme d'un long travail d'abstraction. Le discours réflexif que suppose la référence aux sensations ou aux percepts appréhendés par un sujet ne se développe qu'à partir de l'assise intersubjective qu'offre la capacité de faire référence aux choses. Le matériau « privé » de la construction projetée (le percept) est en somme emprunté à l'entité publique à construire (la chose).

L'inventaire des arguments invoqués à l'encontre du phénoménisme ne s'arrête d'ailleurs pas là. D'un côté, certaines versions de phénoménisme se sont vu reprocher leur incapacité à accompagner ou à anticiper le développement des connaissances, en prétendant construire la chose à partir d'un nombre fini d'aspects déjà perçus. Et d'un autre côté, celles des variétés de phénoménisme qui se tenaient à l'abri de la critique précédente en assimilant la chose à un complexe *infini* de « données des sens » ou de percepts possibles, se voyaient mises au défi de justifier le statut modal de ce matériau de construction. Le premier Russell [(1914, 1917)], avant Carnap, est bien parvenu à fournir un compte-rendu phénoméniste de la structure de la proposition et de la conception substantialiste de la chose qui lui est isomorphe, en remplaçant le support des déterminations par une *classe* infinie de données des sens potentielles ou « sensibilia » obéissant de façon coordonnée aux lois de la physique, et en assimilant les déterminations à des données des sens ou à des composés simples de données des sens de cette classe ; mais sa démarche est restée suspecte. Pouvait-on admettre que parmi les éléments constitutifs d'une chose considérée comme *actuelle* se trouve une infinité pré-formée de données des sens *potentielles ;* que le mode *catégorique* d'expression soit fondé sur le mode *hypothétique* [I. Berlin (1980)] ?

Ces diverses objections aboutissent à une évaluation très critique du projet de rendre compte de la construction de la chose à partir de ses aspects perçus, ou d'un langage de choses à partir d'un langage de percepts. Le phénoménisme échoue, nous l'avons vu, lorsqu'il entreprend une incursion héroïque hors de la structure du langage afin de rendre raison de cette même structure du langage ; il échoue encore lorsqu'il s'appuie sur un usage élaboré et indirect du langage (le discours sur les perceptions) pour fonder son usage élémentaire et direct (le discours sur les choses) ; il échoue enfin devant la richesse actuelle des choses, indéfiniment développable au fur et à mesure des avancées de l'action investigatrice. L'écart entre l'appréhension sensible des choses et leur mise en forme dans la proposition demeure intact.

Il semble dans ces conditions qu'on n'ait plus d'autre ressource que d'en revenir au genre d'approche transcendantale que défendait Wittgenstein dans le *Tractatus,* c'est-à-dire de *partir* de la structure du langage, de la considérer comme une condition *a priori* de possibilité de la pensée symbolique, voire d'assigner une sorte de *primauté* à la conception substantialiste de la chose qui en est dérivée. Les tentatives d'identifier un soubassement performatif ou perceptif de la conception substantialiste de la chose et de ses prémisses structurales ayant laissé apparaître des obstacles à première vue insurmontables, il est préférable de les laisser de côté à ce stade. D'une démarche généticiste, nous allons passer temporairement à une démarche formaliste.

Quelle est donc cette structure élémentaire du langage qui informe par avance ce sur quoi il est dit quelque chose ? Considérer directement la grammaire de chaque langue comme la structure cherchée, assimiler les catégories ontologiques à des catégories syntaxiques des langues particulières, équivaudrait à défendre une position relativiste, puisqu'alors il y aurait autant de grilles de lecture de ce qui arrive que de langues utilisées. Un certain degré de relativisme est parfaitement défendable lorsqu'il concerne la mise en forme du monde environnant et familier par les langues naturelles, et il a d'ailleurs été défendu, tantôt par des ethno-linguistes (comme E. Sapir et B.L. Whorf), tantôt par des philosophes (comme Quine). Mais les besoins des sciences ont aussi suscité un mouvement de recherche visant à désigner un soubassement idéal et universel, commun à toutes les structures linguistiques particulières. Les candidats les plus plausibles à ce rang, et les plus souvent cités, sont la logique et certaines branches « fondamentales » des mathématiques.

Ce sont eux, en tout état de cause, qu'a retenus Husserl [(1929), § 24 sq.] dans son projet de formuler : (a) une « apophantique formelle », qui est une doctrine générale de « (...) l'énoncé qui affirme sur le mode de la certitude, c'est-à-dire le jugement prédicatif » ; et (b) une « ontologie formelle », qui se rapporte « (...) aux modes purs du quelque chose en général ». A l'apophantique formelle correspond la *logique,* qui traite des rapports généraux entre jugements (ou propositions) ainsi que de la structure prédicative du jugement ; et à l'ontologie formelle correspondent la *théorie des ensembles,* la *théorie des nombres cardinaux,* etc., qui à travers la manipulation des concepts d'*élément* ou d'*unité* traitent de l'objet en général. La « doctrine *a priorique* de la science » comporte en définitive deux grands groupes de concepts : ceux que Husserl appelle les « catégories de la signification », et ceux qu'il nomme les « catégories formelles d'objets ». Le premier comprend les concepts de proposition, de concept, et de vérité, et il est traditionnellement rattaché à la logique, tandis que le second comprend les concepts d'objet, d'unité, de nombre, de relation, etc., et il est rapporté à la théorie des ensembles. Prises en bloc, ces disciplines logico-mathématiques déterminent *les lois ou les formes « catégoriales »* dans lesquelles doivent se couler selon Husserl toute théorie et tout discours scientifique. A vrai dire, Husserl ne s'est pas arrêté à la dichotomie qui vient d'être exposée entre logique et théorie des ensembles. La doctrine *a priori* du jugement en quoi consiste la logique formelle est orientée en dernier ressort, remarque-t-il, vers les objets-substrats qui sont caractérisés dans chaque jugement, même si à travers son emploi se manifeste la priorité accordée à la théorie de la prédication par rapport à la théorie de la référence. La doctrine *a priori* du jugement déborde par là sur l'ontologie formelle. La démarche husserlienne s'est dès lors prolongée en une tentative de réunir toutes les lois catégoriales, y compris celles qui concernent l'objet en général et relèvent de la théorie des ensembles, dans une seule discipline : la logique formelle. Mais la réciproque de cette entreprise unificatrice est également envisageable. Quine [(1960), § 43] a par exemple proposé de faire l'économie de concepts intensionnels comme ceux de propriété et de relation, en les remplaçant par leur corrélat en extension, à savoir respectivement des classes d'objets ou des classes de paires d'objets. Dans cette dernière figure de la réduction, c'est la théorie des ensembles qui prend le pas sur la logique, et c'est la théorie de la référence qui devient prééminente face à la théorie du jugement et de la prédication.

En dépit de ces tentatives d'unification des lois catégoriales, il sera commode, dans notre réflexion sur les objets de la physique contemporaine, de maintenir leur classification en deux sous-disciplines : la logique et la théorie des ensembles. Il se trouve en effet qu'au cours de l'histoire de l'analyse des fondements de la mécanique quantique, les raisons qui ont motivé la mise en question de l'une ont été soigneusement distinguées de celles qui ont motivé la mise en question de l'autre.

4-1-2 L'origine des catégories

Revenons à présent sur les critiques que nous avons adressées au constructivisme phénoméniste. Au minimum de son ambition cette doctrine a affirmé le projet de réduire le langage de choses ou de corps matériels à un langage de percepts. Cependant, si, comme le note Quine [(1974), p. 88], les corps matériels sont « les objets par excellence », si « l'ontologie, quand elle advient, est une généralisation de la somatologie », si la forme prédicative du langage est préconditionnée par son application aux *choses* de l'environnement quotidien, alors le langage de percepts n'est qu'une ombre portée secondaire du langage de choses. La variété linguistique du phénoménisme, piégée dans le cercle d'un langage de choses qui l'a toujours-déjà précédé, ne peut que reconnaître sa défaite. A moins que le phénoménisme ne porte à nouveau ses ambitions au plus haut : essayer de rendre compte de la structure du langage à partir d'une expérience authentiquement pré-verbale. Mais cette tentative n'a-t-elle pas aussi été récusée auparavant ? Une thèse qui *dit* devoir faire appel à des éléments indicibles n'est-elle pas éminemment fragile ?

Quelques auteurs ont pourtant fait valoir que l'impossibilité de *fait* de circonscrire et d'exprimer les constituants sensibles de la chose n'empêchait pas de défendre leur primauté de *droit*. Il est exclu de donner un compte-rendu effectif de la chose et de la structure prédicative qui lui est associée à partir d'un « donné » préalable, mais, comme le souligne Goodman [(1963)], le *programme* phénoméniste garde sa valeur de principe, si on le limite à jeter l'éclairage d'une « reconstruction rationnelle » sur des choses et un langage qui sont d'emblée co-constitués.

Le projet husserlien d'une constitution phénoménologique de la chose ne se justifie pas autrement. Car cette *constitution*, qui monte par étapes d'un « flux du vécu » vers la chose et vers la structure prédicative du langage, se présente comme une réciproque de la *réduction*, qui descend par étapes du jugement explicite vers la simple perception, puis de la perception, consistant en une « opération de connaissance de niveau inférieur » ou en un *jugement implicite* [E. Husserl (1938), p. 70 sq.], vers une pure affection passive d'où se trouve éliminée toute trace d'activité épistémique. Le point de départ reste le jugement, ou au moins une expérience élaborée, conditionnée par la structure et les unités de sens du langage, mais l'entreprise de déconstruction qui est menée à partir de là vers les modes les plus élémentaires de la perception, voire vers une pure matière sensible, se trouve retournée en une démarche constructive appelée *constitution*. L'analyse réflexive ayant mis au jour une structure stratifiée de l'expérience, quoi de plus naturel que de remonter la série des strates en sens inverse ? L'inversion n'impose en rien de considérer que les strates témoignent d'une *succession historique*, dont une rhapsodie de sensations épistémiquement vierge serait l'état initial, et le jugement prédicatif sur les choses l'état final. Elle est seulement une façon de rendre tangible que, même si « (...) le saisir réceptif va immédiatement de pair (avec) la mise en ordre prédicative (...) », c'est toujours de telle manière que « (...) l'un se trouve édifié sur l'autre : chaque étape de la prédication présuppose une étape réceptive (...) » [E. Husserl (1938), p. 245]. Ici comme ailleurs, Husserl parle d'origine et non pas de commencement.

Ces précautions méthodologiques étant prises, il reste que le propos de Husserl, dans son ouvrage *Expérience et jugement*, n'est rien moins que d'offrir une « généalogie de la logique », c'est-à-dire un compte rendu de la formation du jugement prédicatif et des formes catégoriales à partir de l'« expérience anté-prédicative ». Par contraste, l'attitude de ceux qui s'en tiennent aux concepts formels inscrits dans le langage est dénoncée comme superficielle : « Ce sont là les objets qui, en tant que formations logiques, retenaient jusqu'à présent de façon exclusive l'intérêt des logiciens, sans que fût mis en question le mode de leur production originaire et de leur surgissement dans l'étage inférieur de la connaissance » [E. Husserl (1938), p. 239].

Pour cela, pour descendre dans cet étage inférieur de la connaissance d'où doivent surgir jugements prédicatifs et concepts formels, Husserl s'appuie sur une théorie de la perception qui, tout en rejoignant la critique wittgensteinienne du pur « donné » sensible, n'accorde pas la même priorité à la structure ou à l'usage de la langue. La perception commence bien selon lui par être dirigée vers une *unité intentionnelle* qui forme le motif ou le thème liant de multiples manières d'apparaître, plutôt que vers de pures apparitions sensibles ; mais la visée intentionnelle d'un objet n'est pas bi-univoquement associée à la signification linguistique. Même si la signification linguistique lui sert de modèle pour le concept d'intentionnalité, Husserl ne lui assigne pas d'autre statut que celui d'un cas particulier dont l'intentionnalité serait le paradigme général. Loin de se limiter aux seuls actes expressifs qui s'associent à la signification linguistique, le champ d'opération de l'intentionnalité s'étend selon Husserl à l'ensemble de la sphère vécue [E. Husserl (1913), p. 418 ; D. Fisette (1994)].

Dans sa tentative d'établir une généalogie des formes catégoriales, Husserl part donc de la structure élémentaire de l'acte de visée intentionnelle. De cet acte, il retient trois moments [E. Husserl (1938), p. 122] : la contemplation simple d'un objet ; l'expérience ex-plicatrice, qui consiste en un intérêt pour la mise au jour (le déploiement ou l'« ex-plication ») des faces cachées de l'objet ; et enfin la co-thématisation, qui associe à l'objet présent dans le champ de l'intuition sensible l'arrière-plan d'un entourage fait d'autres objets.

La contemplation simple équivaut à un jugement implicite d'identité. En effet, tandis que la réflexion révèle que tout nous apparaît par perspectives, aspects, ou profils, indéfiniment variables par changement de point de vue, la perception se saisit à travers ces perspectives d'un « même objet vu de différents côtés » [*ibid.*, p. 69]. Au cours des explorations ultérieures de ces côtés, les multiples aperceptions singulières restent « (...) unies synthétiquement en une expérience unique, ouverte à l'infini, du même » [*ibid.*, p. 36].

L'expérience ex-plicatrice, pour sa part, prend son essor à partir de cette saisie d'une unité perceptive. Mais elle amplifie la « visée par anticipation au-delà du noyau donné » [*ibid.*, p. 37], déjà en œuvre dans la contemplation simple, en projetant l'intérêt vers les profils qu'on s'attend à trouver en cas de modification du point de vue sur un même objet. L'ensemble de ces anticipations, de ces attentes, de ces projections, de ces « esquisses », qui accompagnent toute perception, est assimilé métaphoriquement par Husserl à un « horizon » qui entoure le noyau des connaissances déterminées par l'expérience présente et passée. Il constitue une sorte de « pré-savoir » [*ibid.*, p. 36] soumis au verdict de l'activité de connaissance qu'il suscite. Deux situations peuvent alors se présenter au cours de l'examen de l'objet retenu comme unité de sens : soit le pré-savoir à son sujet sera confirmé, soit il sera infirmé. Dans le premier cas, on dira que les intentions d'attente ont été « remplies », et dans le second cas qu'elles ont été « déçues » [*ibid.*, p. 102]. Le remplissement des intentions d'attente est à l'origine de la *prédication*, même si la prédication proprement dite suppose, comme nous allons le voir, que des conditions plus restrictives soient satisfaites. Et, à l'inverse, la déception des intentions d'attente est à l'origine de l'opération logique de *négation.*

Quant à la thématisation des objets co-présents à celui qui est visé dans l'acte intentionnel, en d'autres termes l'élargissement de l'horizon d'un objet à son « horizon externe » d'objets qui l'affectent, elle est à l'origine des *relations* ou encore des *déterminations relatives* [*ibid.*, p. 177 sq.].

Ainsi Husserl se trouve-t-il en mesure d'affirmer que la *synthèse ex-plicatrice* de la perception, avec ses différentes composantes qui comprennent la visée identificatrice, l'anticipation des profils à travers un horizon simple ou un horizon externe, et le remplissement ou la déception des attentes, constitue le « (...) lieu d'origine des catégories " substrat " et " détermination " » [*ibid.*, p. 131]. La généalogie des formes catégoriales ne s'arrête cependant pas là. Pour parvenir à la mener à bien, il faut franchir une étape supplémentaire dans *l'objectivation.* Il est vrai que la contemplation ex-plicatrice est *déjà* une activité objectivante [*ibid.*, p. 131], en ce sens qu'elle appuie ses anticipations sur la position stable d'un objet dont il s'agit d'explorer les diverses facettes. Mais dans la simple perception, cette stabilité de l'objet n'est assurée que tant que dure sa présence dans l'intuition sensible. Pour que l'objet appréhendé puisse devenir objet de connaissance à tout moment, en tout lieu, et pour chacun, il est indispensable « (...) que ce qui fut donné une fois dans l'intuition puisse, même si l'intuition est passée, être sauvegardé et demeurer à titre de possession durable » [*ibid.*, p. 238]. Contrairement à l'objectivation élémentaire et imparfaite de la perception, l'objectivation qui s'effectue dans le jugement « (...) vise à créer, par-delà la situation momentanée, un trésor de connaissance qui soit communicable et utilisable dans l'avenir » [*ibid.*, p. 74]. Ce n'est qu'à condition de prolonger les différents moments de l'activité ex-plicatrice, de poser un certain degré (variable) de permanence dans les déterminations et dans l'unité de sens déterminée, que la connaissance peut avoir « (...) un objet, duquel, en tant qu'il demeure identique, je peux non seulement disposer moi-même, mais qui comme tel est constitué intersubjectivement » [*ibid.*, p. 239]. Seule une entité-substrat qui persiste par-delà ma saisie sensible présente, voire par-delà ma capacité de mémorisation, seuls des profils qui perdurent (dans une certaine mesure, généralement moindre que celle du substrat) en dépit du changement de direction de mon exploration perceptive, peuvent prétendre servir de motif à une communication entre sujets.

C'est pourquoi le passage de l'expérience anté-prédicative au jugement prédicatif, des moments de la saisie anticipatrice aux objectivités catégoriales, repose non pas tant sur une perception que sur la possibilité toujours ouverte de la renouveler. La transformation de la simple ex-plication en connaissance suppose que l'on se donne les critères d'une *re*-connaissance. « Pour que le substrat de l'ex-plication devienne sujet et les ex-plicats prédicats, il faut que le regard se retourne sur l'unité (...). S'orienter vers cette unité pour la saisir, cela veut dire *répéter* le processus en changeant d'attitude » [*ibid.*, p. 250]. Retenons donc cette notion opératoire d'itération, exprimée par les verbes renouveler, reconnaître, retourner, répéter. Car c'est d'elle que dépend en dernière analyse le succès de l'opération consistant à dépasser le flux des appréhensions et des projections immédiates en direction d'un objet tenu en permanence disponible pour les investigations d'un sujet quelconque.

4-1-3 Prédicats et substrats

Cette possibilité de répéter qui favorise la stabilisation de la forme sujet et de la forme prédicat dans la proposition judicative, s'exerce-t-elle séparément pour chacune des deux formes catégoriales ? A première vue, il semble difficile d'établir une limite tranchée entre la reproductibilité des informations à teneur prédicative et la reproductibilité de celles qui assurent l'identité du substrat. Car d'un côté la reproductibilité d'un aspect ne pointe vers une détermination pouvant être prédiquée d'un objet que si l'activité itératrice s'est exercée sur le *même* objet. Et d'un autre côté l'identification d'un objet repose sur le suivi de quelques-uns au moins de ses prédicats. Il reste que l'usage de la langue, l'arbitrage d'Aristote entre le flux héraclitéen et l'immobilité parménidienne, ainsi que la déduction transcendantale de la catégorie de substance par Kant, vont dans le même sens : la *fonction* du sujet est distincte de celle des prédicats dans l'économie de la permanence. Le sujet représente d'abord l'unité vers laquelle convergent de multiples prédicats connus ou à connaître ; il est ce qui une fois déterminé peut encore être « (...) soumis comme tel à de nouvelles déterminations dans de nouvelles activités » [*ibid.*, p. 282]. Le sujet représente aussi ce qui demeure dans un changement de prédicat, c'est-à-dire le pôle d'identité du « (...) S déterminé une fois comme p avec (le) S déterminé l'autre fois comme q » [*ibid.*, p. 284]. Traiter successivement du mode de reproductibilité qui intervient dans la stabilisation des prédicats puis de celui sur lequel repose la permanence du sujet de la prédication, est donc envisageable, au moins jusqu'à un certain point.

La transition du simple aspect passager au prédicat s'appuie sur deux activités de reconnaissance : reconnaissance d'une communauté d'aspect d'un objet à l'autre, et reconnaissance de tel aspect lorsque le même point de vue est réadopté sur le même objet. La première activité de reconnaissance, lorsqu'elle circonscrit une classe dont font partie certains des objets qui ont été examinés dans le passé tout en anticipant sur l'investigation d'autres objets, permet de *définir* le prédicat. Et la seconde activité de reconnaissance, lorsqu'elle ne porte pas seulement sur ce qui a déjà été perçu mais anticipe sur d'autres retours au même point de vue, rend plausible l'affirmation que l'objet étudié *possède* la détermination qui en est prédiquée. Mais que conclure quand, d'un retour à l'autre au même point de vue, l'aspect initialement perçu a disparu ? Trois cas sont à envisager. Pour commencer, une série de reproductions de l'aspect a pu être attestée avant l'instant de sa disparition ; il peut aussi en rester des *traces* elle-mêmes reproductibles. Rien n'interdit alors d'affirmer, au passé, que « l'objet *possédait* la détermination » avant cet instant. En second lieu, il se peut qu'aucune procédure de reproduction n'ait été engagée dans la situation particulière considérée, mais que d'autres situations semblables aient montré une reproductibilité de l'aspect visé ; dans ce cas, il est encore licite de maintenir, fût-ce présomptivement, l'affirmation que l'objet possédait la détermination. En troisième lieu, on peut envisager des configurations où il est *à chaque fois* impossible de reproduire de l'aspect initial. Doit-on pour autant renoncer au pouvoir stabilisant et objectivant de la prédication ? Pas forcément, s'il est possible de mettre en évidence des objets et des prédicats perturbateurs qui rendent compte de l'irreproductibilité de l'aspect considéré en dépit de la possession transitoire de la détermination correspondante par l'objet. La clause de reproductibilité garde ainsi sa pertinence, puisqu'elle est appliquée transitivement aux agents perturbants.

Bien entendu, comme on l'a souligné dans un cas analogue au paragraphe 1-2-5, le bien-fondé de ce genre de clause n'a pas à être *vérifié* avant la mise en œuvre de l'activité de prédication. Le langage ordinaire, avec sa structure prédicative, est utilisé d'emblée, et la clause régulatrice de reproductibilité qu'il présuppose continue d'opérer de proche en proche (éventuellement d'agent perturbant en agent perturbant) aussi longtemps que les difficultés qu'elle rencontre trouvent d'autres modes de résolution que sa remise en cause radicale. L'antériorité de la clause de reproductibilité relève d'une reconstruction rationnelle, et il ne deviendra vraiment intéressant de la mettre au premier plan qu'en cas de menace de réfutation [1].

1. Les conclusions de cette analyse, dirigée vers les prédicats des « choses » de la vie courante, se transposent sans aucune dif-

Avant d'en venir là, voyons ce qu'il en est de la stabilisation du substrat de la prédication. Cette question peut se traiter en trois étapes : l'individualité d'un objet, son identité dans le temps, et sa capacité à servir d'unité dans un dénombrement.

Distinguer un objet de tous les autres, l'individualiser, demande en première analyse un *critère* apte à circonscrire une classe dont il soit l'unique élément. Cela requiert en d'autres termes de disposer d'une ou plusieurs *détermination(s)* qui n'appartienne(nt) qu'à lui seul. Mais quel est le statut de ce critère ? S'agit-il simplement d'une méthode pour *reconnaître* l'individualité d'un objet, ou d'une *définition* de cette individualité ? La première option semble conduire tout droit à une conception métaphysique, puisqu'elle sous-entend que l'individualité de l'objet transcende les déterminations permettant de l'attester. La seconde, pour sa part, a des conséquences surprenantes, qui imposent des contraintes considérables au discours scientifique, et qui sont parfois difficilement compatibles avec l'usage qui est fait du concept formel d'objet-substrat dans la langue.

Examinons d'abord les contraintes épistémologiques de la seconde option. Si on pose que la somme de leurs déterminations *doit* suffire dans tous les cas à discerner les objets les uns des autres, on se lie au principe leibnizien d'*identité des indiscernables,* qui énonce que leur identité qualitative (ou indiscernabilité) implique leur identité numérique. Si par contre, bien que ne reconnaissant aucun autre principe d'individuation qu'une somme de déterminations, on laisse ouverte la possibilité que ces déterminations soient parfois insuffisantes pour singulariser les objets, alors on doit envisager des classes comprenant plusieurs objets rigoureusement indiscernables ; des objets qui sont qualitativement identiques bien que numériquement distincts. Mais cette dernière perspective suscite une question délicate : peut-on effec-

ficulté aux objets de la physique classique. Il suffit pour cela de remplacer l'aspect par la valeur d'une variable, et la reproductibilité de l'aspect par la reproductibilité de la valeur.

tuer une opération de numération dans un ensemble d'éléments strictement indiscernables ? Et si ce n'est pas le cas, quelle signification attribuer à leur distinction « numérique » (*solo numero,* dit Leibniz) ? Avant l'avènement de la mécanique quantique, ce genre de question était désamorcé par l'intervention d'un élément supplémentaire, pré-compris dans tout discours portant sur les objets qui tombent dans le champ de l'intuition sensible et de l'activité motrice : la position spatiale. Il entre en effet dans la définition implicite ou explicite de ces objets, appelés corps matériels, qu'ils soient situés dans l'espace et qu'ils soient mutuellement impénétrables. Même si toutes les déterminations de deux corps sont identiques, les rendant indiscernables, leur position intervient comme une sorte de détermination extrinsèque qui permet, malgré cela, de ne pas les confondre. La multiplicité des corps matériels peut par conséquent être considérée comme un reflet de la multiplicité de leurs situations dans l'espace, le dénombrement peut s'effectuer grâce à la différence des positions spatiales, et la notion de distinction « numérique » peut se prévaloir du point d'appui concret que représente un acte de dénombrement. Tous les paradoxes de l'indiscernabilité ne sont pourtant pas résolus à ce stade. N'est-il pas par exemple tentant de dire qu'un ensemble d'éléments indiscernables répartis dans l'espace est géométriquement et physiquement invariant par permutation spatiale de ces éléments ? C'est sans compter sur la vacuité de la notion de permutation spatiale, lorsque les objets permutés ne se distinguent que par leur seule position. Parler d'invariance par permutation d'un ensemble de deux objets aux positions spatiales distinctes, cela revient en principe à dire que les propriétés géométriques et physiques de cet ensemble ne varieraient pas si l'objet 1 placé en A avait été placé en B tandis que l'objet 2 placé en B avait été placé en A. Si à présent on admet que l'étiquetage (1 et 2) des objets ne reflète aucune individualité transcendante mais seulement leur présence respectivement en A et en B, alors supposer que l'objet 1 placé en A se trouve en B, c'est non seulement avoir changé sa place mais avoir changé son étiquette. En étant placé en B, l'objet 1 n'est plus l'objet 1 mais l'objet 2 ; et réciproquement, en étant placé en A, l'objet 2 n'est plus l'objet 2 mais l'objet 1. Plutôt que d'invariance par permutation, il faudrait donc parler d'*impermutabilité.*

Le choix entre l'application stricte du principe d'identité des indiscernables, et la mise en œuvre d'un concept d'espace absolu permettant de faire de la position une qualification discriminative des corps, est quoi qu'il en soit exactement celui qu'a eu à effectuer la physique classique à sa naissance. Tandis que Leibniz adoptait la première solution [G.W. Leibniz – D. Clarke (1715), IV-3,18], la plupart des autres physiciens suivaient Newton et optaient pour la seconde. De cette dernière option est né le concept de point matériel : les points matériels forment des classes d'objets qui ont une masse et une charge identique, qui n'ont aucune autre qualité ni forme spatiale distinctive, mais qui sont individualisés par leur position à un instant donné ; il s'agit d'objets *indiscernables,* mais que leurs positions distinctes empêchent de confondre. Si l'on s'en tenait à cette idée d'individuation par la position instantanée, cependant, on ne verrait pas bien comment la physique classique a pu résoudre le paradoxe de l'impermutabilité, qu'elle a pourtant dû rencontrer plus d'une fois. Une discipline comme la mécanique statistique, qui repose pour l'essentiel sur les dénombrements de configurations résultant de permutations et d'échanges de points matériels, n'a pas pu se contenter de cette solution exclusivement spatiale à la question de l'individualité.

Plutôt que d'aborder tout de suite cette difficulté, nous allons à présent faire une incursion dans le domaine de la sémantique ; la solution cherchée se verra plus clairement à l'issue de ce détour.

Traduite en termes sémantiques, l'affirmation selon laquelle l'individualité d'un objet est définie par une liste de déterminations s'énonce ainsi : faire référence à un objet équivaut à le décrire ; un nom propre résume une description. Or, S. Kripke [(1980)] a avancé plusieurs arguments convaincants à l'encontre de cette théorie descriptionnelle de la référence. Le principal d'entre eux s'appuie sur l'incompatibilité de la théorie descriptionnelle avec le fonctionnement de la référence dans les phrases au mode conditionnel. Supposons par exemple qu'on définisse « Richard Nixon » par la description « l'homme qui a gagné les élections présidentielles américaines en 1968 ». Comment rendre cette définition compatible avec une phrase comme « bien sûr, le vainqueur de ces élections *aurait pu* être quelqu'un d'autre » ? Faut-il admettre que si cette situation s'était réalisée, Nixon n'aurait pas été Nixon ? La façon dont nous utilisons les noms propres en fait en vérité des instruments bien plus résistants que cela à des changements (temporels ou conditionnels) des descriptions qui les accompagnent ; Kripke dit qu'ils opèrent comme des « désignateurs rigides ». Pour en rendre compte, il propose une autre théorie, non descriptionnelle, de la référence, qui repose sur l'idée d'un « baptême initial » : « Lors d'un baptême initial (la référence) est typiquement fixée par ostension ou par description. Dans les autres cas, la référence est habituellement déterminée par une chaîne, transmettant le nom de maillon en maillon » [S. Kripke (1980), p. 135]. En somme, Nixon serait resté Nixon même s'il n'avait pas gagné les élections de 1968. Car les maillons d'une histoire suffisamment serrée, voire continue, auraient tout autant lié l'homme-qui-a-perdu-les-élections-de-1968 à l'acte de baptême d'un certain Richard Nixon, qu'ils ne lient effectivement l'homme-qui-a-gagné-les-élections-de-1968 à cet acte. On comprend ainsi que tout se passe dans l'usage des noms propres exactement comme si ce à quoi ils font référence transcendait ses déterminations. Mais la transcendance dont il s'agit est celle d'un acte de baptême passé par rapport aux déterminations présentes ou futures, et non pas celle d'un pur substrat intemporel par rapport à ses déterminations.

C'est précisément de cette manière que le créateur de la mécanique statistique classique, L. Boltzmann, a résolu le paradoxe de l'impermutabilité : en recourant au passé des points matériels, c'est-à-dire à leur trajectoire ;

en dépassant la problématique de l'individualité vers une problématique de l'identité à travers le temps. De même que dans la théorie sémantique de Kripke la stabilité de la référence est assurée par une chaîne continue de liens partant de l'acte de baptême, en mécanique classique l'identité du point matériel est garantie par ce que Boltzmann appelle la loi de continuité : « à chaque point matériel qui possède des coordonnées déterminées à un instant déterminé, correspond, à un temps infiniment proche, un et un seul point matériel dont les coordonnées diffèrent des premières par une quantité infiniment petite ; et ce dernier est appelé le *même* point matériel » [L. Boltzmann (1897), p. 231]. A partir de là, le concept de permutation de points matériels indiscernables acquiert un sens parfaitement clair. Dire que le point matériel 1 initialement en A est placé en B, tandis que le point matériel 2 initialement en B est placé en A, signifie ceci : le point matériel rattaché par continuité au lieu de baptême A_1, et initialement situé en A, est déplacé en B ; tandis que le point matériel rattaché par continuité au lieu de baptême B_1, et initialement situé en B, est déplacé en A. Cette définition non métaphysique de l'étiquetage, qui donne un contenu à l'opération de permutation, a une importance considérable en mécanique statistique, car c'est sur elle que repose l'évaluation du nombre de permutations de points matériels indiscernables qui laissent une configuration globale (ou « état macroscopique ») invariant(e). Et cette évaluation à son tour permet d'évaluer la fréquence relative d'un certain état macroscopique par rapport à tous ceux qui peuvent être réalisés.

Plus généralement, on a reconnu depuis longtemps que la numération suppose qu'on entretienne à propos des objets deux attitudes à première vue contradictoires. Il faut d'un côté les traiter à égalité comme « unités » itérativement additionnables, et d'un autre côté pouvoir les distinguer pour ne compter chacun d'entre eux qu'une seule fois. Selon Frege [(1884), p. 175, 182], l'apparente contradiction se résout en admettant que les deux attitudes relèvent aussi de deux niveaux d'appréhension différents : l'assimilation des objets à des « unités » abstraites est une conséquence de la décision de les subsumer sous un même concept (et de définir par là une détermination qui leur soit commune), tandis que leur distinction ne relève que d'eux-mêmes. Si le besoin s'en faisait sentir, le résultat de l'analyse kripkéenne de la référence autoriserait à préciser ce dernier point en indiquant que la distinction repose soit, de façon contingente, sur des déterminations individuantes, soit, plus fondamentalement, sur leur rattachement à des actes de baptême. Mais l'important, pour les mathématiques, n'est pas là : ce qu'il faut simplement retenir dans ce cas, c'est que le point de départ de la procédure qui aboutit au concept de nombre est l'idée pré-comprise d'objets distincts. On ne s'étonnera pas de constater que c'est sur elle que repose la totalité de la théorie des ensembles et de l'arithmétique.

Les définitions informelles que donne Cantor [(1897)] des concepts d'ensemble (ou, comme il le dit, d'« agrégat »), d'ordinal, et de cardinal, mettent parfaitement en lumière ce genre de prémisse ontologique. « Par " agrégat ", commence-t-il par écrire, nous devons comprendre toute collection M en un tout, d'objets *m* définis et distincts de notre intuition ou de notre pensée. Ces objets sont appelés les " éléments " de M. » L'ordinal est ensuite défini par un premier moment de mise à l'écart des déterminations concrètes des éléments : il représente le « (...) concept général qui résulte de M si nous faisons abstraction de la nature des éléments m et retenons l'ordre de précédence qui prévaut parmi eux ». La définition du cardinal, quant à elle, parachève l'entreprise d'élimination du concret : le concept de cardinal « (...) est obtenu à partir de l'agrégat M quand nous faisons abstraction de la nature de ses divers éléments m *et* de l'ordre dans lequel ils sont donnés ». Chacune des deux étapes d'abstraction est symbolisée par une barre au-dessus de la lettre M qui dénote l'ensemble :

L'ordinal de l'ensemble M s'écrit $\bar{M}$, et son cardinal s'écrit $\bar{\bar{M}}$.

Autrement dit, entre l'agrégat concret d'objets distincts, et la collection d'« unités » qualitativement identiques qui compose le cardinal, Cantor désigne une étape intermédiaire, l'ordinal. Cette étape intermédiaire consiste à faire certes abstraction de la « nature » particulière des éléments, mais à retenir, à travers leur ordre, la possibilité de principe de les distinguer. Elle consiste plus précisément à ne laisser subsister, de la possibilité de principe de distinguer les éléments d'un agrégat, *que* sa conséquence essentielle pour l'opération de dénombrement : la sériation des éléments, qui permet de les désigner l'un après l'autre et d'incrémenter à chaque fois d'une unité le total entier précédent.

4-1-4 Le désordre des apparences

Avec cette réflexion sur l'individualité, nous arrivons au terme du projet husserlien d'établir une généalogie du jugement, aussi bien celle de son étape prédicative que celle du sujet de la prédication. L'« origine » de la *prédication* réside dans une sélection et une stabilisation des profils perceptifs, et celle du *sujet* dans une mise en rapport des déterminations et de leurs anticipations avec un acte de baptême qui reste en vigueur à l'intérieur d'une large plage de variations des prédicats. Mais que se passerait-il si ces conditions originaires venaient à faire défaut, si la variété indéfinie et l'absence d'ordre séquentiel des percepts rendait leur stabilisation en prédicats illusoire, si le raccord d'un moment perceptif à un acte de baptême était mis en défaut par une absence manifeste et systématique de continuité historique ? Husserl n'élude pas la question. Dans un passage souvent commenté des *Idées directrices pour une phénoménologie* [§ 49], il évoque cette image d'un complet désordre de l'apparaître avec une certaine force visionnaire : « il est pensable que (...) l'expérience se rebelle tout d'un coup contre toute prétention de maintenir constamment la concordance entre les positions de choses ; que de son enchaînement disparaisse tout ordre cohérent entre les esquisses, les appréhensions, les apparences ; bref qu'il n'y ait pas de monde ». L'impossibilité de stabiliser les profils en prédicats, d'assurer la permanence de leurs supports, de les détacher des contextes et des points de vue particuliers, d'instaurer en somme les conditions de l'objectivation, est *pensable* selon Husserl. Et ce qui doit rester après abolition de ces conditions est assimilé par lui au pur « flux du vécu ».

La parabole du chaos, aussi évocatrice qu'elle puisse sembler, ne rend toutefois pas bien compte de la façon dont s'effectue la *réduction phénoménologique*, qui suspend la croyance à un monde de choses donné d'avance pour révéler les couches structurales du « vécu ». L'itinéraire de la réduction, comme nous l'avons signalé, part du jugement prédicatif, ou si l'on veut d'une « expérience » au sens kantien, pré-conditionnée par la forme du jugement. Et les strates supposées plus « originaires » qu'elle met au jour dépendent pour leur expression d'un usage second, détourné, du langage courant, dont l'usage premier est de s'appliquer aux choses objectivées. Si les conditions manquaient pour co-stabiliser les choses et leurs noms, les profils des choses et leurs prédicats, alors feraient *aussi* défaut les conditions pour dire quoi que ce soit du flux vécu résiduel. Le désordre des apparences, l'irruption de réponses toujours nouvelles à la reproduction des actes, ne sont en définitive pensables et dicibles qu'à partir d'une situation où elles ne sont *pas* réalisées, et au moyen d'un langage qui présuppose *leur contraire*. Il faut reconnaître à la démarche transcendantale de Wittgenstein le mérite de s'en être tenue de manière inflexible à cet ordre de priorités, alors que le projet généalogique de Husserl a parfois conduit à le perdre de vue.

4-2 De la chose à l'objet de la physique quantique

Mais la physique contemporaine n'offre-t-elle pas justement l'occasion de mettre en pratique la fécondité de la méthode généalogique sans pour autant perdre la rigueur de la démarche transcendantale ? Ne constitue-t-elle pas un terrain idéal où la mise à profit du travail de Husserl sur l'origine du jugement et des catégories ne risquerait à aucun moment d'occulter l'antériorité inévitable, soulignée par Wittgenstein, des formes de la langue sur toute tentative d'en rendre raison ?

4-2-1 L'appareillage et au-delà

Pour voir comment les deux approches peuvent se compléter plutôt qu'entrer en conflit, il faut tirer à nouveau toutes les conséquences du fait que l'accès du physicien à son hypothétique objet microscopique s'effectue à travers la médiation d'un appareillage macroscopique. L'appareillage, pour commencer, appartient sans équivoque au champ d'exercice de l'argument linguistico-transcendantal de Wittgenstein. Nommer un appareillage, en prédiquer des déterminations, c'est simplement admettre par avance que l'investigation expérimentale peut se prévaloir d'un point d'appui permanent et utilisable par tous. Il faut en effet rappeler que les scientifiques ne sont habilités à exprimer leur accord ou leur désaccord sur l'objet qu'ils visent qu'à condition d'être adossés sur un accord minimal préalable et tacite à propos des moyens d'étude de cet objet. Or, utiliser le langage courant pour décrire l'instrumentation, c'est tenir d'emblée ce dernier accord pour accessible. Se servir du langage courant pour décrire les appareils, ce n'est certes pas émettre un quelconque jugement sur l'opportunité de leur appliquer la dichotomie substrat-déterminations, mais c'est en faire le présupposé de tous les jugements.

Une fois assuré cet arrière-plan méthodologique, rien n'empêche cependant de faire rebondir l'interrogation généalogique vers l'objet de l'investigation. L'ordre des phénomènes expérimentaux rend-il toujours possible de constituer un *horizon profond* d'objets au sens de Gonseth ? Comment les concepts formels d'objet et de détermination sont-ils engendrés à partir de ces phénomènes ?

Les circonstances d'un tel questionnement sont bien plus favorables que celles dont Husserl avait à tenir compte, car ici le désordre des apparences n'aurait plus pour corrélat la dissolution de la structure même du langage utilisé pour en dire quelque chose ; seulement l'impossibilité de prolonger cette structure vers un second domaine de discours. Ce qui resterait après disparition des conditions de l'objectivation d'un horizon profond ne serait pas un « flux du vécu » indicible, mais un flux de faits expérimentaux parfaitement accessibles à l'expression linguistique, puisque préconditionnés par elle. L'enquête n'a plus à se garder d'une menace de dérobade des moyens discursifs dont elle fait usage.

Il est donc envisageable d'aller à certains égards plus loin en physique que Husserl n'a jamais pu le faire pour le « monde-de-la-vie », tout en appliquant des procédés isomorphes. Partons de la notion d'une expérience anté-prédicative. Plus riche que la simple accumulation empiriste de données des sens, déjà porteuse d'une visée intentionnelle, anticipatrice de profils ou d'aspects, satisfaite ou déçue par la suite des apparitions, elle reste cependant en deçà de l'ultime étape de stabilisation qui autorise la prédication et la dénomination. Y a-t-il en physique quelque chose d'équivalent à cette notion phénoménologique d'expérience anté-prédicative ; quelque chose qui, bien que se situant déjà à l'intérieur du langage, contrairement à l'expérience anté-prédicative, en partage cependant le statut d'attente pré-formée ? On trouve cet équivalent dans l'architecture des appareillages qui, nous l'avons dit à propos de Bohr, est sous-tendue par un *projet* de fonctionnement. Ce projet anticipe en effet quelque chose de ce sur quoi porte la recherche, puisqu'il implique une prévision du mode de contact à établir entre l'appareil et ce qu'il sert à explorer, ainsi que de la gamme des conséquences possibles de ce contact. Certaines de ces anticipations sont particulières à un instrument (elles définissent la variable mesurée), mais d'autres concernent tous les instruments qu'un paradigme scientifique donné conduit à employer. C'est à ces dernières que nous allons nous intéresser.

En physique classique, le fonctionnement des appareils durant le processus de mesure était énoncé de bout en bout à l'aide d'une forme de langage courant étendue et standardisée par un lexique théorique mettant systématiquement en jeu leurs propriétés spatiales et cinématiques. Cela avait pour corrélat une *attente* très générale : celle de révéler par le biais de l'expérimentation, moyennant des perturbations indéfiniment réductibles ou contrôlables, certaines déterminations possédées conjointement en propre par des objets situés dans l'espace ordinaire. Ces objets pouvaient être soit localisés (le corpuscule) soit étendus (le fluide, le champ), mais la localisation des parties interactives de l'appareil (le ou les corpuscule(s)-test) engendrait l'attente que leurs *propriétés* soient pour leur part locales. Les résultats expérimentaux, et surtout la structure théorique qui en fixait le cadre à la fois descriptif et prédictif, n'entraient pas en conflit avec les normes de reproductibilité, d'individualité, et de réidentifiabilité spatio-temporelle, requises pour ne jamais décevoir cette série d'attentes assez globales. Qu'en est-il à présent en physique quantique ? En physique quantique, on utilise *aussi* des instruments dont le projet de fonctionnement est formulé en totalité ou en partie dans les termes de la physique classique, ne serait-ce que pour obéir à la contrainte d'objectiver le résultat fourni. Et cela conduit *aussi* à orienter l'attente vers des déterminations conjointement possédées en propre par des objets plus ou moins bien localisés dans l'espace ordinaire, ou par des champs qui sont des *fonctions de points* dans l'espace ordinaire. La langue véhiculaire des physiciens contemporains, qui continue à invoquer, non sans beaucoup d'atténuations et de nuances, les « propriétés des particules élémentaires », témoigne de cette attente, de cette poussée un peu aventureuse de la visée intentionnelle. La différence majeure avec le cas classique se fait jour à l'étape suivante. Dans la situation quantique, la suite des résultats expérimentaux, et la structure théorique qui en fixe le cadre prédictif, ne permettent pas de satisfaire à certains des critères de reproductibilité, d'individualité, et de réidentifiabilité spatio-temporelle, qui rendraient immédiatement légitimes la prédication et la dénomination d'objets dans l'espace ordinaire.

En physique quantique, comme en physique classique, le projet de fonctionnement des appareillages induit des attentes qui épousent le cadre formel et les circonstances typiques d'emploi de la proposition du langage courant. Mais en physique quantique, contrairement à ce qui se passe en physique classique, l'ordre des phénomènes auxquels donnent lieu les appareillages s'inscrit la plupart du temps en faux contre cette structure générale d'attente. Montrons-le sur quelques exemples.

4-2-2 La mise à l'épreuve de la prédication et de la dénomination

A l'intérieur d'une cavité caractérisée par la valeur 1 de l'observable nombre, la physique quantique n'assure la reproductibilité des résultats que dans un seul cas : la répétition de la mesure non destructive de la même variable (ou de variables compatibles). En revanche, si deux variables conjuguées, comme la position et la quantité de mouvement, sont mesurées alternativement, la reproductibilité de la valeur de chacune des variables n'est plus du tout réalisée. Le palliatif habituel permettant de laisser subsister le concept de propriété en dépit d'un constat momentané de non-reproductibilité, consiste à recourir à une *perturbation.* Ici, cette stratégie conduirait à affirmer que la mesure de l'une des variables conjuguées exerce une perturbation telle sur l'objet qu'on ne peut plus retrouver la valeur initialement mesurée pour l'autre variable conjuguée. Il ne faut cependant pas perdre de vue que le sens du recours à la perturbation n'est pas d'annuler l'exigence de reproductibilité, mais d'en transférer le lieu d'exercice des aspects de l'objet perturbé à ceux de l'objet perturbant. Or, l'impossibilité avérée de contrôler la perturbation, ou, ce qui revient au même, le renvoi de la perturbation d'agent de contrôle en agent de contrôle *ad infinitum* [W. Heisenberg (1930),

p. 17] rend impossible l'application de la clause de reproductibilité à quelque moment déterminé que ce soit. Le projet de stabiliser les aspects (mesurés), de les détacher des circonstances particulières d'un acte expérimental, de pouvoir les considérer grâce à cela comme reflets d'une détermination qui préexiste aux circonstances et leur survit, rencontre donc un obstacle majeur en physique quantique.

L'incompatibilité mutuelle des variables conjuguées a une autre conséquence, cette fois sur le critère majeur de ré-identification qu'utilisait la mécanique classique. Ce critère, rappelons-le, est ce que Boltzmann appelait la « loi de continuité » ; c'est-à-dire la possibilité de rattacher un point matériel à une séquence continue de positions dans l'espace, qu'on appelle sa trajectoire. Tous les points de cette trajectoire n'étaient certes pas disponibles en pratique, mais on admettait que rien n'empêchait en principe de les repérer avec une précision indéfiniment améliorable, et qu'à défaut de repérage expérimental, on pouvait compter sur l'unicité de l'interpolation fournie par les lois théoriques entre deux points distants. En physique quantique, par contre, l'incompatibilité des observables *position* et *quantité de mouvement,* qui se traduit par les relations d'« incertitude » de Heisenberg, a la conséquence suivante : la détermination expérimentale indéfiniment rapprochée et indéfiniment précise des positions spatiales successives s'accompagne obligatoirement de leur plus extrême *dispersion.* Si l'on se contente d'un pointillé assez lâche, on obtient un tracé qui ressemble, vu de loin, à une trajectoire ; mais si on resserre le maillage, il en résulte quelque chose de plus proche du nuage de points que de la ligne. Une interpolation théorique issue de la physique quantique est-elle alors apte à pallier ces « carences » de l'accès expérimental, et à rétablir une trajectoire continue là où l'on ne dispose que de quelques points vaguement alignés ? En aucune manière, car en établissant un lien légal entre deux événements ponctuels, la mécanique quantique ne met pas en jeu une seule trajectoire actuelle mais une *infinité* de trajectoires possibles (ce sont les multiples « chemins » de l'intégrale de Feynman [(1965)]).

De là à penser, comme Schrödinger [(1951), p. 37, 47], que « (...) nous sommes actuellement obligés d'affirmer que les constituants ultimes de la matière n'ont aucune " identité " », ou « (...) qu'il vaut mieux ne pas regarder une particule comme une entité permanente mais plutôt comme un événement instantané », il n'y a qu'un pas. Le concept de support localisé et réidentifiable des déterminations ne peut plus en effet se prévaloir de points d'appuis suffisants dans l'ordre des phénomènes microscopiques, régi par la mécanique quantique.

Cette impossibilité de réidentifier par continuité spatio-temporelle retentit à son tour sur les règles du dénombrement. On se souvient qu'en physique classique, l'une des conséquences de la loi boltzmannienne de continuité était de donner un sens à l'idée que des points matériels indiscernables sont répartis suivant un certain *ordre* dans les états élémentaires qui leur sont accessibles, et que cet ordre peut être modifié par *permutation.* L'indiscernabilité des points matériels impliquait l'invariance de l'état macroscopique du système par permutation des points matériels qui le constituent, mais la possibilité de rattacher continûment ces points matériels à un acte de baptême fournissait un élément de repérage permettant de distinguer formellement leurs ordres de distribution. Chacune des répartitions (tenant compte de l'ordre de distribution) était appelée *état microscopique du système de points matériels.* La probabilité d'un état macroscopique, et les quantités thermodynamiques associées (comme l'entropie), s'obtenaient alors en prenant le rapport du nombre d'états microscopiques qui laissent cet état macroscopique invariant, au nombre total d'états microscopiques. Avec pour hypothèse implicite l'équiprobabilité de ces états microscopiques.

En physique quantique, où manquent les trajectoires continues qui permettent de repérer des permutations, les attentes liées à un dénombrement des permutations risquent en revanche d'être déçues. Dans une telle situation, on s'attend plutôt à ce que le calcul de la probabilité des états macroscopiques n'ait même plus à tenir compte de différents ordres de distribution. On s'attend à ce que *l'impermutabilité* des particules quantiques (qui va bien au-delà de la simple *indiscernabilité*, invoquée couramment comme leur trait spécifique alors qu'elle appartient *aussi* aux points matériels classiques) se manifeste par une modification des règles de calcul de la thermodynamique statistique. Or, il en va bien ainsi, comme on l'a appris dès 1924 avec les travaux de Bose et d'Einstein, puis quelques années plus tard avec les travaux de Fermi et Dirac. Ces auteurs ont en effet montré que, sous l'hypothèse habituelle d'équiprobabilité des états microscopiques (nous discuterons de la possibilité de se passer de cette hypothèse aux § 4-3 et 4-5), on ne doit même plus *établir de distinction numérique* entre deux permutations des particules si l'on veut parvenir à des résultats appropriés dans le calcul des quantités thermodynamiques. Une telle indiscrimination des permutations s'applique aussi bien aux particules obéissant à la statistique de Bose-Einstein (les bosons) qu'à celles qui obéissent à la statistique de Fermi-Dirac (les fermions). Simplement, les fermions obéissent à une contrainte supplémentaire, connue sous le nom de « principe d'exclusion de Pauli » : deux fermions ne peuvent pas occuper le même état élémentaire.

Un exemple de dénombrement des états microscopiques d'un système de particules obéissant respectivement aux statistiques de Maxwell-Boltzmann, de Bose-Einstein, et de Fermi-Dirac, est donné au tableau n° 2. La situation choisie, particulièrement simple, implique deux particules et deux états élémentaires. Lorsque les ordres de distribution issus d'une permutation peuvent être distingués, comme c'est le cas dans la statistique de Maxwell-Boltzmann, on dénombre 4 états microscopiques au total pour le système de deux particules. Lorsque les ordres de distribution ne sont pas distingués, comme dans la statistique de Bose-Einstein, on dénombre seulement 3 états microscopiques. Ici, ceux des états microscopiques où toutes les particules s'accumulent dans un seul état élémentaire sont en majorité : 2 sur 3 plutôt que 2 sur 4 (c'est ce qu'on appelle la condensation de Bose-Einstein). Enfin, lorsqu'on fait intervenir le principe d'exclusion de Pauli, comme dans la statistique de Fermi-Dirac, on ne compte plus qu'un seul état microscopique.

1	2
AB	
	AB
A	B
B	A

Statistique de Maxwell-Boltzmann

1	2
AA	
	AA
A	A

Statistique de Bose-Einstein

1	2
A	A

Statistique de Fermi-Dirac

Tableau n° 2

Ni la reproductibilité des phénomènes ni la réidentifiabilité spatio-temporelle (évaluée directement ou manifestée indirectement à travers la permutabilité) ne sont en définitive assurées, au niveau de ce *second horizon* qu'anticipent les projets de fonctionnement des appareillages de la physique quantique. Aucun des critères expérimentaux sur lesquels s'appuient respectivement la prédication et la dénomination d'objets de type « corps matériel » n'y est satisfait. Doit-on pour autant se laisser impressionner par cet échec, et aller jusqu'à abandonner l'idée d'un « horizon profond » d'objets posés devant les appareillages ?

4-2-3 La multiplicité des options ontologiques disponibles

Le renoncement pur et simple à un second niveau d'objectivation prolongeant celui des « choses » de l'environnement quotidien n'est en vérité que l'une des réponses possibles à la situation qui vient d'être exposée. Essayons de dresser la liste de ces réponses avant de les mettre tour à tour à l'épreuve de l'argumentation.

(1) Refuser de parler d'objets de l'expérimentation : c'est la réponse instrumentaliste poussée jusqu'à ses dernières conséquences. L'instrumentalisme ne constitue toutefois pas tant une réponse qu'un cadre de réponses. Il est vrai qu'il s'accompagne parfois de la dénégation explicite d'un second niveau d'objectivation (et dans ce cas il avance une thèse ontologique, même si elle est négative), mais il s'accommode aussi d'un complet agnosticisme qui laisse la voie ouverte à toutes les autres solutions. C'est cette dernière attitude d'expectative que nous avons jusque-là favorisée.

(2) Continuer de parler comme si l'expérimentation donnait accès aux propriétés d'objets de type vaguement corpusculaire, mais assortir ce mode d'expression de quantité de restrictions et de correctifs. C'est ce comportement que la sagesse commune des physiciens continue de préconiser. Sa faveur dans les laboratoires s'explique bien sûr par sa conformité aux attentes que suscite la formulation semi-classique du projet de fonctionnement des appareillages ; mais elle est également justifiée par le fait que les critères de la prédication et de la dénomination sont *parfois* satisfaits, fût-ce approximativement, par les phénomènes quantiques. Cette adéquation par bribes peut donner appui à des locutions qui ne prétendent elles-mêmes valoir que dans des secteurs limités.

(3) Modifier la structure catégoriale de la langue. Continuer à admettre formellement les attributions conjointes de prédicats expérimentalement incompatibles (comme la valeur précise de la position et de la quantité de mouvement), mais recourir pour cela à une *logique* non classique. Continuer à admettre par ailleurs que l'horizon profond est fait d'une *pluralité* d'objets, mais modifier certains axiomes de la *théorie des ensembles*

pour tenir compte de cette forme extrême d'indiscernabilité qui se manifeste par l'impermutabilité.

(4) Accroître la distance entre phénomènes d'une part, objets et prédicats d'autre part. La non-satisfaction par les phénomènes des critères de la prédication et de la dénomination d'objets localisés n'interdit pas en effet d'en affirmer la validité dans une sorte d'arrière-monde dont ils ne nous laisseraient appréhender qu'un reflet imparfait. Il suffit après tout de recourir à une distorsion appropriée du lien entre les propriétés des objets putatifs et les phénomènes expérimentaux pour « expliquer » l'impossibilité de mesurer conjointement et avec une précision indéfiniment améliorable certains couples de propriétés pourtant possédées par eux, et pour « rendre raison » de l'*apparente* mise en échec des critères de réidentification spatio-temporels. Tel est, en résumé, l'objectif des théories à *variables cachées*.

(5) S'affranchir radicalement de l'archétype du corps matériel ; changer de type d'objets ; concevoir des objets qui ne portent comme déterminations *que* des variables compatibles, et qui sont ré-identifiables par autre chose qu'une trajectoire dans l'espace ordinaire. Certaines entités théoriques non spatio-temporelles, comme les vecteurs d'état, fournissent un bon point de départ pour cette stratégie de refonte ontologique.

La position (1) ayant déjà été développée au chapitre 2, nous exposerons successivement dans ce chapitre les positions (2), (3), et (4). Le chapitre 5 sera ensuite consacré entièrement à la position (5).

4-3 Une ontologie par fragments

Il va être question dans ce paragraphe de la langue, à la fois efficace et désarticulée, des physiciens contemporains ; de prédication par fragments et d'objets fragmentairement réidentifiables.

4-3-1 La ligne brisée des propriétés

Les deux modèles les plus simples qu'une théorie de la connaissance puisse fournir du rapport entre phénomènes et propriétés sont le mimétisme épistémologique et la projection ontologique. Le premier est plutôt orienté vers le passé, et le second vers le futur. Selon le premier, les phénomènes doivent être considérés comme autant de reflets fidèles de propriétés que l'objet possédait avant l'observation ou l'expérimentation. Selon le second, attribuer une propriété à un objet consiste à projeter sur lui un phénomène à partir du moment où il s'est manifesté, et à prédire ainsi la réitération du phénomène sous des conditions analogues, lorsque le même objet est impliqué. Dans la vie quotidienne et en physique classique, les deux modèles pouvaient être combinés sans difficulté, puisqu'un degré suffisant de reproductibilité des phénomènes rendait inoffensive l'hypothèse d'une continuité temporelle des propriétés avant et après le moment de l'observation ou de l'expérience. Leur combinaison était la marque d'un certain équilibre épistémologique. Le modèle mimétique garantissait l'exactitude du savoir, cependant que le modèle projectif assurait son efficacité.

En physique quantique, par contre, l'absence de reproductibilité de la valeur d'une variable à la suite de la mesure de sa variable conjuguée rend inévitable l'introduction d'une dissymétrie entre passé et futur, entre mimésis et projection.

Des deux, c'est sans doute la mimésis qui a été le plus tôt mise en cause. Dans l'enseignement répandu par les physiciens durant les années 1930, qui résumait et simplifiait celui de Bohr et de Heisenberg, il apparaissait qu'« une variable n'*a*, en général, pas de valeur déterminée avant que je ne la mesure ; la mesurer ne signifie donc pas trouver la valeur qu'elle *a* » [E. Schrödinger (1935a)]. Il est vrai que certains développements récents, comme celui des « histoires consistantes » de Griffiths

(§ 1-3-8), ont eu pour principal objectif de surmonter ce genre d'énoncé négatif. A travers sa formulation de la mécanique quantique, indique d'Espagnat [(1994), p. 248], Griffiths « (...) attend d'une mesure qu'elle nous " révèle une propriété qui existait déjà " ». Et sa méthode de reconstitution *a posteriori* de ce qui s'est passé avant la mesure a l'immense avantage, selon Omnès [(1992)], de justifier le discours spontané des physiciens des particules qui, loin de se contenter du simple constat d'un impact sur un détecteur, essaient de remonter à partir de là, de propriétés en propriétés, le fil d'une sorte de chaîne des causes. Le problème, nous l'avons vu, est qu'il n'y a pas en général *une seule* histoire consistante de Griffiths entre deux mesures effectives, mais plusieurs. Faut-il alors accorder une signification limitée à la reconstitution des propriétés en amont du phénomène de détection : une simple *fiabilité,* opposée à la *vérité* recherchée ? Ou bien doit-on restreindre l'exercice de la remontée de la chaîne des causes au cas où soit le nombre d'histoires consistantes tend effectivement vers 1, soit les moments de l'histoire sont définis de façon assez large et vague pour que tout se passe comme si elle était unique [R. Omnès (1994a), p. 175] ? Le résultat mi-figue mi-raisin de cette réflexion en forme d'interrogations est que, si la notion de propriété possédée avant la mesure peut garder droit de cité dans le discours des physiciens, ce n'est que de façon soit atténuée, soit lacunaire. Elle y garde sa place en tant que « notion à large spectre » [H. Putnam (1992), p. 63] ayant pour fonction d'assurer la commensurabilité des paradigmes grâce à son aptitude à entretenir l'équivoque.

Il en va essentiellement de même de la notion de propriétés acquises après la mesure. La situation semble pourtant à première vue bien plus favorable à cette dernière notion. Car on peut compter dans ce cas sur la stricte reproductibilité de la valeur d'une observable à partir d'une mesure non destructive initiale, en l'absence de mesure intermédiaire d'une autre observable incompatible. Une fois la valeur d'une observable mesurée non destructivement « sur l'objet », on peut prévoir sa valeur immédiatement ultérieure avec une probabilité voisine de 1. Plus largement, il arrive que dans un système corrélé, une fois la valeur d'une observable mesurée sur l'un des sous-systèmes, on puisse prévoir la valeur qu'elle prendra sur l'autre sous-système avec une probabilité 1. Cette dernière circonstance, qui a suscité l'argument d'Einstein, Podolsky et Rosen (§ 3-2-2), a aussi donné naissance à leur « critère de réalité ». En le reformulant légèrement selon une suggestion de d'Espagnat [(1976), p. 81], on obtient la définition projective suivante des propriétés :

Si, sans perturber en aucune manière un système, nous pouvons prédire avec certitude (c'est-à-dire avec une probabilité 1) la valeur d'une quantité physique, alors il existe une propriété du système correspondant à cette quantité.

Malheureusement, à moins de considérer, comme en physique classique, que la projection d'un phénomène en propriété ne fait qu'en entériner l'existence *préalable,* indépendante de toute investigation expérimentale, cette définition entraîne des difficultés. Elle ne dit rien en particulier des circonstances où aucune prédiction certaine n'est possible concernant la valeur d'une variable. Le système ne possède-t-il alors *aucune* propriété dans la gamme des valeurs de cette variable ? Répondre par l'affirmative à cette dernière question, admettre que le système ne possède aucune propriété quand la prédiction de la valeur correspondante n'est pas certaine alors qu'il en possède une quand la prédiction est certaine, ce serait prendre le risque de tenir alternativement des formes de discours disparates ; des formes de discours où il est question tantôt de propriétés possédées, tantôt de valeurs mesurées ; tantôt de l'ombre portée d'une ontologie inavouée, tantôt d'une abstention ontologique affichée. Même si l'on se satisfait de cette fragmentation du discours, tout n'est pas réglé pour autant, car les limites de validité des fragments sont laissées dans le vague. Que dire en effet des cas où une valeur est prévue avec la probabilité très voisine de 1, disons 0.999 ? Doit-on maintenir l'affirmation générale selon laquelle une propriété n'est possédée que si la probabilité de l'attester est *rigoureusement* égale à 1, au risque d'introduire des discontinuités ontologiques là où la continuité de l'évaluation probabiliste n'en laisse aucunement supposer ; ou doit-on au contraire assouplir la ligne de démarcation entre possession d'une propriété et mesure d'une valeur, au risque d'y introduire l'arbitraire ?

C'est pourquoi Van Fraassen [(1991)] et les autres défenseurs de *l'interprétation modale de la mécanique quantique* soutiennent qu'il est indispensable d'adopter une attitude cohérente, identique dans tous les cas. Soit nier systématiquement que le système possède une propriété, y compris quand son vecteur d'état assigne la probabilité 1 à l'obtention d'une valeur, soit considérer que cela a toujours un sens d'attribuer une propriété à un système, y compris quand son vecteur d'état n'assigne la probabilité 1 à aucune valeur. Ces deux cas ont une conséquence en commun : celle de forcer à introduire une distinction nette entre les propriétés d'une part, et l'instrument d'évaluation probabiliste (à savoir le vecteur d'état) d'autre part ; entre les « attributions de valeur » et l'« état dynamique ». La clarification ainsi atteinte dans l'emploi du formalisme n'est pas négligeable, mais il est évident, en raison de l'alternative d'où elle est issue, qu'elle laisse le statut des propriétés dans une complète indécision. Admettre que les systèmes ne peuvent pas être dits « posséder une propriété » même quand la probabilité d'obtenir une valeur est égale à 1, c'est tendre vers l'instrumentalisme ; et inversement, considérer qu'ils possèdent une propriété dans tous les cas, c'est se tenir très près des théories à variables cachées, comme on l'a parfois reproché à certains partisans *réalistes* de l'interprétation modale de la mécanique quantique [D. Dieks (1994)]. Le choix de la cohérence se paie en définitive de la nécessité de quitter le confortable clair-obscur du langage véhiculaire des physiciens pour adopter l'une ou l'autre des positions les plus tranchées (et les plus exposées à la contestation philosophique) au sujet du concept de propriété.

4-3-2 Identité occasionnelle, identité nominale

Il en va de même, nous allons le montrer, en ce qui concerne la question de l'identité.

Face à l'échec du critère classique d'identification des particules qu'est le suivi d'une trajectoire en continu, deux attitudes peuvent être adoptées. Selon la plus radicale, défendue par Schrödinger, les expériences de physique microscopique ne donnent accès à rien d'autre qu'à des événements discontinus, qu'il est parfois possible de relier en des séries ressemblant à des trajectoires corpusculaires. Selon l'autre attitude, au contraire, on a toujours affaire à des objets dotés de certains traits corpusculaires, même s'il est parfois (quand la densité des particules est très élevée) impossible de les identifier. Cette dernière façon de voir, largement répandue dans la communauté des physiciens, conduit d'un côté à manipuler le formalisme comme si cela avait toujours un sens de distinguer nominalement les particules et de les *permuter ;* et de l'autre à apporter un correctif (exprimant la simple *indiscernabilité* de particules numériquement distinctes) qui aboutit exactement, sans qu'on l'ait demandé, aux conséquences arithmético-combinatoires qu'aurait la condition plus forte de stricte *impermutabilité !*

Partons donc de deux particules indiscernables distinguées nominalement par les étiquettes A et B, et sur lesquelles on désire mesurer une variable quelconque S. Quel est le vecteur d'état qui convient à ce système de deux particules ? Le plus simple, et le plus conforme à l'idée courante que chaque objet « est dans un état », serait d'assigner un vecteur d'état à chacune des deux particules puis de considérer le vecteur d'état du système comme le produit (tensoriel) des deux :

$$|A;\phi\rangle\ |B;\psi\rangle$$

Une telle expression n'implique aucune corrélation entre les valeurs d'observables trouvées sur l'une et sur l'autre particule. Mais elle ne peut être retenue, parce qu'elle aboutit à des conséquences incompatibles avec l'indiscernabilité des particules. L'indiscernabilité devrait en effet avoir pour conséquence une invariance des prédictions théoriques par permutation des particules, quelle que soit la variable qu'on projette de mesurer. Or, l'expression précédente aboutit à deux évaluations probabilistes quantitativement distinctes après permutation :

– la probabilité que la valeur s_i soit obtenue lors d'une mesure de S sur la particule A et que la valeur s_j soit obtenue lors d'une mesure de S sur la particule B :

$$|\langle s_i | A;\phi\rangle\langle s_j | B;\psi\rangle|^2$$

– la probabilité que la valeur s_i soit obtenue lors d'une mesure de S sur la particule B et que la valeur s_j soit obtenue lors d'une mesure de S sur la particule A :

$$|\langle s_j | A;\phi\rangle\langle s_i | B;\psi\rangle|^2$$

Pour éviter d'avoir à distinguer les prédictions associées aux permutations de deux particules indiscernables, il est suffisant de poser que le vecteur d'état du système des deux particules s'écrit :

$$|\Psi\rangle = 2^{-1/2}(|A;\phi\rangle|B;\psi\rangle \pm |B;\phi\rangle|A;\psi\rangle)$$

Cette expression d'un état quantique peut se rattacher directement aux considérations arithmétiques du paragraphe 4-2-2 sur les diverses façons de répartir des particules dans des états. Lorsque le signe intermédiaire est –, le décompte aboutit exactement à la statistique de Fermi-Dirac ; et lorsque le signe intermédiaire est +, le décompte aboutit exactement à la statistique de Bose-Einstein [1].

1. Des travaux assez récents ont conduit à montrer que cette expression très simple du vecteur d'état d'un couple de particules

Il est très facile de voir pourquoi l'expression précédente, avec le signe −, aboutit à la statistique de Fermi-Dirac : c'est qu'elle satisfait automatiquement au principe d'exclusion de Pauli. En effet, si les deux particules étiquetées A et B se trouvent dans le même état (disons ϕ), le vecteur d'état du système s'annule et avec lui toutes les probabilités associées. Le signe − garantit l'impossibilité que deux particules se trouvent dans le même état.

Il est un peu plus difficile en revanche d'apercevoir la raison pour laquelle l'expression précédente, avec le signe +, aboutit à la statistique de Bose-Einstein. Dans cette expression, n'a-t-on pas distingué nominalement les particules, et avec elles leurs permutations ? Et n'a-t-on pas montré auparavant que la statistique qui vaut pour des particules indiscernables mais permutables est celle de Maxwell-Boltzmann, fort différente de celle de Bose-Einstein ? C'est le moment de revenir sur l'une des hypothèses qui nous avait guidés jusque-là : l'équiprobabilité des états (ou répartitions) microscopiques. Il est exact que, *sous l'hypothèse d'équiprobabilité des états microscopiques,* la statistique qui s'applique à des particules indiscernables et permutables est celle de Maxwell-Boltzmann ; et que réciproquement, si la statistique qui s'applique à elles est celle de Bose-Einstein, cela signifie qu'elles sont non seulement indiscernables mais aussi impermutables. Mais si l'on s'affranchit de l'hypothèse d'équiprobabilité, rien n'empêche de concevoir que des particules permutables obéissent à la statistique de Bose-Einstein, dans laquelle les deux répartitions hétérogènes Aϕ-Bψ et Bϕ-Aψ ont un poids probabiliste proportionnellement

indiscernables mais étiquetées, vaut spécifiquement pour des particules plongées dans un espace à *trois* dimensions. D'autres expressions, adaptées à un espace à *deux* dimensions, donnent lieu à un concept distinct à la fois de celui de Boson et de celui de Fermion : le concept d'« Anyon ». Le lien ainsi établi entre statistique de permutation et dimension spatiale devrait relancer les réflexions sur la relation entre identité et trajectoire spatio-temporelle.

plus petit que ne le laisserait supposer leur simple dénombrement, tandis que les répartitions homogènes Aφ-Bφ et Aψ-Bψ ont un poids probabiliste proportionnellement *plus grand* que ne le laisserait penser leur simple dénombrement. Il suffit pour cela d'introduire une *corrélation* entre les deux particules ; une corrélation qui conduit l'une des particules à « préférer » être dans le même état que l'autre plutôt que dans un état différent [H. Reichenbach (1956)]. Or c'est précisément cette sorte de corrélation (ou plus exactement de *pré*-corrélation, ou de *non-séparabilité*, comme nous l'avons appelée au paragraphe 2-4-1), qu'exprime le vecteur d'état $|\Psi\rangle$ écrit précédemment. Dans cette forme de vecteur d'état, en raison de la commutativité de l'addition des vecteurs, les deux répartitions hétérogènes Aφ-Bψ et Bφ-Aψ ne comptent *ensemble* que pour une, alors que les répartitions homogènes Aφ-Bφ et Aψ-Bψ comptent *chacune séparément* pour une.

Ainsi, l'introduction d'une corrélation permet-elle d'annuler les conséquences de la distinction nominale des particules, et de se ramener sur le plan probabiliste à une situation exactement identique à celle qui aurait prévalu si les particules n'avaient pas été distinguées nominalement. Même sans considérer l'hypothèse d'équiprobabilité comme inévitable, on ne peut cependant s'empêcher de trouver assez artificielle cette procédure qui commence par considérer les particules comme nominalement distinctes et permutables bien qu'indiscernables, puis qui introduit *juste* la corrélation voulue pour retrouver la statistique qu'on obtiendrait, sous l'hypothèse d'équiprobabilité, pour des objets *impermutables* [1]. Une corrélation qui n'est de surcroît expérimentalement accessible qu'à travers sa conséquence statistique recherchée, et qui disparaît dès que des critères d'identification sont de nouveau disponibles.

1. Il faut créditer J.M. Lévy-Leblond et F. Balibar [(1984)] d'avoir évité cet écueil dans les derniers chapitres de leur remarquable manuel d'introduction à la mécanique quantique.

Ne doit-on pas tenir une telle façon de faire pour une manifestation supplémentaire du caractère à la fois efficace et désarticulé de l'outil de communication des physiciens contemporains ? Et n'est-on pas dès lors poussé à proposer d'autres stratégies discursives que celle qui consiste à maintenir les formes classiques d'expression par fragments aux domaines de validité mal définis ?

4-4 Changer les formes catégoriales

Les formes catégoriales, la logique et la théorie des ensembles, appartiennent à cet arrière-plan structural du discours qu'aucun jugement interne au discours n'a le pouvoir de mettre en question [1]. A moins que la proposition de refonte, continuant par ailleurs de s'adosser à l'usage des formes catégoriales usuelles pour tout ce qui concerne les objets de l'environnement quotidien et les appareillages expérimentaux, ne s'applique *pleinement* qu'à un domaine limité du discours : celui qui porte sur les objets de l'horizon profond de la physique contemporaine. A moins aussi que l'altération partielle du cadre formel de la langue, loin d'être gratuite, n'apparaisse comme l'une des quelques rares façons de sauver sans inconsistance et sans fragmentation du propos quelque chose que certains tiennent pour plus fondamental encore : l'universalité d'une ontologie organisée autour de la prédication et de la référence ; l'idée que se tiennent face aux appareils des objets fédérateurs de propriétés (en particulier spatiales et cinématiques), même si l'accès expérimental conjoint à ces propriétés avec une précision indéfiniment améliorable est impossible, et que cette impossibilité est partie intégrante du pouvoir prédictif de la mécanique quantique ; l'idée qu'il y a face aux appareils une multiplicité de tels objets distingués

1. Cela ne veut bien évidemment pas dire qu'il soit impossible de *formuler* d'autres logiques. Seulement que la question du bien-fondé de l'*usage* de la logique sous-tendant un discours ne relève pas de ce discours.

en droit, auxquels il est licite de faire référence séparément, même si rien ne permet de les discriminer en fait.

Les travaux les plus anciens portent sur la prédication ; ils relèvent de la « logique quantique ». La question de la référence a été abordée plus récemment, et elle a donné naissance à des essais de modifier l'axiomatique de la théorie des ensembles.

4-4-1 La logique quantique

Un important courant de pensée a soutenu que la logique est réfutable expérimentalement, au même titre que les axiomes et hypothèses d'une théorie scientifique. Suivant F. Gonseth [(1937)], approuvé par P. Destouches-Février [(1951)], la logique classique représente une physique sommaire de l'objet de la perception et de l'action quotidiennes, et à ce titre on doit lui reconnaître une « face empirique ». H. Putnam [(1969)] a souligné dans le même esprit le parallèle qu'on peut établir entre logique classique et géométrie euclidienne d'une part, logique quantique et géométrie riemannienne d'autre part. De même, selon lui, que la nécessité de reformuler la théorie de la gravitation a forcé à changer de géométrie, il est parfaitement concevable que la nécessité de reformuler la théorie des atomes et des particules élémentaires force à changer de logique. Quant à la difficulté que représente, pour toute tentative de substituer purement et simplement une logique quantique à la logique classique, le fait massif de notre usage de la logique classique dans le discours, elle se résout d'après Putnam (et aussi d'après R. Omnès [(1994)]) par une sorte de passage à la limite : la mécanique quantique est apte à rendre rétrospectivement compte de la validité approximative de la logique classique à grande échelle, tout comme la théorie relativiste de la gravitation rendait compte de la validité approximative de la géométrie euclidienne à petite échelle.

Mais ce sur quoi ces auteurs n'insistent pas assez, c'est que le changement de logique ne s'impose pas. Il semble seulement s'imposer parce qu'on a écarté à son profit d'autres possibilités de changement déclarées inacceptables : l'agnosticisme à l'égard d'objets d'un horizon profond (instrumentalisme) ; la décomposition du discours à propos de ces objets en autant de sous-discours « complémentaires » que de modes d'accès expérimentaux (Bohr) ; le procédé consistant à mettre leurs propriétés à l'abri d'un accès expérimental direct (variables cachées) ; ou le changement de type d'objets (ontologie non spatio-temporelle). Que la logique quantique résulte d'une option particulière et interchangeable dans un dilemme à choix multiples, cela apparaît pourtant de la manière la plus claire lorsqu'on analyse non plus ce que les auteurs *disent* de la logique, mais ce qu'ils *font* pour s'orienter à son sujet.

P. Destouches-Février, par exemple, déclare que la notion d'objet physique sur lequel porte l'expérimentation ne peut être éliminée ; elle récuse les variables cachées ; et elle considère les entités théoriques, candidates éventuelles au statut de nouveaux objets, comme de purs symboles d'un outil prédictif. Trois options sont ainsi éliminées d'emblée. Il en reste deux à départager : la pluralité des langages expérimentaux régis par une logique classique et la logique non classique. La décision, cette fois, va être explicitée. Considérons des propositions expérimentalement « incomposables » (relevant de variables incompatibles). « Pour ces dernières propositions on a le choix entre déclarer que la conjonction " et " ne peut leur être appliquée, ou bien prolonger le domaine d'application de l'opération " et " de telle sorte qu'elle s'y applique encore en lui donnant une signification convenable. Des considérations de commodité vont déterminer le choix. Or (...) il est beaucoup plus commode d'avoir des opérations qui s'appliquent à tous les éléments de la classe considérée » [P. Destouches-Février (1951), p. 33]. La solution proposée pour parvenir à cette universalisation des opérations logiques consiste à introduire une troisième valeur de vérité à côté du vrai et du « faux contingent » : le « faux absolu » qui, en s'appliquant aux conjonctions de propositions incomposables, permet de ne pas les rejeter purement et simplement. Une solution purement formelle dont la raison avouée est la « commodité » que procure la manipulation d'un langage unifié. Rien d'étonnant que Bohr [(1948)] n'ait pas considéré ce genre de logique trivalente comme particulièrement apte à clarifier la situation conceptuelle.

La première logique quantique, celle de Birkhoff et von Neumann [(1936)], était assez différente de celle qui vient d'être évoquée, puisqu'elle retenait le principe de bivalence et s'appuyait sur lui pour démontrer la non-distributivité de la disjonction par rapport à la conjonction. Mais en dépit de ces aboutissements formels distincts, les démarches adoptées étaient essentiellement identiques, car elles étaient guidées par le même ensemble de choix entre les orientations interprétatives. Chez Birkhoff et von Neumann comme chez Destouches-Février, le caractère indispensable du concept d'objet physique était admis sans discussion, les théories à variables cachées étaient considérées comme impossibles en vertu d'un théorème énoncé par von Neumann lui-même en 1932 (voir § 4-5), et les esquisses de nouveaux objets que constituaient les entités théoriques se voyaient ravaler au rang d'outil de représentation des propositions expérimentales. Il restait, une fois de plus, à choisir entre une multiplicité de langages expérimentaux à structure inaltérée et l'unicité d'un langage à la structure modifiée. Que là se trouve le nœud du problème est mis en relief avec beaucoup de clarté et de précision par Birkhoff et von Neumann. D'un côté, remarquent-ils, il est en général impossible en mécanique quantique de définir la conjonction ou la disjonction de deux propositions expérimentales *comme une autre proposition expérimentale*. La raison en est l'incompatibilité mutuelle des méthodes de mesure, et la conséquence risque d'en être la pluralité des langages expérimentaux. D'un autre côté, cependant, le discours du physicien ne se limite pas aux propositions expérimentales ; il tend à s'appliquer à des « qualités physiques » qu'il « attribue » aux objets ou systèmes. Mais comment définir des *qualités physiques attribuées aux objets*, et aller par conséquent au-delà des propositions expérimentales, dans la situation particulièrement défavorable qu'affronte la mécanique quantique ? Birkhoff et von Neumann proposent de recourir pour cela au fonctionnement propre du formalisme de cette théorie plutôt qu'à sa seule correspondance avec le domaine empirique. Leur première démarche consiste certes à établir une relation *externe* entre les propositions expérimentales et l'espace de Hilbert ; une relation suivant laquelle une proposition expérimentale est représentée par un sous-espace (ou un projecteur) de l'espace de Hilbert. Mais ils établissent ensuite un lien entre diverses propositions expérimentales à travers une relation *interne* des représentants de ces propositions dans l'espace de Hilbert : une proposition expérimentale x « implique » la proposition expérimentale y si et seulement si le sous-espace H_x qui représente x est inclus dans le sous-espace H_y qui représente y ; et une proposition expérimentale x est « équivalente » à une proposition expérimentale y si le sous-espace représentant l'une est identique au sous-espace représentant l'autre. C'est à partir de ces relations internes que le concept de qualité physique attribuable à un objet est défini. « (O)n peut interpréter comme " qualité physique " l'ensemble des propositions expérimentales logiquement équivalentes à une proposition expérimentale donnée. » Une « qualité physique » correspond à une classe d'équivalence de la relation d'identité des sous-espaces de Hilbert. Le pas franchi entre le concept de proposition expérimentale et celui de « qualité physique » (ou « propriété ») semble assez petit. Mais en vérité il est considérable car il ouvre la possibilité de faire acquérir un certain degré d'autonomie au discours sur les « qualités physiques » (ou les « propriétés ») vis-à-vis de chaque proposition expérimentale. Il suffit pour s'en apercevoir de se pencher une fois de plus sur la signification des conjonctions et disjonctions des propositions expérimentales.

En général, nous l'avons souligné, ces conjonctions ou ces disjonctions ne sont pas elles-mêmes des propositions expérimentales. Ou plus précisément, elles ne le sont pas lorsque les dispositifs expérimentaux qui leur correspondent sont incompatibles. La méthode de *représentation* des conjonctions et disjonctions des propositions expérimentales compatibles dans l'espace de Hilbert s'étend pourtant formellement aux conjonctions et disjonctions de propositions incompatibles. Le sous-espace de Hilbert qui correspond à la conjonction de deux propositions est l'intersection des deux sous-espaces qui les représentent, et le sous-espace de Hilbert qui correspond à leur disjonction est la somme directe de ces deux sous-espaces. Les nouveaux sous-espaces (intersection ou somme directe) sont reliés à d'autres sous-espaces par une relation d'inclusion ou d'identité ; et par ailleurs, comme on l'a vu précédemment, une classe d'équivalence de la relation d'identité des sous-espaces de Hilbert définit une « qualité physique » ou une « propriété ». Ainsi, bien que la conjonction ou la disjonction de deux propositions expérimentales ne soit pas en général une proposition expérimentale, il lui correspond toujours une « qualité physique » ou « propriété ». L'interdit de la conjonction ou de la disjonction de propositions expérimentales concernant des variables incompatibles est levé pour les « qualités physiques ». On peut donc établir un calcul logique unifié des « qualités physiques », par isomorphisme avec un calcul d'intersections et de sommes directes des sous-espaces de Hilbert, et montrer que ce calcul logique est non distributif.

Ce passage d'une logique éclatée des propositions expérimentales à une logique unifiée des « qualités physiques » est quelquefois passé inaperçu. Rien d'étonnant à cela : dans l'article fondateur de Birkhoff et von Neumann, les notations employées pour les propositions expérimentales et les « qualités physiques » sont exactement les mêmes, et de surcroît la démonstration de la non-distributivité fait explicitement référence à des propositions expérimentales plutôt qu'à des « qualités physiques ». Pourtant, si on y regarde de près, la démonstration, qui fait intervenir des conjonctions et disjonctions, ne se justifie que si elle se déroule sur le plan des « qualités physiques ». Car contrairement à l'ensemble des propositions expérimentales, l'ensemble des « qualités physiques » inclut les conjonctions et les disjonctions de chacun de ses éléments.

Ceci étant admis, qu'on la considère comme une réintroduction formelle du concept de propriété dans le but de sauver l'unicité de la logique, ou comme une altération des règles de la logique dans le but de sauver le concept de propriété, la stratégie de la *logique quantique* ne peut manquer d'apparaître assez artificielle. P. Mittelstaedt [(1976), p. 201] souligne qu'elle résulte de la considération d'objets « fictifs », seuls aptes à porter des propriétés « incommensurables ». B. d'Espagnat [(1976), p. 143] regarde pour sa part avec beaucoup de suspicion l'assertion selon laquelle un langage sous-tendu par la logique quantique est peut-être « (...) *un prix que nous avons à payer :* un prix pour pouvoir considérer sans contradiction que, lorsque nous utilisons ce langage, nous parlons des systèmes " comme ils sont en réalité ", et non pas seulement de ce que nous observons sur eux ». La signification de cette assertion est en effet très limitée, puisque même « (...) en admettant que nous pouvons décrire de façon significative un système S stable et isolé à l'instant t " comme il est en réalité ", cela ne nous permet pas de croire que nous pourrions aussi le décrire " comme il était en réalité " un instant avant ». Autrement dit, d'après d'Espagnat, cette tentative de conserver le concept de propriétés s'accompagne de l'abandon de la condition essentielle sur laquelle s'appuie leur détachement du flux des phénomènes : la stabilité. C'est seulement pour certaines observables très particulières soumises à une condition de « supersélection » (§ 1-2-13), comme la masse et la charge électrique, que la clause de stabilité présupposée par l'emploi du concept de propriété n'a pas à être mise en cause.

La logique quantique non distributive de Birkhoff et von Neumann ne serait-elle donc que la forme élargie, mais vide, que requiert l'extension de validité de l'ontologie spontanée du langage et de l'action quotidienne bien au-delà de ses limites reconnues ? Elle peut indéniablement être utilisée comme auxiliaire d'un conservatisme ontologique, mais sa signification ne se limite pas à cela. Car, ainsi que nous l'avons suggéré au paragraphe 1-2-10 et à l'annexe I, la logique quantique peut aussi se prévaloir d'une certaine légitimité propre, en tant qu'elle représente la projection, sur le plan d'un seul langage idéal (celui des « qualités physiques »), de la structure d'un méta-langage portant sur la multiplicité des langages expérimentaux (que nous avons appelé *« langage méta-contextuel »*). Son isomorphisme avec le formalisme des vecteurs, projecteurs, et sous-espaces de l'espace de Hilbert, va d'ailleurs tout à fait dans ce sens. Quelle est en effet la raison principale pour laquelle ce formalisme a été adopté ? Comme on l'a vu au chapitre 2, cette raison est qu'il fournit l'instrument unique d'un calcul des probabilités valant pour n'importe quelle gamme de résultats possibles résultant de n'importe quel appareillage expérimental qui pourrait être mis en place à la suite d'une préparation donnée. Il est en d'autres termes un méta-calcul des probabilités correspondant terme à terme au langage méta-contextuel. La structure du formalisme de l'espace de Hilbert reproduit de ce fait la structure du langage méta-contextuel, et la logique quantique non distributive de Birkhoff et von Neumann, qui recueille la structure du formalisme de l'espace de Hilbert, ne peut que reproduire à son tour la structure du langage méta-contextuel.

La portée de la logique quantique est donc considérable, mais mal appréciée par ses créateurs. Rappelons-nous en effet que la fonction principale d'un langage d'objets porteurs de déterminations est d'unifier les divers langages contextuels en anticipant une situation où rien n'empêche en principe de les conjoindre. Le langage d'objets porteurs de déterminations s'identifie en d'autres termes à une forme *particulière* de langage méta-contextuel ; celle où les contextes, ayant été unifiés, peuvent être repoussés en arrière-plan tacite des énoncés. L'erreur serait de croire qu'il s'agit là de la *seule* forme possible de langage méta-contextuel. C'est précisément cette erreur que Birkhoff et von Neumann ont commise en présentant leur logique quantique, qui généralise pourtant la structure d'un langage méta-contextuel au cas où la conjonction des contextes est exclue, sous couvert d'un retour au discours sur les « qualités physiques » d'objets fictifs.

De manière analogue, certaines variétés trivalentes de logique quantique consistent à projeter la structure générale d'un certain type de méta-discours, dans un discours idéal sur des propriétés d'objets. Ce méta-discours porte sur deux sortes de discours qui doivent être soigneusement distingués en raison de la différence de leurs traductions probabilistes (§ 1-3-8 et 2-2-3) : le discours factuel sur les résultats effectifs d'expériences, auquel s'applique le calcul classique des probabilités, et le discours contrafactuel sur les résultats possibles d'expériences non effectuées, qui implique l'intervention d'un calcul quantique des probabilités comprenant des effets d'interférence. C'est exactement comme cela, par référence à un tel méta-discours, que H. Reichenbach [(1945)] justifie sa logique non classique qui comporte, outre le vrai et le faux, une valeur de vérité « indéterminée ». Dans les textes de Bohr et Heisenberg, remarque Reichenbach, il est souvent question de propositions affirmant la valeur d'une variable qui n'a pas été mesurée, et qui est incompatible avec celle qui a été effectivement mesurée. Ce genre de proposition, portant sur des « interphénomènes » plutôt que sur des phénomènes, est qualifiée par eux de *dénuée de sens*. Mais la qualifier de quoi que ce soit, y compris de « dénuée de sens », n'est-ce pas déjà en parler, et n'est-ce pas dès lors se situer sur le plan d'un méta-discours qui porte aussi bien sur les composants d'un discours contrafactuel que sur ceux d'un discours factuel ? Si l'on voulait vraiment éviter le discours contrafactuel, il faudrait non seulement qualifier les propositions qui en font partie de « dénuées de sens », mais interdire leur assertion ; passer de la négation de leur sens à la dénégation de leur assertabilité. Si l'on ne va pas jusque-là (ce qui impliquerait, nous le verrons au § 5-2-5, un changement d'ontologie), alors il faut d'une manière ou d'une autre s'accommoder de la manipulation de propositions n'ayant de correspondant expérimental que contrafactuel. C'est cette constatation que Reichenbach veut entériner. Il le fait cependant non pas en admettant deux discours d'une portée assez différente et un méta-discours qui les coiffe, mais en coulant les deux discours dans le cadre fourni par une seule logique. A l'intérieur de ce cadre, toutes les propositions ont une valeur de vérité, mais les propositions contrafactuelles se distinguent des autres en ce qu'elles se voient attribuer la valeur « indéterminé ».

De ce point de vue, le concept d'histoires consistantes de Griffiths [(1995)] peut être considéré comme un intéressant raffinement de la logique trivalente de Reichenbach. Au lieu d'assigner simplement une valeur « indéterminé » à toutes les propositions portant sur le résultat d'expériences qui auraient pu être effectuées entre deux expériences qui l'ont effectivement été, on offre ici un critère probabiliste de « fiabilité » pour les séquences de telles propositions. Mais la tendance qu'avait Griffiths dans ses premiers articles à prendre le critère de fiabilité pour un critère de vérité fait bien ressortir le défaut commun à toutes ces tentatives : confondre les niveaux de discours au nom de leur intégration dans la structure élargie d'une logique non classique.

4-4-2 La théorie des quasi-ensembles

Sans prédicat suffisamment discriminatif pour pouvoir former des classes de particules à un seul élément, les particules restent indiscernables. Sans trajectoire précise permettant de rattacher chaque apparition à un acte de baptême passé, le dernier point d'appui permettant de faire séparément référence à chacune des particules en dépit de leur indiscernabilité se met à manquer. Sans référence séparée, ni la singularisation des particules à l'intérieur d'une classe, ni leur mise en ordre dans cette classe, ni l'opération consistant à les dénombrer, ni la distinction de leurs permutations, ne peuvent être menées à bien. Cela a-t-il encore un sens, dans ces conditions, de considérer les particules comme une *pluralité* d'*éléments* faisant partie d'une classe (la classe des électrons ou des neutrinos, par exemple) ? Une telle façon de voir n'est acceptable, ont répondu récemment plusieurs auteurs [1], qu'à condition de modifier adéquatement les axiomes de la théorie des ensembles. Deux changements majeurs distinguent cette nouvelle théorie des ensembles, appelée théorie des quasi-ensembles, de la théorie classique des ensembles dérivée de l'axiomatique de Zermelo-Fraenkel.

Le premier changement est l'altération de l'axiome d'*extensionnalité*. Selon l'axiome classique d'extensionnalité, deux ensembles sont identiques s'ils ont les mêmes éléments. Selon le nouvel axiome d'extensionnalité, deux ensembles sont identiques non seulement dans le cas où ils ont les *mêmes* éléments, mais aussi dans le cas où tous leurs éléments sont *indiscernables*. Dans le cas classique, remarquons-le, deux ensembles différents comprenant des éléments indiscernables mais distincts sont concevables ; cela laisse la possibilité de mettre en ordre des éléments indiscernables, et d'en distinguer les permutations. Dans le nouveau cas, aucun ordre ne peut être établi, et aucune permutation distinguée. Alors que les éléments d'un ensemble peuvent être indiscernables mais permutables, les éléments d'un quasi-ensemble sont à la fois indiscernables et impermutables.

Ceci nous amène au second changement. Si les éléments ne peuvent être mis en ordre à l'intérieur d'un quasi-ensemble, et si par conséquent manque l'un des moments essentiels de l'opération de dénombrement, comment parler du *nombre* de ces éléments ? Comment traiter du cardinal d'un ensemble sans pouvoir disposer du concept d'ordinal ? Il faut admettre, indiquent les fon-

1. [G. Toraldo di Francia (1986) ; M.L. Dalla Chiara & G. Toraldo di Francia (1993) ; D. Krause (1992) ; N. Da Costa, D. Krause, & S. French (1992) ; N. Da Costa, D. Krause, & S. French (1994)]

dateurs de la théorie des quasi-ensembles, une sorte de cardinal dont aucune définition ne peut être donnée à partir d'une autre notion ; il faut en somme faire du cardinal un concept primitif de la théorie des quasi-ensembles. On appelle cette sorte de cardinal sans ordinal un *quasi-cardinal.*

Que penser de la modification de la théorie des ensembles dans le sens d'une altération de l'axiome d'extensionnalité ? Peut-être, comme le suggèrent Dalla Chiara et Toraldo di Francia, que cela n'a justement aucun sens de déterminer une espèce de particules en *extension ;* qu'on ne peut le faire qu'en renvoyant directement et exclusivement à son *intension* (c'est-à-dire à des caractéristiques « supersélectives » comme la masse et la charge électrique, que rien n'empêche d'assimiler à des propriétés). Ce basculement des priorités est défendu avec force par N. da Costa et al. [(1994)], selon lesquels « (...) si nous nous intéressons aux entités fondamentales auxquelles la mécanique quantique fait référence, nous ne sommes pas face à de purs individus auxquels les caractéristiques physiques sont " ancrées" ; au contraire, nous *commençons* par considérer des *sortes.* Tous les électrons sont exactement identiques, ainsi que les photons et les quarks ; cette hypothèse est posée dès le commencement, et non pas en considérant une " chose " à laquelle certains attributs sont attachés *a posteriori.* » Les entités de la physique quantique ne se présentent pas d'abord comme individus justifiables d'un classement en espèces naturelles, à partir duquel on extrait ensuite un prédicat sortal (d'espèce, ou de « sorte ») ; c'est à l'inverse l'espèce, le prédicat sortal, qui sont premiers, et auxquels on associe, par habitude logico-linguistique, des formes vides d'individus (les « particules ») aptes à leur servir de support. En définitive, la stratégie des quasi-ensembles, qui visait au départ à sauver quelque chose de l'idée pré-comprise que le monde est formé d'une pluralité d'objets appelés *particules,* aboutit à mettre en lumière son caractère hautement artificiel et à annoncer l'opportunité d'une refonte ontologique radicale (chapitre 5).

4-5 Les théories à variables cachées

La formulation de théories à variables cachées a été motivée dès le début par le souhait de maintenir un certain idéal de la connaissance scientifique face à une physique quantique qui semblait le trahir. Mais la perception de cet idéal, et surtout de la partie de cet idéal dont la mécanique quantique est réputée avoir abandonné la poursuite, a elle-même beaucoup varié durant les soixante-dix dernières années.

4-5-1 Causalité ou ontologie ?

Dans un premier temps, l'accent a été mis sur le retour à la « causalité », ou plus exactement au *déterminisme*. Les évaluations philosophiques les plus précoces de la portée de la révolution quantique, par exemple celles de Kojève [(1932)] et de Cassirer [(1936)], portaient essentiellement sur cet aspect de la nouvelle situation [1] ; sur la catégorie kantienne de causalité, sur la signification comparée du déterminisme et de la prédictibilité en physique classique, et sur le genre d'écart qu'instaure la mécanique quantique par rapport à l'un et à l'autre. Rappelons que l'inconfort initial d'Einstein s'appuyait sur sa conviction que « (Dieu), au moins, ne joue pas aux dés » [2] ; que la mécanique quantique se limite à la description statistique d'un grand nombre d'objets physiques ; et qu'elle ne peut donc pas prétendre être une théorie complète du devenir de chacun de ces objets. Par contraste, les théories à variables cachées se devaient d'être des théories « causales », rendant compte de façon déterministe du devenir individuel des particules, et

1. Cassirer et Kojève soulignaient cependant déjà que la question du déterminisme n'est pas la seule, ni sans doute la plus importante, de celles que soulève la mécanique quantique.

2. Lettre à M. Born du 4 décembre 1926, dans A. Einstein (1989) p. 208.

expliquant les apparences stochastiques par notre ignorance du détail de leur mouvement. La théorie de la double solution, défendue par de Broglie [(1956)], était qualifiée d'« interprétation causale », et elle était supposée entretenir le même genre de rapport avec la mécanique quantique standard que la théorie cinétique des gaz avec la thermodynamique.

A partir de 1935, ce sont d'autres renoncements, portant sur d'autres aspects de l'idéal classique de la connaissance scientifique, qui ont davantage retenu l'attention. Il s'agit du renoncement au projet analytique de division du monde en constituants pouvant être étudiés séparément ; et au projet consistant à décrire les choses et leurs propriétés telles qu'elles « sont », plutôt que telles qu'elles « apparaissent ». La question en suspens, progressivement articulée durant les années 1950 et 1960, consistait seulement à savoir si la classe de phénomènes dont la physique microscopique doit rendre raison est compatible avec le maintien *conjoint* de ces deux projets idéaux. En mettant pour l'instant de côté la controverse sur la demande de divisibilité, il reste que l'accent s'est déplacé, durant les vingt à trente dernières années, de l'ambition de restaurer le déterminisme à celle de restituer une portée ontologique à la physique. J. Bell [(1987a)] insistait moins ces derniers temps sur la « causalité » que sur la nécessité de proposer une théorie qui ne porterait plus, comme la mécanique quantique standard, sur des phénomènes mais sur des propriétés ; non plus sur des *observ-ables*, mais sur des *êtr-ables* (be-ables en anglais). De même, D. Bohm [(1993)], qui avait commencé par qualifier sa théorie, très proche de la théorie de l'onde pilote de de Broglie, d'« interprétation causale de la mécanique quantique », l'a récemment rebaptisée « interprétation ontologique de la mécanique quantique ». L'insistance initiale sur le déterminisme lui semblait en effet trop restrictive, puisque certaines versions de sa théorie sont d'ordre stochastique plutôt que déterministe ; pour lui comme pour la plupart des partisans contemporains des théories à variables cachées, les modèles d'évolution stochastique sont aussi crédibles que les modèles d'évolution déterministe. Il apparaît ainsi une fois de plus (§ 1-3-8), que le véritable enjeu d'une interprétation de la mécanique quantique n'est pas tant de prendre position vis-à-vis de la question du déterminisme, que de se situer d'un côté ou de l'autre de la ligne de partage entre les théories qui traitent d'événements définis intrinsèquement et celles qui portent sur des événements définis relativement à un certain contexte expérimental.

Le bref récapitulatif qui vient d'être fait laisse cependant deux points cruciaux dans l'ombre. Les théories à variables cachées ont-elles vraiment le statut de « théories » à part entière, comme leur nom le suggère, ou simplement d'« interprétations » de la théorie quantique, comme le disent volontiers Bohm et les plus prudents de ceux qui adhèrent à ses vues ? Et par ailleurs, les théories à variables cachées représentent-elles plus qu'une inaccessible idée régulatrice ; sont-elles au moins *permises* par la structure du domaine expérimental sur lequel porte la mécanique quantique et dont elles doivent aussi rendre compte ?

En ce qui concerne le premier point, la réponse tient en une alternative simple : soit une théorie à variables cachées comporte davantage de prédictions expérimentales testables que la mécanique quantique, et elle mérite alors son nom de « théorie », distincte de la mécanique quantique ; soit elle conduit à prédire exactement les mêmes phénomènes que la mécanique quantique, comme Bohm et Hiley le pensaient dernièrement de leur propre théorie, et on ne peut alors la qualifier que d'« interprétation » de la mécanique quantique. Cet usage restreint des vocables « théorie » et « interprétation » est certainement discutable, car peu conforme à la tradition qui assigne au mot « théorie » un champ sémantique couvrant une part non négligeable de ce qu'on entend par « interprétation » ; mais il permet d'établir des clivages plus francs que nous allons mettre à profit.

Le second point concerne *la possibilité* des théories à variables cachées. Jusqu'aux années 1950, le plus large consensus s'établissait à l'encontre de cette possibilité.

Mais à partir du milieu des années 1950 et dans les années 1960, le climat changea considérablement. On s'aperçut que la contrainte de rendre compte de la classe de phénomènes régis par la mécanique quantique ne pouvait suffire à interdire les théories à variables cachées, mais seulement à leur imposer des conditions et des limites. La thèse de Duhem-Quine sur la sous-détermination des théories au sens large (c'est-à-dire plutôt de l'« interprétation » au sens de Bohm, ou du « sytème du monde » au sens de Quine [S. Laugier (1995)]), par l'expérience, s'en trouvait ainsi confortée. « Les hommes de science, remarque Quine [(1975)], inventent des hypothèses qui sont hors de portée de l'observation. Les hypothèses ne sont reliées à l'observation que par une implication sans réciproque. Les conséquences observables des hypothèses n'impliquent pas les hypothèses. » Comment a-t-on pu méconnaître si longtemps cette leçon épistémologique que la physique du dix-neuvième siècle avait pourtant déjà abondamment illustrée ? Comment a-t-on pu aller jusqu'à croire que *toutes* les hypothèses « hors de portée de l'observation » sont exclues par l'observation ?

La réponse à ces interrogations tient en grande partie à un théorème célèbre, démontré par von Neumann [(1932)] et présenté par cet auteur comme une preuve d'« inexistence » des variables cachées. Les arguments contre ce théorème n'ont pourtant pas tardé, mais ils sont restés longtemps confidentiels. La conviction des participants de l'« esprit de Copenhague » d'avoir acquis avec la mécanique quantique un instrument critique décisif de l'idéal épistémologique de la physique classique, les incitait à considérer le théorème de von Neumann comme une garantie, appuyée de surcroît sur la réputation d'un grand mathématicien, de la pertinence de la critique. Par contraste, la réfutation de ce théorème était perçue par eux comme un risque de régression pré-critique. Avec le recul, on s'aperçoit qu'une autre raison de la difficulté éprouvée par les auteurs qui disposaient d'objections valides contre le théorème de von Neumann à les faire reconnaître autour d'eux, était que leurs objections conduisaient plutôt à restreindre la portée du théorème qu'à le réfuter. Le théorème de von Neumann ne peut certes pas être tenu pour un théorème d'inexistence, mais il s'insère en tant qu'élément précurseur dans la longue liste des théorèmes de limitations qui ont été énoncés ces trente dernières années. Même si le théorème de von Neumann ne dit pas que les théories à variables cachées ne peuvent pas *être*, il apporte des premières précisions sur *ce* qu'elles ne peuvent pas prétendre être si on veut qu'elles rendent compte (au minimum) du corps de phénomènes que régit la mécanique quantique. Avant d'exposer et de discuter quelques-unes des théories à variables cachées les plus crédibles, nous allons donc établir dans les trois paragraphes qui suivent un inventaire des théorèmes de limitation.

4-5-2 Le théorème de von Neumann

Von Neumann [(1932), p. 210], part du constat selon lequel il est impossible d'isoler par la mesure des ensembles de systèmes physiques microscopiques dont tous les éléments sont caractérisés par la même valeur de deux variables conjuguées (comme la position et la quantité de mouvement). On dit qu'il est impossible de sélectionner expérimentalement des *ensembles sans dispersion* correspondant aux valeurs de deux variables conjuguées. Si à présent, comme cela se fait couramment, l'impossibilité d'isoler des ensembles sans dispersion est attribuée au caractère perturbant des mesures de l'une des variables sur la valeur de l'autre, on est tenté d'imaginer qu'ils existaient avant d'avoir été perturbés ; et de façon plus générale on est tenté de croire que des ensembles sans dispersion existent indépendamment de toute référence à leur appréhension expérimentale. Bien que des ensembles sans dispersion ne puissent être isolés expérimentalement, rien n'empêche de les isoler par la pensée et de considérer que chaque mesure ne fait que modifier de façon incontrôlable la répartition des systèmes entre plusieurs de ces ensembles. Et rien n'interdit de concrétiser l'isolement par la pensée d'ensembles sans dispersion en attribuant aux éléments de ces ensembles la valeur précise d'une ou plusieurs variable(s) cachée(s). Le test auquel une telle « fiction » doit être soumise est, selon von Neumann, le suivant : il faut s'assurer que tout ensemble dispersé peut se représenter comme un mélange d'ensembles *sans* dispersion. Plus précisément, il faut vérifier que le fait de considérer un ensemble dispersé comme mélange d'ensembles sans dispersion n'est pas incompatible avec les prédictions de la mécanique quantique.

Pour parvenir à faire ce test, on doit toutefois redoubler de précision en ce qui concerne la définition des ensembles sans dispersion. Comme on vient de le voir, von Neumann admet implicitement que pour qu'un ensemble soit sans dispersion, il est nécessaire et suffisant qu'il soit composé d'éléments tous caractérisés par les mêmes valeurs précises des variables *que régit la mécanique quantique*. Des variables cachées sont bien censées sous-tendre les ensembles sans dispersion, mais la notion d'absence de dispersion reste définie par référence exclusive aux observables de la mécanique quantique, ce qui ne peut être compris que si les variables cachées sont en correspondance bi-univoque avec des valeurs fixées des observables de la mécanique quantique. Il est aussi admis, mais cette fois explicitement, que dans un mélange d'ensembles sans dispersion, les opérations statistiques comme le calcul de la valeur moyenne *obéissent aux mêmes règles qu'en mécanique quantique*. Von Neumann pose en particulier, comme c'est le cas en mécanique quantique, que la valeur moyenne de la somme de deux variables est égale à la somme des valeurs moyennes de chacune des deux variables :

$$\langle R + S \rangle = \langle R \rangle + \langle S \rangle$$

A partir de là, von Neumann démontre que les prédictions quantiques portant sur des ensembles dispersés ne peuvent être reproduites par des mélanges d'ensembles sans dispersion, et que, par conséquent selon lui, les théories à variables cachées sont disqualifiées.

Très tôt, des voix se sont élevées pour dénoncer le caractère trop restrictif des hypothèses de von Neumann. Dès le début des années 1930, G. Hermann [(1935)] soulignait que la condition d'additivité des valeurs moyennes revenait à imposer à la théorie à variables cachées un isomorphisme excessif, et nullement obligatoire, avec la mécanique quantique. On aurait ainsi pu reconnaître dès cette époque que von Neumann n'avait en fait réfuté qu'une classe très réduite de théories à variables cachées : celle des théories que M. Mugur-Schächter [(1964)] qualifiait à juste titre de « théories à variables cachées *de type quantique* ». Mais von Neumann affichait une ambition bien plus grande ; il présentait son raisonnement comme une démonstration générale de l'*inexistence* des théories à variables cachées. En tant que tel ce raisonnement était incorrect, et il pouvait même être accusé de relever de la pétition de principe, car il reposait sur le préjugé que « des paramètres cachés (...) de type non quantique, associés au comportement des microsystèmes, n'existent pas » [*ibid.*].

De nombreux exemples ont été donnés par la suite de théories à variables cachées parfaitement aptes à reproduire certaines prédictions de la mécanique quantique sur des ensembles dispersés. Or, ces théories se caractérisent par deux options qui vont à l'encontre des prémisses de von Neumann :

(i) définir les ensembles sans dispersion par référence à la valeur de variables cachées qui *ne* correspondent *pas* de façon bi-univoque avec les valeurs d'observables de la mécanique quantique (plutôt que directement par référence aux observables quantiques dont chaque valeur propre peut recouvrir une large gamme de valeurs des variables cachées),

(ii) utiliser des variables cachées qui *n'*obéissent *pas* à la clause d'additivité de la valeur moyenne [F. Selleri (1994), p. 74].

Le véritable basculement sociologique de la communauté des physiciens à propos du théorème de von Neumann ne s'est cependant produit qu'à partir de 1966, date de la parution d'un article de J. Bell sur les théories à variables cachées [J. Bell, (1987a)]. Cet article synthétisait les arguments antérieurs contre le théorème de von Neumann, il résumait en particulier l'argument de M. Mugur-Schächter, et il y ajoutait une réfutation de théorèmes plus récents du type de celui de von Neumann. Surtout, il s'inscrivait dans le sillage de la démonstration, publiée deux ans avant, d'un important théorème de limitation des théories à variables cachées : le théorème de Bell. Le message était dès lors parfaitement clair, et il n'allait faire que s'affiner par la suite : les théories à variables cachées ne sont pas impossibles (réfutation du théorème de von Neumann), mais elles doivent remplir certaines conditions limitatives (théorème de Bell).

4-5-3 Le théorème de Bell et la non-localité

Dans une série d'articles s'étageant de 1964 à 1981, Bell procède de la façon suivante. Il commence par poser des hypothèses très générales, de tonalité ontologique. Il en déduit des inégalités, les *inégalités de Bell,* portant sur les valeurs d'observables (voir annexe II). Puis il montre que ces inégalités sont incompatibles avec les prédictions de la mécanique quantique. L'énoncé d'incompatibilité est connu sous le nom de « théorème de Bell » ; un théorème dont des versions de plus en plus générales ont été données au cours des années [M. Redhead (1987), B. d'Espagnat (1994)].

Le plus intéressant dans le théorème de Bell, ce sont donc les hypothèses initiales, qui sont au nombre de deux :

1) Une hypothèse de « réalisme » (en vérité d'une forme assez particulière de réalisme) pouvant se traduire soit par l'affirmation de l'existence de propriétés possédées par des systèmes physiques et représentées par des variables cachées, soit plus largement par l'affirmation que les événements surviennent d'eux-mêmes, indépendamment du contexte expérimental de leur attestation.

2) Une hypothèse de « localité », suivant laquelle les propriétés et les événements ne s'influencent pas instantanément à distance arbitraire.

L'incompatibilité entre les inégalités de Bell déduites de ces hypothèses, et les prédictions de la mécanique quantique, peut à partir de là être interprétée de trois manières distinctes :

(a) Il est impossible d'attribuer des propriétés intrinsèques aux systèmes physiques (et les théories à variables cachées sont donc réfutées) ;

(b) Des propriétés intrinsèques peuvent être attribuées aux systèmes physiques, mais ces propriétés s'influencent instantanément à une distance arbitraire ;

(c) Les prédictions de la mécanique quantique, et en particulier celles qui violent les inégalités de Bell, sont incorrectes.

La préférence pour l'une de ces trois interprétations dépend de celle des deux hypothèses génératrices des inégalités de Bell que l'on croit pouvoir rejeter plus facilement, et de la confiance que l'on accorde à la capacité prédictive de la mécanique quantique. Commençons par la question de confiance. L'hypothèque de l'option (c), qui met en cause la validité des prédictions de la mécanique quantique, ne pouvait être levée que par un test expérimental. La version la plus élaborée de ce genre de test a été mise en œuvre par l'équipe d'A. Aspect [(1982)]. Elle a donné des résultats qui s'écartent franchement des inégalités de Bell, et qui s'accordent au contraire aussi bien que possible, compte tenu des imprécisions expérimentales, avec les prédictions de la mécanique quantique. Il est vrai qu'il n'existe pas d'*« experimentum crucis »*, et que quelques chercheurs [F. Selleri (1994), p. 246] espèrent encore qu'une future expérience, techniquement plus raffinée et ne faisant pas appel aux mêmes hypothèses auxiliaires, démentira le résultat de celle d'Aspect. Mais le moins qu'on puisse dire est que cet espoir-là est peu partagé.

Il reste alors les options (a) et (b). Nous avons vu aux chapitres 1 et 2 que l'option (a) est tout à fait plausible, et qu'en dépit de sa teneur anti-réaliste, elle n'implique en rien un idéalisme caricatural. Quant à l'option (b), elle se traduit comme suit :

Toute théorie à variables cachées compatible avec les prédictions de la mécanique quantique est non locale.

Ce qui, selon l'option (a), s'appellerait « non-séparabilité », et s'interpréterait comme une pré-corrélation liée à la préparation (§ 2-4-1), devient « non-localité » selon l'option (b), et s'interprète comme influence mutuelle instantanée des propriétés de systèmes physiques arbitrairement éloignés les uns des autres. En d'autres termes, l'option (b) revient à projeter ontologiquement en *non-localité* la non-séparabilité qui se manifeste expérimentalement par des corrélations.

4-5-4 Le théorème de Kochen et Specker et le contextualisme

Le théorème de Kochen et Specker [(1967)] est moins connu que le théorème de Bell, mais il a exactement la même importance que ce dernier en tant que théorème de limitation des théories à variables cachées. Il montre que toute théorie à variables cachées compatible avec les prédictions de la mécanique quantique est *contextualiste*. C'est-à-dire que les caractéristiques qu'elle attribue en propre aux particules doivent être co-déterminées par le contexte de leur évaluation expérimentale.

Cette définition rapide du contextualisme suscite deux questions. D'abord, en quoi le « contextualisme » des variables cachées se distingue-t-il de la « contextualité » des événements expérimentaux dont il a été longuement question aux chapitres 1 et 2 ? Ensuite, en quoi l'idée d'une dépendance holistique des déterminations d'un système physique vis-à-vis du contexte expérimental de leur appréhension se distingue-t-elle de la non-localité, qui signifie la dépendance holistique de chaque détermination vis-à-vis des déterminations d'autres systèmes physiques arbitrairement distants ?

La différence entre contextualité et contextualisme recouvre d'assez près la différence philosophique entre anti-réalisme et réalisme. Parler de contextualité des événements, c'est dire que les événements ne sont même pas définis en l'absence de spécification d'un type de dispositif expérimental, et que le principe de bivalence ne vaut pas pour des propositions affirmant l'occurrence de ces événements lorsque le dispositif expérimental correspondant n'a pas été mis en œuvre. Parler de contextualisme des déterminations ou des propriétés, au contraire, c'est commencer par poser que les propriétés existent indépendamment de la procédure expérimentale de leur mise en évidence, puis signaler que cette procédure, lorsqu'elle est mise en œuvre, les modifie systématiquement. La traduction des deux conceptions peut être exactement la même en termes de manifestations expérimentales, mais les visions du monde qu'elles favorisent sont profondément différentes.

Du point de vue de la première conception, le contextualisme représente une projection ontologique de la contextualité, de même que la non-localité représentait une projection ontologique de la non-séparabilité. Du point de vue de la seconde conception, à l'inverse, la contextualité est une expression opérationnaliste du contextualisme, de même que les corrélations et la non-séparabilité étaient une traduction opérationnaliste de la non-localité.

Passons à présent à la deuxième question. Contrairement à ce que leur rangement commun sous la rubrique « holisme » laisse supposer, la différence entre non-localité et contextualisme est considérable. Les deux *peuvent* aller de pair (et c'est généralement le cas, comme nous allons le voir aux deux paragraphes suivants, dans les théories à variables cachées reproduisant les prédictions de la mécanique quantique), mais leur lien n'est pas *nécessaire*. On peut imaginer que chaque particule d'une paire corrélée réagit instantanément à une altération des propriétés de l'autre particule *de la même paire*, alors que les appareils de mesure eux-mêmes ne modifient en rien les propriétés des particules. Inversement, on peut concevoir que chaque appareil de mesure modifie localement les propriétés de la particule sur laquelle porte la mesure, sans que cette modification locale agisse à distance sur les propriétés d'une autre particule. Le théorème de Kochen et Specker sur le contextualisme n'est donc en rien redondant par rapport au théorème de Bell sur la non-localité.

Mais en quoi consiste exactement le théorème de Kochen et Specker ? Considérons cinq variables A, B, C, B′, C′, et posons que chaque particule possède par avance des valeurs pour ces cinq variables. Supposons ensuite qu'on mesure sur les particules non pas l'une des variables séparément, mais la somme de trois d'entre elles : A + B + C, ou bien A + B′ + C′. La mesure de ces sommes distinctes nécessite de mettre en œuvre des appareillages distincts (disons M_1 et M_2, respectivement). Admettons maintenant que la valeur de la variable A possédée par les particules *n'est pas* modifiée par le contexte expérimental. Si c'est le cas, les particules possèdent *la même valeur de A* lors de la mesure de A + B + C utilisant l'appareil M_1, que lors de la mesure de A + B′ + C′, utilisant l'appareil M_2. Or, Kochen et Specker démontrent que cette simple hypothèse contrevient aux prédictions de la mécanique quantique (Annexe III).

Au total, pour qu'une théorie à variables cachées soit compatible avec les prédictions de la mécanique quantique, il faut qu'elle soit *contextualiste* et *non-locale*. Ce sont ces caractéristiques que nous allons retrouver sur deux exemples de théories à variables cachées empiriquement équivalentes à la mécanique quantique.

4-5-5 La théorie de Landé

La théorie de Landé [(1965)] (inspirée d'un article du physicien américain W. Duane, publié en 1923) vise à rendre raison des phénomènes d'aspect ondulatoire *sans* recourir à une quelconque dualité de nature, ondulatoire et corpusculaire, des objets microscopiques. Elle favorise une conception mécaniste, selon laquelle le monde est exclusivement fait de corpuscules en mouvement. Mais selon Landé, lorsque ces corpuscules en mouvement arrivent en contact avec des corps matériels faits de grands nombres d'autres corpuscules, ils interagissent avec eux par *quanta*. Quand par exemple un corpuscule traverse un réseau cristallin, il ne peut échanger avec lui qu'une quantité de mouvement égale à un multiple entier du rapport h/L, dans lequel h est la constante de Planck et L la distance entre deux plans cristallins (ou plus généralement la périodicité du réseau atomique du solide considéré). Cette quantification des interactions, pour sa part, est « (...) *expliquée* comme conséquence nécessaire de postulats simples et généraux de symétrie et d'invariance » [(*ibid.*, p. 6)]. Ceci étant admis, beaucoup de conséquences intéressantes s'ensuivent. En particulier, on peut montrer que, sous l'hypothèse d'un transfert quantifié de quantité de mouvement, la distribution des impacts de corpuscules ayant traversé un cristal *reproduit la figure de diffraction d'une onde,* et qu'elle s'accorde exactement avec les prédictions de la mécanique quantique. Landé peut ainsi affirmer que « les électrons se comportent toujours comme des particules ; ils n'adoptent jamais le comportement déviant d'une onde ». Les distributions statistiques d'apparence ondulatoire découlent de la quantification imposée aux interactions corpusculaires.

Ceci suffit à laisser transparaître le *contextualisme* de la théorie de Landé. Dans sa théorie, les particules possèdent des propriétés, elles possèdent en particulier à tout instant une position et une quantité de mouvement bien déterminées, mais leur interaction avec les corps matériels qui constituent les dispositifs de mesure modifie ces propriétés de façon quantifiée et individuellement incontrôlable. C'est la distribution statistique de ces modifications contextualistes qui s'accorde avec les prédictions probabilistes de la mécanique quantique.

La *non-localité* de la théorie de Landé s'aperçoit quant à elle dans la description *à la fois* contextualiste et spatialement holistique que cet auteur donne de l'expérience des fentes d'Young. Ici encore, les particules échangent une valeur quantifiée de la quantité de mouvement lors de leur passage à travers un corps matériel : le cache percé de deux fentes. Cet échange de quantité de mouvement est cependant conditionné non seulement par les constituants du cache les plus proches de chaque fente, mais aussi, et de façon instantanée, par la totalité des constituants de ce cache, *y compris ceux qui sont les plus distants* de la fente à travers laquelle passe le corpuscule ; y compris par conséquent les constituants les plus proches de l'*autre* fente. C'est en effet cette totalité qui détermine la périodicité globale du solide constituant le cache, et par conséquent la valeur du quantum de quantité de mouvement transféré en un point quelconque de ce solide. On comprend ainsi que l'obturation éventuelle de l'une des fentes modifie radicalement la distribution d'impacts observée sur un écran, la faisant passer d'une figure d'interférence à une distribution gaussienne. « L'électron, dit Landé, change sa quantité de mouvement en réaction aux composantes harmoniques de la distribution de matière du cache percé de deux fentes, *considéré comme un tout* » [(*ibid*., p. 10)].

La théorie de Landé, dont on a pu montrer qu'elle reproduisait certaines prédictions de la mécanique quantique standard, répond donc bien aux deux contraintes imposées par les théorèmes de Bell et de Kochen et Specker : elle est *contextualiste et non locale*.

4-5-6 La théorie de Bohm

La théorie de Bohm représente de nos jours la théorie à variables cachées de référence. Contrairement à la théorie de Landé, elle a atteint un stade de développement tel que l'on peut affirmer qu'elle reproduit exactement les prédictions de la quasi-totalité des théories quantiques connues ; aussi bien celles de la mécanique quantique standard que de la mécanique quantique relativiste et de la théorie quantique des champs [D. Bohm & B.J. Hiley (1993)]. Elle parvient à ce résultat en manipulant de bout en bout ce que J. Bell appelle des « êtrables », c'est-à-dire des entités détachées (au moins par la pensée) des conditions instrumentales ou perceptives de leur appréhension. Les êtr-ables de la théorie de Bohm, les éléments de son *mobilier ontologique* comme dirait Quine, sont de deux sortes : les coordonnées spatio-cinématiques des particules obéissant à la statistique de Fermi-Dirac, et l'intensité des champs dont les quanta obéissent à la statistique de Bose-Einstein. L'accent, toutefois, avait été initialement mis sur une ontologie de corpuscules pouvant en principe inclure aussi bien le cas des Bosons que celui des Fermions ; l'introduction d'une seconde sorte d'êtr-able, l'intensité des champs, représente une concession récente aux difficultés formelles qu'engendrait une approche uniformément corpusculaire en théorie quantique des champs. Nous allons donc focaliser notre attention sur la thèse corpusculaire originale, affirmée dès 1952, et parfaitement apte à reproduire les prédictions de la mécanique quantique standard.

La théorie de Bohm de 1952 était l'héritière de la théorie de l'onde-pilote développée dès 1927 par Louis de Broglie. L'idée de base, commune à la théorie de Bohm et à celle de de Broglie, consiste à développer pleinement le dualisme onde-corpuscule, en admettant que les corpuscules sont guidés dans leur mouvement par une onde. Mais la théorie de Bohm se distingue de celle de son prédécesseur sur deux points. Elle est capable de décrire le mouvement de plusieurs corpuscules, et non pas d'un seul comme c'était le cas dans la théorie de de Broglie de 1927. Et d'autre part elle assigne à l'onde de guidage le rôle d'un champ d'*information* plutôt que celui d'un champ de *forces*. Chez Bohm, en effet, la trajectoire imposée par l'onde à une particule est indépendante de l'amplitude globale de cette onde ; elle dépend seulement de sa *forme*. Bohm compare l'action de son onde à celle d'un message radio intimant à un bateau l'ordre de changer de direction : l'ordre vaut par son contenu (par sa forme ou sa modulation), et non pas par l'amplitude globale plus ou moins grande de son support électromagnétique. Cette onde de guidage de Bohm n'est autre que l'onde Ψ de la mécanique quantique standard. L'onde Ψ acquiert ainsi une deuxième signification à côté de celle qu'on lui attribue habituellement. Elle exprime toujours, à travers le carré de son module, la distribution statistique des particules, conçue ici comme résultant d'un processus de chaos déterministe ; mais elle consiste également, à travers le concept dérivé de « potentiel quantique », en un champ d'information fixant de façon univoque la trajectoire de chacune de ces particules.

La théorie de Bohm est explicitement présentée comme *contextualiste*. La forme de l'onde de guidage dépend en effet de la configuration de la totalité de l'appareillage (voire de la totalité de l'environnement), et le mouvement de chaque corpuscule serait donc modifié à la moindre modification de l'appareillage (et même de l'environnement). Cela vaut tout particulièrement pour l'expérience des fentes d'Young avec ses diverses variantes : « un système de fentes différent produirait un potentiel quantique différent qui affecterait le mouvement des particules différemment » [*ibid.*, p. 38]. On aperçoit déjà à travers cette phrase ce qui sépare la contextualité de type bohrien, qui suspend purement et simplement l'analyse du phénomène holistique, et le contextualisme de la théorie de Bohm dans lequel on cherche à *rendre raison* de l'inanalysabilité du phénomène par une représentation de la dépendance étroite et réciproque d'un objet vis-à-vis de l'appareillage. Comme le dit très bien Bohm, le contextualisme de sa théorie « (...) rappelle la notion bohrienne de totalité, mais s'en démarque en ceci que le processus est entièrement ouvert à notre " regard conceptuel " et peut par conséquent être analysé par la pensée, même s'il ne peut pas être divisé effectivement sans changer radicalement sa nature » [(*ibid.*)]. Le contextualisme revient à détacher par la pensée les choses de leur contexte d'appréhension expérimentale afin d'« expliquer » pourquoi les critères *apparents* de leur détachement ne sont pas remplis. Sa démarche consiste en quelque sorte à vouloir tracer les limites de la connaissance expérimentale à partir d'un point de vue qui lui est extérieur, plutôt que de s'en tenir, comme Bohr, à son intérieur.

La théorie de Bohm est par ailleurs *non-locale*. On s'en aperçoit non seulement, comme chez Landé, à travers son contextualisme holistique dans lequel les éléments distants de l'appareillage modulent l'onde de guidage des corpuscules, mais aussi plus directement à travers les influences instantanées qu'exercent les particules d'un système les unes sur les autres : « (...) le comportement de chaque particule peut dépendre non-localement de la configuration de toutes les autres, aussi éloignées qu'elles puissent être » [*ibid.*, p. 57]. Ceci a en particulier pour conséquence de donner un contenu concret à la *sorte de corrélation* qu'on devait invoquer pour concilier les statistiques non classiques de Bose-Einstein et de Fermi-Dirac avec l'idée classique que les particules sont permutables (§ 4-3-2). Dans la théorie de Bohm, cette corrélation traduit simplement une *influence à distance* de l'état de chaque particule sur toutes les autres ; les particules restent distinguées par la pensée, elles peuvent aussi être permutées par la pensée, mais les conséquences statistiques de la distinction et de la permutation sont annulées par des influences mutuelles à distance. Faire intervenir une influence à distance permet en définitive d'éviter que la disparition des critères indirects *apparents* de la référence, à savoir la permutabilité et la validité de la statistique de Maxwell-Boltzmann, ait pour conséquence d'obliger à renoncer à toute distinction *de principe* entre particules.

C'est l'occasion pour Bohm de souligner à nouveau que, de ce qu'on ne peut pas *connaître* quelque chose, il ne s'ensuit pas que ce quelque chose n'*est* pas : « (...) on a souvent conclu (des statistiques non-classiques) que les particules ne sont pas seulement indiscernables mais qu'elles sont identiques. Faire ceci, c'est aller d'un énoncé épistémologique faisant référence à notre aptitude à distinguer les choses à un énoncé ontologique faisant référence à ce que sont les particules » [*ibid.*, p. 154] [1].

1. L. Nottale [(1993)] a adopté récemment une stratégie qui, en dépit de ses dénégations, est parfois assez voisine de celle de

4-5-7 Un regard philosophique sur la théorie de Bohm

Que penser de cet appel systématique à l'Etre par-delà le Paraître, à l'ontologie par-delà l'épistémologie ? Ne pèche-t-il pas, comme on le dit souvent, par excès de spéculation métaphysique ? La parfaite équivalence empirique de la théorie de Bohm et de la théorie quantique offre prise à ce genre de critique. On peut en effet se demander comment justifier l'ajout d'un ornement ontologique à un corps de prescriptions prédictives qui s'en passe très bien dans son fonctionnement. Et au nom de quoi préférer la théorie ornée à la théorie dépouillée, si aucun critère expérimental ne risque de les départager. Une telle remarque ne semble cependant pertinente, souligne Bohm, qu'en raison d'un effet de perspective historique. Si la théorie broglienne de l'onde pilote avait atteint sa pleine maturité avant l'interprétation de Bohr

Bohm. Dans le cadre de sa théorie de l'espace-temps fractal, par ailleurs très élégante et sans doute prometteuse en ce qui concerne l'unification projetée des théories quantiques et des théories relativistes, cet auteur semble hésiter entre l'approche interprétative de Feynman et celle de Bohm. De Feynman il retient l'idée qu'on ne peut calculer la probabilité de « trouver une particule » en un point qu'en tenant compte de la *multiplicité* des chemins que cette particule a pu suivre. De Bohm il retient : (a) l'idée qu'une particule suit l'*une* des trajectoires possibles (ici l'une des géodésiques fractales possibles) à l'exclusion de toutes les autres [(1993), p. 128], (b) que cette trajectoire privilégiée est déterminée « par la distribution totale de matière et d'énergie » (contextualisme et non-localité) [p. 131], et (c) que la notion d'une trajectoire privilégiée n'a aucune conséquence prédictive (de type déterministe) [p. 132]. La seule différence avec Bohm, c'est que chez Nottale, le privilège d'une trajectoire est non seulement sans conséquence prédictive mais aussi sans traduction théorique ; aucun paramètre, *fût-il irrémédiablement caché,* ne la singularise à l'intérieur du formalisme. A la distinction qu'établit Bohm entre l'épistémologie et l'ontologie correspond chez Nottale [p. 130] une distinction *« gödelienne »* entre ce qui peut être démontré comme théorème de la théorie et ce qui *est vrai*.

et Heisenberg, n'aurait-on pas retourné la question ? Ne se serait-on pas plutôt interrogé sur l'intérêt de procéder à une trop grande concentration épistémologique là où un discours impliquant des engagements ontologiques forts a déjà démontré son efficacité ? Ce genre d'inversion hiérarchique s'est après tout déjà produite en physique classique, à une époque où la démarche critique de Kant, puis les réflexions néo-kantiennes de plusieurs grands physiciens de la fin du dix-neuvième siècle, laissaient indifférents la grande majorité des chercheurs, et ne les empêchaient pas de s'exprimer *comme si* les corps matériels étaient des choses-en-soi auxquelles s'attachaient des propriétés intrinsèques. La sous-détermination de l'interprétation par le domaine expérimental jouait alors en faveur de celle des interprétations qui affectait le moins le cadre familier de l'attitude naturelle.

Mais en vérité, la symétrie n'est qu'apparente, et la situation de la physique quantique est profondément différente de celle de la physique classique. Car lorsqu'un physicien classique produisait un énoncé à teneur manifestement ontologique, comme « les atomes existent », il suggérait que son affirmation était porteuse d'un supplément de conséquences expérimentalement testables, par rapport à celles, déjà connues, dont l'hypothèse de l'« existence » des atomes aidait à rendre compte. Au moins laissait-il entendre, si ces conséquences n'étaient pas encore clairement formulées, que rien n'empêchait en principe qu'il y en ait. Sauf à tomber eux-mêmes dans l'affirmation ontologique (celle, négative, de l'« inexistence » des atomes), ses adversaires n'avaient alors d'autre ressource que de traduire le vocabulaire atomiste en structures descriptives et prédictives des phénomènes, de proposer éventuellement un modèle concurrent, puis d'attendre le verdict de l'expérience.

Dans l'interprétation de la physique quantique proposée par Bohm, par contre, les prolongements ontologiques sont présentés comme *principiellement* dénués de répondant expérimental. Montrons-le sur trois exemples.

Les particules se voient attribuer par Bohm une trajectoire précise et continue. Mais cette trajectoire dépend de façon contextualiste des appareils de mesure ; elle change avec leur nature, leur disposition, et leur état momentané, et elle *doit* donc, en vertu des lois holistiques qui la régissent, rester hors d'atteinte d'une investigation expérimentale point par point qui ferait intervenir une série de configurations ou d'états instrumentaux distincts.

Les particules sont par ailleurs censées agir l'une sur l'autre de manière non-locale, ce qui permet à Bohm d'expliquer les corrélations observées. Mais les interactions non-locales ne *doivent* avoir aucune autre conséquence expérimentale que les corrélations qu'elles avaient pour but d'expliquer. De nombreux travaux ont en particulier montré que ces interactions non-locales, s'il y en a, ne sont pas utilisables pour transmettre de l'information *instantanément à distance* [B. d'Espagnat (1994), p. 129].

Les particules de Bohm, enfin, sont supposées fédérer leurs propres déterminations. Mais il a été prouvé récemment [H.R. Brown, C. Dewdney, & G. Horton (1995)] que, dans le cadre de la théorie de Bohm, la prédiction de certaines manifestations expérimentales faisant intervenir des champs électromagnétiques et gravitationnels exige que l'on traite la plupart des déterminations (par exemple la masse et la charge électrique) comme dispersée dans tout l'espace. La question se pose alors de savoir en quel sens on peut dire d'un corpuscule *localisé* qu'il « possède » des propriétés alors que ces propriétés ne se manifestent que de façon complètement *délocalisée ;* ou, plus brutalement, en quel sens on peut encore parler d'un objet de nature corpusculaire qui ne rassemble au voisinage de sa position qu'une seule détermination : cette position elle-même.

Une affirmation ontologique qui se met par avance à l'abri de toute confrontation empirique en se prévalant d'une théorie de l'interaction entre ses objets et l'appareillage apte à expliquer l'impossibilité d'un accès expérimental à la plupart des déterminations qu'elle postule, n'est-elle pas l'échafaudage conceptuel le plus osé qu'on puisse imaginer ? Même dans ces conditions, pourtant, il faut se garder de brandir trop vite le reproche d'aventurisme métaphysique. Après tout, si aucun élément de l'ensemble des phénomènes prédictibles ne s'inscrit en faux contre un modèle cohérent apte à éclairer les physiciens en leur fournissant la représentation imagée et la continuité discursive qu'ils demandent, il n'y a pas de raison de l'écarter sans appel. Seul serait habilité à le rejeter quelqu'un qui disposerait d'une autre vision (tout aussi métaphysique) de ce qui se trouve au-delà des limites de l'expérimentable, ou quelqu'un qui se prévaudrait d'un critère de démarcation (éminemment discutable) pour interdire dans les sciences certains modes audacieux d'expression ou de visée référentielle.

La seule chose qu'on puisse reprocher à l'« interprétation ontologique de la mécanique quantique » proposée par Bohm en 1952, sans tomber soi-même dans les travers dont on l'accuse, est une sorte de disproportion entre ses objectifs et ses moyens. Son objectif principal est le rétablissement d'une continuité ontologique sur le mode de l'environnement familier des « choses » de l'attitude naturelle, d'un bout à l'autre de l'échelle des dimensions spatiales. Et ses moyens consistent en la mise en cause la plus radicale qu'on puisse concevoir du postulat élémentaire de la théorie de la connaissance selon lequel les instruments ou les organes des sens nous transmettent fidèlement et de façon bi-univoque certaines déterminations possédées par les objets *indépendamment de ces instruments ou organes.*

Or, comme l'a montré la phénoménologie husserlienne, les visées intentionnelles de l'attitude naturelle préexistent à l'analyse des hypothétiques relations causales entre les objets visés et les moyens sensoriels ou expérimentaux de leur saisie. On pourrait dire aussi, en des termes plus éloignés de la phénoménologie, que l'attitude naturelle est associée de manière implicite à la conception la plus naïve possible de ces relations causales : celle d'une reproduction spéculaire de l'objet-cause par le phénomène causé [R. Rorty (1992)]. Par contraste, la thématisation de la chaîne de transmissions qui part de l'objet pour aboutir à des excitations sensorielles a plus souvent encouragé le scepticisme qu'instauré la confiance ; c'est en elle que le doute sur la conformité de l'être à l'apparaître a trouvé ses principales motivations dans l'histoire, depuis le pyrrhonisme jusqu'à l'empirisme. Fonder l'extension de validité des présupposés ontologiques de l'attitude naturelle vers l'« horizon profond » de la physique quantique sur une critique vigoureuse de la théorie de la connaissance tacite sur laquelle s'appuie l'attitude naturelle, c'est donc faire intervenir cette critique à contre-emploi.

On pourrait il est vrai établir à ce stade une différence entre d'une part la perception et l'attitude naturelle, et d'autre part la physique. Alors que l'élaboration d'une théorie élémentaire de la perception a été la source de bien des attitudes sceptiques, l'élaboration d'une théorie élaborée des dispositifs expérimentaux dérivée des théories de la physique classique est parvenue à susciter un consensus qui ne s'est pas démenti avant le début du vingtième siècle. A partir du milieu du dix-septième siècle, on a pu se prévaloir de l'adéquation empirique globale des descriptions classiques, appliquées conjointement aux objets à connaître et aux moyens expérimentaux de l'appréhension de leurs qualités primaires, pour désamorcer le doute sur la fidélité de la connaissance à ce qui est connu. Mais cet argument n'a servi en droit qu'à repousser ce doute à l'extérieur du domaine de la physique, plutôt qu'à l'abolir. Si l'on met de côté la réfutation cartésienne de l'hypothèse d'un dieu trompeur, rien n'empêche en effet une illusion d'être cohérente et crédible de bout en bout ; rien n'empêcherait par exemple les phénomènes auxquels donnent accès les dispositifs de mesure de la physique classique d'être illusoires, de ne pas correspondre à « ce qui est », en dépit de la parfaite cohérence d'un ensemble (théorie de la mesure + théorie des processus) qui opère tout entier, il ne faut pas l'oublier, sur le plan des phénomènes. Evoquer un " ce qui est abstraction faite des moyens que nous avons de l'appréhender ", c'est en définitive risquer de devoir concéder un jour que la consistance globale d'une représentation du monde, des moyens d'appréhension, et des indications qu'ils fournissent, ne constitue en rien une garantie de la conformité de cette représentation à « ce qui est ».

Récapitulons : au pire une théorie de la relation entre le connaissant et le connu trouble le fond de croyance informulée qui se manifeste dans la parole et dans l'action quotidiennes ; au mieux elle s'avère neutre quant à la question de la concordance de la connaissance à « ce qui est ».

Il est donc assez étonnant de voir un physicien-philosophe comme Bohm justifier l'extrapolation indéfinie du champ de pertinence de l'ontologie spontanée de l'attitude naturelle en donnant à la théorie de la connaissance la priorité sur l'analyse des phénomènes, et en s'appuyant sur l'une des conceptions de la relation causale entre objet et appareil les moins candides et les plus éloignées du modèle spéculaire que l'on puisse concevoir. Si la distance entre l'être et l'apparaître en physique microscopique est aussi grande qu'il l'affirme, quelle raison a-t-on de croire qu'elle est beaucoup plus réduite dans la vie quotidienne et en physique macroscopique ? Invoquera-t-on pour cela le succès de nos actions et l'adéquation empirique globale de la physique classique, qui concerne aussi bien la description du devenir des objets que le compte-rendu du fonctionnement instrumental ? Mais rien n'empêche, nous l'avons déjà remarqué, que ce succès et cette adéquation ne fassent qu'exprimer notre accord superficiel avec tout ce qui se manifeste par des phénomènes (y compris le mode opératoire *apparent* des instruments), alors que les choses réelles restent inaccessibles tant les canaux sensoriels et expérimentaux qui nous en séparent sont *systématiquement* déformants. Rien n'empêche que cet univers de corps matériels macroscopiques, localisés, et dotés de déterminations ne soit *lui-même* qu'une illusion au regard des « choses réelles ». Et dans ce cas la tentative faite par Bohm d'en étendre coûte que coûte la juridiction au domaine microscopique serait parfaitement futile. Une réplique possible (d'ordre phénoménologique) à la présomption d'illusion dans l'univers familier consisterait à dire que l'arrière-monde de « choses réelles » ne nous concerne pas, qu'il est un pur produit de l'imagination, ou tout juste un concept limitatif, à l'instar de la chose-en-soi des néo-kantiens. Mais si on adopte une telle attitude, si on récuse l'arrière-monde dans la vie quotidienne, quelle raison a-t-on d'y recourir, voire d'en proposer des représentations détaillées, en physique microscopique ? Comment justifier qu'on accorde la priorité à l'analyse phénoménologique sur la théorie de la connaissance dans la perception courante, et qu'on affirme la prééminence de la théorie de la connaissance sur l'analyse des phénomènes en physique quantique ?

La continuité ontologique n'est en somme maintenue par Bohm d'un bout à l'autre de l'échelle des grandeurs spatiales qu'au prix d'une discontinuité compensatoire dans la posture épistémologique. La confiance immédiate à l'égard du mode de visée intentionnelle de la vie courante est étendue bien au-delà de sa région d'origine, et elle est appuyée paradoxalement sur une *critique* approfondie de l'immédiateté phénoménologique dans le domaine d'extrapolation. L'archétype du corps matériel, qui pré-existe à toute thématisation de la relation causale entre ce qui est et ce qui apparaît, se voit offrir par Bohm une forme de survie artificielle à l'abri d'une conception élaborée de cette relation causale.

A l'inverse, la volonté de maintenir une continuité dans la posture épistémologique aurait pour conséquence soit un abandon de la continuité ontologique, soit une mise en question, à *toutes* les échelles spatiales, de l'ontologie présupposée par la langue et par l'action quotidiennes.

5-LES NOUVELLES ONTOLOGIES

Selon Kuhn [(1972)], changer de paradigme scientifique c'est aussi changer de monde. On sait que pour Kuhn, le passage dans un monde différent, loin d'être continu et volontaire, s'apparente à la transition discontinue et involontaire d'une « *Gestalt* » à une autre, dont l'un des exemples les plus connus est le basculement de la perception d'un canard à la perception d'un lapin lors de l'observation de l'image ambiguë du psychologue Jastrow [(voir J. Bouveresse (1973), p. 196]. Mais on n'a sans doute pas assez insisté sur les implications potentiellement considérables de cette idée de changement de monde. Changer de monde, dans l'acception la plus ambitieuse de cette expression, ce n'est pas seulement modifier l'emplacement, le rapport mutuel, et le cadre légal des objets qui le peuplent. C'est aussi et surtout refondre les objets eux-mêmes ; c'est aller jusqu'à altérer le découpage de ce qui arrive en une mutiplicité d'entités stables porteuses de déterminations. C'est en somme changer d'ontologie.

De ce point de vue, la révolution quantique de 1925-1926 est restée longtemps inachevée. Il est vrai que la pratique prédictive des chercheurs, appuyée sur le formalisme élaboré par Heisenberg et Schrödinger, ne ressemble plus du tout à ce qu'elle était du temps de la physique classique ; que le regard sur les objets de la physique classique a éclaté en fragments difficilement conciliables ; et que plusieurs chercheurs sont allés jusqu'à proposer un changement des formes catégoriales. Mais l'archétype du corps matériel, plus ou moins profondément retouché, est resté prégnant. Ce n'est que ces toutes dernières années, dans le sillage de la théorie quantique des champs et des théories de la décohérence, qu'un complet basculement du regard ontologique a pu commencer à acquérir, parmi les physiciens, l'assise sociale qui lui manquait. Le véritable changement de monde qu'évoque Kuhn, et dont la naissance de la mécanique quantique avec ses premières interprétations ne représentait que le motif annonciateur, est en train de se produire sous nos yeux. Nous allons en décrire les modalités avant d'en indiquer les symptômes.

5-1 Quasi-réalisme et relativité de l'ontologie

5-1-1 Questions internes et questions limites

L'un des premiers auteurs à avoir mis en place les instruments précis d'une réflexion sur les changements d'ontologie est R. Carnap [(1950b)]. Pour Carnap, la question de l'existence d'une entité se pose à deux niveaux, qu'il faut impérativement distinguer. Lorsqu'on s'interroge sur l'existence d'une entité particulière faisant partie de la classe d'entités présupposée par le cadre linguistique dont on fait usage, on pose une « question interne ». Lorsqu'on se demande s'il existe une classe d'entités comme celle que présuppose le cadre linguistique dont on fait usage, et qu'on se place donc délibérément hors de ce cadre, on pose une « question externe ». Mais peut-on vraiment soulever une question d'existence, dont la formulation et l'orientation dépendent du cadre linguistique, à propos de ce cadre lui-même ? Toute « question externe » n'est-elle pas constitutivement privée de sens ? La réponse que donne Carnap à ces doutes et interrogations est assez nuancée. S'il est vrai que la question de l'existence de la totalité des entités présupposées par un cadre linguistique n'a pas sa place dans le domaine d'expressions que celui-ci permet de former, elle renvoie de façon oblique à une autre question : celle de la pertinence et de l'efficacité de ce cadre linguistique pour l'organisation de l'expérience. Elle n'a pas un statut d'ordre théorique, comme le fait même de sa formulation le laisse penser, mais seulement un statut d'ordre pratique. « A coup sûr, nous devons affronter une question importante à ce stade, mais il s'agit d'une question pratique et non pas théorique ; c'est la question de savoir si nous devons accepter les nouvelles formes linguistiques. L'acceptation ne peut être jugée comme étant vraie ou fausse, parce que ce n'est pas une assertion. Elle peut seulement être jugée comme étant plus ou moins opportune, fructueuse, apte à atteindre le but vers lequel tend le langage. Des jugements de cette sorte fournissent la motivation de la décision d'accepter ou de rejeter un certain type d'entités » [*(ibid.)*, p. 214]. Non pas, par conséquent, " ces entités existent-elles ? ", mais " est-il judicieux d'adopter le système linguistique dans lequel il y est fait référence ? ". Ou mieux encore, pour étendre la réflexion au domaine plus vaste tracé par Wittgenstein, " ce système linguistique s'intègre-t-il sans tension majeure à nos formes de vie ? "

L'analyse de Carnap, qui était initialement dirigée vers la question de l'existence d'entités abstraites, inhabituelles, ou controversées, s'applique également, il faut le remarquer, aux entités les plus courantes comme les « choses » ou « corps matériels » de l'environnement quotidien. A ceci près que dans ce dernier cas la critique ne doit plus tant s'exercer sur des *questions* externes que sur les *jugements existentiels* externes. Le fait de l'efficacité du langage de choses, souligne Carnap, ne constitue en rien la preuve de l'existence du monde des choses, mais seulement l'indication qu'il est opportun d'accepter le langage courant dans lequel il y est fait référence, comme grille organisatrice de ce qui arrive et comme outil de communication pour la vie courante. La perspective d'un changement complet d'ontologie, qui irait jusqu'à remettre en cause son modèle somatologique, est ainsi entrouverte par Carnap, bien que lui-même considère qu'il n'y a pour l'heure aucun motif d'aller si loin.

Quel que soit le pouvoir clarificateur de la classification établie par Carnap entre questions internes et questions externes, on ne peut s'empêcher de penser qu'elle accorde trop de poids, même si c'est pour la critiquer en fin de parcours, à la représentation d'un univers extra-linguistique. Les questions dites « externes » ne se posent-elles pas toujours à l'intérieur du langage, avec les moyens, peut-être dévoyés, fournis par celui-ci ? Plutôt que de questions externes, il faudrait alors parler de *questions limites,* parce que la réponse éventuelle à de telles questions ne pourrait s'appuyer sur aucune opposition ni aucune comparaison à l'intérieur du système linguistique utilisé, et qu'elle touche par conséquent aux confins de ce système. Si on demande par exemple « les licornes existent-elles ? », la réponse est « non, il n'y a pas de licorne, mais (sous-entendu), il y a d'autres animaux ». L'affirmation d'inexistence des licornes *s'oppose* implicitement à l'affirmation d'existence d'autres animaux, puisqu'elle s'inscrit dans un cadre linguistique qui inclut des noms d'espèces animales et qu'elle s'appuie sur une définition de la licorne comme animal. De même, si on demande « qu'est-ce qu'un chien ? », une réponse plausible consiste à énoncer « le chien est un mammifère » ; elle sous-entend qu'une *comparaison* est possible entre l'espèce canine et d'autres espèces zoologiques, et que cette comparaison conduit à la ranger dans la classe des mammifères plutôt que dans celle des oiseaux ou des poissons. En revanche, une réponse négative à la question « les choses existent-elles ? » ne pourrait se prévaloir d'aucune opposition au sein du système linguistique employé. Quant à la réponse à la question « qu'est-ce qu'une chose ? », elle devrait chercher des termes de comparaison dans des entités élaborées (comme par exemple les « données des sens », ou la matière et la forme) dont la notion s'appuie circulairement sur un accord tacite et préalable à propos de la notion de « chose ». Comme l'écrit Quine [(1977)], « Ce qui prive de sens les questions d'ontologie quand on les pose dans l'absolu, ce n'est pas l'universalité, c'est la circularité ».

Admettons donc qu'aux questions internes s'opposent des *questions limites* sur le découpage ontologique ; et que si ces questions limites n'admettent pas de réponse dans un système linguistique donné, elles laissent au moins entrevoir la possibilité d'un changement discontinu de système linguistique et d'ontologie dont les motivations, reconstituées après coup, sont d'ordre pratique.

5-1-2 Y a-t-il une ontologie des théories physiques ?

Un changement complet d'ontologie dans les sciences physiques est possible, et sans doute opportun. S'il n'a pas encore été généralement admis, c'est qu'il se heurte d'un côté à des objections philosophiques non négligeables, et de l'autre côté à une excessive insouciance vis-à-vis de ces objections.

Voyons d'abord les objections. Elles proviennent d'une certaine conception rigidement réaliste du progrès des sciences. Selon ce genre de conception, l'évolution des sciences conduit à une connaissance de plus en plus raffinée des *mêmes choses ;* elle suppose, selon une expression d'A. Fine [(1986)], la « stabilité de la référence à travers les paradigmes ». Seule cette stabilité s'accorde en effet sans difficulté avec le thème réaliste traditionnel de la convergence progressive des théories scientifiques vers une Vérité appréhendée dans sa seule forme authentique. Admettre un changement d'ontologie dans l'état présent de la physique, ce serait admettre qu'il pourrait y en avoir bien d'autres dans l'avenir, sans aboutissement prévisible ; et ce serait ouvrir du même coup la perspective d'une mobilité ontologique indéfinie qui priverait la « convergence » de l'ensemble de points de repère stables dont elle a besoin pour s'organiser. Comment concevoir un processus de focalisation du savoir, si le foyer ne cesse de se déplacer ; comment comprendre que le processus épistémique puisse s'approcher indéfiniment d'une limite asymptotique, si l'asymptote se déplace brutalement d'une étape à l'autre ?

Même si le penseur réaliste n'y est pas absolument contraint, il a donc tendance à manifester un certain conservatisme ontologique. A moins bien sûr qu'il n'adopte une version modernisée, et mieux adaptée à l'évolutivité des sciences, de la constellation des doctrines réalistes ; à moins qu'il ne se croie plus obligé de poser que la forme du système des objets se confond avec la forme du monde ; à moins qu'il accepte de dissocier la référence et la charge métaphysique, et de conférer ainsi une certaine autonomie à la fonction référentielle vis-à-vis de toute prétention de correspondre *entité par entité* aux hypothétiques « choses telles qu'elles sont ». S'il reconnaît que l'accord à propos d'un objet n'est pas nécessairement dû à l'existence de *cet objet* face aux sujets qui s'accordent, s'il renonce à exiger la stricte réciprocité entre chaque visée référentielle et une relation causale allant de l'objet visé à la réceptivité du sujet connaissant, la voie du renouvellement ontologique lui est ouverte. Dégagé de la croyance selon laquelle chaque entité référencée représente un élément de réalité autonome doté d'une efficience causale propre, il attachera plus de crédit à la structure *globale* des théories scientifiques qu'à un certain découpage de ce qui arrive, plus à l'architecture unifiée des règles descriptives ou prédictives qu'à une ontologie particulière, héritée de l'attitude naturelle. C'est exactement cette vision élargie de la position réaliste qu'A. Fine attribue à Einstein et qu'A. Shimony [(1993)] défend pour son propre compte avec quelques aménagements. Une vision dans laquelle on « dévie les questions de signification (et de " correspondance ") vers des questions d'adéquation empirique de la théorie conçue comme un tout » [A. Fine (1986), p. 106]. Une vision selon laquelle, si quelque chose doit avoir un rapport avec la réalité, c'est la structure englobante d'un « système de pensée » ou d'un réseau de relations fonctionnelles, et non pas chacun des éléments auquel il est fait référence. La segmentation sémantique (référentielle) a dès lors pour seule obligation d'être compatible *dans son ensemble* avec ce « système de pensée », plutôt que terme à terme avec les « choses » référencées. Et l'on tend ainsi à admettre, à la manière du *Quasi-Réalisme* de Blackburn [(1993)], une dépendance complète de l'ontologie (dans son acception non métaphysique de *système des visées référentielles*) à l'égard de l'état présent des théories scientifiques.

Mais l'hypothèque d'un réalisme référentiel rigide ayant ainsi été levée, toutes les difficultés qui entravent une bonne compréhension de ce que représente un changement d'ontologie sont loin d'avoir été aplanies. Et l'on peut reprocher à des philosophes comme Fine et Blackburn, dont les analyses très fines ont permis de surmonter l'objection réaliste, d'en sous-estimer les motivations. Fine insiste sur l'idée qu'il n'y a aucune objection à adopter un système d'entités « sanctionné par les sciences », pour peu qu'on ne prenne pas cette adoption pour une affirmation d'existence des entités en question. Quant à Blackburn [*ibid.*, p. 8], il ne se défend que faiblement de la critique suivante portée contre sa théorie : « le quasi-réalisme est souvent accusé de " scientisme " (...) ou, en d'autres termes, il est accusé de confiner la réalité authentique à une ontologie et à un ensemble de traits tracés par quelque science fondamentale favorite comme la physique ». Fine et Blackburn semblent s'accorder à penser que chaque science « sanctionne », « trace », ou désigne, *une* ontologie. La prudence conservatrice du réalisme au sujet de l'ontologie n'est même pas créditée d'une quelconque vraisemblance, puisque Fine et Blackburn avancent l'idée d'une connexion presque automatique entre une révolution scientifique et une révolution ontologique. Le problème, révélateur d'un écueil que ces auteurs n'ont pas suffisamment apprécié, est qu'ils ne sont justement pas en mesure d'indiquer *quelle peut bien être* cette ontologie « désignée » par la physique contemporaine. Les indications que donnent les physiciens sont beaucoup trop contradictoires pour leur permettre une décision univoque à ce sujet.

En suggérant qu'une théorie scientifique sélectionne une ontologie au détriment de toute autre, Fine et Blackburn adoptent pour l'essentiel une affirmation de Quine, selon lequel on peut parfaitement dire qu'un objet est *requis* par une théorie quand « (...) la vérité de cette théorie requiert dudit objet qu'il figure parmi les valeurs que parcourent les variables liées » dans un énoncé de quantification existentielle [W.V. Quine (1977), p. 110]. Quine, qui admet une sous-détermination de la théorie par l'expérience, considère dans le passage cité que l'ontologie est déterminée par la théorie. Aucun niveau supplémentaire de sous-détermination (la sous-détermination de l'ontologie par la théorie, après la sous-détermination de la théorie par l'expérience) ne lui semble devoir intervenir. La *relativité de l'ontologie*, le fait qu'il n'y a aucune raison empirique de choisir entre une ontologie et une autre parmi les plus vraisemblables, ne fait que refléter fidèlement selon lui la relativité des théories elles-mêmes.

En y regardant de plus près, cependant, on s'aperçoit que les « théories » auxquelles Quine attribue la capacité de fixer une ontologie sont assez particulières. Ce sont les théories qui sont d'emblée exprimées dans un langage « enrégimenté », dont « (...) l'appareil complémentaire consiste uniquement en fonctions de vérité et en prédicats » [W.V. Quine (1990), p. 63]. Pour qu'une théorie fixe les objets (et donc l'ontologie) qu'elle requiert, il est en effet crucial que cette théorie dispose de *prédicats* qui, appliqués à ces objets, la rendent « vraie ». Les objets demandés par une théorie, « (...) ce sont les objets dont certains des prédicats de la théorie ont à être vrais pour que cette théorie soit vraie » [W.V. Quine (1977) p. 111]. Si par contre une déviation logique se produit, si la notion de prédication est mise en question plutôt que présupposée par une théorie (et Quine signale que cela pourrait bien être le cas en mécanique quantique [(1990), p. 63]), le lien rigide entre théorie et ontologie n'a plus rien d'évident.

En rassemblant les remarques de Quine, on se rend compte qu'un tel lien ne peut être établi que lorsqu'une théorie est expressément conçue sur le mode *descriptif*, comme c'est le cas quand elle ordonne des *prédicats*. En revanche, aucun élément interne à une théorie scientifique conçue sur le mode *prédictif* ne saurait forcer à adopter (ou à abandonner) une ontologie. Une théorie prédictive introduit simplement de nouvelles contraintes auxquelles chaque ontologie, qui est aussi un procédé permettant d'anticiper les réponses aux actions ou aux sollicitations expérimentales en s'appuyant sur une analyse segmentée de ce qui arrive, doit s'adapter. Il peut arriver qu'une ontologie traditionnelle ne puisse être adaptée sans une véritable défiguration. Il peut aussi arriver que la nouvelle théorie esquisse les contours d'une ou de plusieurs autres ontologies qui ont l'avantage sur l'ancienne de s'adapter avec plus de simplicité ou de « naturel » à sa structure projective. Mais toutes ces ontologies, défigurées ou élégantes, ont un droit égal à être associées à la théorie prédictive considérée. Conformément à la remarque de Carnap, seules des raisons d'opportunité, éventuellement relayées par une évolution sociologique, détermineront en fin de compte la décision.

Ainsi que nous allons le voir, l'une des ontologies les plus « naturellement » adaptables aux théories quantiques est une ontologie d'« états » (les référents des *vecteurs* d'état), de la même façon que l'une des ontologies les plus « naturellement » adaptables aux théories relativistes est une ontologie d'*événements*. Par contraste, l'ontologie traditionnelle de corps matériels porteurs de propriétés apparaît en porte-à-faux, aussi bien vis-à-vis de la mécanique quantique que de la mécanique relativiste. Dans le cas de la mécanique quantique cela vient d'un défaut de reproductibilité des résultats expérimentaux pris individuellement, qui rend très délicat (ou assez artificiel) le sauvetage de la prédication conjointe de variables conjuguées, et qui donne un tour purement formel au maintien de la réidentifiabilité des corps dans le temps. Dans le cas de la mécanique relativiste cela est dû à la parfaite convertibilité réciproque de la masse des corps en énergie, qui, dans le cadre de l'ontologie standard, aboutit à la conclusion étonnante qu'une propriété des choses (l'énergie) peut se transformer en choses (les corps matériels) [B. d'Espagnat (1994)].

Nous en sommes donc là. Des théories physiques prédictives qui n'interdisent pas une ontologie traditionnelle de corps matériels, mais qui imposent des renoncements ou des détours excessifs à ceux qui voudraient la conserver ; des théories physiques qui n'imposent pas une nouvelle ontologie, mais dont le formalisme laisse transparaître les lignes de moindre résistance que pourraient emprunter ceux qui seraient tentés par une mutation ontologique.

5-1-3 Signes avant-coureurs d'un changement d'ontologie

L'occurrence ou la non-occurrence d'un changement d'ontologie à la suite des révolutions scientifiques du début du vingtième siècle dépendra en fin de parcours de la manière dont les acteurs de la vie intellectuelle apprécieront le coût d'un maintien de l'ancienne ontologie et la consistance globale d'un monde fait de nouvelles entités. Or c'est justement cette appréciation collective qui est en train de se modifier assez profondément, en particulier dans le secteur de la réflexion sur la mécanique quantique.

Pour commencer, l'ontologie traditionnelle de corps matériels est perçue comme étant à bout de souffle par ceux-là mêmes qui ont commencé par vouloir en proroger la validité. La remarque désabusée faite au paragraphe 4-5-7, sur ces curieux corpuscules de Bohm qui ne réunissent au voisinage de leur position qu'une seule détermination, à savoir cette position elle-même, est après tout venue d'un groupe de chercheurs généralement partisans de la théorie de Bohm. S'ils voulaient pousser ce constat jusqu'à ses ultimes conséquences, il ne leur resterait plus qu'à considérer, avec Ben-Dov [(1993)], que la théorie de l'onde pilote mise au point par Bohm régit l'évolution de points « de configuration » plutôt que celle de points ou de particules « matériels ».

Ils devraient en somme renoncer aux dernières réminiscences de l'ontologie corpusculaire et reconnaître qu'ils sont entrés sans le vouloir dans un monde dont non seulement les lois mais aussi les constituants ont changé. Dans un cadre conceptuel différent, *a priori* peu favorable aux variables cachées, des auteurs comme Dalla Chiara & Toraldo di Francia [(1993)], ou Krause [(1992)], avaient commencé par forger une théorie des ensembles modifiée afin de sauver en partie l'idée d'une multiplicité d'objets de type corpusculaire. Mais ce travail les a conduits à la conclusion selon laquelle « la microphysique est un monde d'*intensions,* où les objets individuels et les noms sont des notions qui ne sont *pas naturelles* ».

Manque de « naturel », manque d'« opportunité » ; tel est le constat limite que font des cercles de plus en plus larges de chercheurs à propos de l'ontologie de corpuscules matériels, même aménagée. C'est ainsi que M. Redhead [(1988)], après avoir longuement insisté sur l'absence de toute justification *théorique* en physique quantique pour l'adoption d'une nouvelle ontologie d'états plutôt que de l'ancienne ontologie de corpuscules plus ou moins modifiée, en est venu à souligner le caractère vraiment très artificiel d'une ontologie de tradition corpusculaire qui nous engage à étiqueter les particules par la pensée, pour ensuite nous forcer à inventer des méthodes permettant de faire disparaître les conséquences de cet étiquetage [M. Redhead & P. Teller (1992) ; P. Teller (1995)]. Par contraste, insistent Redhead et Teller, il existe une ontologie beaucoup plus opportune, suggérée par la structure de la théorie quantique des champs : l'ontologie d'états de l'espace de Fock dont il sera question de manière plus détaillée à la section 5-2. « (A)vec une description en termes d'espace de Fock, délivrée d'étiquettes et d'individualité transcendante, les énigmes au sujet de la statistique de Bose ne peuvent jamais être amorcées. » Les questions d'individualité sont plus que « résolues » par l'adoption de l'ontologie d'états de l'espace de Fock : elles sont privées de toute possibilité d'être posées.

C'est donc la présence d'une alternative perçue de plus en plus clairement comme crédible, qui donne consistance à la possibilité d'abandonner l'ancien découpage ontologique. En l'absence d'alternative, on pourrait devoir s'en tenir à la description en termes de corpuscules, disent Redhead et Teller ; mais si une telle alternative ontologique se présente il ne faut pas hésiter à opter pour celle de ses branches qui permet une articulation satisfaisante aux phénomènes, tout en étant affranchie du caractère peu naturel et des paradoxes qu'engendrent les autres branches. Cette orientation ontologiquement novatrice a également été adoptée par d'Espagnat et Quine ces dernières années. Dans les termes de Quine, « Il semblerait alors non seulement que les particules élémentaires ne sont pas semblables aux corps, mais qu'*il n'existe aucun occupant de ce genre de l'espace-temps*, et que nous devrions parler des emplacements *a* et *b* simplement comme s'ils étaient dans tel ou tel état (...) plutôt que comme s'ils étaient occupés par deux choses » [W.V. Quine (1990), p. 62].

Une fois admis le caractère artificiel de l'ancienne ontologie, et une fois identifiée une remplaçante crédible, tout n'est pas réglé. Aussi peu « naturellement » adaptée à l'élargissement quantique du domaine prédictif que puisse apparaître l'ontologie corpusculaire, cette dernière garde l'avantage d'instaurer une parfaite homogénéité d'un bout à l'autre de l'échelle des grandeurs spatiales. Elle évite toute solution de continuité structurale entre le domaine que régit le formalisme de la mécanique quantique, et celui des choses et des événements de la vie courante. Pour s'imposer, une ontologie complètement différente devrait avoir une vocation au moins aussi grande à l'universalité. On devrait pouvoir montrer que sa pertinence ne se limite pas à la gamme des phénomènes les plus spécifiquement pris en compte par la physique quantique, mais qu'elle s'étend, moyennant quelques aménagements et approximations, à notre environnement familier toujours-déjà informé par la grille de lecture de l'action et du langage. Or, ce raccord ascendant entre l'ontologie d'états et celle que présupposent la langue et l'action quotidiennes semble désormais à portée de la main à beaucoup de chercheurs, grâce aux théories de la décohérence. On ne doit pas s'étonner dans ces conditions de lire un article intitulé *« Il n'existe ni sauts quantiques ni particules ! »* sous la plume de l'un des physiciens [H.D. Zeh (1993)] qui ont le plus contribué au développement des théories de la décohérence. Ayant commencé par utiliser le mode d'expression habituel, à base de fragments désarticulés d'ontologie corpusculaire, dans les premières années du développement de ces théories, Zeh en est arrivé à tirer argument de leur succès pour souligner qu'« (...) il ne paraît pas y avoir de motivation raisonnable (hormis le traditionalisme) à l'introduction de concepts comme les particules, les sauts quantiques, les règles de supersélection, ou les propriétés classiques à un niveau fondamental », mais qu'en revanche c'est une fonction d'onde globale qui « est interprétée comme représentant la " réalité " dans cette représentation ».

Les deux prochaines sections seront donc consacrées, respectivement, à la nouvelle branche de l'alternative ontologique (les « états », en particulier ceux de l'espace de Fock), et aux modalités de son raccord avec le monde de l'attitude naturelle (la décohérence).

5-2 L'INVERSION ONTOLOGIQUE ET LE POINT DE VUE DE L'ANGE

La signification des entités théoriques dont fait usage la mécanique quantique reste une question ouverte, et par conséquent un réservoir de possibilités pour les refontes ontologiques. Le long débat sur l'interprétation de la mécanique quantique a déjà laissé voir quelles étaient les trois principales options qui pouvaient être retenues à ce sujet. En ordonnant les trois options par ordre croissant de consistance ontologique, on a par exemple considéré tour à tour que les vecteurs d'état ne représentaient *rien* du monde (seulement un outil symbolique de prédiction probabiliste des résultats expérimentaux), qu'ils représentaient *quelque chose* du monde (l'« état » des particules, ou leur onde pilote), ou qu'ils représentaient *tout* du monde (des ondes considérées comme ses seuls constituants).

La troisième option semble *a priori* la plus favorable à l'assignation d'une teneur ontologique aux vecteurs d'état. Ne procède-t-elle pas d'ailleurs immédiatement à cette assignation ? En vérité, nous allons le voir, cette façon trop directe et trop naïve de procéder a constitué un obstacle non négligeable au remodelage de la visée référentielle.

A l'inverse, on serait tenté de croire que la première option, instrumentaliste, est incompatible avec l'association de quelque signification ontologique que ce soit à des entités théoriques comme les vecteurs d'état. Mais cela n'est vrai que tant qu'on accole une connotation métaphysique au mot « ontologie ». Si on se contente d'admettre qu'une ontologie est un système ordonné de visées référentielles régulatrices dont l'accord global avec une théorie prédictive ainsi que l'opportunité dans une situation donnée ont été reconnus, le statut de signe à fonction référentielle et celui d'outil symbolique de prédiction n'ont rien de contradictoires. Le passage d'une attitude anti-réaliste, qui tend à bloquer la projection référentielle, vers une attitude quasi réaliste qui se borne à souligner le caractère indispensable de la *fonction* référentielle sans la figer historiquement et métaphysiquement, est au fond bien plus facile à accomplir qu'un passage en sens opposé, qui partirait de la préférence réaliste envers des objets immuables dont seuls les constituants et les caractéristiques auraient à être révélés, pour aboutir à la mobilité ontologique quasi réaliste.

Qu'en est-il enfin de l'option intermédiaire, la plus courante, suivant laquelle le vecteur d'état représente l'« état » des particules ? Comment peut-elle, en dépit de son caractère mixte, accommoder la transition d'une ontologie de particules à une ontologie d'états ? Une inversion des priorités grammaticales, un échange des rôles entre particules et états, suffit dans ce cas, nous le verrons au § 5-2-7, à effectuer le changement.

5-2-1 Le renouveau de l'imaginaire

La conséquence de ce qui précède est claire. Pas plus que la théorie quantique elle-même n'interdisait ni n'imposait une substitution d'ontologie, *aucune* des trois interprétations principales de ses entités théoriques ne rend cette même substitution ni impossible ni obligatoire. Cet excès de neutralité suppose que l'impulsion vienne d'ailleurs. Ce qu'exige un « changement de monde » au sens fort par-delà l'inventaire des contraintes et des possibilités, c'est une mutation de l'imaginaire collectif.

Tel est le rôle que pourrait jouer l'usage de *fables* physico-philosophiques. C'est-à-dire d'utopies aptes à favoriser une appréhension visuelle, gestuelle, intuitive, d'entités théoriques qui étaient au départ considérées comme exclusivement abstraites. L'une des fables les plus représentatives est celle de l'Ange d'Omnès [(1994b), p. 264] ; un ange qui reçoit directement un enseignement des lois de la mécanique quantique, plutôt que de passer par l'intermédiaire de la perception humaine et de la physique classique qui autorise sans difficulté à en prolonger les pré-conditions. Mais cet ange reste en chemin, puisqu'il considère que le monde est « (...) fait de particules décrites par des fonctions d'onde qui évoluent selon l'équation de Schrödinger », au lieu de ne plus se préoccuper *que* des fonctions d'onde. Le Dieu de Putnam, plus autorisé encore que l'ange à pratiquer l'exil cosmique, contemple pour sa part un « vecteur d'état de tout l'univers » [H. Putnam (1990)], et non pas des particules « décrites » par un vecteur d'état comme chez Omnès. Il annonce ainsi la possibilité d'une transition de l'ontologie de corps matériels à celle d'état(s). Ce Dieu n'est cependant invoqué que comme repoussoir, afin de dénoncer la tentation dont il est le plus parfait symbole : celle de s'extraire de la condition humaine. Loin de favoriser le changement d'ontologie, Putnam cherche par sa parabole théologique à en dénoncer par avance les éventuelles implications métaphysiques.

A cette timidité persistante du renouveau de l'intuition, on peut opposer le récit de V.G. Hardcastle [(1994)] dont la sobriété et l'intention ouvertement pédagogique n'excluent pas une certaine audace : « Engageons-nous dans une fantaisie imaginative. Supposons que la mécanique quantique est vraie et qu'il n'existe rien d'autre que des points dans les espaces probabilistes de Hilbert. Il n'y a simplement pas d'entités observables de dimensions moyennes. Supposons aussi que nos cerveaux aient une telle configuration qu'ils transforment les *stimuli* afférents en perceptions d'entités observables de dimensions moyennes. (...) Si cette fantaisie imaginative était vraie, nos observations d'entités auraient-elles un statut épistémique privilégié ? La réponse doit être non. (Mais) du fait que nous ne pouvons nous affranchir de nos perceptions, leur statut privilégié demeure intact en dépit de notre nouvelle ontologie ». En quelques lignes, le tableau presque complet d'une interprétation de la mécanique quantique a été tracé. Supposons d'abord, énonce l'auteur, que *la mécanique quantique est vraie*. Mais que veut-il dire en qualifiant cette théorie physique de « vraie » ? La phrase suivante l'indique. Supposer que la mécanique est « vraie » revient à prendre son formalisme suffisamment au sérieux pour le considérer comme descriptif, et non pas seulement comme prédictif. Les vecteurs dans les espaces de Hilbert, qui servent en première instance d'instrument de calcul probabiliste, désignent aussi désormais les seuls objets qui peuplent le monde, et la loi d'évolution de la mécanique quantique en décrit les changements. Face à eux, les « entités observables de dimensions moyennes », c'est-à-dire les tables, les chaises, et les appareils de mesure, se trouvent désinvestis de tout statut ontologique ; ils ne représentent que l'ombre portée perceptive de l'effet que produisent les véritables objets de la nouvelle ontologie sur la configuration de notre cerveau. Les entités observables de dimensions moyennes sont aux vecteurs de l'espace de Hilbert ce que les qualités secondes de Locke sont aux qualités premières. On pourrait les appeler des *objets seconds*. La naissance de la mécanique quantique devrait alors être considérée comme le moment de la révélation des objets premiers de l'espace de Hilbert derrière le rideau des objets seconds de l'espace-temps ordinaire, exactement comme la naissance de la science mathématique de la nature au dix-septième siècle a représenté (de manière plus décisive que l'atomisme démocritéen) le moment de la révélation de l'universalité des qualités premières extensives derrière le rideau des qualités secondes intensives. La primauté de droit des vecteurs de l'espace de Hilbert ne doit pas conduire pour autant, souligne Hardcastle, à méconnaître la primauté de fait, pour nous, des entités observables. De façon analogue, Démocrite signalait dans son fragment 125 que le discours de l'intellect accordant une primauté de droit aux atomes et au vide sur les sensations, se heurtait à une réplique des sens signalant la primauté de fait des sensations sur les atomes et le vide.

Quel que soit son pouvoir libérateur des représentations, il faut reconnaître que le compte-rendu précédent pèche par un certain nombre d'imprécisions, voire d'omissions. Tout d'abord, insister sur la primauté de fait des entités observables de dimensions moyennes ne suffit pas. La place qu'occupent les objets de la vie courante et les instruments de mesure dans les prémisses épistémologiques de la mécanique quantique ne tient pas à un simple constat factuel. Elle se justifie plutôt par un argument transcendantal d'esprit bohrien, selon lequel l'analysabilité des entités observables « appareillages » en parties séparées et la stabilité de leurs propriétés rendent seuls possibles la manipulation expérimentale et le consensus sur les résultats. Par ailleurs, la manière dont Hardcastle essaie de mettre en scène la relation entre les objets premiers et les apparences d'objets seconds est suspecte parce qu'elle fait usage de la thèse causale de la théorie de la connaissance, et qu'elle en fait de surcroît un usage assez approximatif. Dans le texte cité, on a d'un côté les objets identifiés à des vecteurs de l'espace de Hilbert, et de l'autre le cerveau qui reçoit des « afférences ». Mais que peuvent être ces afférences sinon des effets produits par les objets sur le cerveau ? Comment comprendre cette curieuse interaction des véritables objets situés dans l'espace de Hilbert, avec une entité observable (le cerveau) située dans l'espace-temps ordinaire ? Et si l'on entend en fait par « cerveau » un autre vecteur-objet situé dans l'espace de Hilbert, que signifie le mot « afférence » employé à son propos, et quel est le processus par lequel on passe en son sein d'une évolution régie par l'équation de Schrödinger à des perceptions d'entités observables ?

Ce genre de conception qui reprend implicitement, sous de nouvelles formes, la thèse d'une réciprocité de la visée intentionnelle et du lien causal, qui laisse entendre que l'objet référencé est aussi quelque chose qui affecte les réceptivités instrumentales ou sensorielles, représente en vérité l'obstacle majeur à surmonter sur la voie d'un renouveau ontologique. Une ontologie de vecteurs dans l'espace de Hilbert n'est viable, nous allons le voir, que si on retire aux nouvelles entités qui la composent le rôle de cause des affections instrumentales ou sensorielles. Sans doute faudrait-il alors l'appeler une *quasi-ontologie* plutôt qu'une ontologie, afin d'éviter les confusions avec une tradition ontologique qui associait aux entités désignées le répondant métaphysique d'une efficience causale sur les instruments et les sens.

5-2-2 L'obstacle ontologique de Schrödinger

Schrödinger a été le premier physicien à proposer un changement radical d'ontologie en physique atomique. Il l'a fait dès 1925, dans un article consacré à la statistique de Bose-Einstein ; puis il a explicité sa position en 1926 dans les articles fondateurs de sa mécanique ondulatoire [E. Schrödinger (1933)]. Mais sa façon de procéder restait à l'époque tributaire de la conception traditionnelle de l'ontologie, et elle se heurta très vite à des difficultés insurmontables. Pour le Schrödinger des années 1925-1926, l'univers est peuplé d'ondes Ψ. Ces ondes sont seules « réelles », insiste-t-il à plusieurs reprises, et les apparences corpusculaires qui se manifestent expérimentalement ne font que traduire leurs interactions mutuelles. En se superposant en grand nombre, les ondes Ψ engendrent en effet des régions d'interférence constructive de grande amplitude dont les lois du mouvement sont identiques à celles d'un corpuscule : c'est le concept de « paquet d'ondes ».

Très vite assailli de critiques, qui portaient entre autres sur la rapide dispersion du paquet d'ondes une fois qu'il s'est formé, Schrödinger dut abandonner l'idée de demander aux objets de la nouvelle ontologie (les ondes Ψ) d'engendrer des simulacres exacts des objets de l'ancienne (les corpuscules). Mais il espérait toujours pouvoir montrer comment les phénomènes discontinus habituellement interprétés comme impacts corpusculaires sont produits dans les appareillages par des processus purement ondulatoires. Jusqu'aux années 1950, à une époque où il avait pourtant fait subir de profondes transformations à ses conceptions initiales, il considérait que l'image d'une onde incidente produisant un phénomène discontinu dans l'instrument de mesure par quelque processus d'interférence, était somme toute moins inappropriée que l'image d'un corpuscule entrant en collision avec l'instrument pour produire le même phénomène discontinu. Cela donnait lieu à ce genre de compte-rendu illustratif du processus expérimental : « On doit considérer " l'observation d'un électron " comme un *événement* qui se produit à l'intérieur d'un train d'ondes de de Broglie quand un dispositif est interposé dans ce train, dispositif qui de par sa nature même peut répondre seulement par réponses discontinues » [E. Schrödinger (1953), p. 27].

Aussi longtemps que le paradigme de l'ontologie traditionnelle, celui d'une parfaite réciprocité entre la référence à un objet et l'efficience causale de cet objet sur une réceptivité instrumentale ou sensorielle, restait dominant dans sa pensée, Schrödinger ne pouvait éviter de compléter un renouveau du système des références par un renouveau du système des efficiences causales. La substitution d'un système de référents ondulatoires à un système de référents corpusculaires devait être accompagnée de la substitution d'une représentation ondulatoire de l'interaction entre les objets et les instruments à une représentation corpusculaire de cette même interaction. Les premiers signes d'une incompatibilité entre la mécanique quantique et la représentation ondulatoire de l'efficience causale, se manifestèrent pourtant très tôt. Dès la fin des années 1920 et le début des années 1930, Schrödinger découvrait que la seule manière de traduire dans le formalisme de la mécanique quantique quelque chose qu'on nomme classiquement *l'interaction entre un objet et un appareil* consistait à associer une onde Ψ *unique* au système objet+appareil. Ce holisme de l'onde Ψ n'avait décidément aucun rapport avec l'image de deux ondes en interaction qui auraient représenté, respectivement, l'objet et l'appareil. A moins de renoncer à l'homogénéité ontologique et d'accorder, à l'instar de la majorité des physiciens, une certaine légitimité à des fragments de représentations corpusculaires utilisés pour « expliquer » la discontinuité des phénomènes, il fallait en arriver à affranchir le nouveau système des références de tout lien organique avec le concept d'efficience causale de l'objet sur l'instrument.

Or, bien que lui-même n'en ait pas tiré absolument toutes les conséquences, Schrödinger défendait une conception du statut de la mécanique quantique qui était très favorable à cet affranchissement : « nous donnons effectivement une description complète, continue dans l'espace et dans le temps, sans omission ni lacunes, conformément à l'idéal classique – c'est la description *de quelque chose*. Mais nous ne prétendons pas que ce " quelque chose " s'identifie aux faits observés ou observables ; et nous prétendons encore moins que nous décrivons ainsi ce que la nature (...) *est* réellement » [E. Schrödinger (1992), p. 60]. D'un côté, par conséquent, la mécanique quantique pouvait s'assimiler selon Schrödinger à la *description* de " quelque chose ", et non pas seulement à un outil de *prédiction* des résultats expérimentaux. Mais d'un autre côté ce qu'elle décrivait ainsi était l'évolution d'entités, les ondes Ψ, qui n'étaient ni à l'imitation des phénomènes, ni assimilables à des « choses » transcendantes peuplant la « nature telle qu'elle est ». La *fonction* descriptive et référentielle du discours théorique restait préservée, mais pas son revers métaphysique dont l'expression dans la théorie de la connaissance est l'affection causale des instruments et des organes des sens par ce qui est décrit et référencé.

5-2-3 Les critères non métaphysiques d'un découpage ontologique

Afin de tirer les conséquences de ces remarques, il faut donc maintenant fixer des critères universels de découpage ontologique qui ne doivent rien à l'idée d'une efficience causale des entités désignées sur les instruments et les organes des sens. Schrödinger, combinant des influences post-kantiennes et des enseignements tirés du positivisme de Mach, a dressé dans cette perspective un inventaire assez minutieux de ce qu'on devait exiger d'un système d'entités pour qu'il puisse être élevé au rang d'ontologie. Ses trois principaux critères sont les suivants :

– Les entités doivent être aptes à exprimer, par leur évolution, une *connexion légale* entre phénomènes successifs ;

– Les entités doivent correspondre à des structures autonomes d'*anticipation* des réponses aux sollicitations expérimentales ;

– Les entités doivent être *individualisables, et réidentifiables dans le temps*.

Nous allons donc évaluer ces trois critères tour à tour, et indiquer pourquoi Schrödinger pensait qu'ils étaient satisfaits par des vecteurs d'état alors qu'ils ne l'étaient pas par des objets de type corpusculaire.

5-2-4 Lois, statistiques, et objectivation

Aucune connexion légale entre les phénomènes successifs du domaine quantique n'a pu être établie à travers le seul concept de *trajectoire* qui sous-tend la représentation corpusculaire. En revanche, l'évolution des vecteurs d'état conformément à l'équation de Schrödinger exprime une connexion légale, fût-elle d'ordre probabiliste, entre les phénomènes successifs. Les vecteurs d'état sont des entités régies par la *loi* d'évolution de la mécanique quantique, et cela en fait, selon Schrödinger, de bons candidats au statut d'entités d'une nouvelle ontologie.

Schrödinger s'explique longuement, dans le texte d'un séminaire de l'institut d'études avancées de Dublin écrit au début des années 1950, sur cette importance toute particulière qu'il accorde à l'aptitude des vecteurs d'état à être gouvernés par les lois de la théorie quantique. Il en ressort que pour permettre une objectivation à un second niveau, par-delà le premier niveau d'un flux des phénomènes expérimentaux généralement dénués de reproductibilité et de régularité individuelles, il est indispensable d'identifier des structures dont l'évolution s'accomplit, elle, conformément à des règles. Le mot d'ordre est de s'intéresser pour cela « (...) aux lois générales et non aux faits particuliers » [E. Schrödinger (1995), p. 81]. De régler l'ontologie sur la légalité plutôt que sur la factualité. De peupler le monde d'entités nomologiques plutôt que d'entités conçues comme directement productrices de phénomènes expérimentaux singuliers par interaction avec des appareils.

Mais les lois, en mécanique quantique, régissent des entités qui ne sont autres que des instruments d'évaluation probabiliste. Cela constitue-t-il un argument à l'encontre de l'investissement de ces entités d'un statut ontologique ? En aucune façon, estime Schrödinger [*ibid.*, p. 80], puisque la distribution statistique d'un large ensemble d'événements expérimentaux est un trait aussi bien défini, et pratiquement aussi reproductible, que la réitération du même événement dans certaines circonstances préparatives.

Tant que les conditions de stabilité et de régularité qui autorisent l'objectivation pouvaient être remplies au premier degré (celui des percepts ou des événements expérimentaux individuels) les éléments les plus « naturellement » constitutifs d'une ontologie étaient des structures permettant d'anticiper la récurrence réglée de ces percepts et événements. Les chaises et les tables font partie de ce type assez particulier de structures anticipatrices [*ibid.*, p. 146]. En revanche, si les conditions de reproductibilité et de régularité qui permettent l'objectivation ne peuvent être remplies qu'au second degré, celui des distributions de grands nombres d'événements, alors il faut en prendre acte et désigner comme éléments de l'ontologie les entités qui permettent d'anticiper la récurrence réglée de ces distributions. Jusqu'à nouvel ordre, seuls les vecteurs d'état répondent à cette dernière spécification.

Des travaux récents [Y. Aharonov et al. (1993) ; M. Dickson (1995)] sont venus conforter cette option ontologique en faveur des vecteurs d'état. Les auteurs cités montrent que dans le domaine régi par la mécanique quantique il est possible de rencontrer les conditions nécessaires de l'objectivation non plus seulement au second degré statistique où elles étaient jusque-là repoussées, mais aussi au premier degré de *certains* événements expérimentaux singuliers ; et que ces événements-là font justement partie de ceux que les vecteurs d'état permettent d'anticiper *d'emblée,* sans l'intermédiaire de la règle probabiliste de Born. Une classe de mesures lentes, adiabatiques, dites « protectrices » parce qu'elles n'imposent pas le recours à la « réduction du vecteur d'état » pour prédire le résultat de mesures effectuées à leur suite, permet en effet d'accéder *immédiatement* aux caractéristiques distributives des observables, comme la valeur moyenne ou l'écart quadratique moyen. L'événement expérimental est par exemple ici directement la valeur moyenne, et non pas une seule valeur précise qui ne permettrait d'évaluer la valeur moyenne que combinée à beaucoup d'autres. Cette valeur moyenne est strictement reproductible par réutilisation du même procédé de mesure ; et elle est également reproductible après utilisation intermédiaire de procédés de mesure de la même classe permettant d'évaluer les valeurs moyennes d'*autres* observables, y compris lorsque ces dernières sont *incompatibles* (pour ce qui concerne les valeurs précises) avec la première observable. La reproductibilité, l'indifférence des caractéristiques distributives issues du vecteur d'état vis-à-vis de l'ordre et des circonstances des mesures protectives, autorisent dès lors à les détacher de leur contexte d'obtention, c'est-à-dire à les objectiver. De nos jours, par conséquent, les vecteurs d'état sont encore plus clairement assurés dans leur statut d'entités régies par des lois et anticipatrices de déterminations objectivées qu'ils ne pouvaient l'être du temps de Schrödinger.

5-2-5 L'ontologie, ou l'art de ne pas *trop* anticiper

Pour qu'une structure anticipatrice ait sa place dans une ontologie, il ne faut pas seulement qu'elle conduise à faire de bonnes anticipations ; il faut aussi qu'elle n'en fasse pas faire *davantage* que ce que les moyens sensoriels ou expérimentaux permettent de tester. Or c'est exactement le défaut que Schrödinger dénonce dans les représentations corpusculaires : elles « (...) poussent constamment nos esprits à réclamer des informations qui n'ont évidemment aucune signification » [E. Schrödinger (1950)]. L'idée qu'on a affaire à des objets plus ou moins corpusculaires nous pousse par exemple à réclamer des informations à la fois au sujet de la valeur précise de leur position et au sujet de la valeur précise de leur quantité de mouvement. Or, la donnée simultanée des deux informations n'a aucune signification expérimentale, puisque l'une des deux au moins n'est pas reproductible. Par contre, l'idée que l'on a exclusivement affaire à des entités correspondant terme à terme aux vecteurs d'état ne nous pousserait à réclamer qu'un seul élément d'information : soit celui qui concerne la valeur de la position, soit celui qui concerne la valeur de la quantité de mouvement. Un vecteur d'état est en effet complètement défini par son identification à un vecteur propre de l'une *ou* l'autre de ces observables conjuguées ; et, corrélativement, une fonction d'onde est pleinement caractérisée par un argument se réduisant à l'une *ou* à l'autre des deux variables conjuguées.

Alors qu'une ontologie corpusculaire conduit à s'interroger sur la raison de l'absence de signification expérimentale du couple d'informations qu'elle requiert, et qu'elle force ainsi à diriger l'attention vers l'incompatibilité des conditions instrumentales d'obtention de ces informations, l'ontologie d'« états » désamorce par avance ce genre de question et rend facultative la thématisation des moyens expérimentaux d'attestation. L'ontologie corpusculaire n'est pas autonome ; elle exige une interrogation-en-retour sur son arrière-plan performatif ; elle oblige à la réflexivité. Au contraire, l'ontologie d'« états » n'exige pas par elle-même de considération réflexive ; elle permet de garder en permanence la posture intentionnelle ; elle est autonome. C'est ainsi que l'on peut comprendre la remarque que faisait déjà Schrödinger à Bohr en 1928 : « Puisque ce qui est en principe inobservable ne devrait pas du tout être contenu dans notre schéma conceptuel, il ne devrait pas être possible de le représenter dans ce dernier. Dans le schéma conceptuel adéquat, les choses ne devraient pas apparaître comme si nos possibilités d'expérience étaient limitées par des circonstances défavorables » [in : N. Bohr (1985), p. 47] [1]. Pour Schrödinger, le recours à l'épistémologie,

1. Cette référence de Schrödinger au « schéma conceptuel adéquat » renvoie à une discussion qu'il a eue avec Bohr à la même époque, au sujet d'un éventuel renouvellement des concepts en physique. Tandis que pour Schrödinger il était indispensable de changer de concepts, et entre autres d'abandonner des concepts classiques comme ceux de quantité de mouvement et de position, afin d'éviter certaines difficultés et paradoxes de la mécanique quantique, cela était considéré comme impossible par Bohr. Bohr soulignait en effet que les concepts dont fait usage la théorie physique sont définis relativement à une procédure expérimentale de mesure des variables correspondantes, et que cette procédure *doit* pouvoir se décrire en termes classiques (pour permettre la communication intersubjective). Les concepts de la physique sont donc rigidement fixés, selon Bohr, par des contraintes pragmatico-trans-

l'invocation de la « circonstance défavorable » qu'est la perturbation du mesuré par le mesurant, signale simplement un échec provisoire de l'entreprise d'objectivation. Le trait distinctif d'une objectivation réussie, concrétisée en une ontologie digne de ce nom, n'est-elle pas la possibilité qu'elle offre de retourner les obstacles de principe auxquels se heurte la connaissance en autant de limites constitutives des objets, et de se dispenser par conséquent de toute mention de ces obstacles ? Une ontologie appropriée doit refléter si parfaitement les capacités ou les déficiences expérimentales qu'elle rend leur explicitation superflue. Même si donner une portée ontologique à son discours ne signifie pas obligatoirement faire référence à des entités transcendantes vis-à-vis des moyens de leur manifestation, et affirmer ainsi leur indépendance constitutive vis-à-vis de l'analyse épistémologique, cela implique au moins qu'on définisse un système de visées référentielles de telle sorte que toute considération épistémologique apparaisse *redondante* par rapport à lui.

cendantales. Mais il semble en vérité que Bohr n'ait pas bien compris le point de vue de Schrödinger. Ce dernier n'était pas complètement insensible à l'argument transcendantal de Bohr et à son invocation de l'« héritage de la physique classique » (ce que montrent des textes des années 1950 comme « Transformation and interpretation of quantum mechanics » [E. Schrödinger (1995), p. 51]). Il estimait cependant qu'un concept de physique n'est pas *seulement* défini par son rapport à une procédure d'attestation, mais aussi et surtout par sa *place dans un réseau discursif ou un schéma prédictif*. Si les procédures d'attestation restent inchangées alors que le réseau discursif ou le schéma prédictif dans lequel s'inscrivent leurs résultats a été modifié de fond en comble, cela ne peut pas laisser les concepts intacts. A l'intérieur d'un nouveau réseau, le résultat de la mise en œuvre d'une procédure expérimentale interprétée en termes classiques comme mesure de la quantité de mouvement acquiert une signification neuve ; et cela peut justifier qu'on change son nom et qu'on le rattache à un concept distinct.

5-2-6 Individualité et réidentifiabilité des vecteurs d'état

Contrairement aux corpuscules, les fonctions d'ondes et les vecteurs d'état sont individués ; les fonctions d'ondes sont individuées en vertu de leur forme, et les vecteurs d'état le sont en vertu de leur position dans un espace de Hilbert. Par ailleurs, contrairement aux corpuscules qui ne peuvent généralement pas être réidentifiés à travers le temps le long d'une trajectoire de l'espace ordinaire, les vecteurs d'état sont réidentifiables à travers le temps le long de leur parcours, régi par l'équation de Schrödinger, dans l'espace de Hilbert.

Sur le plan expérimental, les remarques précédentes se traduisent de la façon suivante : aucun producteur hypothétique de phénomènes discontinus *singuliers* n'est invidivualisable ni réidentifiable ; mais les *distributions statistiques* de ces phénomènes *dans un contexte expérimental donné* sont individualisables par leur configuration, et elles sont réidentifiables grâce à la continuité de leurs déformations au cours du temps. Le cas échéant, les modifications des paramètres caractéristiques de ces distributions peuvent être directement appréciées par des « mesures protectrices ». Remplacer ensuite les simples distributions statistiques par un vecteur d'état anticipateur de distributions permet de généraliser ce dernier mode d'individuation et de réidentification à *tout contexte expérimental possible*.

On retrouve ici pour la réidentifiabilité ce qu'on avait déjà montré à propos de la régularité des successions. La composante de *stabilité* exigée par l'objectivation ne doit plus être cherchée au niveau des phénomènes singuliers, mais seulement au niveau de leurs distributions statistiques (ou des paramètres caractéristiques de ces distributions, comme la valeur moyenne, fournis par des « mesures protectrices »). La substitution d'une ontologie de générateurs de distributions statistiques (les vecteurs d'état) à une ontologie de générateurs de séquences de phénomènes singuliers (les points matériels ou les particules) entérine ce déplacement des conditions de l'objectivité.

5-2-7 Une ontologie de vecteurs d'état de l'espace de Fock

Une fois les traits d'individualité et de permanence assignés aux vecteurs d'état plutôt qu'aux hypothétiques particules, on se trouve cependant confronté à une sorte de distorsion grammaticale. L'individu, dont l'archétype est la personne humaine, justifie qu'on le *nomme*. Et par ailleurs, dans la proposition élémentaire, ce qui est permanent, ce qui subsiste à travers les attributions de déterminations contraires, occupe traditionnellement la position du *sujet*. Or, dans la présentation la plus courante du formalisme de la mécanique quantique, ce ne sont pas seulement les états mais aussi les *particules* qui se voient attribuer l'équivalent d'un nom (l'étiquette), même si c'est pour souligner ensuite l'indifférence de l'étiquetage de ces dernières. Par ailleurs, ce sont les particules qui se trouvent placées en position de sujet dans les propositions associées au formalisme quantique, tandis que les états n'y occupent qu'une position de prédicat ; le modèle de proposition « la particule P est dans l'état $|\Psi\rangle$ », dont le sujet s'identifie à la particule P et le prédicat à l'état $|\Psi\rangle$, est très répandu dans les traités de physique quantique. La langue employée reste par conséquent marquée par d'anciennes hiérarchies. Si on veut y inscrire le transfert de la marque d'individualité que suggèrent les statistiques de Bose-Einstein et de Fermi-Dirac, si on désire mettre sa structure en harmonie avec la perception nouvelle du foyer de la permanence que favorise la physique quantique, alors il faut procéder à deux grandes modifications des fonctions lexicales et grammaticales. Il faut réserver l'acte de dénomination aux états, et placer les états en situation de sujets dans les propositions visant à caractériser l'objet de l'investigation.

Une lumineuse métaphore due à Schrödinger [(1950) ; (1995), p. 103] va nous aider à concrétiser la première modification et à entrevoir comment pourrait s'effectuer la seconde. Supposons que trois écoliers, Tom, Dick, et Harry, méritent une récompense. On ne dispose malheureusement que de deux récompenses, et on se demande combien de manières il y a de distribuer ces deux récompenses entre les trois écoliers. La réponse dépend de la nature des récompenses. Si ces deux récompenses sont discernables (ou au moins permutables), comme ce serait par exemple le cas si elles s'identifiaient respectivement à une médaille sur laquelle est gravé le portrait de Newton et à une médaille sur laquelle est gravé le portrait de Shakespeare, il y a neuf façons de les répartir : les deux médailles à un seul élève (trois cas), ou bien la médaille Newton à un premier élève, la médaille Shakespeare à un second élève, et pas de médaille au troisième (six cas). La statistique utilisée est dans ce cas la statistique classique de Maxwell-Boltzmann. Si à présent les deux récompenses sont indiscernables, impermutables, mais *cumulables,* comme c'est le cas de deux sommes d'argent inscrites sur un relevé bancaire, il y a six façons de les répartir : deux sommes d'argent à un seul élève (trois cas), ou bien une somme d'argent pour un premier élève, une somme d'argent pour un second élève, et rien pour le troisième (trois cas). La statistique utilisée est celle de Bose-Einstein. Enfin, si les deux récompenses sont à la fois indiscernables, impermutables, et *non cumulables* comme c'est le cas de deux affiliations à un club, il n'y a que trois façons de les répartir : une affiliation pour un élève, une affiliation pour l'autre élève, pas d'affiliation pour le troisième élève (trois cas). La statistique utilisée est celle de Fermi-Dirac.

Jusque-là, rien d'autre n'a été fait qu'illustrer la méthode de dénombrement qui conduit aux trois statistiques, l'une classique et les deux autres quantiques. Mais le moment de la prise de position philosophique arrive lorsqu'il s'agit de préciser la règle de transposition qui a présidé à la formation de la métaphore. Quelles sont les entités de la physique microscopique auxquelles

les récompenses et les élèves servent de substituts ? Schrödinger [(1950)] l'indique en quelques mots : les récompenses représentent les particules, et les élèves représentent les états. Et que révèle à présent ce code de substitution à propos du statut ontologique des entités de la physique microscopique ? Une simple remarque, doublée d'une expression de surprise, suffit à le montrer : « L'exemple semble étrange et inversé. Quelqu'un pourrait penser " pourquoi les personnes ne peuvent-elles pas être les électrons et différents clubs leurs états ? ". Le physicien regrette, mais il ne peut pas donner satisfaction. Et c'est précisément là le point crucial : le comportement statistique effectif des électrons ne peut être illustré par aucune analogie qui les représente comme des choses identifiables. » Les seules entités qui partagent quelque chose du statut des personnes humaines dans le jeu de langage, à savoir l'individualité et la capacité à porter un nom, sont les *états* et non pas les particules. Cela justifie la sorte d'inversion analogique à laquelle s'est livré Schrödinger, en dépossédant les particules de la personnalisation, et en la conférant aux états.

Il ne suffit cependant pas de projeter cette inversion analogique en inversion grammaticale pour accomplir la seconde modification requise, à savoir celle qui conduit à élever l'état au rang de sujet de la proposition. Remplacer « la particule P est dans l'état $|\Psi\rangle$ » par « l'état $|\Psi\rangle$ est dans la particule P » aurait certes pour effet de mettre l'état en position de sujet, mais introduirait un prédicat tout à fait inapproprié. Le type de prédicat cherché ne s'introduit qu'à condition d'élargir un peu les espaces dans lesquels sont plongés les vecteurs d'état. Au lieu de s'en tenir aux espaces de Hilbert, il faut mettre en œuvre des « espaces de Fock » qui sont définis comme sommes directes de plusieurs espaces de Hilbert et dans lesquels il est possible de représenter les diverses valeurs prises par des observables *nombre*. Nous avons déjà souligné (§ 1-2-13) l'importance des observables *nombre* lorsqu'il s'agit d'éviter de faire usage de la représentation corpusculaire dans le langage expérimental ; mais nous allons ici systématiser cette remarque en faisant des valeurs propres d'une observable nombre les *prédicats* de certains états de l'espace de Fock, et en évitant ainsi toute mention de l'ontologie corpusculaire, fût-ce en position prédicative. Au lieu de propositions comme « la particule P est dans l'état $|\Psi\rangle$ (de l'espace de Hilbert) », nous n'aurons plus que des propositions du type : « l'état α_s (de l'espace de Fock) est n_s fois excité ». Ce nombre n_s est justement celui que l'on interprète couramment (et par une nouvelle inversion sujet-prédicat) comme le nombre des particules qui sont dans l'état α_s. Mais cette fois le caractère par construction indiscernable, impermutable, et tantôt cumulable (Bosons) tantôt non cumulable (Fermions), de ces simples quanta d'excitation des états, rend manifeste la part d'artifice qu'il y a à vouloir les assimiler coûte que coûte à des particules. Tout au plus doit-on reconnaître qu'*à la limite* où la constante de Planck tend vers zéro, le concept de quantum d'excitation non cumulable (Fermion) fournit une excellente approximation du concept de corpuscule classique, tandis que le concept de quantum d'excitation cumulable (Boson) fournit une excellente approximation du concept de champ classique [W. Heitler (1954)].

Un dernier recours existe, il est vrai, pour le conservatisme ontologique : celui de se prévaloir du passage à la limite classique pour prolonger la validité des représentations corpusculaires dans le domaine quantique à travers le concept de Fermion, et pour prolonger la validité du concept de champ à travers le concept de Boson. Mais, comme le dit à juste titre Redhead [(1988), p. 16], l'argument de la limite classique n'est pas décisif lorsqu'on s'éloigne de la limite. Pour s'en apercevoir, souligne cet auteur, il n'est que de remarquer qu'il existe des situations où les rôles sont inversés par rapport à ce que laisserait supposer la limite classique ; où des Fermions agissent à la manière d'un champ d'interaction, tandis que des Bosons tiennent la place des objets (de type corpusculaire) entre lesquels s'exerce l'interaction.

5-2-8 Une ontologie d'UN vecteur d'état de l'espace de Fock

L'utilisation de la représentation des états dans l'espace de Fock a aussi suscité une proposition de refonte ontologique encore plus profonde que celle qui vient d'être exposée. Cette proposition consiste non pas à substituer un découpage en une multiplicité d'états à un découpage en une multiplicité de particules, mais à mettre en cause la pertinence d'un découpage quel qu'il soit. Selon d'Espagnat [(1995)], par exemple, la physique quantique marque la fin du « multitudinisme » ontologique.

Pour comprendre comment on a pu en arriver à une telle conception, il est nécessaire de dire un mot du modèle mécanique élémentaire dont le formalisme de Fock a été dérivé par une procédure de « quantification » (c'est-à-dire par une procédure de remplacement des variables ou nombres-c, par des observables ou nombres-q obéissant à une algèbre non commutative). Ce modèle n'est autre que celui de la corde vibrante. La corde vibrante, tendue et fixée à ses deux bouts, est caractérisée par une série discrète de *modes* de vibration. Chaque mode correspond à une certaine onde stationnaire sur la corde, parmi celles qui sont rendues possibles par la contrainte qu'imposent les points de fixation. Le premier mode de vibration correspond à une onde stationnaire à deux « nœuds » (les deux points de fixation) et un « ventre » (le milieu de la corde) ; le second mode de vibration correspond à une onde stationnaire à trois nœuds (les deux points de fixation plus le milieu de la corde qui reste également fixe) et deux ventres (les positions à un quart et aux trois quarts de la longueur de la corde) ; etc. On montre que chacun de ces modes de vibration peut se traiter comme s'il était un oscillateur harmonique *indépendant,* et que par ailleurs l'énergie totale de la vibration peut se répartir indifféremment entre les divers modes. Le modèle mécanique choisi comporte donc trois éléments principaux : le sujet des vibrations (la corde), les modes de vibration (les ondes stationnaires), et l'intensité des vibrations (l'énergie répartie sur les divers modes). Mais en parlant du formalisme des espaces de Fock au paragraphe précédent, nous n'avons donné un équivalent qu'aux deux derniers de ces éléments. Aux modes de vibration correspondaient les états α_s, et à l'intensité des vibrations correspondait le nombre n_s de quanta d'excitation. Le langage employé laissait en outre supposer que les excitations quantifiées avaient pour seuls sujets les états α_s, c'est-à-dire l'équivalent des modes de vibration. Ne peut-on pas aller au-delà et désigner un répondant de l'*unique sujet des vibrations* du modèle mécanique ? Le formalisme des espaces de Fock se prête parfaitement à ce plein accomplissement de l'isomorphisme entre les théories quantiques et le modèle de la corde vibrante.

On montre en effet [P.A.M. Dirac (1966)] que tout vecteur d'état $|\Psi\rangle$ associé à une assemblée de N particules impermutables peut être dérivé d'un *unique* vecteur $|S\rangle$ de l'espace de Fock :

$$|\Psi\rangle = \eta_1^{n1}\eta_2^{n2}\eta_3^{n3}\ldots\ |S\rangle$$

Dans cette expression, les nombres entiers n_s sont les nombres de quanta d'excitation des états (ou modes) α_s. Quant aux termes η_s, ce sont des opérateurs agissant sur $|S\rangle$. $|S\rangle$ étant un vecteur propre de toutes les observables *nombre* avec la valeur propre associée 0, l'application de l'opérateur η_s^{ns} le transforme en vecteur propre de l'observable nombre N_s avec la valeur propre associée n_s. On appelle couramment les opérateurs η_s des opérateurs de « création », et leurs conjugués des opérateurs d'« annihilation », par référence à la représentation corpusculaire dans laquelle l'excitation d'un mode α_s par n_s quanta équivaut à la *création* de n_s particules. Ces opérateurs η_s obéissent à deux types de relations, soit de commutation soit d'« anti-commutation », répondant respectivement au cas des Bosons et au cas des Fermions.

En s'appuyant sur ce formalisme, on peut par conséquent proposer de considérer que le vecteur d'état $|S\rangle$ de l'espace de Fock représente l'unique sujet des excitations quantiques. La seule entité à laquelle il soit désormais nécessaire de faire référence, c'est-à-dire le seul élément d'ontologie qui soit requis, est alors cet unique « quelque chose » que représente le vecteur d'état $|S\rangle$ de l'espace de Fock. Corrélativement, au lieu de formuler une multiplicité de jugements catégoriques ayant pour sujet tantôt telle particule tantôt tel mode de vibration, on ne doit désormais formuler qu'un seul type de jugement ayant pour unique sujet le « quelque chose » que représente le vecteur d'état $|S\rangle$, et pour prédicats des prédicats complexes du type « être excité n_1 fois sur le mode α_1, n_2 fois sur le mode α_2, etc. ». Comme on le voit, l'œuvre de découpage de ce qui arrive n'a pas été complètement abolie par le choix de désigner le « quelque chose » représenté par le vecteur d'état $|S\rangle$ en tant que seul substrat. Simplement, au lieu d'être portée par le système des références, elle se manifeste à travers la segmentation interne de chaque prédicat.

Une question reste encore ouverte : celle de la nature du « quelque chose » dont il vient d'être question. La réponse la plus tentante est qu'il s'identifie à un champ ; un champ analogue à ceux de la physique classique à ceci près que l'énergie d'excitation de ses modes est quantifiée. Mais cette réponse manque de généralité (elle ne s'applique à la rigueur, séparément, qu'à chaque famille de Bosons et de Fermions), et elle s'appuie circulairement sur un concept de champ qui, en droit, s'obtient comme limite classique du concept de Boson. On doit dès lors se rabattre sur une spécification plus vague du sujet des excitations quantiques.

Pour parcourir cette dernière étape, rappelons-nous que le vecteur d'état $|S\rangle$ est un vecteur propre associé à la valeur propre *zéro* pour chaque observable nombre ; ou, si l'on veut, il traduit un état dans lequel aucun mode d'aucun champ n'est excité. Or, dans le cadre de la représentation corpusculaire, une valeur *zéro* pour le nombre de toutes les particules correspond au *Vide*. On dira donc que le sujet des excitations quantiques (ou si l'on veut la matrice des créations et annihilations) s'identifie au *Vide* ou plus précisément à un fond dispositionnel appelé le *Vide quantique.*

5-3 La voie d'un retour au monde de l'attitude naturelle : la décohérence

En écartant les dernières traces de l'ontologie corpusculaire, on a renoncé à un genre d'entité qui avait l'avantage de pouvoir être tenu pour la cause immédiate des événements discrets et ponctuels constatés dans les appareillages. Et on l'a remplacé par une nouvelle famille d'entités, les vecteurs d'état, qui se trouve être profondément inadaptée au modèle dualiste de l'action causale (objet incident – structure instrumentale). Ainsi qu'on l'a remarqué au paragraphe 5-2-2, le processus qui s'interpréterait dans le cadre du modèle dualiste comme une collision entre système-objet et système-appareillage, *n'a pas* pour correspondant à l'intérieur du formalisme quantique l'interaction de deux vecteurs d'état pouvant être distingués à tout moment (un vecteur-d'état-objet et un vecteur-d'état-appareillage). Au lieu de cela, la mise en œuvre de la loi d'évolution de la mécanique quantique (l'équation de Schrödinger) aboutit à l'« entremêlement » des vecteurs d'état initiaux en un vecteur d'état global non factorisable.

Du coup, le problème du raccord entre les entités dont on peuple le monde et leurs manifestations expérimentales change de nature et de dimension. Il ne s'agit plus de décrire la suite d'événements qui conduisent les propriétés d'un objet à modifier de proche en proche certaines propriétés de l'appareil, jusqu'à ce que ce dernier affiche une indication métrique offerte au regard des expérimentateurs. Il s'agit plutôt de montrer comment, à partir d'un vecteur d'état global, peuvent émerger des macro-structures interprétables comme suites d'événements ; et de quelle façon en particulier peut émerger une structure interprétable comme propriété manifeste d'un appareil. Dans un cas, les concepts d'événement et de propriété sont donnés d'avance, et il suffit de rendre à la fois consistant et empiriquement adéquat l'ensemble constitué par la description des propriétés des objets et la description de leur action sur les propriétés de l'appareillage. Dans l'autre cas, la distance à parcourir entre la grille de lecture ontologique et les résultats expérimentaux est beaucoup plus grande ; car une fois qu'on a fourni la description de l'évolution des nouvelles entités (les vecteurs d'état), et en particulier de celle(s) qui répond(ent) à la situation expérimentale analysée, il reste encore à montrer comment surgissent à partir de là des structures pouvant être mises en correspondance avec des événements et des propriétés intersubjectivement constatables.

La possibilité pour ce système de nouvelles entités de se raccorder aux catégories de la langue et de l'action quotidiennes est, de toute évidence, un test crucial de son applicabilité universelle, et peut-être même de sa viabilité. Ces catégories conditionnent en effet l'objectivation de première instance, celle des événements expérimentaux singuliers, à partir de laquelle a pu prendre son essor l'objectivation de deuxième instance (d'ordre statistique) dont l'aboutissement a été une ontologie de vecteurs d'état. L'incapacité pour le système des nouvelles entités de laisser émerger un équivalent, même approximatif, de l'assise pré-comprise d'événements et de propriétés sur laquelle son objectivation a pu s'appuyer, impliquerait soit de recourir conjointement à l'ancien système d'entités pour assurer cette assise, soit de renoncer à conférer le moindre statut ontologique au nouveau système d'entités. Sans éléments de continuité ontologique ascendante, le choix ne serait plus qu'entre accepter une rupture ontologique macroscopique-microscopique, chercher à rétablir coûte que coûte une continuité ontologique descendante, ou s'en tenir à la suspension du jugement instrumentaliste.

Lorsqu'on veut faire des vecteurs d'état les seuls constituants d'une nouvelle ontologie, il est impératif, nous venons de le voir, de fournir une solution au problème de la continuité ascendante entre l'architecture de la mécanique quantique et les présupposés de sa mise à l'épreuve expérimentale. Mais ce problème se pose aussi, sous d'autres formes, lorsque la place accordée aux entités théoriques est plus modeste. Que les vecteurs d'état soient considérés comme représentant l'« état » de systèmes de particules, ou qu'ils soient même seulement conçus comme symboles prédictifs pour des expériences décrites au moyen des concepts de la physique classique, la question du raccord entre le mode de juridiction de la physique quantique et les *certitudes* d'arrière-plan sur lesquelles s'appuient les gestes et les paroles des expérimentateurs dans leur laboratoire, est également soulevée. Dans le cadre de l'interprétation la plus commune du vecteur d'état, celle qui en fait le représentant de l'« état » d'un système de particules, le problème du raccord prend la forme du « problème de la mesure » popularisé à travers le « paradoxe du *chat de Schrödinger* ». Et dans le cadre de l'interprétation instrumentaliste, le problème du raccord porte sur le statut de la transition entre prédiction et description, entre le formalisme prédictif et le discours descriptif sur les objets de l'environnement familier. Nous appellerons cette dernière variété du problème du raccord « la version prédictive du problème de la mesure ».

Avant d'en venir aux versions des théories de la décohérence qui visent à résoudre le *problème de la continuité ascendante* au maximum de son ambition, il sera donc utile d'analyser la signification de ses antécédents historiques (et moins engagés ontologiquement), connus sous le nom de *problème du raccord,* ou de *problème de la mesure.* L'incapacité à démêler, dans la formulation de ces problèmes, ce qui relève d'une interprétation purement opératoire des vecteurs d'état, et ce qui relève de leur interprétation ontologique, est en effet l'une des raisons principales de la résistance qu'ils ont si longtemps opposé aux tentatives d'en venir à bout. Les théories de la décohérence elles-mêmes ont pris des aspects assez profondément différents d'un auteur à l'autre, et on ne peut comprendre leur variété qu'en la rapportant à la variété historique des énoncés du problème dont elles prétendent offrir une solution.

5-3-1 Le problème de la mesure, version prédictive

Dans son interprétation opératoire et prédictive, le vecteur d'état n'a d'autre signification que fonctionnelle : celle d'un outil mathématique permettant de calculer la probabilité de toutes sortes de résultats de mesure obtenus à la suite d'une préparation expérimentale donnée. Cette préparation, et les multiples instruments de mesure qui pourraient être utilisés à sa suite, *doivent* pouvoir se laisser décrire, dans leur structure et leur projet de fonctionnement, au moyen du langage courant prolongé par le symbolisme de la physique classique. Et le fait de l'affichage d'une indication métrique sur l'écran d'un instrument de mesure *doit* pour sa part pouvoir être exprimé par une proposition du langage courant. L'utilisation de ces modes d'expression et de description revient en effet à poser par avance l'objectivité de la situation expérimentale et du résultat obtenu, et pouvoir les utiliser équivaut dès lors à pouvoir compter sur cette double objectivité. Mais il ne faut surtout pas confondre les conditions de possibilité d'une théorie physique prédictive avec un exposé de la nature des processus qui la sous-tendent (§ 3-2-4). Considérer que la théorie que l'on met en œuvre se réduit à un symbolisme prédictif implique au contraire une abstention délibérée au sujet de la nature de ces processus. Dans cette perspective agnostique, aucun compte-rendu descriptif du fonctionnement des appareils, aucun jugement catégorique sur les propriétés de l'écran d'affichage de l'instrument de mesure, et aucune combinaison des deux sous forme d'un jugement catégorique sur la valeur d'une variable, ne saurait se prévaloir d'un autre statut que celui de pré-condition de l'accord entre sujets-expérimentateurs.

Le fait expérimental, la proposition énonçant la valeur de la variable mesurée, est en somme ici à la fois incontournable et précaire. Il est incontournable parce qu'il constitue ce à propos de quoi portent les prédictions, ce par quoi on les teste, et un élément d'information permettant de faire d'autres prédictions ; il s'identifie à la fois au terme objectivé d'une prédiction antérieure et au point de départ objectivé d'une nouvelle prédiction. Il est par ailleurs précaire parce qu'il consiste en une prise de position descriptive ponctuelle insérée dans un schéma prédictif, c'est-à-dire dans un type de compte-rendu qui se caractérise justement par la suspension du jugement descriptif.

D'un côté, l'évolution d'un symbole prédictif comme le vecteur d'état peut être interrompue au moment où l'un des faits qu'il avait pour mission d'anticiper de façon probabiliste s'est produit, modifiant du même coup les antécédents à partir desquels d'autres anticipations probabilistes vont être projetées (c'est la motivation de la « réduction du vecteur d'état », voir § 2-4-3). Mais d'un autre côté, la vocation du formalisme prédictif à l'universalité ouvre la perspective d'en étendre indéfiniment le champ d'application et de repousser du même coup indéfiniment le moment de l'interrompre par l'assertion de l'occurrence d'un fait. Cette extension du champ d'application du formalisme prédictif, et de la suspension du jugement descriptif qui va avec, n'a au demeurant rien de superflu. Elle va bien au-delà d'une exigence esthétique d'homogénéité conceptuelle et conditionne la validité de certaines prédictions. Dans son article intitulé « Les chaussettes de M. Bertlmann et la nature de la réalité », J.S. Bell [(1987), p. 139] montre en effet qu'en l'absence d'influence instantanée à distance, il *suffit* de faire l'hypothèse que certains couples d'événements, *y compris certains couples d'événements expérimentaux,* surviennent dans l'absolu, pour dériver des inégalités de Bell. Etendre *en principe* la suspension du jugement descriptif à ces couples d'événements expérimentaux, étendre la juridiction du formalisme prédictif de la mécanique quantique aux processus instrumentaux correspondants, permet donc d'éviter les inégalités de Bell et leurs conséquences expérimentales incorrectes.

Montrons à présent comment s'effectue une telle extension du champ d'application du formalisme prédictif. On part de la situation habituelle : une préparation dont la teneur prédictive est symbolisée par un vecteur d'état $|\psi\rangle$, et un dispositif de mesure M_A dont la gamme des valeurs possibles est symbolisée soit par un système de vecteurs de base dans l'espace de Hilbert soit par l'Observable *A* dont ces vecteurs sont les vecteurs propres. L'évolution du vecteur d'état précédent, régie par l'équation de Schrödinger, est habituellement arrêtée quand on peut dire que ce sur quoi portait la prédiction probabiliste s'est produit : l'apparition de l'une ou de l'autre des indications possibles sur le cadran du dispositif de mesure M_A. Mais d'autre part, rien n'empêche de concevoir une préparation plus large qui engloberait la préparation précédente *et* le dispositif de mesure M_A, puis de symboliser la teneur prédictive de cette préparation élargie par un nouveau vecteur d'état global $|\Psi\rangle$ (voir Figure n° 7). La prédiction probabiliste ne porte alors plus seulement sur la valeur que prendra l'Observable *A*, mais aussi sur la valeur que prendra une autre Observable (appelons-la A^*) adaptée à la caractérisation de l'élément (le dispositif de mesure) qu'on a ajouté à la préparation lors de son élargissement. Pour concrétiser ceci, on peut imaginer qu'après que le dispositif M_A de *premier ordre* eut procédé à une mesure non destructive de l'observable *A* dans une cavité caractérisée par la valeur 1 de l'observable nombre, on installe deux dispositifs supplémentaires de *second ordre*. L'un, M'_A, est exactement du même type que M_A, et il permet de mesurer l'Observable *A* une seconde fois dans la même cavité. L'autre, M_{A^*}, est une caméra vidéo connectée à un ordinateur et dirigée vers le cadran du dispositif M_A ; le cadran du dispositif M_A pouvant afficher l'un ou l'autre des résultats a_j, l'écran du dispositif M_{A^*} affiche l'une ou l'autre des chaînes de caractères « a_j. s.u.r. l.e. c.a.d.r.a.n. d.e. M_A ». Le vecteur d'état global $|\Psi\rangle$ doit donc fournir des prédictions probabilistes à la fois pour l'indication affichée sur le cadran du dispositif M'_A, *et* pour l'indication affichée sur l'écran du dispositif M_{A^*}.

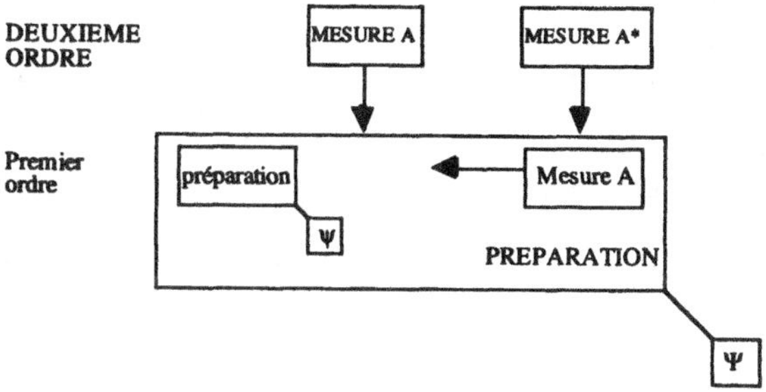

Figure n° 7

Mais quel genre de prédictions probabilistes fournit ce vecteur d'état global ? En premier lieu, il conduit à prévoir avec une probabilité très voisine de 1 que *si* le cadran du dispositif M'_A affiche le résultat a_i, *alors* l'écran du dispositif M_{A^*} affiche la chaîne de caractères « a.$_i$. s.u.r. l.e. c.a.d.r.a.n. d.e. M_A ». On dit qu'il prévoit une stricte corrélation entre les valeurs des deux observables de second ordre. Et cette corrélation est à son tour la meilleure expression que l'on puisse donner, dans les termes d'un formalisme prédictif, du fait que les processus se déroulant dans le dispositif M_A peuvent être qualifiés à bon droit de *mesure* de l'observable *A*. En second lieu, le vecteur d'état global $|\Psi\rangle$ conduit à prévoir que la probabilité conjointe *a priori* d'obtenir le résultat a_i lors de la *seconde* mesure de l'Observable *A et* le résultat « a.$_i$. s.u.r. l.e. c.a.d.r.a.n. d.e. M_A » lors de la mesure de l'observable *A** , est identique à la probabilité $|c_i|^2$ d'obtenir le résultat a_i lors de la *première* mesure de l'Observable *A*.

Ce sont là *toutes* les prédictions que permet de faire le vecteur d'état global $|\Psi\rangle$.

On a souvent remarqué, pour s'en étonner, que le vecteur d'état global (parfois qualifié de catalogue d'informations) n'indique pas avec certitude *quel* résultat s'affiche sur le cadran de l'appareil de premier ordre M_A. Schrödinger [(1935a)] écrit par exemple : « En ce qui concerne l'instrument de mesure, le catalogue est très incomplet, puisqu'il ne nous indique même pas l'endroit où le crayon enregistreur a laissé une trace (...). » Mais cela n'est vraiment surprenant que si on tient pour secondaire le contenu *prédictif* du vecteur d'état, et qu'on lui assigne le rôle de *décrire* de quelque manière ce qui se passe lors du processus de mesure. On ne s'étonnerait pas de ce qu'un calcul classique des probabilités soit incapable de désigner de lui-même, après l'accomplissement des processus aléatoires aussi bien qu'avant, *celui* des événements qui s'est produit à la suite de certains antécédents. Si on accepte de le considérer comme une sorte de calcul généralisé des probabilités (pour des événements définis relativement à un contexte expérimental), on n'a donc pas à exiger du formalisme de la mécanique quantique qu'il laisse émerger *un* résultat particulier.

Ce qui est plus gênant en revanche, c'est de constater qu'inclure l'appareillage de premier ordre dans la préparation, c'est-à-dire dans la juridiction du symbolisme prédictif des vecteurs d'état, n'a pas permis de retrouver la règle classique d'addition des probabilités d'une disjonction. Rien n'indique en effet *a priori*, dans l'expression entremêlée (ou non séparable) du vecteur d'état global $|\Psi\rangle$, que les termes d'interférence ont disparu. Rien n'indique par conséquent que les choses se passent bien, du point de vue probabiliste, comme si un événement expérimental (de premier ordre) était survenu de lui-même à la suite du processus de mesure sans que nous sachions précisément lequel. Or, jusqu'à présent, la mise en cause de l'idée que les événements surviennent d'eux-même, et du principe de bivalence qui va avec, avait été réservée aux événements définis en l'absence de référence à l'accomplissement de leur procédure expérimentale d'attestation (§ 1-3-8). Les événements expérimentaux eux-mêmes étaient restés à l'abri de la critique. Et voilà que l'extension du champ d'application du formalisme prédictif de la mécanique quantique à l'appareillage de premier ordre, entraîne l'extension corrélative aux événements expérimentaux de premier ordre de la mise en cause de l'idée que les événements surviennent d'eux-mêmes. Le calcul quantique des probabilités fonctionne ici comme si la survenue des événements expérimentaux de premier ordre était suspendue à l'accomplissement d'une procédure expérimentale de deuxième ordre ; et comme si par conséquent l'appareillage de premier ordre ne disposait pas de déterminations en propre, mais seulement de déterminations relatives à celles de l'appareillage de deuxième ordre. Le même raisonnement pourrait d'ailleurs être appliqué à la procédure de deuxième ordre, ce qui renverrait à une procédure de troisième ordre, etc.

On se trouve ainsi engagé dans une régression à l'infini qui contrevient apparemment, dès son premier échelon, aux certitudes pré-comprises sur lesquelles s'appuient les expérimentateurs dans leurs travaux et dans leurs discours. L'applicabilité universelle du formalisme probabiliste de la mécanique quantique, nécessaire pour bloquer complètement la dérivation des inégalités de Bell, semble incompatible avec les présupposés élémentaires qui conditionnent la formulation et l'attestation expérimentale de ce même formalisme. Tel est l'énoncé du « problème de la mesure » dans sa version purement *prédictive*.

L'éventuelle solution de la version prédictive du problème de la mesure consistera donc simplement à établir une compatibilité suffisante entre l'application extensive du formalisme quantique et les pré-conditions de sa mise en rapport avec l'expérience. Elle devra garantir, à travers le rétablissement au moins approximatif des règles du calcul classique des probabilités, ce que nous avons appelé au paragraphe 2-4-3 l'*auto-consistance performative* de l'ensemble formé par ce formalisme, ses règles de correspondance empirique, et les normes de l'action et du discours de l'expérimentateur.

5-3-2 Le problème de la mesure, version descriptive

Adoptons à présent la perspective dans laquelle les vecteurs d'état sont considérés comme autre chose que de purs outils de prédiction probabiliste. Ici, soit les vecteurs d'état dénotent les « états » des systèmes de particules, soit, mieux, ils représentent les seules entités qui peuplent le monde. Une fois qu'on a admis cela, le problème de la mesure prend la forme d'une contradiction brutale entre la *description* fournie par la mécanique quantique et les *constats* les plus élémentaires que peuvent faire les expérimentateurs dans leurs laboratoires.

Pour le voir, plaçons-nous d'abord dans le cadre de l'interprétation standard ; supposons que la mécanique quantique fournisse une *description des états des systèmes de particules* et de leur évolution. Dans ce cas, si on étend le mode quantique de description au système de particules qui constitue l'appareil, on se trouve devant la situation suivante, typique de la « non-séparabilité » : à la suite de l'interaction entre l'objet et l'appareil, l'ensemble objet+appareil peut se voir affecter un état global, mais en revanche ni l'objet ni l'appareil ne peuvent se voir affecter un état en propre. Si l'on prend à la lettre cette dénomination d'« état », il faut donc admettre qu'au décours de son interaction avec l'objet, la mécanique quantique décrit l'appareil comme ne se trouvant dans aucun état défini ; et cela alors même que quand n'importe quel expérimentateur l'observe, il affirme trouver l'appareil dans un état bien défini, avec une indication bien déterminée sur son cadran. Cette situation de décalage entre la description quantique des « états » et l'expérience commune a été remarquablement mise en relief par l'« exemple burlesque » du chat de Schrödinger [(1935a), p. 106]. Dans cette illustration, le chat remplace l'appareil, et son statut biologique (mort ou vif) remplace l'indication sur le cadran. Il suffit alors d'une phrase pour qu'éclate le conflit entre la description quantique et le consensus humain : « La fonction Ψ de l'ensemble exprimerait cela de la façon suivante : en elle, le chat vivant et le chat mort sont (si j'ose dire) mélangés ou brouillés en proportions égales. »

Faisons un pas de plus, et considérons avec H.D. Zeh [(1993)] (et avant lui D. Deutsch [(1985)]), que le vecteur d'état universel représente toute la « réalité ». La difficulté est alors que l'évolution du vecteur d'état universel régie par l'équation de Schrödinger (ou par l'équation relativiste de Wheeler-de Witt) ne laisse apercevoir d'elle-même aucune structure isomorphe à la situation dans laquelle une communauté d'expérimentateurs s'accorde pour attribuer un état bien défini à des appareils de mesure ou à des objets macroscopiques. Seule une convention du théoricien, consistant à décomposer le vecteur d'état universel selon la base de vecteurs propres d'une certaine observable, à considérer que les vecteurs d'état relatifs à ces vecteurs propres sont orthogonaux deux à deux, et à admettre que chaque vecteur d'état relatif peut représenter l'état d'un expérimentateur affirmant avoir vu telle indication sur le cadran de l'appareil de mesure (comme dans l'interprétation d'Everett), permet de se rapprocher de ce résultat. *A première vue*, par conséquent, la description quantique de l'univers par un vecteur d'état englobant ne s'accorde avec le témoignage de chacun d'entre nous que moyennant une intervention surajoutée, certes licite et cohérente, mais manifestement *ad hoc*, du théoricien.

Résoudre le problème de la mesure signifierait dans cette perspective ambitieuse montrer que, d'un vecteur d'état entremêlé et non séparable, peuvent émerger *spontanément* des structures rendant raison de notre accord au sujet d'un monde d'objets macroscopiques aux propriétés bien déterminées.

5-3-3 La décohérence entre les interprétations prédictive et descriptive de la mécanique quantique

Les théories de la décohérence ont pris leur essor assez récemment, à partir d'un article de W.H. Zurek [(1982)]. Mais elles ont vite été confrontées à des difficultés liées à un certain flou dans la définition de leurs objectifs. S'agissait-il seulement d'assurer une compatibilité satisfaisante mais quantitativement approximative entre les règles *prédictives* du calcul quantique des probabilités et la notion commune d'*événement expérimental* qui lui sert d'argument ? Ou s'agissait-il plutôt de montrer comment une *description* quantique en termes d'évolution de vecteurs d'état peut laisser *émerger* des éléments isomorphes à un univers classique d'événements survenant d'eux-mêmes et de propriétés possédées par des objets ?

Au départ, les deux projets étaient mal distingués. A un lexique à dominante prédictive s'associait une volonté déclarée d'assigner un statut ontologique aux résultats de la théorie de la décohérence. On commençait par montrer que, moyennant certaines hypothèses sur l'interaction entre l'objet, l'appareil de mesure, et l'environnement, le calcul quantique des probabilités (avec ses effets d'interférence) se ramène à très peu de choses près (après disparition quasi complète des termes d'interférence), à un calcul classique des probabilités muni de sa règle d'addition des probabilités d'une disjonction. Puis on s'appuyait sur cette démonstration pour affirmer que « [le résultat de la mesure] ne nous est pas encore connu mais il n'en *est* pas moins défini », ou, mieux, que « (...) l'interaction avec l'environnement *force* le système à *être* dans un des états propres de l'observable du cadran de l'appareil de mesure (...) » [W.H. Zurek (1982)].

Par la suite, de nombreuses critiques ont fait ressortir le caractère conventionnel de certaines prémisses des théories de la décohérence, et surtout leur dépendance manifeste vis-à-vis des notions pré-comprises d'événement, de corps matériel, et de propriété (utilisées par exemple lors de la subdivision conventionnelle de l'univers en objet, appareil et environnement), alors même que ces notions étaient en question et qu'elles devaient constituer l'*aboutissement* de la démarche. Ces critiques ont également mis en évidence que même à supposer qu'on accepte les prémisses précédentes, la suite du raisonnement n'était pas pleinement satisfaisante, car les théoriciens de la décohérence ne tiraient pas toutes les conséquences du fait qu'ils ne parvenaient pas à faire disparaître complètement les termes d'interférence du calcul quantique des probabilités [B. d'Espagnat [(1990)]. Les termes incriminés, ces termes qui s'inscrivent en faux contre l'interprétation des probabilités quantiques comme expression d'une ignorance partielle, étaient toujours là, même s'ils tendaient à devenir très petits relativement aux autres termes et par conséquent négligeables en pratique. Rien n'empêchait *en principe* d'en détecter les effets rémanents, ou d'attendre leur récurrence dans un long cycle de Poincaré. Parler de résultats *définis* en eux-mêmes par-delà notre éventuelle ignorance à leur sujet, ou de systèmes qui sont forcés à *être* dans tel état propre d'une observable, apparaissait dans ces conditions très exagéré. Bell en tirait la conclusion que les théories de la décohérence n'ont au mieux à offrir qu'une issue d'ordre pratique *(« For All Practical Purposes »)* au problème de la mesure.

Les défenseurs des théories de la décohérence, comme R. Omnès [(1994), p. 307], ont pu faire valoir que la possibilité « de principe » de détecter les termes d'interférence résiduels était en vérité purement intellectuelle, puisque sa mise en œuvre effective devrait faire appel à des procédures incompatibles avec la taille et l'âge de l'univers. Et que, dans ces conditions, la solution « pratique » donnée par les théories de la décohérence au problème des propriétés des objets macroscopiques et de la vérité des propositions expérimentales a l'intéressante particularité de couvrir *toute pratique envisageable* dans l'univers tel que nous le connaissons. Mais les mêmes défenseurs des théories de la décohérence n'ont guère répondu au reproche encore plus fondamental qui leur était adressé : celui d'« anthropocentrisme », c'est-à-dire de dépendance des *prémisses* de leur raisonnement vis-à-vis des notions courantes qui guident l'action et la communication humaines alors même que ces notions n'auraient dû émerger qu'à l'*issue* du raisonnement.

La raison pour laquelle les tentatives de réponses aux objections contre les théories de la décohérence restent au fond peu convaincantes est qu'en elles se manifeste un manque de clarté initial sur les objectifs de ces théories. En effet, si les théories de la décohérence avaient seulement pour but d'établir l'auto-consistance performative de l'ensemble formé par le formalisme prédictif et les notions pré-comprises d'événement ou de propriété sur lesquelles portent ses évaluations probabilistes, alors il serait parfaitement normal qu'on ait à faire intervenir ces notions parmi les prémisses, et il ne serait guère gênant que la consistance ne soit démontrée qu'à une approximation près (en pratique indétectable). Car l'objectif consisterait uniquement dans ce cas à s'assurer que la structure du calcul des probabilités auquel aboutit le formalisme prédictif ne fait pas apparaître de contradiction *manifeste* avec les notions que pré-suppose son attestation. Aucune réponse aux objections ne serait ici nécessaire, car les objections ne visent pas cette interprétation pragmatique des théories de la décohérence. Si par contre les théories de la décohérence étaient associées à un programme de réaffirmation ontologique, alors il faudrait, avant même d'affronter les critiques adressées au travail fondateur de Zurek, le poursuivre en accroissant considérablement sa portée. Toute réponse aux objections serait dans ce cas prématurée, car les objections connues visent une version encore inaccomplie des théories de la décohérence.

Les deux tendances, soit vers une restriction assumée des objectifs des théories de la décohérence, soit au contraire vers leur aboutissement ontologique, ont commencé à se dessiner ces dernières années. Zurek a dans une large mesure suivi la première option dans ses articles les plus récents, tandis que Zeh, ainsi que Gell-mann et Hartle, ont tendu à favoriser la seconde option.

5-3-4 Décohérence : le programme faible

J.P. Paz et W.H. Zurek [(1993)] admettent sans difficulté, bien que parfois à demi-mot, que les contraintes extrinsèques qu'ils imposent au système décrit par un vecteur d'état universel pour parvenir à la décohérence sont en dernière analyse relatives aux exigences cognitives des physiciens. Les deux principales contraintes sont les suivantes :

(i) L'univers doit être *divisé* en sous-systèmes. Pour chaque expérience, les trois sous-systèmes à considérer sont l'objet, l'appareil de mesure, et l'environnement. Cette contrainte est présentée comme « la seule hypothèse cruciale ».

(ii) Les états macroscopiques émergents doivent être *prévisibles* (au sens strict, déterministe). Cette seconde contrainte est parfois tenue pour un antécédent, et parfois pour une conséquence, du processus formel.

La division de l'univers en sous-système objet et sous-système appareil est requise, selon les auteurs, par la *formulation* même du problème de la mesure. Quant à la prévisibilité, elle est une condition de la *perception* par les observateurs d'états permanents, interprétables par eux comme faisant partie du domaine classique. Ces prémisses étant posées, le processus d'évolution décohérent du vecteur d'état global aboutit à une double sélection. D'une part, seules les gammes d'occurrences possibles pouvant aboutir à une certitude quant au devenir ultérieur de leurs *traces* sont retenues ; seules les observables qui sont associées à la prévisibilité du domaine classique subsistent. Et d'autre part, au décours de l'interaction entre objet et appareil de mesure, seuls demeurent les vecteurs d'état globaux dans lesquels les interférences entre les termes correspondant à chacune des valeurs possibles de l'observable mesurée ont pratiquement disparu.

Ces résultats sont en eux-mêmes remarquables. On peut cependant reprocher aux procédures hypothético-déductives dont ils découlent de ne faire que reconduire une étape plus loin les remarques de Bohr sur la nécessité épistémologique d'établir une distinction entre objet et appareil, et sur l'irréversibilité du processus de mesure. Comme celles de Bohr, les prémisses de Zurek reposent plus ou moins implicitement sur un argument transcendantal consistant à énoncer les conditions de possibilité d'une connaissance durable et objective. A la différence de celui de Bohr, le raisonnement de Zurek passe par l'intermédiaire d'un calcul sur l'évolution du vecteur d'état global pour ne retomber qu'en fin de parcours sur les notions de variable classique et de résultat de mesure déterminé. Il n'est évidemment pas question de tirer argument de cela pour dire que le travail des théoriciens de la décohérence n'a *rien* ajouté aux conceptions de Bohr. Mais son apport se limite jusque-là à la démonstration de la consistance interne de l'ensemble formé par le calcul quantique des probabilités et les conclusions tirées de l'argument transcendantal. Alors que Bohr s'était contenté de formuler l'argument transcendantal et de lui subordonner le « symbolisme prédictif » de la mécanique quantique, les théories de la décohérence dans leur version la plus modeste ont au moins prouvé qu'une telle démarche n'aboutit à aucune contradiction.

5-3-5 Décohérence : le programme fort

Si on désire aller plus loin et montrer que d'un univers représenté par un vecteur d'état global émergent *spontanément* des traits quasi classiques, il faut soit écarter l'argument transcendantal, soit le « naturaliser » ; soit s'abstenir de surimposer à la théorie quantique des considérations sur la possibilité de la connaissance, soit faire des sujets connaissants un trait parmi d'autres de la description de l'univers par un vecteur d'état. M. Gell-Mann et J.B. Hartle [(1993)], qui défendent cette version forte du programme de la décohérence, donnent parfois l'impression de ne pas avoir choisi entre les deux options permettant de le mener à bien.

Partant d'une multiplicité d'histoires consistantes de Griffiths, remarquent Gell-Mann et Hartle, le seul moyen de perdre quasi complètement les termes d'interférence et d'arriver à une prédictibilité suffisante consiste à regrouper ces histoires en vastes sous-ensembles. En d'autres termes, pour parvenir à la décohérence, il faut pratiquer un *découpage grossier* (coarse-graining) de l'ensemble des histoires de Griffiths. Les sous-ensembles d'histoires de Griffiths entre lesquels les interférences ont quasiment disparu s'appellent des *histoires décohérentes* [M. Gell-Mann (1995)]. Mais comment justifier le découpage grossier si ce n'est par un argument transcendantal ? Gell-Mann et Hartle ne considèrent pas *a priori* impossible de donner une description suffisamment raffinée pour faire du découpage lui-même un trait émergent de l'univers représenté par un vecteur d'état global. Dans cette perspective optimiste, l'émergence de l'univers classique s'effectuerait en deux temps : confluence des histoires de Griffiths en sous-ensembles, puis décohérence entre ces sous-ensembles.

La mise en évidence d'un tel processus d'auto-organisation régi par les lois de la mécanique quantiques restant toutefois à l'état programmatique, il faut recourir à la seconde des deux stratégies répertoriées, c'est-à-dire la « naturalisation » des conditions de possibilité de la connaissance. Les auteurs en arrivent donc à introduire dans leur raisonnement ce qu'ils appellent des IGUS (en anglais *Information Gathering and Utilizing Systems*), humains ou artificiels, dont le fonctionnement cognitif présuppose des conditions de stabilité et d'exclusion mutuelle des séquences d'événements qui ne peuvent être remplies que moyennant un découpage grossier de l'ensemble des histoires de Griffiths. Malheureusement, le processus de « naturalisation » reste incomplet tant qu'on n'a pas justifié scientifiquement l'apparition des IGUS. Sans cela, on pourrait toujours objecter que ce qui a été accompli par l'introduction du concept d'IGUS est seulement un *travestissement naturaliste* de l'argument transcendantal, au lieu de l'authentique *naturalisation* souhaitée. Mais comment parvenir à une telle justification, alors même que les IGUS n'ont été invoqués qu'en raison de l'inaptitude (provisoire ou définitive) de la mécanique quantique à rendre compte à elle seule d'une auto-organisation quasi classique de l'univers ? Peut-être, comme le propose S. Saunders [(1993)], en quittant la mécanique quantique sans sortir du cadre plus large des méthodes dont relèvent les sciences de la nature ; en se servant du raisonnement d'inspiration *darwinienne* selon lequel c'est *seulement* au niveau structural où des entités dotées de déterminations raisonnablement prédictibles se détachent du fond ambiant, que les IGUS peuvent apparaître et subsister. La raison pour laquelle nous baignons dans un environnement immédiat d'objets macroscopiques localisés et permanents, dotés de propriétés et d'un devenir prédictible, est que les entités biologiques que nous sommes n'auraient tout simplement pas pu naître et survivre à un autre niveau de structuration du devenir holistique de l'univers que celui-ci. L'argument transcendantal traditionnel a ainsi été remplacé par son répondant naturalisé : le principe anthropique.

Le concept anthropomorphique d'IGUS a encore un autre rôle important à jouer pour promouvoir l'interprétation descriptive des lois de la mécanique quantique et la conception ontologique du vecteur d'état universel qui lui est souvent associée. Ce n'est en effet que dans le cadre d'une interprétation prédictive des lois de la mécanique quantique, qu'il est naturel d'attribuer pour seule fonction aux théories de la décohérence celle de rétablir la loi d'addition des probabilités d'une disjonction. Ce n'est que dans le cadre d'une interprétation prédictive que le rôle des théories des décohérence consiste seulement à rendre compte du passage d'un mode de prédiction contextuel (comprenant des termes d'interférence) à un mode de prédiction non contextuel (sans termes d'interférence). Dans le cadre d'une interprétation authentiquement descriptive des lois de la mécanique quantique, en revanche, il faudrait exiger beaucoup plus des théories de la décohérence. Ces théories devraient non seulement montrer comment s'effectue la transition d'un ensemble d'histoires consistantes interférant entre elles à un faisceau d'histoires décohérentes mutuellement indépendantes, mais encore comment s'effectue le passage de la multiplicité d'histoires décohérentes à l'*unique* histoire effectivement attestée. Décrire exhaustivement le monde, cela veut dire *aussi* décrire la manière dont il en arrive à nous apparaître (à nous qui en sommes partie intégrante), sous l'aspect d'une séquence unique d'événements. Gell-Mann reconnaît l'importance de cette question pour la version forte du programme de la décohérence qu'il soutient, mais il manifeste ici encore une importante hésitation quant au type de solution qu'il s'agit de lui donner. Faut-il parvenir à montrer comment l'intervention d'un IGUS conduit à faire *disparaître* toutes les histoires décohérentes sauf une (ce qui équivaut à l'habituelle « réduction du paquet d'ondes »), ou faut-il plutôt souligner que *du point de vue* de chaque IGUS, *tout se passe comme si* seule l'une des histoires décohérentes était l'histoire effective ? Faut-il dire qu'à la suite d'une observation « (...) seule l'une des branches est préservée » ou que *« sur chaque branche,* seule *cette* branche est préservée » [M. Gell-Mann (1995)] ? L'élagage des branches décohérentes s'effectue-t-il *dans l'absolu,* ou, comme chez Everett, *relativement* au point de vue de quelqu'un qui ne peut se reconnaître lui-même que comme témoin d'une certaine histoire à l'exclusion de toutes les autres ? Gell-Mann aperçoit l'alternative, mais il en réduit très vite la portée en suggérant que la seconde des options qui la compose se réduit à la première.

Sa phrase brève et un peu énigmatique selon laquelle « sur chaque branche, seule cette branche est préservée », laisse pourtant entrevoir une intéressante troisième voie entre l'interprétation *descriptive* de la mécanique quantique qu'il voudrait promouvoir et l'interprétation *prédictive* dont il reste tributaire : *la conception participative.* Là où la conception descriptive tend à fournir un compte-rendu de ce qui arrive d'un point de vue désengagé (ou « point de vue de Dieu »), et où la conception prédictive s'en tient au point de vue de l'expérimentateur engagé, la conception participative vise à établir le système de tous les points de vue engagés possibles. Là où la conception descriptive ne s'accorde avec le constat de l'unicité d'une histoire qu'à condition de faire disparaître toutes les autres histoires dans l'absolu (du point de vue de Dieu), et où la conception prédictive se contente de développer un calcul des probabilités à propos des moments de l'unique histoire constatée, la conception participative relativise l'unicité du constat à chacun des points de vue qu'elle envisage. Là où la conception descriptive de la mécanique quantique tend à généraliser le schéma d'une *objectivité* au sens le plus fort, métaphysique (en proposant de se tenir hors du monde), et où la conception prédictive généralise le récit *subjectif* (en se plaçant au point de vue actuel d'une communauté d'expérimentateurs), la conception participative généralise le jeu des réciprocités *intersubjectives* (en s'étendant à tous les points de vue possibles pour une communauté d'expérimentateurs). Entre l'universalisme u-topique de la conception descriptive et le particularisme topique de la conception prédictive, la conception participative ouvre la perspective d'une forme pluri-topique d'universalisme dans les sciences de la nature. Tel est le premier aperçu d'une conception de la théorie physique qui, ne se donnant plus pour ambition de dire ce qu'*est* le monde, mais ne se limitant pas non plus à donner des règles de comportement pour une situation isolée, vise à exposer ce qu'est d'*être-dans* le monde quelle que soit la situation qu'on pourrait y occuper.

CONCLUSION

Peut-on au moins dire, au terme de cet itinéraire, ce qu'est *la mécanique quantique ?* Les éléments d'une réponse à cette question ont déjà été proposés à la fin du chapitre 2, mais il faut à présent tirer leurs conséquences philosophiques en les détachant sur le fond d'une opposition traditionnelle.

Selon un premier groupe d'approches, que nous qualifierons sommairement de « réalistes » [1], la mécanique quantique prolonge une ambition séculaire : celle qui assigne à la théorie physique la mission d'atteindre, à travers le flux des phénomènes, leur raison commune et stable ; ou encore de décrire, par-delà la variété des modes d'exploration expérimentale et des faits qui en résultent, l'unité d'une réalité structurée par des lois dont chaque fait ne serait que la manifestation partielle et indirecte. De ce point de vue, une question traditionnellement importante consiste à demander si, à l'intérieur

1. Il faut une nouvelle fois mettre en garde contre les connotations du mot « réalisme », dont l'emploi suggère que les positions qui s'y opposent sont forcément « irréalistes » (§ 1-3-7). Pour éviter un tel malentendu, il faudrait plutôt appeler ce groupe d'approches « les doctrines du réel pré-structuré » ou « réalisme structural ». Cette nouvelle dénomination les opposerait non pas à un quelconque « irréalisme », mais tantôt à un agnosticisme au sujet de la structure du réel, tantôt à l'idée d'un réel qui ne se dote de certains traits structuraux qu'en réponse aux activités normées et structurées de ceux qui l'habitent.

de son champ de validité, la mécanique quantique fournit une description *complète* de la réalité, comme l'admettait Schrödinger en 1926, ou si elle n'a à en offrir qu'une description *incomplète,* purement statistique, comme l'affirmait Einstein. L'enseignement général que le physicien réaliste cherche à tirer de la mécanique quantique est cependant indépendant, pour l'essentiel, des réponses qu'on pourrait apporter à cette question. Quel que soit le degré de fidélité de la description à la réalité à décrire, quelle qu'en soit la complétude effective, c'est la perspective d'une fidélité et d'une complétion asymptotiques qui sert ici de critère régulateur permettant de justifier la structure de la théorie. Si une théorie empiriquement adéquate comme la mécanique quantique a la forme élégante et unifiée qu'elle a, tend à admettre un penseur réaliste, c'est parce qu'elle s'est coulée de plus ou moins près (selon qu'elle est complète ou incomplète) dans des lignes de force qui sont celles de la *nature* elle-même. Plus spécifiquement, si la mécanique quantique comporte des lois d'échanges discrets (par quanta) et des effets de type ondulatoire, c'est soit que la *nature* procède par échanges discrets et par propagations d'ondes, soit qu'elle comporte un processus sous-jacent d'où dérivent ces deux ordres de phénomènes.

Au contraire, selon un second groupe d'approches, dont l'armature intellectuelle la plus forte s'identifie au positivisme logique du cercle de Vienne, la mécanique quantique se réduit à un ensemble de règles pour la prédiction de faits expérimentaux à partir de faits expérimentaux antérieurs. Ici, la problématique de la complétude et de la fidélité d'une *theoria*, prise dans un sens assez proche de son acception contemplative originaire, n'a pas cours ; elle est remplacée par une problématique de l'efficacité. L'élaboration d'une théorie n'ayant d'autre but que de constituer un instrument opérant d'anticipation des faits, le formalisme théorique résultant n'a d'autre contenu que sa capacité à accomplir la tâche instrumentale pour laquelle il a été conçu. A la limite, comme le disent souvent les adversaires de la position instrumentaliste, la théorie n'est qu'un ensemble de

« recettes qui marchent » dont la structure ne peut se prévaloir d'aucune justification déterminante, puisque n'importe quelle autre structure ayant le même pouvoir prédictif ferait l'affaire. Seul le critère machien d'*économie* vient introduire un critère de sélection dans la multiplicité de candidats au titre de symbolisme prédictif efficient.

Avant d'en venir à une critique des présupposés communs à ces deux approches qui ne sont qu'apparemment antinomiques, il faut tout de suite souligner que l'alternative qu'elles offrent au sujet de la *justification* de la structure des théories physiques n'a rien d'exhaustif. Il n'est pas vrai qu'on n'ait à choisir qu'entre justifier la structure de la théorie par son aptitude à épouser les contours d'un réel pré-structuré, et la priver de toute justification. Une troisième possibilité, systématisée à la section 2-5, s'est fait jour. Cette possibilité consiste à trouver une justification réflexive de la structure de la théorie dans sa capacité à synthétiser les normes de l'activité d'anticipation des résultats de n'importe quelle manipulation expérimentale. Même si on la conçoit comme formalisme prédictif, la mécanique quantique ne se réduit pas à une série de règles dont la seule raison d'être réside dans le succès des interventions qu'elle permet de conduire. Sa légitimité prédictive n'est pas seulement finalisée, ou *a posteriori*. La mécanique quantique peut également se prévaloir d'un degré non négligeable de légitimité *a priori* en tant qu'elle est la traduction formelle des conditions de possibilité d'une œuvre objectivée de manipulations et de prédictions ouverte à une classe entière (sans limites connues à l'heure actuelle) d'évolutions futures des procédures expérimentales. D'une part, le noyau structural de la mécanique quantique s'identifie au mode le plus général d'évaluation des probabilités d'événements définis relativement à un contexte expérimental. Et d'autre part, les principes de symétrie qui doivent compléter le noyau structural de la mécanique quantique pour en faire une théorie physique au plein sens du terme s'identifient à des conditions de reproductibilité, d'universalité, d'indifférence aux situations particulières, en somme d'*objectivité,* de l'ensemble de l'activité de connaissance scientifique ou de l'un de ses secteurs.

Pour autant, cette justification à rebours de la théorie sur un mode transcendantal n'implique en rien, il faut ici le souligner une dernière fois, l'intangibilité de la structure théorique justifiée. Elle n'équivaut pas à une tentative de faire renaître, dans la circonscription des conditions de possibilité, les repères absolus dont on a préalablement écarté l'équivalent réaliste. Elle demeure partie intégrante d'un corps d'anticipations dont *chaque* élément se trouve soumis au risque d'être mis à l'écart et d'être tenu pour réfuté. Simplement, un grand nombre des anticipations qu'elle recouvre sont de celles qu'on ne peut pas éviter de faire à partir du moment où l'on pratique une certaine classe très large d'activités expérimentales ou de communication verbale, sous peine de se heurter à une *contradiction performative*. Le caractère partiellement inapproprié de ces anticipations, s'il était reconnu, ne pourrait avoir pour conséquence qu'une limitation de leur sphère de validité à l'environnement immédiat de la classe d'activités expérimentales dont elles sont solidaires, ou bien l'abandon complet des activités elles-mêmes. Le mode de justification *a priori,* lorsqu'il est du genre pragmatico-transcendantal, n'implique donc aucune rigidité fondationnelle. Car les *« a priori »* vers lesquels il remonte n'ont d'autre prétention que de constituer ce que H. Putnam [(1992) p. 71], après Dewey, appelle « des *a priori* fonctionnels », voire des « quasi-*a priori* ».

A partir de là, quoi qu'il en soit, l'attribution de l'adéquation empirique des théories à un isomorphisme entre elles et une réalité extérieure *pré-structurée*, qui est encore considérée par les tenants d'une forme courante de réalisme scientifique comme la meilleure « explication » de cette adéquation, perd une bonne partie de son attrait. Car cet attrait était essentiellement dû à l'absence d'une « explication » de rechange de l'efficience prédictive remarquable des théories physiques. En montrant, pour une théorie physique à vocation universelle comme la mécanique quantique, qu'il existe de bonnes raisons de penser que son efficience est dérivable de sa conformité avec des conditions très générales régissant l'activité expérimentale et la prédiction des résultats qui la suivent, que la quantification et les effets d'interférence peuvent être obtenus comme conséquences de la contextualité des déterminations anticipées, et que beaucoup d'autres effets observés sont liés à l'un ou à l'autre des principes de symétrie associés, on a offert l'ébauche d'un compte-rendu alternatif qui fait perdre à l'« explication » réaliste son exclusivité et donc son pouvoir d'emporter l'adhésion. Il est vrai que deux circonstances apparaissent manifester de façon irréductible la confrontation de l'activité opératoire et prédictive avec son « autre » réel (ou bien avec les contraintes inhérentes à la condition d'une humanité immergée dans un réel indifférencié, comme le laisse entendre le principe anthropique) : ce sont l'occurrence d'un résultat singulier lors de chaque expérience déterminée, et la valeur d'une ou plusieurs constante(s) universelle(s). Malheureusement (pour le penseur « réaliste »), ces circonstances font justement partie de celles qui échappent complètement à la capacité prédictive de la mécanique quantique, et qui ne peuvent donc en aucun cas être utilisées pour en justifier la forme sur le mode de l'*« adaequatio rei et intellectus »*. Il faut dès lors admettre que là où une part d'efficience prédictive de la mécanique quantique est reconnue, il est possible d'en rendre compte au moins aussi bien par un argument de type transcendantal que par un énoncé de correspondance avec un réel pré-structuré ; et que là où l'idée vague d'un contact contraignant avec le réel ne peut plus être évitée, ce contact se manifeste plutôt comme un élément de *contingence* extérieur au domaine de prédiction de la mécanique quantique que comme un facteur d'*ordre* apte à expliquer la structure de cette théorie.

Considérons d'un peu plus près le cas de l'un de ces éléments contingents relevant de l'« autre » réel : celui de la valeur d'une constante universelle. La constante de Planck fixe par exemple à travers les relations d'« incertitude » jusqu'à quel degré de précision l'incompatibilité des contextes expérimentaux peut être compensée. Mais si la dépendance des résultats vis-à-vis de contextes parfois incompatibles peut être posée *a priori* comme trait générique de toute manipulation expérimentale, rien n'autorise à décider par avance de la possibilité de compenser cette incompatibilité ; et dans le cas où elle n'est pas intégralement compensable, rien ne permet de fixer par avance le degré de précision jusqu'auquel la compensation partielle peut être menée à bien. Pour parvenir à l'évaluer, il faut soit procéder à une détermination empirique de la constante de Planck par l'intermédiaire des effets de quantification, soit appliquer l'argument de sélection du principe anthropique qui revient à indiquer quelle valeur elle doit avoir relativement à nous, êtres humains (c'est-à-dire relativement à la circonstance de notre existence biologique). Il faut en somme soit recourir directement à une ultime qualification expérimentale de l'« autre » réel à travers la grille de lecture du procédé général d'anticipation qui en fixe un minimum de *pré*-qualifications, soit faire procéder cette qualification d'une analyse également expérimentale de notre situation particulière de qualificateurs au cœur d'un réel qui, de lui-même, aurait pour « (...) seule qualification d'être qualifiable » [1].

Comment interpréter à présent ce constat suivant lequel en dehors des traits contingents que sont l'occurrence du résultat singulier et la valeur d'une ou plusieurs constante(s) universelle(s), l'essentiel des traits distinctifs du domaine quantique se laisse dériver d'un ensemble de conditions de possibilité de l'activité de connaissance expérimentale ? Doit-on en tirer argument pour considérer avec C.F. Von Weizsäcker [(1991)] que la mécanique quantique est tout autant une « théorie *de* ou *sur* la connaissance humaine » qu'une théorie *physique,* au sens étymologique de théorie *de la nature ?* Ce serait confondre l'objet d'une théorie avec la matrice de sa constitution. Dans la mesure où un objet peut être

1. [M. Mugur-Schächter (1992)]

assigné à la mécanique quantique, son objet immédiat est une classe de phénomènes expérimentaux, et son objet médiat s'identifie aux divers systèmes d'entités qui peuvent (le cas échéant) être visés à travers ces phénomènes. En aucun cas *son objet* n'est l'homme ou la connaissance humaine. Elle reste de ce fait, sans ambiguïté et sans partage, une théorie *physique*. Mais il est vrai par ailleurs que la mécanique quantique peut à son tour être prise comme objet d'étude, car elle peut être tenue, au même titre qu'une œuvre architecturale ou qu'une langue, pour l'expression objectivée des normes d'une certaine classe de conduites de l'homme. Même si la mécanique quantique ne saurait être confondue avec une branche des sciences humaines, il peut s'avérer fécond d'adopter à son égard l'attitude caractéristique des sciences humaines : remonter d'une production objectivée vers les contraintes performatives qu'elle exprime, à partir de la situation engagée de quelqu'un qui *lui aussi* participe (ou pourrait participer) à cette production. Ainsi, une langue a beau ne pas constituer par elle-même un corpus de connaissance *sur* l'homme, les mots et les phrases formés dans son cadre ont beau être dirigés vers des objets ou des états de chose généralement distincts de l'homme, elle constitue un système symbolique dans lequel chaque locuteur humain peut reconnaître l'expression des contraintes qui conditionnent la communication avec ses semblables. De manière analogue, la mécanique quantique a beau ne pas être une science de l'homme, elle constitue un système de règles que chaque homme participant à l'activité des sciences expérimentales peut reconnaître comme expression des conditions universelles inter-subjectives régissant les manipulations instrumentales, les projets qui s'y inscrivent, et les anticipations de résultats qui les prolongent. Cette façon de considérer la théorie comme systématisation objectivée des normes de l'activité expérimentale s'applique bien entendu tout autant aux diverses théories de la physique classique qu'à la mécanique quantique ; mais la mécanique quantique se distingue des théories physiques antérieures en ceci qu'elle rend tellement artificiel le prolongement de la visée intentionnelle vers un second horizon d'objets du même type que ceux de l'*attitude naturelle*, que la démarche réflexive s'en trouve par contrecoup facilitée et dotée d'un pouvoir révélateur inédit.

Puisqu'il est somme toute si plausible et si éclairant de rendre raison de la structure de la mécanique quantique en la tenant pour l'expression symbolique de ce que C.S. Peirce appelait une « logique de la recherche » praticable et communicable par tout sujet expérimentateur, pourquoi cette approche est-elle restée si longtemps la parente pauvre d'un débat qui opposait pour l'essentiel un programme réaliste de justification de la théorie à une décision positiviste de ne pas justifier ? C'est qu'en dépit de la lucidité dont Bohr a très tôt fait preuve à cet égard, beaucoup de protagonistes du débat ont eu du mal à se défaire d'une présupposition commune aux attitudes réaliste et positiviste : celle d'un *donné*, objectuel et légal dans le premier cas, factuel dans le deuxième cas. Si une réalité trans-phénoménale ou sub-phénoménale toute structurée était *donnée*, alors il fallait que la théorie s'y conforme ; et si seuls des faits étaient *donnés*, alors la théorie devait se contenter de prolonger leurs régularités en prescriptions prédictives. A une ontologie d'entités dotées de déterminations pré-formées ne se trouvait opposée qu'une ontologie de faits autonomes.

La problématique de la *constitution*, des faits comme des objets, était pourtant déjà répandue depuis longtemps dans les cercles de philosophes kantiens, néo-kantiens, ou pragmatistes. Indépendamment de toute référence à la mécanique quantique, J. Habermas [(1973), p. 103] s'est fait le porte-parole contemporain de cette lignée de penseurs qui dénoncent la dissimulation de l'acte de constitution sous « (...) l'illusion d'un en-soi de faits structurés selon des lois ». K. Popper [(1959), § 29] s'est livré pour sa part à une critique vigoureuse du statut fondamental accordé par le positivisme logique aux énoncés de base (ou énoncés factuels), car, souligne-t-il, accorder à un énoncé le statut d'« énoncé de base », roc élémentaire et intangible sur lequel repose l'édifice des sciences, résulte toujours d'une *décision* subordonnée au contexte théorique du discours. A partir de là (et bien avant cela), l'affirmation de la « charge théorique (theory-ladenness) » portée par les propositions expérimentales est devenue un lieu commun. Plus récemment, I. Hacking [(1983)] est allé jusqu'à appuyer la forme de réalisme scientifique qu'il défend sur une étude des modalités de la « *création* des phénomènes » par l'expérimentation scientifique.

Mais l'idée de la *facticité des faits,* l'idée qu'ils sont *constitués* par une procédure de recherche plutôt que donnés d'avance et révélés à l'issue de cette procédure, n'est guère parvenue à acquérir le rang d'outil de pensée en dehors de ces cercles philosophiques. Aussi longtemps que le fonds de présupposés de la science classique demeure prégnant, cette idée, même lorsqu'elle n'est pas tenue d'emblée pour incorrecte, peut en effet apparaître comme un peu outrée. Ne reste-t-il pas possible en physique classique d'admettre que tout phénomène, même s'il fait partie de ceux qui ne se manifestent que dans les conditions artificielles d'une expérience de laboratoire, est sous-tendu par d'autres phénomènes prédéterminés dans la nature indépendamment de ces conditions ? Et n'est-il pas permis de considérer, dans le même cadre paradigmatique, que la « charge théorique » se limite à une façon particulière, bien qu'indispensable pour nous, d'informer un fond d'occurrences naturelles survenant de toutes façons par elles-mêmes ?

Le véritable basculement ne se produit qu'à condition de prendre la pleine mesure des conséquences de la mécanique quantique. Car le mode de fonctionnement du calcul quantique des probabilités est, lui, *incompatible* avec la notion que les phénomènes sur lesquels il porte sont pré-constitués mais simplement ignorés en l'absence de moyen d'accès expérimental. Que ce soit sous forme de définition contextuelle ou d'influence contextualiste (selon les interprétations de la mécanique quantique), le phénomène ne peut pas être séparé des circonstances instrumentales de sa manifestation. Au lieu de se présenter comme une injonction de lucidité marginale au regard du succès de sciences qui en font l'économie, la problématique de la constitution s'est donc trouvée inscrite, à partir de l'avènement de la mécanique quantique, dans les contraintes internes de la théorie scientifique. La principale conséquence en a été un basculement de l'axe du débat épistémologique. Au couple traditionnel *positivisme / réalisme structural,* qui s'adosse sur la certitude commune d'un *donné* préalable, s'est progressivement ajouté un autre couple *pragmatique transcendantale / réalisme dispositionnel,* appuyé sur la nécessité reconnue de la constitution des faits (voire des objets). Le débat tardif entre Bohr, Heisenberg et Popper, le premier raisonnant en termes de conditions de possibilité de la communication entre expérimentateurs, et les deux derniers défendant une forme de réalisme de la *potentia* aristotélicienne ou des *propensions,* recoupe d'assez près cette nouvelle polarité entre pragmatique transcendantale et réalisme dispositionnel.

Mais une fois affaiblie la croyance en une *réalité préstructurée,* quelque chose de très important ne risque-t-il pas de faire défaut à l'entreprise scientifique ? Quelque chose comme une direction, une intention, une perspective, un but ultime, qui donne sens aux manipulations inévitablement imparfaites de l'expérimentateur ? L'un des reproches majeurs que Popper adresse à l'instrumentalisme est son incapacité à projeter la démarche des sciences en dehors du cercle restreint des classes de phénomènes déjà connues. Si le propos d'une théorie scientifique est seulement d'entériner des régularités en les convertissant en règles prédictives, demande-t-il, comment comprendre que, très fréquemment, les théories aient dirigé le regard des chercheurs bien au-delà, vers des manifestations expérimentales strictement inconcevables avant elles ? Dans un ordre d'idées assez voisin, Putnam [(1984)] remarque qu'assigner aux sciences, conformément à la position instrumentaliste, le seul but de *prédire,* revient à subordonner ces disciplines ordonnatrices de faits à des valeurs qui leur sont extérieures, ou à les considérer comme de simples moyens pour des fins auxquelles elles restent étrangères. Or, ce serait là oublier que l'accroissement des moyens ne reste pas sans effet sur les fins, que les valeurs au sens large ne vont pas sans influencer la teneur et le choix des propositions tenues pour factuelles, et qu'inversement la pression de certains faits peut faire éclater les valeurs. En favorisant le repli vers une immanence des manipulations et des faits, en bannissant hors des sciences la transcendance des structures « réelles » et des valeurs, en confiant la première à la métaphysique et la seconde à l'éthique, l'instrumentaliste laisse dans l'ombre la parfaite réciprocité des relations entre chaque activité immanente et la visée transcendante qui la guide. Il ignore que dans une situation où on sait ne pouvoir compter que sur un corpus fini d'opérations et de résultats, l'orientation de ces opérations vers quelque chose qui les dépasse est constitutive du projet d'établir des relations universelles valant pour toute configuration qui pourrait être réalisée dans le futur.

Le problème est que, face à cet oubli de la *fonction* de la visée transcendante dans l'économie de la recherche scientifique, l'antidote traditionnel qu'offrait un réalisme des structures pré-constituées n'est plus vraiment crédible. Si l'on reconnaît devoir conformer chacun des gestes de la recherche à une orientation, il faut désormais le faire sur un arrière-plan paradigmatique fluide où manque le point d'appui rassurant d'un « cosmos reposant en lui-même », qui a permis selon Habermas [(1968)] qu'émerge face à lui, et en s'opposant à lui, l'individu de la cité grecque. Après avoir longtemps fondé la recherche sur la pérennité et l'autonomie de l'objet qu'elle tend à dévoiler, on doit à présent, de façon plus urgente que jamais, envisager la possibilité que l'appui prêté par l'objet à la recherche ne soit que le revers de l'appui que la recherche prête à son objet. Il est certes toujours légitime (voire indispensable) pour chaque acteur du développement des sciences de traiter son objet avec le même sérieux que s'il s'agissait d'une entité autonome pré-donnée ; mais en même temps, la relativisation du découpage ontologique traditionnel en corps matériels localisés, l'émergence de nouveaux systèmes d'entités plus « naturels » au regard des conditions imposées par les théories physiques du vingtième siècle, rendent presque impossible pour le témoin philosophique de cette activité de ne pas reconnaître le rôle que joue le processus de la recherche dans la co-détermination du système d'objets qui lui sert de visée régulatrice. Les chercheurs scientifiques parviennent ainsi à cette posture instable et caractéristique de l'époque qui s'annonce, où il reste nécessaire pour eux de se conduire comme si leur entente s'effectuait à propos d'un objet qui les dépasse, mais où ils ont devant eux le symptôme réflexif le plus clair qu'une fois prises en compte les contraintes *pré-structurales* imposées par l'« autre » réel dans lequel ils sont immergés, leur objet s'identifie pour l'essentiel, dans ses structures, à l'ombre projetée des normes de leur entente et de leurs procédures opératoires.

Les individus et les groupes sociaux n'ont dès lors plus d'échappatoire face à l'extension constante de leurs responsabilités. Longtemps affermis par la mise en regard d'un cosmos intangible, c'est à eux dorénavant d'affermir en retour, par leurs choix cohérents, l'univers des foyers régulateurs de leur activité.

Il y a là comme une ironie de l'histoire. Car après tout, les sciences ont d'abord dû « (...) conquérir l'objectivité de (leurs) énoncés contre la pression et la séduction des intérêts particuliers » [J. Habermas (1968), p. 151] ; elles se sont construites dans une lutte constante pour faire reconnaître à leurs jugements une autonomie absolue vis-à-vis des jugements de valeur ; elles ont adossé leur progression sur un bannissement des valeurs au risque, souvent dénoncé par Schrödinger [(1954), p. 204], de promouvoir un tableau du monde d'où le sens de notre vie, notre but et notre destin se sont absentés. En contrepartie, les sciences promettaient l'accès à un sol ferme de réalité légalement pré-structurée qui constituerait d'abord un îlot d'absolu face au soupçon de la relativité des valeurs, avant de pouvoir peut-être prétendre fonder jusqu'aux jugements éthiques et esthétiques. Et voilà que ce sol ferme, après avoir vacillé dans un changement de paradigme, se découvre soumis aux mêmes équilibres précaires de transcendance fonctionnelle et d'immanence effective, d'univocité de principe et d'historicité de fait, de normativité et de créativité, que les valeurs écartées.

Les sciences ne sont en fin de compte ni un simple moyen pour la satisfaction de valeurs et de fins sociales qui leur échappent, comme le laisse entendre l'instrumentalisme, ni un refuge contre l'instabilité des valeurs, comme l'a rêvé un certain réalisme, ni un révélateur du fondement des jugements subjectifs et collectifs, comme voudraient le faire croire de récents courants réductionnistes. Elles participent, avec le reste des activités normatives humaines, et avec les mêmes enjeux et les mêmes risques qu'elles, à la formation de nos valeurs et de nos fins. Elles sont partie prenante de cette grande œuvre d'« orientation radicale » [1] de l'homme sommé d'être et de faire, au creux d'un monde où rien ne va *de soi*.

1. [J. Ortega y Gasset (1988)]

ANNEXE I

STRUCTURE D'UN ENSEMBLE DE LANGAGES EXPÉRIMENTAUX (SUR LES RACINES DE LA LOGIQUE QUANTIQUE)

Au paragraphe 1-2-10, nous avons introduit la notion d'un langage permettant de parler des dispositifs (ou contextes) correspondant aux diverses variantes de l'expérience des fentes d'Young, ainsi que des propositions élémentaires appartenant aux langages contextuels correspondants. Ce langage a été appelé un *langage méta-contextuel,* parce qu'il porte *sur* divers contextes et langages contextuels. Il faut à présent le formaliser un peu afin de rendre sa structure logique manifeste. Nous allons procéder pour cela en trois étapes. Dans une première étape (A), nous rappellerons les axiomes de l'algèbre de Boole dans les notations de la logique classique, c'est-à-dire en utilisant des connecteurs logiques de conjonction et de disjonction opérant sur les propositions d'un seul langage contextuel. Dans une seconde étape (B) l'usage de ces connecteurs (ou opérateurs) logiques sera extrapolé à la formation de combinaisons de plusieurs langages contextuels. Enfin, dans une troisième étape (C), après avoir reconnu l'insuffisance de ces opérateurs logiques face à la variété des langages et des contextes expérimentaux dérivés de l'expérience des fentes d'Young, nous introduirons de nouveaux opérateurs, plus généraux. Nous démontrerons alors un théorème de non-distributivité qui est une variante de celui de la « logique quantique » de Birkhoff et von Neumann.

(A) Dans les termes d'une logique propositionnelle, les axiomes de l'algèbre de Boole s'énoncent comme suit :

1) commutativité des opérations de conjonction (*et*, $\wedge$) et de disjonction (*ou exclusif*, $\vee$) :

$p \wedge q = q \wedge p$

$p \vee q = q \vee p$

2) distributivité des opérations de conjonction et de disjonction :

$p \wedge (q \vee r) = (p \wedge q) \vee (p \wedge r)$

$p \vee (q \wedge r) = (p \vee q) \wedge (p \vee r)$

3) Il existe au moins une proposition c telle que $p \vee c = p$, quelle que soit p. Cette proposition c, toujours fausse, est une « contradiction ».

– Il existe au moins une proposition t telle que $p \wedge t = p$, quelle que soit p. Cette proposition t, toujours vraie, est une « tautologie ».

On a en particulier :

$p \vee \neg p = t$

$p \wedge \neg p = c$

Ces trois axiomes peuvent également s'énoncer dans les termes d'une théorie des ensembles en remplaçant la conjonction par l'intersection, la disjonction par la réunion, la négation par la complémentation, la contradiction par l'ensemble vide, et la tautologie par l'ensemble E de référence.

(B) *Langage méta-contextuel et opérations ensemblistes*

Les langages L_A, L_B et L_{AB} dérivés de l'expérience des fentes d'Young ont déjà été définis au paragraphe 1-2-10 (Figure n° 1 dans ce paragraphe). Essayons à présent d'extrapoler l'usage des connecteurs de la logique propositionnelle à des combinaisons de certains au moins de ces langages contextuels. Il suffit pour cela de mettre systématiquement en œuvre la correspondance précédemment établie entre les opérateurs logiques et les opérateurs ensemblistes.

(i) La *disjonction* de deux langages, L_A et L_B, également définie au paragraphe 1-2-10, est le langage $L_A \vee L_B$ qui comprend toutes les propositions élémentaires du langage L_A et toutes celles du langage L_B.

(ii) La *conjonction* de deux langages est un langage dont les propositions élémentaires sont des propositions appartenant *à la fois* à l'un et à l'autre de ces langages.
Par exemple :
$L_A \wedge (L_A \vee L_B) = L_A$
$L_A \wedge L_B = L_0$ (L_0 est le langage ne contenant *aucune* proposition)

(iii) Une relation d'implication entre deux langages s'établit lorsque toute proposition élémentaire d'un langage est aussi une proposition élémentaire du second.
Par exemple :
$L_A \rightarrow L_A \vee L_B$
$L_0 \rightarrow L_A$

(iv) La négation d'un langage L_A est le langage $\neg L_A$ dont l'ensemble des propositions élémentaire est le complément de l'ensemble des propositions élémentaires de L_A . Et la négation d'un langage L_B est le langage $\neg L_B$ dont l'ensemble des propositions élémentaire est le complément de l'ensemble des propositions élémentaires de L_B. Mais bien entendu, pour lever toute ambiguïté au sujet du complément d'un ensemble, il faut préciser par rapport à quel autre ensemble on le définit. Nous considérerons que cet ensemble est $L_A \vee L_B$.
Ainsi :
$\neg L_A = L_B$
$\neg L_B = L_A$
$\neg(L_A \vee L_B) = L_0$
$\neg L_0 = L_A \vee L_B$

Il est évident que cette logique du langage méta-contextuel, dont les termes principaux sont L_0, L_A, L_B, et $L_A \vee L_B$, *est booléenne*. En effet, les opérations logiques entre les propositions du langage méta-contextuel considéré jusqu'ici se réduisent aux opérations ensemblistes entre les ensembles de propositions expérimentales élémentaires qui font partie de chaque langage contextuel. Et nous avons déjà signalé, au paragraphe 1-2-9 et au point (A) de la présente annexe, que les opérations d'intersection, de réunion et de complémentation, dotent les ensembles de sous-ensembles d'une structure booléenne.

Les opérations logiques qui viennent d'être définies sont parfaitement appropriées lorsqu'on s'en tient aux langages L_A et L_B (correspondant à des situations où l'une des fentes comprend un détecteur). Elles perdent cependant une bonne partie de leur pertinence dès qu'on prend le langage L_{AB} (correspondant à la situation où aucune fente ne comprend un détecteur) en considération. Car il est impossible de passer des langages L_A et L_B au langage L_{AB} au moyen de simples opérations ensemblistes sur leurs propositions élémentaires. Les propositions élémentaires de L_{AB} ne sont pas *plus nombreuses* que celles de L_A ou L_B ; elles sont *différentes*, et à certains égards *moins restrictives*. Contrairement à celles de L_A ou L_B, les propositions élémentaires de L_{AB} ne contiennent en effet aucune mention au sujet d'un possible événement de détection juste à la sortie des fentes ; sans exclure quoi que ce soit à ce sujet, elles se contentent d'énoncer un point d'impact sur l'écran.

Il faut donc formuler de nouvelles opérations logiques adaptées à cette situation.

(C) *Langage méta-contextuel et non-distributivité*

Cette fois, nous commencerons par définir une nouvelle relation d'implication et une nouvelle opération de négation portant sur les langages expérimentaux correspondant aux diverses versions de l'expérience des fentes d'Young [(iii)′ et (iv)′], pour donner à partir de là des *équivalents* des opérations de disjonction et de conjonction [(i)′ et (ii)′]. Un théorème important, sur la *non-distributivité* des équivalents des opérations de disjonction et de conjonction, sera dérivé. Puis nous comparerons la structure de cette famille de langages correspondant aux différentes versions de l'expérience des fentes d'Young à la structure d'une famille de langages expérimentaux correspondant à la mesure d'un couple de variables conjuguées (la position et la quantité de mouvement).

(iii)′ La nouvelle relation d'implication entre deux langages (ou plus généralement entre deux ensembles de propositions) s'établit de la façon suivante, en deux étapes :

(a) Un langage (ou un ensemble de propositions) en implique un autre si les deux sont identiques, ou si toute proposition élémentaire du premier peut s'obtenir à partir d'une proposition élémentaire du second en lui ajoutant un nombre de clauses restrictives inférieur ou égal à 1.

On écrit $L_i \rightarrow L_j$.

Pour ce qui est des langages expérimentaux dérivés de l'expérience des fentes d'Young, seule sera admise comme clause restrictive la mention de l'activation de l'un des détecteurs placés à proximité des fentes.

(b) La condition (a) est nécessaire mais pas suffisante. Elle ne lève pas certaines ambiguïtés. Il peut en effet arriver, en s'en tenant à la condition (a), que $L_i \rightarrow L_j$ *et* $L_j \rightarrow L_i$ *sans que* $L_i = L_j$. On cherche alors lequel, parmi ces deux langages ou ensembles de propositions distincts L_i et L_j, contient davantage de propositions *déjà* dotées d'une clause restrictive que l'autre. Si L_i contient plus de propositions à clause restrictive que L_j, on retient seulement :

$L_i \rightarrow L_j$

La relation d'implication qui vient d'être définie est une relation d'ordre ; elle établit un ordre partiel dans l'ensemble des langages expérimentaux (ou ensembles de propositions) répondant aux diverses versions de l'expérience des fentes d'Young. Cet ordre partiel possède un élément maximum, L_{AB}, et un élément minimum, L_0.

Selon la définition (iii)′ de l'implication, plus large que celle donnée au point (iii) précédent, $L_A \vee L_B$ reste impliqué par L_A et par L_B, puisque toute proposition élémentaire de L_A ou de L_B peut s'obtenir à partir d'une proposition de $L_A \vee L_B$ *sans* lui ajouter de clause restrictive. Mais par ailleurs, un langage comme L_{AB} est *aussi* impliqué par L_A et par L_B, puisque toute proposition élémentaire de L_A ou de L_B peut s'obtenir à partir d'une proposition de L_{AB} en lui ajoutant *une* clause restrictive du type admis.

(iv)′ La nouvelle opération de négation ne se limite pas à une opération ensembliste de complémentation. Si L_i est un langage expérimental, sa négation par rapport à L_{AB}, $\neg L_i$, est un ensemble *maximal* de propositions tel que :

1) $\neg L_i \rightarrow L_{AB}$

2) $\neg L_i$ *ne contient aucune* proposition élémentaire de L_i.

Eu égard à la définition (iii)′ de l'implication, $\neg L_i$ est donc composé de toutes les propositions de L_{AB}, *et* de toutes les propositions dérivées d'une proposition de L_{AB} par adjonction d'une clause restrictive admise, à l'exception des propositions qui font partie de L_i. Par exemple, $\neg L_A$ est la réunion des propositions de L_{AB}, et de celles de L_B. Et $\neg L_B$ est la réunion des propositions de L_{AB} et de celles de L_A. Nous sommes tentés de les écrire comme ceci :

$\neg L_A = L_{AB} \vee L_B$

$\neg L_B = L_{AB} \vee L_A$

Et de même :

$\neg L_{AB} = L_A \vee L_B$

$\neg L_0 = L_{AB} \vee L_A \vee L_B$

Ces modes d'écriture doivent bien sûr être assortis d'une précaution. $L_A \vee L_B$ est un *langage expérimental* dont l'ensemble des propositions s'identifie à la réunion de celles de L_A et de L_B. Au contraire, un ensemble de propositions comme $\neg L_A = L_{AB} \vee L_B$ *n'est pas* un véritable langage expérimental, puisque aucun contexte instrumental ne lui correspond. Ceci n'est pas gênant lorsqu'on se place au niveau d'un langage méta-contextuel dans lequel on doit pouvoir dire aussi bien ce que *n'est pas* que ce qu'*est* un langage expérimental. Seule la confusion des niveaux de langage rendrait l'écriture $L_{AB} \vee L_B$ suspecte.

Pour voir à présent en quoi une telle structure se distingue de la structure d'algèbre booléenne (plus forte) de la logique classique, nous devons définir une extension appropriée des relations de conjonction et de disjonction entre propositions.

(i)′ L'extension de la disjonction sera appelée *somme logique*. On la définit comme suit :

1) Si trois langages ou ensembles de propositions, L_i, L_j , L_k sont tels que $L_i \rightarrow L_k$ et $L_j \rightarrow L_k$, on dit que L_k est une *borne supérieure* de L_i et L_j. Si, parmi les langages ou ensembles de propositions considérés, il n'y en a pas un autre L_u, tel que : $L_i \rightarrow L_u$, $L_j \rightarrow L_u$ et $L_u \rightarrow L_k$, on dit que L_k forme la borne supérieure *minimale* de L_i et L_j.

2) On appelle somme logique de deux langages ou de deux ensembles de propositions (L_i, L_j) leur borne supérieure minimale L_k. On la note :

$L_i \oplus L_j = L_k$

Lorsqu'on ne considérait que les langages expérimentaux L_0, L_A, L_B et $L_A \vee L_B$, et la relation d'implication (iii), $L_A \vee L_B$ était la borne supérieure minimale de L_A et L_B. La disjonction $\vee$ est donc bien un cas particulier de la somme logique $\oplus$ telle qu'elle vient d'être définie.

(ii)′ L'extension de la conjonction sera appelée *produit logique*. On la définit comme suit :

1) Si trois langages ou ensembles de propositions, L_i, L_j , L_m sont tels que $L_m \rightarrow L_i$ et $L_m \rightarrow L_j$, on dit que L_m est une *borne inférieure* de L_i et L_j. Si, parmi les langages ou ensembles de propositions considérés, il n'y en

a pas un autre (appelons-le L_v) tel que : $L_v \rightarrow L_i$, $L_v \rightarrow L_j$ et $L_m \rightarrow L_v$, on dit que L_m forme la borne inférieure *maximale* de L_i et L_j.

2) On appelle produit logique de deux langages ou de deux ensembles de propositions (L_i, L_j) leur borne inférieure maximale L_m. On le note :

$L_i \otimes L_j = L_m$

Lorsqu'on ne considérait que les langages expérimentaux L_0, L_A, L_B et $L_A \vee L_B$, et la relation d'implication (iii), $L_A \wedge L_B = L_0$ était la borne inférieure maximale de L_A et L_B. La conjonction est donc un cas particulier du produit logique $\otimes$ tel qu'il vient d'être défini.

Ces définitions des opérations $\oplus$ et $\otimes$ étant acquises, il reste à démontrer un théorème important, valant dans l'ensemble partiellement ordonné $\{L_0, L_A, L_B, L_{AB}, \neg L_0, \neg L_A, \neg L_B, \neg L_{AB}\}$:

Théorème : Dans l'ensemble partiellement ordonné dérivé des langages expérimentaux répondant aux diverses versions de l'expérience des fentes d'Young, la somme logique *n'est pas distributive* par rapport au produit logique.

Démonstration : Il suffit pour cela de donner un contre-exemple.

Comparons :

$L_A \oplus (L_B \otimes \neg L_B)$

et

$(L_A \oplus L_B) \otimes (L_A \oplus \neg L_B)$

La borne inférieure maximale de L_B et $\neg L_B$ est L_0. Par conséquent $L_B \otimes \neg L_B = L_0$. La borne supérieure minimale de L_A et L_0 est L_A. Par conséquent $L_A \oplus L_0 = L_A$. On obtient ainsi :

$L_A \oplus (L_B \otimes \neg L_B) = L_A$.

On montre de même que :

$L_A \oplus L_B = \neg L_{AB}$,
$L_A \oplus \neg L_B = \neg L_B$,
$\neg L_{AB} \otimes \neg L_B = \neg L_{AB}$.

Ce qui donne :

$$(L_A \oplus L_B) \otimes (L_A \oplus \neg L_B) = \neg L_{AB} = L_A \vee L_B$$

En définitive :

$$L_A \oplus (L_B \otimes \neg L_B) \neq (L_A \oplus L_B) \otimes (L_A \oplus \neg L_B),$$

ce qui démontre la non-distributivité de la somme logique par rapport au produit logique. En cela, et en plusieurs autres traits, l'ensemble partiellement ordonné des langages expérimentaux répondant aux diverses versions de l'expérience des fentes d'Young s'écarte de la structure d'algèbre de Boole qui caractérise la logique classique.

La « logique quantique » de Birkhoff et von Neumann [(1936)] a une structure plus forte que celle qui a été prise pour exemple (et que nous avons qualifiée de simple « structure d'ensemble partiellement ordonnée »). Cette structure plus forte est une structure de « treillis orthocomplémenté » [R.I.G. Hughes (1989), p. 186 sq.] ; elle a été historiquement dérivée du formalisme de la mécanique quantique (voir § 4-4-1). Mais on peut aussi retrouver ce type de structure en considérant directement un méta-langage ayant des langages expérimentaux pour langages-objets [P. Heelan (1970)].

Un exemple typique est le méta-langage ayant pour langages-objets les langages expérimentaux qui correspondent à la mesure de la paire de variables conjuguées *position* (X) et *quantité de mouvement* (P). Définissons ces langages. L_{XP} représente l'ensemble des propositions expérimentales : « $X = x \pm \Delta x$, $P = p \pm \Delta p$, $\Delta x.\Delta p \geq h/2\pi$ » ; L_X est l'ensemble des propositions expérimentales : « $X = x \pm \Delta x$, $\Delta x \rightarrow 0$, $(\Delta p \rightarrow \infty)$ », et L_P est l'ensemble des propositions expérimentales : « $P = p \pm \Delta p$, $\Delta p \rightarrow 0$, $(\Delta x \rightarrow \infty)$ ». La relation d'implication entre langages se réduit ici à l'inclusion, et la négation à la complémentation. La somme logique ne peut pas, pour sa part, se réduire à la réunion (car le langage L_{XP} comprend des propositions qui n'appartiennent ni à L_X ni à L_P). On la définit comme « borne supérieure minimale » dans l'ensemble de langages $\{L_0, L_X, L_P, \neg L_X, \neg L_P, L_{XP}\}$ (sachant que $\neg L_0 = L_{XP}$ et $\neg L_{XP} = L_0$).

Ces définitions une fois acquises, on peut démontrer le théorème de non-distributivité de la somme logique par rapport au produit logique, exactement de la même façon que dans le cas des langages correspondant aux versions de l'expérience des fentes d'Young. On s'aperçoit ainsi *directement,* sans passer comme Birkhoff et von Neumann par l'intermédiaire du symbolisme de la mécanique quantique, que la superstructure (ou méta-structure) logique articulant des familles de langages expérimentaux correspondant à la mesure de variables conjuguées est *non distributive.* La structure du formalisme prédictif de la mécanique quantique peut être tenue pour une projection de cette architecture stratifiée de langages contextuels dotés d'une logique booléenne, et de langages méta-contextuels dotés d'une logique non-booléenne.

La différence de structure entre la famille de langages expérimentaux dérivée de la mesure des variables (X, P), et la famille de langages expérimentaux dérivée de l'expérience des fentes d'Young, est par ailleurs représentée à la Figure I (où les flèches symbolisent la relation d'implication). Une telle différence formalise le sentiment largement répandu [D. Murdoch (1987)] que le concept bohrien de complémentarité, appliqué indifféremment au couple cinématique-dynamique (X, P) ou à la dualité onde-corpuscule, recouvre en fait deux situations assez profondément dissemblables.

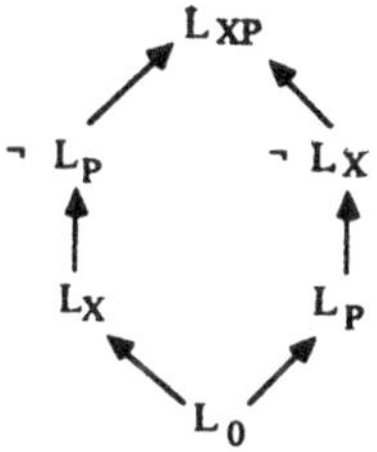

Langages expérimentaux correspondant à la mesure des variables conjuguées X et P

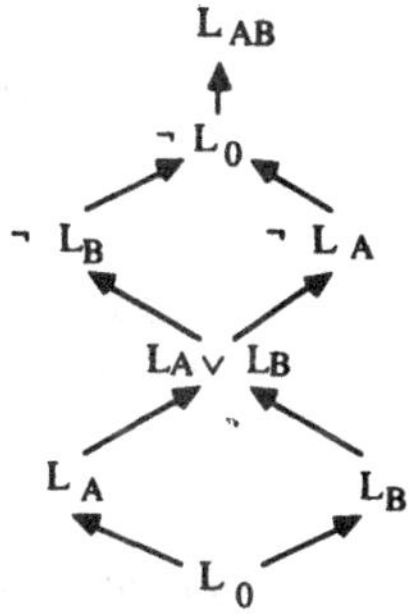

Langages expérimentaux correspondant aux diverses versions de l'expérience des fentes d'Young

Figure I

ANNEXE II

DÉMONSTRATION SIMPLE D'UNE INÉGALITÉ DE BELL (SUR LA NON-LOCALITÉ)

La démonstration donnée ici est librement inspirée de celle de d'Espagnat [(1979)].

Considérons un grand nombre de particules, sur lesquelles on mesure des variables pouvant prendre deux valeurs : la valeur + ou la valeur −. On admet que les particules *possèdent par avance une valeur bien déterminée* pour chacune des variables de ce groupe, bien que la mesure de l'une des variables puisse perturber la valeur que possédait la particule pour les autres variables. Il est alors possible de regrouper les particules en sous-ensembles caractérisés par la liste des valeurs qu'elles possèdent effectivement, indépendamment de toute considération sur la possibilité de les mesurer conjointement.

Intéressons-nous plus particulièrement à trois variables quelconques A, B, et C du groupe considéré. Ces trois variables pouvant prendre deux valeurs (+ ou −) chacune, elles définissent huit sous-ensembles homogènes de particules :

{+ + +}	n(+ + +)
{+ + −}	n(+ + −)
{+ − +}	n(+ − +)
{− + +}	n(− + +)
{+ − −}	n(+ − −)
{− + −}	n(− + −)
{− − +}	n(− − +)
{− − −}	n(− − −)

Le nombre de particules dans ces sous-ensembles est indiqué en face de chacun d'entre eux.

On peut calculer à partir de là :

– le nombre de particules possédant une valeur + pour les variables A et B (et n'importe quelle valeur pour C) :

$N(++o) = n(+++) + n(++-)$

– le nombre de particules possédant une valeur + pour les variables A et C (et n'importe quelle valeur pour B) :

$N(+o+) = n(+++) + n(+-+)$

– le nombre de particules possédant une valeur + pour la variable B , – pour la variable C (et n'importe quelle valeur pour A) :

$N(o+-) = n(++-) + n(-+-)$

Calculons à présent :

$N(+o+) + N(o+-) = n(+++) + n(+-+) + n(++-) + n(-+-)$

On voit immédiatement, par comparaison, que :

$N(++o) \leq N(+o+) + N(o+-)$

Ceci est une première amorce des inégalités de Bell. Mais il reste une étape à parcourir avant d'en arriver aux inégalités de Bell proprement dites.

Imaginons une expérience dans laquelle des particules faisant partie de couples issus de la même source sont expédiées dans deux directions spatiales opposées (disons vers la Gauche et vers la Droite). Une mesure est effectuée sur chacune des deux particules des couples. La mesure effectuée à Droite se déroule à une distance arbitrairement grande de celle qui est effectuée à Gauche. On admet aussi que les particules sont *parfaitement corrélées* pour les variables du groupe considéré, en ce sens qu'à chaque fois qu'on mesure la *même variable* sur les deux particules faisant partie d'un couple, et qu'on trouve une valeur sur l'une, on trouve une valeur identique sur l'autre. Supposons à présent qu'on mesure, sur une particule, une variable choisie parmi les trois variables A, B, et C ; et, sur l'autre particule du même couple, *une autre* de ces trois variables A, B, et C. Par exemple A sur l'une des deux particules et B sur l'autre, A sur l'une et C sur l'autre, B sur l'une et C sur l'autre.

On compte ensuite :

– le nombre de couples de particules pour lesquels la mesure de A sur l'une a donné + et la mesure de B sur l'autre a donné + :

N(++o)

– le nombre de couples de particules pour lesquels la mesure de A sur l'une a donné + et la mesure de C sur l'autre a donné + :

N(+o+)

– le nombre de couples de particules pour lesquels la mesure de B sur l'une a donné + et la mesure de C sur l'autre a donné – :

N(o+–)

Admettons à présent :

a) Que la mesure ne fait que révéler des valeurs que les particules possèdent d'avance ;

b) Qu'une mesure effectuée sur l'une des particules d'un couple perturbe bien certaines valeurs de variables possédées par cette particule, mais que cela n'a pas pour conséquence de perturber à distance les valeurs possédées par l'autre particule.

S'il en est ainsi, les nombres de couples de particules sur lesquelles on a *mesuré* à chaque fois une variable et obtenu une valeur, doivent être égaux aux nombres de particules de l'un des côtés (Droit ou Gauche) *possédant* simultanément ces deux valeurs :

N(++o) = N(++o), *N*(+o+) = N(+o+), *N*(o+–) = N(o+–)

A l'inégalité précédente, qui valait pour les nombres de particules *possédant* deux valeurs, répond alors une inégalité de même forme pour les nombres de *couples* de particules *sur lesquels on a mesuré* ces valeurs :

$$N(++o) \leq N(+o+) + N(o+-)$$

L'inégalité précédente fait partie de la famille des inégalités de Bell. La violation de ces inégalités peut être comprise, au choix :

a) comme une réfutation de l'hypothèse selon laquelle les particules possèdent des valeurs indépendamment de la mesure, ou

b) comme le signe que la mesure d'une variable sur l'une des deux particules d'un couple, qui perturbe les autres valeurs possédées par cette particule, modifie aussi indirectement, à distance, les valeurs de variables possédées par la seconde particule.

La violation des inégalités de Bell implique soit que l'on renonce complètement aux variables cachées, soit que l'on utilise des modèles non locaux *à variables cachées.*

ANNEXE III

Démonstration simple du théorème de Kochen et Specker (sur le contextualisme)

Le raisonnement qui suit, très simplifié par rapport à la démonstration initiale de Kochen et Specker [(1967)], synthétise celui de R. Clifton [(1993)].

Considérons des particules dont le module du spin est égal à 1. Chaque composante de la variable spin, mesurée sur ces particules, peut prendre trois valeurs : – 1, 0, 1. Le carré de chaque composante de la variable spin ne peut prendre quant à lui que deux valeurs : 0 ou 1. Portons notre attention sur la somme des carrés des trois composantes orthogonales du spin S_x, S_y, et S_z :

$$\Sigma = S_x^2 + S_y^2 + S_z^2$$

La mécanique quantique prédit que lors d'une mesure de la variable Σ, à l'aide d'un appareil M, on doit toujours trouver une valeur égale à 2. Si l'on admet, conformément à l'hypothèse des variables cachées, que chaque particule possède par avance une valeur pour les trois variables S_x^2, S_y^2, et S_z^2, cela a pour conséquence que ces valeurs doivent être 1 pour deux d'entre elles et 0 pour l'une d'entre elles.

Le même raisonnement peut être reproduit au sujet d'une autre variable somme, impliquant S_x et deux autres composantes orthogonales du spin $S_{y'}$, et $S_{z'}$:

$$\Sigma' = S_x^2 + S_{y'}^2 + S_{z'}^2$$

La mécanique quantique prédit que lors d'une mesure de Σ' à l'aide d'un appareil M', comme lors d'une mesure de Σ ou de n'importe quelle somme de carrés de trois composantes orthogonales du spin, on doit trouver une valeur égale à 2. Selon l'hypothèse des variables cachées, chaque particule possède par avance une valeur pour les trois variables S_x^2, $S_{y'}^2$, et $S_{z'}^2$; ces valeurs doivent donc être 1 pour deux d'entre elles et 0 pour l'une d'entre elles.

Mais si on soutient une théorie à variables cachées *non-contextualiste,* cela impose une contrainte supplémentaire sur la variable S_x^2 commune aux variables Σ et Σ'. Il faut que la valeur de S_x^2 possédée par une particule *ne soit pas modifiée,* entre la situation où l'on mesure Σ à l'aide d'un appareil M et la situation où l'on mesure Σ', à l'aide d'un appareil M'. Si S_x^2 est égale à 1 dans la situation où l'on a mesuré Σ à l'aide de M, S_x^2 doit *aussi* être égale à 1 dans la situation où l'on mesure Σ' à l'aide de M' ; et si S_x^2 est égale à 0 dans la première situation, S_x^2 doit *aussi* être égale à 0 dans la seconde. Cette contrainte supplémentaire est-elle compatible avec les prédictions de la mécanique quantique ? On peut montrer que *non* en s'appuyant sur des considérations géométriques très simples.

Les deux contraintes qu'imposent les théories à variables cachées non contextualistes aux valeurs possédées par les carrés de composantes de spin, se transposent aisément sous une forme géométrique.

Supposons qu'on attribue des valeurs 0 ou 1 aux vecteurs appartenant à plusieurs trios de vecteurs orthogonaux de l'espace à trois dimensions. Les équivalents des deux contraintes précédentes sont :

(i) Pour tout trio de vecteurs orthogonaux, l'un d'entre eux a la valeur 0, et les deux autres ont la valeur 1.

(ii) La valeur attribuée à un vecteur est la même quel que soit le trio de vecteurs orthogonaux auquel il appartient.

Nous allons à présent tirer certaines conséquences des deux hypothèses précédentes, puis montrer en fin de parcours que, une fois retraduites dans le langage des variables « composantes de spin », ces conséquences contredisent les prédictions de la mécanique quantique.

Soient **a** et **b** deux vecteurs orthogonaux repérés par leurs composantes (x_a, y_a, z_a) et (x_b, y_b, z_b) dans un système de coordonnées orthonormées. On attribue la valeur 1 à chacun de ces deux vecteurs, et on note cela :

$[\mathbf{a}] = [(x_a, y_a, z_a)] = 1$; $[\mathbf{b}] = [(x_b, y_b, z_b)] = 1$

D'après l'hypothèse (i), le vecteur **c** orthogonal à **a** et à **b** doit se voir attribuer la valeur 0. Et d'après l'hypothèse (ii), tous les vecteurs orthogonaux à **c** ont la valeur 1. Mais par ailleurs, les vecteurs orthogonaux à **c** sont tous les vecteurs du plan que définissent les vecteurs **a** et **b**, c'est-à-dire tous les vecteurs de la forme :

$\alpha\mathbf{a} + \beta\mathbf{b}$

Les deux hypothèses (i) et (ii) ont donc pour conséquence la règle suivante :

Règle 1 : Soient deux vecteurs **a** et **b** mutuellement orthogonaux. Si $[\mathbf{a}] = 1$ et $[\mathbf{b}] = 1$, $[\alpha\mathbf{a} + \beta\mathbf{b}] = 1$ quels que soient α et β.

Supposons à présent que : $[(1,0,0)] = 0$. En vertu de l'hypothèse (i) appliquée aux trois vecteurs orthogonaux $\{(1,0,0),\ (0,1,0),\ (0,0,1)\}$, on a alors : $[(0,1,0)] = [(0,0,1)] = 1$.

Peut-on supposer en outre que $[(2,1,0)] = 1$? Il n'en est rien, et nous allons le démontrer en utilisant un raisonnement par l'absurde. (Remarquons dès maintenant, car cela va avoir une certaine importance par la suite, que le vecteur (2,1,0) fait *un angle aigu* avec le vecteur (1,0,0)).

Supposons donc que $[(1,0,0)] = 0$, que $[(0,1,0)] = [(0,0,1)] = 1$, *et* que $[(2,1,0)] = 1$. En appliquant plusieurs fois la *Règle 1* à ces attributions de valeurs, on obtient :

$[(2,1,0) + (0,0,1)] = [(2,1,1)] = 1$

$[-(0,1,0) + (0,0,1)] = [(0,-1,1)] = 1$

$[(2,1,0)-(0,0,1)] = [(2,1,-1)] = 1$

$[-(0,1,0)-(0,0,1)] = [(0,-1,-1)] = 1$

$$[(2,1,1) + (0,-1,1)] = [(2,0,2)] = 1$$
$$[(2,1,-1) + (0,-1,-1)] = [(2,0,-2)] = 1$$

Dès lors, chaque vecteur du trio orthogonal {(2,0,2), (2,0,−2), (0,1,0)} se voit attribuer une valeur 1, contrairement à l'hypothèse (i) qui exigerait que l'un d'entre eux au moins ait la valeur 0. C'est donc que, sous les hypothèses (i) et (ii), les attributions de valeurs initiales sont incompatibles entre elles : on ne peut pas avoir à la fois [(1,0,0)] = 0 (qui implique [(0,1,0)] = [(0,0,1)] = 1) *et* [(2,1,0)] = 1. Par conséquent, [(1,0,0)] = 0 *implique* [(2,1,0)] = 0.

De façon plus générale, le théorème démontré à l'aide de ce raisonnement géométrique est le suivant : si des valeurs sont attribuées à des vecteurs conformément aux hypothèses (i) et (ii), et qu'un certain vecteur se voit attribuer la valeur 0, alors il existe au moins un autre vecteur faisant un angle aigu avec ce dernier qui *doit* aussi se voir attribuer la valeur 0.

Revenons maintenant aux particules et à leur spin de module 1. Le même théorème, simplement transposé, dit ceci : si des valeurs des carrés de composantes du spin sont attribuées aux particules conformément aux deux conditions qu'impliquent les théories à variables cachées non contextualistes, et qu'un carré de composante du spin prend la valeur 0 sur une particule, alors il existe au moins une composante du spin faisant un angle aigu avec la précédente dont le carré *doit* aussi prendre la valeur 0 sur cette particule.

La mécanique quantique, pour sa part, prévoit que si la valeur mesurée du carré d'une composante du spin est 0, le carré de n'importe quelle composante du spin faisant un angle aigu avec elle a une probabilité non nulle d'avoir une valeur mesurée égale à 1. Avant de tirer le moindre enseignement de cette prédiction, on doit la replacer dans un cadre conceptuel plus conforme à celui des théories à variables cachées. Pour cela, il faut la traduire en termes de *statistiques* portant sur les *propriétés possédées* par des particules. Une fois cet ajustement effectué, l'énoncé précédent devient : la mécanique quantique prévoit que, parmi les particules qui possèdent la valeur 0 pour le carré d'une certaine composante du spin, une proportion non nulle d'entre elles possède la valeur 1 pour le carré de n'importe quelle composante du spin faisant un angle aigu avec la première. Mais ce dernier résultat contredit formellement le théorème qui a été dérivé auparavant de la liste d'hypothèses spécifiant le caractère non-contextualiste des théories à variables cachées. Car, selon ce théorème, il existe au moins une composante du spin faisant un angle aigu avec la première, telle qu'*aucune* particule n'en possède une valeur du carré différente de 0. Nous pouvons à présent conclure :

Aucune théorie à variables cachées non-contextualiste *ne peut être compatible avec les prédictions de la mécanique quantique.*

BIBLIOGRAPHIE

Aharonov, Y., Anandan, J. and Vaidman L. (1993), « Meaning of the wave function », *Physical Review*, **A47**, 4616-4626.

Albert, D.Z. (1990), « On the collapse of the wave function », in : A.I. Miller ed., *Sixty two years of uncertainty*, NATO ASI series, Plenum press, 1990.

Aspect, A., Grangier, P. & Roger G., (1982), « Experimental realization of Einstein-Podolsky-Rosen Gedankenexperiment : a new violation of Bell's inequalities », *Physical Review letters*, **48**, 91-94.

Aspect, A., Dalibard, J. & Roger G., (1982), « Experimental test of Bell's inequalities using time-varying analyzers » *Physical Review letters*, **49**, 1804-1807.

Austin, J.L. (1961), *Ecrits philosophiques*, Editions du Seuil, 1994.

Baton, J.P. & Cohen-Tannoudji, G. (1989), *L'Horizon des particules*, Gallimard.

Bell, J.S. (1987a), *Speakable and unspeakable in quantum mechanics*, Cambridge University Press.

Bell, J.S. (1987b) « Are there quantum jumps ? », in : C.W. Kilmister, ed. *Schrödinger, centenary celebration of a polymath*, Cambridge University Press, 1987.

Beller, M. (1990) « Born's probabilistic interpretation », *Stud. Hist. Phil. Sci.*, **21**, 563-588.

Ben-Dov, Y. (1993), « Hidden variables as configuration points », *Nuovo Cimento*, **108B**, 931-939.

Berlin, I. (1980), *Concepts and categories*, Oxford University Press.

Bernard, C. (1865), *Introduction à l'étude de la médecine expérimentale*, Garnier-Flammarion, 1966.

Birkhoff, G. & Neumann, J. von (1936), « The logic of quantum mechanics », *Annals of Math.*, **37**, 823-843.
Bitbol, M. (1994), « Quasi-réalisme et pensée physique », *Critique*, n° 564, 340-361.
Bitbol, M. (1995), « L'aveuglante proximité du réel », *Critique*, n° 576, 359-383.
Bitbol, M. (1996a), *Schrödinger's philosophy of quantum mechanics*, in : *Boston Studies in the Philosophy of Science*, Kluwer.
Bitbol, M. (1996b), *De l'intérieur du monde (Essai sur la mécanique quantique)*, (inédit).
Blackburn, S. (1993), *Essays in quasi-realism*, Oxford University Press.
Bohr, N. (1929), *La théorie atomique et la description des phénomènes*, J. Gabay, 1993.
Bohr, N. & Rosenfeld, L. (1933), « On the question of the measurability of electromagnetic field quantities », in : J.A. Wheeler & W.H. Zurek (eds.), *Quantum theory and measurement*, Princeton University Press, 1983.
Bohr, N. (1935), « Can quantum mechanical description of physical reality be considered complete ? », Physical Review, **48**, 696-702.
Bohr, N. (1948), « On the notions of causality and complementarity », Dialectica, n° 7, 312-319.
Bohr, N. (1958), *Physique atomique et connaissance humaine*, Introduction et annotations par C. Chevalley, Gallimard, 1991.
Bohr, N. (1963), *Essays 1958-1962 on atomic physics and human knowledge*, Ox Bow Press, 1987.
Bohr, N. (1985), *Collected works*, vol. 6, J. Kalckar (ed.), North-Holland.
Bohm, D. & Hiley, B.J. (1993), *The undivided universe*, Routledge.
Boltzmann, L. (1897), *Vorlesungen über die Principe der Mechanik*, Barth, J.A., Trad. Angl. partielle in : L. Boltzmann, *Theoretical and philosophical problems in physics*, ed. B. Mc Guinness, Reidel, 1974.
Born, M. (1935), *Atomic physics*, Blackie & Son, 3e édition, 1944.
Born, M. (1953), « Physical reality », *Philosophical Quarterly*, **3**, 139-149.
Born, M. (1972), *Einstein-Born, Correspondance 1916-1955*, Editions du Seuil.

Bouveresse, J. (1973), *Wittgenstein, la rime et la raison*, Editions de Minuit.

Bouveresse, J. (1988), *Le Pays des possibles*, Editions de Minuit.

Bouveresse, J. (1993), *L'Homme probable : Robert Musil, le hasard, la moyenne, et l'escargot de l'histoire*, Editions de l'Eclat.

Bouveresse, J. (1995), *Langage, Perception, et Réalité (I)*, Jacqueline Chambon.

Braginsky V.B. et Khalili F.Y. (1992), *Quantum measurement*, Cambridge University Press.

Broglie, L. de (1951), *Les Incertitudes d'Heisenberg et l'interprétation probabiliste de la mécanique ondulatoire*, ed. G. Lochak, Gauthier-Villars, 1982.

Broglie, L. de (1956), *Une tentative d'interprétation causale et non-linéaire de la mécanique ondulatoire*, Gauthier-Villars.

Broglie, L. (1987), *L. de Broglie, un itinéraire scientifique*, textes réunis par G. Lochak, La découverte.

Brown, H.R. & Redhead, M.L.G. (1981), « A critique of the disturbance theory of indeterminacy in quantum mechanics » *Foundations of physics*, **11**, 1-20.

Brown, H.R., Dewdney, C. & Horton, G. (1995), « Bohm particles and their detection in the light of neutron interferometry », *Foundations of physics*, **25**, 329-347.

Bush, P. (1985), « Indeterminacy relations and simultaneous measurements in quantum theory », *Int. J. Theor. Phys.* **24**, 63-92.

Cantor, G. (1897), *Contributions to the founding of the theory of transfinite numbers*, Dover, 1955.

Carnap, R. (1928), *Der logische Aufbau der Welt*, Trad. Angl., *The logical structure of the world*, Routledge and Kegan Paul, 1967.

Carnap, R. (1950a), *Logical foundations of probability*, 2nd edition, The University of Chicago Press, 1962.

Carnap, R. (1950b), « Empiricism, semantics and ontology », in : R. Carnap, *Meaning and necessity*, 2nd edition, The University of Chicago Press, 1956.

Cassirer, E. (1936), *Determinismus und Indeterminismus in der modernen Physik*, Trad. Angl. *Determinism and indeterminism in modern physics*, Yale University Press, 1956.

Clifton, R. (1993), « Getting contextual and non-local elements-of-reality the easy way », *American Journal of Physics*, **61**, 443-447.

Cohen-Tannoudji, C., Diu, B. et Laloë, F. (1977), *Mécanique quantique I*, Hermann.
Da Costa, N., Krause, D. & French, S. (1992), « The Schrödinger problem », in : M. Bitbol & O. Darrigol (eds.) *Erwin Schrödinger, Philosophy and the birth of quantum mechanics*, Editions Frontières.
Da Costa, N., Krause, D. & French, S. (1994), « Some remarks on sortal logics and physics » (mémoire inédit).
Dahan-Dalmedico, A. & Peiffer, J. (1986), *Une histoire des mathématiques*, Editions du Seuil.
Dalla Chiara, M.L. & Toraldo di Francia, G. (1993), « Individuals, kinds and names in physics », in : G. Corsi et al. (eds.) *Bridging the gap : philosophy, mathematics, and physics*, Kluwer.
Darrigol, O. (1992), *From c-numbers to q-numbers ; The classical analogy in the history of quantum theory*, University of California Press.
Davies, P.C.W. & Brown, J.R. (1986), *The Ghost in the atom*, Cambridge University Press.
De Finetti, B. (1977), *Theory of probability I*, J. Wiley.
Descartes, R. (1637), *Discours de la méthode*, in : *Œuvres VI*, C. Adam & P. Tannery, Vrin, 1982.
Descartes, R. (1641), édition française 1647, *Méditations métaphysiques*, PUF 1988.
Descartes, R. (1647), *Les principes de la philosophie*, in : *Œuvres IX*, C. Adam & P. Tannery, Vrin, 1982.
Destouches, J.L. (1941), *Corpuscules et systèmes de corpuscules*, Gauthier-Villars.
Destouches, J.L. (1981), *La Mécanique ondulatoire*, PUF, Que sais-je ? n° 311.
Destouches, J.L. (1994), *Textes réunis par P. Février, H. Barreau & G. Lochak (J.L. Destouches physicien et philosophe)*, CNRS éditions.
Destouches-Février, P. (1951), *La structure des théories physiques*, PUF.
Deutsch, D. (1985), « Quantum theory as a universal physical theory », *Int. J. Theor. Phys.*, **24**, 1-41.
Dickson, M. (1995), « An empirical reply to empiricism : protective measurements opens the door for quantum realism », *Philosophy of science*, **62**, 122-140.
Dieks, D. (1994), « Modal interpretation of quantum mechanics, measurements, and macroscopic behaviour », *Physical Review*, **A49**, 2290-2300.
Dirac, P.A.M. (1930), *The principles of quantum mechanics*, Cambridge University Press, 4e édition, 1958.

Dirac, P.A.M. (1966), *Lectures on quantum field theory*, Yeshiva University, Belfer Graduate School of science monograph series.

Dummett, M. (1982), « Realism », *Synthese*, **52**, 55-112.

Dummett, M. (1991), *Philosophie de la logique*, Editions de Minuit.

Einstein, A., Podolsky, B. & Rosen, N.(1935), « Peut-on considérer que la mécanique quantique donne de la réalité physique une description complète ? » in : A. Einstein, *Œuvres I, Quanta*, Editions du Seuil, 1989.

Einstein, A. (1989), *Œuvres I, Quanta*, Editions du Seuil.

Engel, P. (1994), *Davidson et la philosophie du langage*, PUF.

Espagnat, B. d' (1976), *Conceptual foundations of quantum mechanics*, Addison-Wesley, 1989.

Espagnat, B. d' (1979), *A la recherche du réel*, Gauthiers-Villars.

Espagnat, B. d' (1990), « Towards a separable empirical reality », *Foundations of physics*, **20**, 1147-1172.

Espagnat, B. d' (1994), *Le réel voilé ; Analyse des concepts quantiques*, Fayard.

Espagnat, B. d' (1995), « Qu'est-ce qu'une particule ? », in : *Comprendre la matière*, *Sciences et Avenir* Hors série n° 99.

Everett, H. (1957), « " Relative state " formulation of quantum mechanics », *Reviews of modern physics*, **29**, 454-462.

Everett, H. (1973), « The theory of the universal wave function », in : B.S. de Witt & N. Graham, *The many-worlds interpretation of quantum mechanics*, Princeton University Press.

Faye, Y. (1991), *Niels Bohr : his heritage and legacy*, Kluwer.

Février, P. (1956), *L'interprétation physique de la mécanique ondulatoire*, Gauthier-Villars.

Fano, G. (1971), *Mathematical methods of quantum mechanics*, Mac Graw Hill.

Fine, A. (1972), « Some conceptual problems of quantum theory », in : R.A. Colodny, *Paradigms and Paradoxes : The philosophical challenge of the quantum domain*, University of Pittsburgh Press.

Fine, A. (1986), *The Shaky Game*, The University of Chicago Press.

Fisette, D. (1994), *Lecture frégéenne de la phénoménologie*, Editions de l'Eclat.

Friedman, M. & Putnam, H. (1978), « Quantum logic, conditional probability and interference », *Dialectica*, **32**, 305-315.

Feynman, R.P. & Hibbs, A.R. (1965), *Quantum mechanics and path integrals*, Mac Graw Hill.

Feynman, R.P. (1993), *Lumière et matière,* Editions du Seuil.
Feynman, R.P., Leighton, R.B. & Sands, M. (1963), *Cours de physique II, Electromagnétisme-1* , Edition Bilingua Addison-Wesley, 1969.
Feynman, R.P., Leighton, R.B. & Sands, M. (1965), *Cours de physique III, Mécanique quantique,* Edition Bilingua Addison-Wesley, 1970.
Folse, H. (1985), *The philosophy of Niels Bohr ; the frame of complementarity,* North-Holland.
Fontenelle B. de (1686), *Entretiens sur la pluralité des mondes,* Vialetay, 1970.
Frege, G. (1884), *Les fondements de l'arithmétique,* Editions du Seuil, 1969.
Gadamer, H.G. (1960), *Warheit und Methode,* Trad. Fr. *Vérité et méthode,* Editions du Seuil, 1976.
Gell-Mann, M. & Hartle, J.B. (1993), « Classical equations for quantum systems », *Physical Review,* **D47**, 3345-3382.
Gell-Mann, M. (1995), *Le quark et le jaguar,* Albin Michel.
Ghirardi, G.C., Rimini, A. & Weber, T. (1986) « Unified dynamics for microscopic and macroscopic systems » *Physical Review,* **D34**, 470-491.
Gibbs, J.W. (1902), *Elementary principles in statistical mechanics,* Ox Bow Press, 1981.
Goldstein, H. (1980), *Classical mechanics,* Addison-Wesley.
Gonseth, F. (1937), *Qu'est-ce que la logique ?,* Hermann, Actualités scientifiques.
Gonseth, F. (1948), « Remarque sur l'idée de complémentarité », *Dialectica,* n° 7, 413-420.
Goodman, N. (1963), « The significance of *Der logische Aufbau der Welt* », in : P.A. Schilpp (ed.), *The philosophy of Rudolf Carnap,* Open Court, 1963.
Goodman, N. (1978), *Ways of worldmaking,* Hackett publishing Co.
Goodman, N. (1984), *Faits, fictions et prédictions,* Editions de Minuit.
Gould, S.J., (1989), *Wonderful Life,* Trad. Fr. *La vie est belle (Les surprises de l'évolution),* Editions du Seuil, 1994.
Granger, G.G. (1994), *Le probable, le possible et l'actuel,* Editions Odile Jacob.
Green, R. (1727), *The principles of the philosophy of the expansive and contractive forces or an enquiry into the principles of modern philosophy,* Cambridge University Press.
Griffiths, R.B. (1995), « A consistent history approach to the logic of quantum mechanics », in : K.V. Laurikainen,

C. Montonen, & K. Sunnaborg, *Symposium on the foundations of modern physics 94*, Editions Frontières.

Habermas, J. (1973), *Connaissance et intérêt*, Gallimard, 1976.

Habermas, J. (1968), *La technologie et la science comme idéologie*, Denoël, 1984.

Hacking, I. (1983), *Concevoir et expérimenter*, Christian Bourgois, 1989.

Hardcastle, V.G. (1994), « The image of observables », *British Journal for the Philosophy of science*, **45**, 585-597.

Harré, R. (1987), *Varieties of realism*, Basil Blackwell.

Haroche, S. (1992), « Cavity quantum electrodynamics », in : J. Dalibard, J-M. Raimond & J. Zinn-Justin (eds.), *Fundamental Systems in Quantum Optics*, North-Holland.

Heelan, P. (1970), « Quantum and classical logic : their respective role », *Synthese*, **21**, 2-33.

Heelan, P. (1970), « Complementarity, context dependance and quantum logic », *Found. Phys.* **1**, 95-110.

Hegel, G.W.F. (1807), *La phénoménologie de l'esprit*, Trad. Fr. J. Hippolyte, Aubier-Montaigne, 1939.

Heidegger, M. (1936), *Die Frage nach dem Ding*, Trad. Fr. *Qu'est-ce qu'une chose ?* Gallimard, 1971.

Heidegger, M. (1949), *Holzwege*, Trad. Fr. *Chemins qui ne mènent nulle part*, Gallimard, 1962.

Heisenberg, W. (1925), « Über quantentheoretische Umdeutung kinematischer und mechanischer Beziehungen », *Z.Phys.* **33**, 879-893 ; Trad. anglaise dans B.L. Van der Waerden (ed.) *Sources of quantum mechanics*, Dover, 1968.

Heisenberg, W. (1927), « Über den anschaulichen Inhalt der quantentheorischen Kinematik und Mechanik », *Z. Phys.*, **43**, 172-198 ; Trad. anglaise dans J.A. Wheeler & W.H. Zurek, *Quantum theory and measurement*, Princeton University Press, 1983.

Heisenberg, W. (1930), *Les principes physiques de la théorie des quanta*, Gauthier-Villars, 1972.

Heisenberg, W. (1932), « On the history of the physical interpretation of nature » in : *Philosophical problems of quantum physics*, Ox Bow Press, 1979.

Heisenberg, W. (1948), « Fundamental problems of present-day physics » in : *Philosophical problems of quantum physics*, Ox Bow Press, 1979.

Heisenberg, W. (1958), *Physique et philosophie*, Albin Michel, 1971.

Heisenberg, W. (1969), *La partie et le tout*, Albin Michel, 1972.

Heisenberg, W. (1979), *Philosophical problems of quantum physics,* Ox Bow Press.
Heitler, W. (1954), *The quantum theory of radiation,* Oxford University Press.
Hempel, C. (1972), *Eléments d'épistémologie,* Armand Colin.
Hermann, G. (1935), *Les fondements philosophiques de la mécanique quantique,* Trad. Fr., introduction, et postface par L. Soler, Vrin, 1996.
Horwich, P. (1987), *Asymmetries in time,* The MIT press.
Hughes, R.I.G. (1989), *The structure and interpretation of quantum mechanics,* Harvard University Press.
Husserl, E. (1913), *Idées directrices pour une phénoménologie,* Gallimard, 1950.
Husserl, E. (1929), *Logique formelle et logique transcendantale*, PUF, 1957.
Husserl, E. (1936), *La crise des sciences européennes et la phénoménologie transcendantale,* Gallimard, 1976.
Husserl, E. (1938), *Expérience et Jugement,* PUF, 1970.
Jammer, M. (1974), *The philosophy of quantum mechanics,* J. Wiley.
Jammer, M. (1989), *The conceptual development of quantum mechanics,* Tomash publishers.
Jancel, R. (1963), *Les fondements de la mécanique statistique classique et quantique,* Gauthiers-Villars.
Jaynes, E.T. (1973), « The well-posed problem », in : *Papers on probability, statistics and statistical physics,* ed. R.D. Rosenkrantz, D. Reidel, 1983.
Kant, E. (1781), *Critique de la raison pure,* P.U.F., 1944.
Kant, E. (1783), *Prolégomènes à toute métaphysique future qui pourra se présenter comme science,* Vrin, 1968.
Keynes, J.M. (1929), *A treatise on probability,* Mac Millan.
Kochen, S. & Specker, E. (1967), « The problem of hidden variables in quantum mechanics », *Journal of mathematical mechanics,* **17**, 59-87.
Kojève, A. (1932), *L'idée du déterminisme,* Le Livre de Poche, 1990.
Kolmogorov, A. (1933), *Foundations of the theory of probability,* Chelsea publishing Co., 1950.
Krause, D. (1992), « On a quasi-set theory », *Notre Dame Journal of Formal logic,* **33,** 402-411.
Kripke, S. (1980), *Naming and necessity,* Basil Blackwell, 1980.

Kuhn, T. (1972), *La structure des théories scientifiques*, Flammarion, 1972.

Lakatos, I. (1978), *The methodology of scientific research programmes*, Cambridge University Press.

Landé, A. (1965), *New foundations of quantum mechanics*, Cambridge University Press.

Laplace, P.S. (1814), *Essai philosophique sur les probabilités*, V. Courcier.

Laudan, L. (1977), *La dynamique de la science*, Pierre Mardaga, 1987.

Laudan, L. (1990), *Science and relativism*, University of Chicago Press.

Laugier, S. (1992), *L'anthropologie logique de Quine*, Vrin.

Laugier, S. (1995), « Une ou deux indéterminations », *Archives de philosophie*, **58**, 73-96.

Leibniz, G.W. (1678), *De incerti aestimatione*, Trad. Fr. *L'estime de l'incertain*, in : G.W. Leibniz *L'estime des apparences*, Textes présentés par M. Parmentier, Vrin, 1995.

Leibniz, G.W., Clarke, D. (1716), *Correspondance*, Edition A. Robinet, PUF, 1991.

Lévy-Leblond, J.-M. & Balibar, F. (1984), *Quantique : Rudiments*, Interéditions.

London, F. & Bauer, E. (1939), *La théorie de l'observation en mécanique quantique*, Hermann.

Lucas, J.R. (1989), *The future*, Basil Blackwell.

Lurçat, F. (1990), *Niels Bohr*, Criterion.

Lyons, J.L. (1977), *Semantics*, Cambridge University Press.

Mac Dowell, J. (1981), « Anti-realism and the epistemology of understanding », in : H. Parret & J. Bouveresse (eds.), *Meaning and understanding*, W. de Gruyter, 1981.

Margenau, H. (1937), « Critical points in modern physical theory », *Philosophy of science*, **4**, 337-370.

Margenau, H. (1950), *The nature of physical reality*, Ox Bow Press, 1977.

Margenau, H. (1963), « Measurement and quantum states », *Philosophy of Science*, **30**, 1-16 & 138-157.

Meystre, P. (1992), « Cavity quantum optics and the quantum measurement process », in : E. Wolf (ed.), *Progress in optics XXX*, Elsevier.

Mittelstaedt, P. (1976), *Philosophical problems of modern physics*, Reidel.

Moriyasu, K. (1983), *An elementary primer for gauge theory*, World Scientific.

Mugur-Schächter, M. (1964), *Etude du caractère complet de la théorie quantique,* Gauthier-Villars.
Mugur-Schächter, M. (1992) « Spacetime quantum probabilities, relativized descriptions, and Popperian propensities (I) », *Foundations of Physics,* **21**,1387-1449.
Mugur-Schächter, M. (1993), « From quantum mechanics to universal structures of conceptualization and feedback on quantum mechanics », *Foundations of Physics,* **23**, 37-122.
Mugur-Schächter, M. (1994), « Quantum probabilities, Kolmogorov probabilities, and informational probabilities », *International Journal of Theoretical Physics,* **33**, 53-90.
Murdoch, D. (1987), *Niels Bohr's philosophy of physics,* Cambridge University Press.
Nef, F. (1991), *Logique, langage et réalité,* Editions Universitaires.
Nicolis, G. & Prigogine, I. (1992), *A la rencontre du complexe,* PUF.
Nietzsche, F. (1882), *Le gai savoir,* Gallimard, 1950.
Nottale, L. (1993), *Fractal space-time and microphysics,* World Scientific.
Omnès, R. (1992), « Consistent interpretations of quantum mechanics », *Review of Modern Physics,* **64**, 339-382.
Omnès, R. (1994a), *The interpretation of quantum mechanics,* Princeton University Press.
Omnès, R. (1994b), *Philosophie de la science contemporaine,* Gallimard-Folio.
Ortega y Gasset, J. (1933), *Leçons de métaphysique,* in : *Œuvres Complètes I,* Klincksieck, 1988.
Paz, J.P. & Zurek, W.H. (1993), « Environment-induced decoherence, classicality, and consistency of quantum histories », *Physical Review* **D48**, 2728-2737.
Pears, D. (1988), *The False Prison (A study of the development of Wittgenstein's philosophy),* Oxford University Press ; trad. Fr. C. Chauviré, *La pensée-Wittgenstein,* Aubier, 1993.
Peres, A. (1991), « Axiomatic quantum phenomenology » in : P. Lahti & P. Mittelstaedt (eds.), *Symposium on the foundations of modern physics 1990,* World Scientific.
Petitot, J. (1991), *La philosophie transcendantale et le problème de l'objectivité,* Editions Osiris.
Popper, K. (1959), *La logique de la découverte scientifique,* Edition 1968 avec appendices, Payot, 1973.
Popper, K. (1982), *Quantum Theory and the Schism in Physics,* Hutchinson.
Popper, K. (1985), *Conjectures et réfutations,* Payot.

Popper, K. (1990), *Un univers de propensions*, L'éclat, 1992.

Prieur, A. (1987), *Unscharfe Teilchen-Welle-Dualität*, Thèse de l'université de Cologne.

Putnam, H. (1969), « Is logic empirical ? », in : R.S. Cohen & M. Wartofsky (eds.), *Boston studies in the philosophy of science V*, Reidel.

Putnam, H. (1984), *Raison, vérité et histoire*, Editions de Minuit.

Putnam, H. (1990), *Realism with a human face*, Trad. Fr. *Le réalisme à visage humain*, Editions du Seuil 1993.

Putnam, H. (1992), *Définitions*, Editions de l'éclat.

Quine, W.V. (1960), *Word and object*, M.I.T. Press.

Quine, W.V. (1974), *The roots of reference*, Open court.

Quine, W.V. (1975), « On empirically equivalent systems of the world », *Erkenntnis*, **9**, 1975, 313-328.

Quine, W.V. (1977), *Relativité de l'ontologie et autres essais*, Aubier-Montaigne.

Quine, W.V. (1990), *La poursuite de la vérité*, Editions du Seuil, 1993.

Ramsey, R. P. (1926), « Truth and probability », in : Ramsey, R. P. *The foundations of mathematics and other logical essays*, Harcourt-Brace, 1931.

Redhead, M. (1987), *Incompleteness, Non-locality and Realism*, Oxford University Press.

Redhead, M. (1988), « A philosopher looks at quantum field theory », in H. Brown & R. Harré (eds.), *Philosophical foundations of quantum field theory*, Oxford University Press.

Redhead, M. & Teller, P. (1992) « Particle labels and the theory of indistinguishable particles in quantum mechanics », *British Journal of Philosophy of Science*, **43**, 201-218.

Reichenbach, H. (1934), *The theory of probability*, University of California Press, 1949.

Reichenbach, H. (1945), *Philosophic foundations of quantum mechanics*, University of California Press.

Rorty, R. (1990), *L'homme spéculaire*, Editions du Seuil.

Rosenfeld, L. (1967), « Niels Bohr in the thirties : consolidation and extension of the conception of complementarity », in : S. Rozenthal (ed.), *Niels Bohr, his life and work as seen by his friends and colleagues*, North Holland.

Russell, B. (1914), *Our knowledge of the external world*, George Allen & Unwin.

Russell, B. (1917), *Mysticism and logic*, George Allen & Unwin.

Saunders, S. (1993), « Decoherence, relative states and evolutionary adaptation », *Foundations of physics,* **23**, 1553-1585.

Schrödinger, E. (1922), « Was ist ein Naturgesetz ? », Trad. Angl. in : *Science, Theory and Man,* Routledge & Kegan Paul, 1957.

Schrödinger, E. (1933), *Mémoires sur la mécanique ondulatoire,* Félix Alcan ; réédition J. Gabay, 1988.

Schrödinger, E. (1935a), « La situation actuelle en mécanique quantique », in : E. Schrödinger, *Physique quantique et représentation du monde,* Editions du Seuil, 1992.

Schrödinger, E. (1935b), « Discussion of probability relations between separated systems », *Proc. Camb. phil. soc.,* **31**, 555-563.

Schrödinger, E. (1948), « Die Besonderheit des Weltbilds der Naturwissenschaft », *Acta Physica Austriaca,* 1, 201-245.

Schrödinger, E. (1950), « What is an elementary particle ? », *Endeavour,* IX, 109-116.

Schrödinger, E. (1951), *Science et humanisme,* in : E. Schrödinger, *Physique quantique et représentation du monde,* Editions du Seuil, 1992.

Schrödinger, E. (1952a), *Statistical thermodynamics (2nd ed.),* Cambridge University Press.

Schrödinger, E. (1952b), « L'image actuelle de la matière », in : E. Schrödinger, *Gesammelte Abhanlungen,* Vol. 4, Wievweg & Sohn, 1984.

Schrödinger, E. (1953), « La signification de la mécanique ondulatoire », in : A. George (ed.), *Louis de Broglie physicien et penseur,* Albin Michel.

Schrödinger, E. (1954), *La Nature et les Grecs,* précédé de : *La clôture de la représentation* par M. Bitbol, Editions du Seuil, 1992.

Schrödinger, E. (1958), *L'esprit et la matière,* précédé de : *L'élision* par M. Bitbol, Editions du Seuil, 1990.

Schrödinger, E. (1995), *The interpretation of quantum mechanics (Dublin seminars 1949-1955 and other unpublished essays),* Ed. M. Bitbol, Ox Bow Press.

Sellars, W. (1963), *Science, perception and reality,* Routledge & Kegan Paul.

Selleri, F. (1994), *Le Grand Débat de la théorie quantique,* Champs Flammarion.

Shimony, A. (1993), *Search for a naturalistic world view,* vols. I & II, Cambridge University Press.

Teller, P. (1995), *An interpretive introduction to quantum field theory*, Princeton University Press.

Thom, R. (1974), *Modèles mathématiques de la morphogenèse*, 10/18.

Thom, R. (1993), *Prédire n'est pas expliquer*, Champs Flammarion.

Tolman, R. (1938), *The principles of statistical mechanics*, Oxford University Press.

Toraldo di Francia, G. (1986), *Le cose e i loro nomi*, Laterza.

Van der Waerden, B.L. (1967), *Sources of quantum mechanics*, Dover.

Van Fraassen, B. (1980), *The scientific Image*, Oxford University Press.

Van Fraassen, B. (1989), *Laws and symmetry*, Oxford University Press ; Trad. Fr. C. Chevalley, *Lois et symétrie*, Vrin, 1995.

Van Fraassen, B. (1991), *Quantum mechanics, an empiricist view*, Oxford University Press.

Von Mises, R. (1931), *Wahrscheinlichkeitsrechnung und ihre Anwendung*, F. Deuticke.

Von Neumann, J. (1932), *Les Fondements mathématiques de la mécanique quantique*, J. Gabay, 1988.

Von Weizsäcker, C.F. & Görnitz, Th. (1991), « Quantum theory as a theory of human knowledge », in : P. Lahti & P. Mittelstaedt (eds.), *Symposium on the foundations of modern physics 1990*, World Scientific.

Vuillemin, J. (1984), *Nécessité ou contingence ; L'aporie de Diodore et les systèmes philosophiques*, Editions de Minuit.

Watanabe, S. (1966), « The algebra of observation », *Suppl. Prog. Theor. Phys.* **37&38**, 350-367.

Weinberg, S. (1987), « Towards the final laws of physics », in : R.P. Feynman & S. Weinberg, *Elementary particles and the laws of physics*, Cambridge University Press.

Wheeler, J.A. (1983), « Law without law », in : J.A. Wheeler & W.H. Zurek, *Quantum theory and measurement*, Princeton University Press.

Wick, G.C., Wightman, A.S. & Wigner, E.P. (1970), « Superselection rule for charge », *Physical Review*, **D1**, 3267-3269.

Wigner, E.P. (1961), « Remarks on the Mind-Body Question », in : E.P. Wigner, *Symmetries and Reflections*, Ox Bow Press, 1979.

Wigner, E.P. (1967), *Symmetries and Reflections*, Ox Bow Press, 1979.

Wittgenstein, L. (1922), *Tractatus Logico-philosophicus,* (Texte bilingue, Allemand/Anglais) Routledge & Kegan Paul ; Trad. Fr. G.G. Granger, Gallimard, 1993.
Wittgenstein, L. (1930), *Philosophische Bemerkungen,* Trad. Fr. *Remarques philosophiques,* Gallimard, 1993.
Wittgenstein, L. (1953), *Philosophische Untersuchungen,* Trad. Fr. *Investigations philosophiques,* Gallimard,.
Wittgenstein, L. (1969a), *Über Gewissheit / On certainty,* B. Blackwell ; Trad. Fr. *De la certitude,* Gallimard, 1976.
Wittgenstein, L. (1969b), *Philosophische Grammatik,* B. Blackwell ; Trad. Fr. *Grammaire philosophique,* Gallimard, 1980.
Wittgenstein, L. (1980), *Bemerkungen über die Philosophie der Psychologie,* Trad. Fr. *Remarques sur la philosophie de la psychologie (I),* TER, 1989.
Yourgrau, P. (1991), *The disappearance of time,* Cambridge University Press.
Zeh H.D. (1993), « There are no quantum jumps, nor are there particles ! », *Physics letters,* **A 172**, 189-192.
Ziman, J.M. (1969), *Elements of advanced quantum theory,* Cambridge University Press.
Zurek, W.H. (1982), « Environment-induced superselection rules », *Physical Review,* **D26**, 1862-1880.

INDEX DES NOMS

INDEX THÉMATIQUE

TABLE DES MATIÈRES

Imprimé en France par CPI
en mars 2019

Dépôt légal : mai 2008
N° d'édition : L.01EHQN000206.A004
N° d'impression : 152160